NITE 物联网(中级)工程师资格认证考试指定教材

中国电子学会物联网专家委员会推荐

普通高等教育物联网工程专业系列规划教材

物联网技术与应用开发

熊茂华　熊昕　编著

西安电子科技大学出版社

内 容 简 介

本书共 11 章，内容包括物联网概论、物联网体系架构、传感器及检测技术、射频识别技术、物联网通信与网络技术、无线传感器网络技术、物联网安全技术、物联网 M2M、物联网数据融合技术、云计算和物联网系统平台设计。

本书内容深入浅出，可作为高等院校电子信息类、计算机类专业物联网技术应用课程的教材或参考书，也可作为物联网技术培训教材或者 IT 科研人员和管理人员的参考读物。

图书在版编目（CIP）数据

物联网技术与应用开发/熊茂华，熊昕编著. —西安：西安电子科技大学出版社，2012.8(2017.4 重印)
普通高等教育物联网工程专业系列规划教材
ISBN 978-7-5606-2813-4

Ⅰ. ① 物…　Ⅱ. ① 熊…　② 熊…　Ⅲ. ① 互联网络—应用—高等学校—教材　② 智能技术—应用—高等学校—教材　Ⅳ. ① TP393.4　② TP18

中国版本图书馆 CIP 数据核字(2012)第 111666 号

策　　划　邵汉平
责任编辑　王　瑛　邵汉平
出版发行　西安电子科技大学出版社(西安市太白南路 2 号)
电　　话　(029)88242885　88201467　　邮　　编　710071
网　　址　www.xduph.com　　电子邮箱　xdupfxb001@163.com
经　　销　新华书店
印刷单位　陕西大江印务有限公司
版　　次　2012 年 8 月第 1 版　2017 年 4 月第 3 次印刷
开　　本　787 毫米 × 1092 毫米　1/16　印　张　18.5
字　　数　438 千字
印　　数　6001～9000 册
定　　价　32.00 元
ISBN 978-7-5606-2813-4/TP・1341

XDUP 3105001-3

前　言

物联网(Internet of Things, IoT)是继个人电脑、网络之后信息技术的又一次革命性突破。经过十多年的孕育，物联网近年来引起了世界各国的强烈关注。为满足各地物联网技术与应用人才培养的迫切需要，我们编写了本书。本书可作为高等院校电子信息类、计算机类专业物联网技术应用课程的教材或参考书，也可作为物联网技术培训教材或者 IT 科研人员和管理人员的参考读物。

本书详细介绍了物联网的概念、实现技术和典型应用。首先讨论物联网的基本概念、物联网的国内外发展现状、产业链、体系架构、软硬件平台的系统组成、关键技术以及应用领域；其次介绍传感器及检测技术、智能传感器技术与智能检测系统的设计、RFID 的工作原理及系统组成、RFID 中间件技术、RFID 应用系统开发示例等；然后介绍物联网通信与网络技术，包括无线通信技术、蓝牙技术、Wi-Fi 技术、ZigBee 技术、超宽带(UWB)技术以及无线局域网的组成与工作原理、无线局域网的网络安全、无线城域网和 WiMAX 网络构建、无线传感器网络技术及无线传感器网络的系统设计与开发、物联网安全技术等；最后介绍物联网数据融合技术、云计算技术及应用示例、物联网系统平台设计及物联网典型应用系统设计与开发等，使课程理论与实践紧密地结合起来。

本书由熊茂华、熊昕编著，周顺先教授主审。全书由熊茂华负责全面内容规划、编排。第 1 章～第 4 章以及第 5 章的 5.1～5.4 节由熊昕编写，第 6 章～第 11 章以及第 5 章的 5.5～5.8 节由熊茂华编写。

在本书编写过程中，得到了部分老师和北京博创公司的帮助，部分内容参考了书后所列的参考文献，在此谨向所有给予帮助的同志和所列参考文献的作者深表谢意。

本书在 2013 年 3 月被工业和信息化部推荐为“国家信息技术紧缺人才培养工程(NITE)”物联网(中级)工程师资格认证考试指定教材，作者已为此编写了考试大纲、题库、模拟考试试题。

由于时间紧，加之作者的认知领悟能力有限，书中难免存在缺点与疏漏，敬请各位专家以及广大读者批评指正。

编　者

2012 年 2 月

目　　录

第1章 物联网概论

读完本章，读者将了解以下内容：

※ 国内外物联网发展现状；
※ 物联网的产业链；
※ 物联网的应用；
※ 物联网的发展趋势。

1.1 物联网概述

物联网(Internet of Things)的概念是在1999年提出的，又名传感网，它的定义很简单：把所有物品通过射频识别等信息传感设备与互联网连接起来，实现智能化识别和管理。物联网把新一代IT技术充分运用在各行各业之中，具体地说，就是把感应器嵌入和装备到电网、铁路、桥梁、隧道、公路、建筑、供水系统、大坝、油气管道等各种物体中，然后将这一物物相连的网络与现有的互联网整合起来，实现人类社会与物理系统的整合。在这个整合的网络当中，存在能力超级强大的中心计算机群，能够对整合网络内的人员、机器、设备和基础设施实施实时的管理和控制，在此基础上，人类可以以更加精细和动态的方式管理生产和生活，达到“智慧”状态，提高资源利用率和生产力水平，改善人与自然间的关系。

国际电信联盟2005年的一份报告曾描绘“物联网”时代的图景(如图1.1所示)：当司机出现操作失误时，汽车会自动报警；公文包会提醒主人忘带了什么东西；衣服会“告诉”洗衣机对颜色和水温的要求等。

图1.1 物联网示意图

物联网有如下基本特点：

(1) 全面感知。利用射频识别(RFID)技术、传感器、二维码及其它各种感知设备随时随地采集各种动态对象，全面感知世界。

(2) 可靠的传送。利用网络(有线、无线及移动网)将感知的信息进行实时的传送。

(3) 智能控制。对物体实现智能化的控制和管理，真正达到了人与物的沟通。

1.2 国内外物联网发展现状

1.2.1 国外物联网发展现状

物联网在国外被视为“危机时代的救世主”，许多发达国家将发展物联网视为新的经济

增长点。物联网的概念虽然仅是最近几年才趋向成熟的，但物联网相关产业在当前的技术、经济环境的助推下，在短短几年内已成星火燎原之势。

1．美国物联网发展现状

1995年，比尔·盖茨在其《未来之路》一书中已提及物联网的概念。2005年11月17日，在突尼斯举行的信息社会世界峰会(WSIS)上，国际电信联盟(ITU)发布了《ITU互联网报告 2005：物联网》，报告指出：无所不在的“物联网”通信时代即将来临，世界上所有的物体从轮胎到牙刷，从房屋到纸巾都可以通过因特网主动进行信息交换。射频识别(RFID)技术、传感器技术、纳米技术、智能嵌入技术将得到更加广泛的应用。

美国很多大学在无线传感器网络方面开展了大量工作，如加州大学洛杉矶分校的嵌入式网络感知中心实验室、无线集成网络传感器实验室、网络嵌入系统实验室等。另外，麻省理工学院从事着极低功耗的无线传感器网络方面的研究；奥本大学也从事了大量关于自组织传感器网络方面的研究，并完成了一些实验系统的研制；宾汉顿大学计算机系统研究实验室在移动自组织网络协议、传感器网络系统的应用层设计等方面做了很多研究工作；州立克利夫兰大学(俄亥俄州)的移动计算实验室在基于IP的移动网络和自组织网络方面结合无线传感器网络技术进行了研究。

除了高校和科研院所之外，国外的各大知名企业也都先后参与开展了无线传感器网络的研究。克尔斯博公司是国际上率先进行无线传感器网络研究的先驱之一，为全球超过2000所高校以及上千家大型公司提供无线传感器解决方案；Crossbow公司与软件巨头微软、传感器设备巨头霍尼韦尔、硬件设备制造商英特尔、网络设备制造巨头美国网件(NETGEAR)公司、著名高校加州大学伯克利分校等都建立了合作关系。

2009年1月，IBM首席执行官彭明盛提出“智慧地球”构想，其中物联网为“智慧地球”不可缺少的一部分，而奥巴马在就职演讲后已对“智慧地球”构想提出积极回应，并将其提升到国家级发展战略中。

2009年，IBM与美国智库机构向奥巴马政府提出通过信息通信技术(ICT)投资可在短期内创造就业机会，美国政府新增300亿美元的ICT投资(包括智能电网、智能医疗、宽带网络三个领域)，鼓励物联网技术的发展。

2．欧盟物联网发展现状

2009年，欧盟委员会向欧盟议会、理事会、欧洲经济和社会委员会及地区委员会递交了《欧盟物联网行动计划》，以确保欧洲在构建物联网的过程中起主导作用。行动计划共包括14项内容：管理、隐私及数据保护、“芯片沉默”的权利、潜在危险、关键资源、标准化、研究、公私合作、创新、管理机制、国际对话、环境问题、统计数据和进展监督等。该行动方案描绘了物联网技术应用的前景，并提出要加强欧盟政府对物联网的管理，其提出的政策建议主要包括：

(1) 加强物联网管理。

(2) 完善隐私和个人数据保护。

(3) 提高物联网的可信度、接受度、安全性。

2009年10月，欧盟委员会以政策文件的形式对外发布了物联网战略，提出要让欧洲在基于互联网的智能基础设施发展上领先全球，除了通过ICT研发计划投资4亿欧元，启

动90多个研发项目提高网络智能化水平外，欧盟委员会还将于2011—2013年间每年新增2亿欧元进一步加强研发力度，同时拿出3亿欧元专款，支持物联网相关公私合作短期项目建设。

3. 日本物联网发展现状

自20世纪90年代中期以来，日本政府相继制定了e-Japan、u-Japan、i-Japan等多项国家信息技术发展战略，从大规模开展信息基础设施建设入手，稳步推进，不断拓展和深化信息技术的应用，以此带动本国社会、经济发展。其中，日本的u-Japan、i-Japan战略与当前提出的物联网概念有许多共同之处。

2004年，日本信息通信产业的主管机关总务省提出2006至2010年间IT发展任务——“u-Japan”战略。该战略的理念是以人为本，实现所有人与人、物与物、人与物之间的连接(即4U，Ubiquitous、Universal、User-oriented、Unique)，希望在2010年将日本建设成一个“实现随时、随地、任何物体、任何人均可连接的泛在网络社会”。

2008年，日本总务省提出将u-Japan政策的重心从之前的单纯关注居民生活品质提升拓展到带动产业及地区发展，即通过各行业、地区与ICT的深化融合，进而实现经济增长的目的。具体来说，通过ICT的有效应用，实现产业变革，推动新应用的发展；通过ICT以电子方式联系人与地区社会，促进地方经济的发展；有效应用ICT达到生活方式变革，实现无所不在的网络社会环境。

2009年7月，日本IT战略本部颁布了日本新一代的信息化战略——“i-Japan”战略，为了让数字信息技术融入每一个角落，首先，将政策目标聚焦在三大公共事业：电子化政府治理、医疗健康信息服务、教育与人才培育。该项战略提出到2015年，通过数字技术完成“新的行政改革”，使行政流程简化、效率化、标准化、透明化，同时推动电子病历、远程医疗、远程教育等应用的发展。日本政府对企业的重视也毫不逊色。另外，日本企业为了能够在技术上取得突破，对研发同样倾注极大的心血。在日本爱知世博会的日本展厅，呈现的是一个凝聚了机器人、纳米技术、下一代家庭网络和高速列车等众多高科技和新产品的未来景象，支撑这些的是大笔研发经费的投入。

4. 韩国物联网发展现状

韩国也经历了类似日本的发展过程。韩国是目前全球宽带普及率最高的国家，同时它的移动通信、信息家电、数字内容等也居世界前列。面对全球信息产业新一轮战略，韩国制定了u-Korea战略。在具体实施过程中，韩国信通部推出IT839战略以具体呼应u-Korea。

韩国信通部发布的《数字时代的人本主义：IT839战略》报告指出：无所不在的网络社会(UNS)将是由智能网络、最先进的计算技术，以及其它领先的数字技术基础设施武装而成的技术社会形态。在无所不在的网络社会中，所有人可以在任何地点、任何时刻享受现代信息技术带来的便利。u-Korea意味着信息技术与信息服务的发展不仅要满足于产业和经济的增长，而且在国民生活中将为生活文化带来革命性的进步。由此可见，日、韩两国各自制定并实施的“u”计划都是建立在两国已夯实的信息产业硬件基础上的，是完成“e”计划后启动的新一轮国家信息化战略。从“e”到“u”是信息化战略的转移，能够帮助人类实现许多“e”时代无法企及的梦想。

继日本提出u-Japan战略后，韩国在2006年确立了u-Korea战略。u-Korea旨在建立无

所不在的网络社会，也就是在民众的生活环境里，布建智能型网络、最新的技术应用等先进的信息基础建设，让民众可以随时随地享有科技智慧服务。其最终目的是，除运用 IT 科技为民众创造衣食住行娱乐各方面无所不在的便利生活服务，亦希望扶植 IT 产业发展新兴应用技术，强化产业优势与国家竞争力。

为实现上述目标，u-Korea 包括了四项关键基础环境建设以及五大应用领域的研究开发。四项关键基础环境建设是平衡全球领导地位、生态工业建设、现代化社会建设、透明化技术建设；五大应用领域是亲民政府、智慧科技园区、再生经济、安全社会环境、u 生活定制化服务。

u-Korea 主要分为发展期与成熟期两个执行阶段。发展期(2006 至 2010 年)的重点任务是基础环境的建设、技术的应用以及 u 社会制度的建立；成熟期(2011 至 2015 年)的重点任务为推广 u 化服务。

自 1997 年起，韩国政府出台了一系列推动国家信息化建设的产业政策。目前，韩国的 RFID 发展已经从先导应用开始全面推广。2009 年，韩通信委员会通过了《物联网基础设施构建基本规划》，将物联网市场确定为新增长动力。该规划树立了到 2012 年“通过构建世界最先进的物联网基础实施，打造未来广播通信融合领域超一流 ICT 强国”的目标，为实现这一目标，确定了构建物联网基础设施、发展物联网服务、研发物联网技术、营造物联网扩散环境等 4 大领域、12 项详细课题。

1.2.2 国内物联网发展现状

1. 国内物联网发展概况

中国科学院早在 1999 年就启动了物联网研究，组建了 2000 多人的团队，先后投入数亿元，目前已拥有从材料、技术、器件、系统到网络的完整产业链。总体而言，在物联网这个全新产业中，我国的技术研发和产业化水平已经处于世界前列，已掌握物联网的世界话语权。当前，政府主导与产、学、研相结合共同推动物联网发展的良好态势正在形成。

2009 年 8 月，温家宝总理在无锡视察中国科学院物联网技术研发中心时指出，“在传感网发展中，要早一点谋划未来，早一点攻破核心技术”，江苏省委省政府立即制定了“感知中国”中心建设的总体方案和产业规划，力争建成引领传感网技术发展和标准制定的物联网产业研究院。2009 年 8 月中国移动总裁王建宙访台期间解释了物联网概念。

2009 年，工业和信息化部李毅中部长在《科技日报》上发表题为“我国工业和信息化发展的现状与展望”的署名文章，首次公开提及传感网络，并将其上升到战略性新兴产业的高度，指出信息技术的广泛渗透和高度应用将催生出一批新增长点。

2009 年，“传感器网络标准工作组成立大会暨‘感知中国’高峰论坛”在北京举行，标志着传感器网络标准工作组正式成立，工作组未来将积极开展传感器网络标准制定工作，深度参与国际标准化活动，旨在通过标准化为产业发展奠定坚实的技术基础。2009 年 11 月，国务院总理温家宝在北京人民大会堂向北京科技界发表了《让科技引领可持续发展》的讲话，指出要将物联网并入信息网络发展的重要内容，并强调信息网络产业是世界经济复苏的重要驱动力。在《国家中长期科学与技术发展规划(2006—2020 年)》和“新一代宽带移动无线通信网”重大专项中均将物联网列入重点研究领域，已列入国家高技术研究发

展计划(863计划)。

2009年11月，无锡市国家传感网创新示范区(传感信息中心)正式获得国家批准。该示范区规划面积20平方公里。根据规划，三年后这一数字将增长近6倍。到2012年完成传感网示范基地建设，形成全市产业发展空间布局和功能定位，产业规模达到1000亿元，具有较大规模各类传感网企业500家以上，形成销售额10亿元以上的龙头企业5家以上，培育上市企业5家以上。到2015年，产业规模将达2500亿。按照国家传感器网络标准化工作组的规划，2012年4月19日，国家传感器网络国际标准化组和测试项目联合会议在重庆顺利召开，国际标准化项目组组长郭楠与参会成员通报了项目组工作进展，并对国际标准WG7的进展及无锡会议提出的问题做了详细汇报。国家传感器网络标准有望2012年底制定完成。

目前我国物联网产业、技术还处于概念和科研阶段，物联网整个产业模式还没有彻底形成，处于起步阶段，但物联网的发展趋势是令人振奋的，未来的产业空间是巨大的。

2．中国物联网技术研究现状

2009年10月，在第四届民营科技企业博览会上，西安优势微电子公司宣布：中国的第一颗物联网的芯——“唐芯一号”芯片研制成功，已经攻克了物联网的核心技术。“唐芯一号”芯片是一颗超低功耗射频可编程片上系统(SOPC)，可以满足各种条件下无线传感网、无线个域网、有源RFID等物联网应用的特殊需要，为我国物联网产业的发展奠定了基础。

目前，我国的无线通信网络已经覆盖了城乡，从繁华的城市到偏僻的农村，从海岛到珠穆朗玛峰，到处都覆盖了无线通信网络。无线通信网络是实现物联网必不可少的基础设施，安置在动物、植物、机器和物品上的电子介质产生的数字信号可随时随地通过无处不在的无线通信网络传送出去。“云计算”技术的运用，使数以亿计的各类物品的实时动态管理变为可能。

物联网在高校的研究，当前的聚焦点在北京邮电大学和南京邮电大学。作为“感知中国”的中心，无锡市2009年9月与北京邮电大学就传感网技术研究和产业发展签署合作协议，标志着物联网进入实际建设阶段。协议声明，无锡市政府将与北京邮电大学合作建设研究院，内容主要围绕传感网，涉及光通信、无线通信、计算机控制、多媒体、网络、软件、电子、自动化等技术领域，此外，相关的应用技术研究、科研成果转化和产业化推广工作也同时纳入议程。

为积极参与“感知中国”中心及物联网建设的科技创新和成果转化工作，2009年9月10日，全国高校首家物联网研究院在南京邮电大学正式成立。南京邮电大学“无线传感器网络研究中心”的研究者与物联网打交道已有五六年，一些物联网产品已经初见雏形。此外，南京邮电大学还有一系列举措推进物联网建设的研究：设立物联网专项科研项目，鼓励教师积极参与物联网建设的研究；启动“智慧南邮”平台建设，在校园内建设物联网示范区等。

江苏省把传感网列为全省重点培育和发展的6大新兴产业之一。浙江省尤其是杭州市的物联网研发与应用近年来发展很快。2005年，杭州市电子信息产业发展“十一五”规划已经将传感网技术列为重点发展方向。2008年和2009年杭州市还连续两年承办了无线传感网国际高峰论坛。目前，杭州市从事物联网技术研发和应用的企业已经达到100多家。

福建省也在加快这一新兴产业的发展。2009 年底省政府一连出台三份物联网相关报告，提出 3 年内建立物联网产业集群和重点示范区，力争在全国率先实现突破。福建省目前拥有传感器、网络传输、数据处理等基本完善的产业链，2009 年全省物联网产值达 20 亿元以上。

山东省 RFID 技术研发的突飞猛进已经为其发展物联网产业做了深厚铺垫，2008 年 1 月和 6 月，山东和济南 RFID 产业联盟相继成立。目前，全省 RFID 产业从芯片设计、制造、封装，到读写机具、软件开发、系统集成等各方面已经具备了相当的基础，济南市是全省 RFID 产业发展的重点城市。

2009 年 11 月，中关村物联网产业联盟正式成立，成员包括了北京移动、清华同方股份有限公司、北京邮电大学、中科院软件所、北京交通委信息中心等十二家单位，囊括了政府、院校和企业。

3. 中国物联网标准状况

在世界物联网领域，中国与德国、美国、韩国一起，成为国际标准制定的主导国之一。2009 年 9 月，经国家标准化管理委员会批准，全国信息技术标准化技术委员会组建了传感器网络标准工作组。标准工作组聚集了中国科学院、中国移动等中国传感网主要的技术研究和应用单位，旨在积极开展传感网标准制定工作，深度参与国际标准化活动，通过标准化为产业发展奠定坚实的技术基础。目前，我国传感网标准体系已形成初步框架，向国际标准化组织提交的多项标准提案已被采纳，物联网标准化工作已经取得积极进展。

1.2.3 物联网目前存在的问题

作为一个新兴产业，物联网的发展受到很多因素的制约，有观念、体制、机制、技术、安全等方面的因素。目前制约物联网亟待解决的主要问题包括以下 9 个方面：

(1) 国家安全问题成为首要的技术重点。大型企业、政府机构与国外机构进行项目合作，如何确保企业商业机密、国家机密不被泄漏。

(2) 保证个人隐私不被侵犯。在物联网中，射频识别技术是一个很重要的技术。在射频识别系统中，标签有可能预先被嵌入任何物品(比如人们的日常生活物品)中，但由于该物品(比如衣物)的拥有者不一定能够觉察该物品预先已嵌入有电子标签以及自身可能不受控制地被扫描、定位和追踪，这势必会使个人的隐私受到侵犯。因此，如何确保标签物的拥有者个人隐私不受侵犯便成为射频识别技术以至物联网推广的关键问题。而且，这不仅仅是一个技术问题，还涉及政治和法律问题。

(3) 物联网商用模式有待完善。移动通信研究所专家表示，“要发展成熟的商业模式，必须打破行业壁垒，充分完善政策环境，并进行共赢模式的探索。”

(4) 物联网的相关政策和法规。物联网的普及不仅需要相关技术的提高，它更是牵涉到各个行业、各个产业，需要多种力量的整合。这就需要国家在产业政策和立法上要走在前面，要制定出适合这个行业发展的政策和法规，保证行业的正常发展。

(5) 技术标准的统一与协调。物联网是基于网络的多种技术的结合，应该有相关协议标准做支撑。如网络层互联协议有 TCP/IP 协议；接入层面的协议有 GPRS、传感器、TD-SCDMA、有线等多种通道。物联网发展历程中，传感、传输、应用各个层面会有大量

的技术出现，急需尽快统一技术标准，形成一个管理机制。

(6) 管理平台的开发。在物联网时代，大量信息需要传输和处理，假如没有一个与之匹配的网络体系，就不能进行管理与整合，物联网也将是空中楼阁。因此，建立一个全国性的、庞大的、综合的业务管理平台，将各种传感信息进行收集，进行分门别类的管理，进行有指向性的传输，这是物联网能否被推广的一个关键问题。而建立一个如此庞大的网络体系仅依靠相关企业是无能为力的，由此，必须要由专门的机构组织开发管理平台。

(7) 行业内需建立相关安全体系。物联网目前的传感技术主要是RFID，植入这个芯片的产品，是有可能被任何人进行感知的，它对于产品的主人而言，有这样的一个体系，可以方便地进行管理。但是，它也存在着一个巨大的问题：其他人也能进行感知，比如产品的竞争对手。那么要做到在感知、传输、应用过程中，这些有价值的信息可以为我所用，却不被别人所用，尤其不被竞争对手所用，就需要形成一套强大的安全体系。

(8) 物联网的应用开发。要将物联网应用到生活及各行各业中，必须根据行业的特点，进行深入的研究和有价值的开发。这些应用开发不能依靠运营商，也不能仅仅依靠所谓的物联网企业，而是需要将一些应用形成示范，让更多的传统行业感受到物联网的价值，这样才能有更多企业理解物联网的意义，了解物联网有可能带来的经济和社会效益。

(9) 多种技术的融合问题。物联网的开发还应解决传感器技术、射频识别技术、通信技术、控制技术、智能技术等的融合问题。

1.3 物联网的产业链

1.3.1 物联网产业链

物联网产业链可以细分为标识、感知、处理和信息传送四个环节，每个环节的关键技术分别为RFID、传感器、智能芯片和电信运营商的无线传输网络。

EPoSS(欧洲智能系统集成技术平台)在《Internet of Things in 2020》报告中分析预测，未来物联网的发展将经历四个阶段：

(1) 2010年之前RFID被广泛应用于物流、零售和制药领域；

(2) 2010至2015年物体互联；

(3) 2015至2020年物体进入半智能化；

(4) 2020年之后物体进入全智能化。

物联网产业主要包括M2M(机器对机器)的产业和物联网的信息传感设备两个方面。

① M2M的产业：包括与感知物理设备相关的芯片、终端、软件开发、系统集成制造等的相关产业和新的智能服务产业(包括商务、政务、公务和个人服务等)。

② 物联网的信息传感设备：包括射频识别装置、红外感应器、全球定位系统、激光扫描器等装置。物联网的信息传感设备与互联网相结合，可以实现所有物品的远程感知和控制，由此生成一个更加智慧的生产生活体系。物联网的信息传感设备广泛用于智能交通、环境保护、政府工作、公共安全、智能家居、智能消防、工业监测、老人护理、个人健康等多个领域。

1.3.2 基于 RFID 的物联网产业

作为物联网发展的排头兵，RFID 成为了市场最为关注的技术。数据显示，2008 年全球 RFID 市场规模已从 2007 年的 49.3 亿美元上升到 52.9 亿美元，这个数字覆盖了 RFID 市场的方方面面，包括标签、阅读器、其他基础设施、软件和服务等。2008 年，RFID 卡和卡相关基础设施占市场的 57.3%，达 30.3 亿美元。来自金安防行业的应用也推动了 RFID 卡类市场的增长。美国权威咨询机构 forrester 预测，到 2020 年，世界上物物互联的业务，跟人与人通信的业务相比，将达到 30∶1，因此，物联网被称为是下一个万亿级的信息产业。如图 1.2 所示的是物联网基础设备。图 1.3 所示的是 RFID 的物联网产业。

图 1.2 物联网基础设备

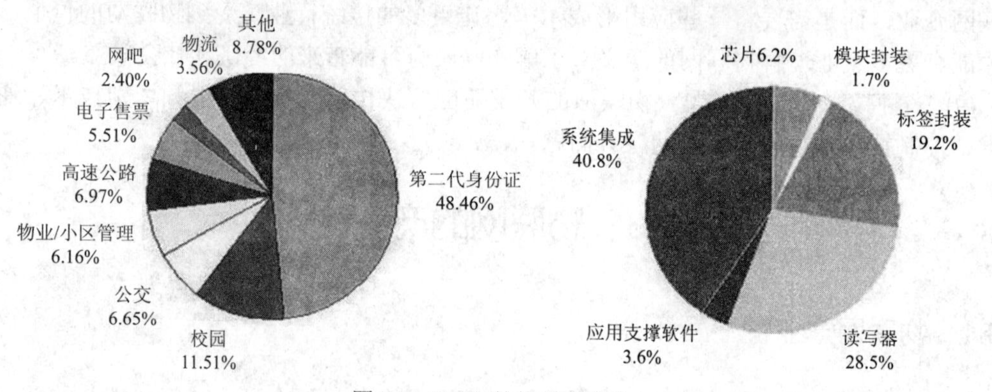

图 1.3 RFID 的物联网产业

2009 年在城市公共交通“一卡通”、高速公路不停车收费、自动化通关、城市暂住证等各类电子证照与特殊人员管理、重要物品防伪、特种设备安检、CA 认证与信息安全管理、动植物电子标识、食品/药品供应链安全监管、独生子女(新生儿)及宠物的跟踪管理、军用物资及集装箱、邮件、包裹的实时跟踪管理以及现代物流管理等领域都已先后启动了 RFID 应用试点。

1.3.3 基于 MEMS 传感器的物联网产业

MEMS(Micro-Electro-Mechanical Systems)是微机电系统的缩写。MEMS 传感器的主要优势在于体积小、大规模生产后成本下降快，目前主要应用在汽车和消费电子两大领域。早在 2007 年，IC Insight(国际电子商情网)就预测报告，预计在 2007 至 2012 年间，全球基于 MEMS 的半导体传感器和制动器的销售额将达到 19%的复合年均增长率(CAGR)，与 2007 年的 41 亿美元相比，五年后将实现 97 亿美元的年销售额。图 1.4 所示的是 MEMS 传感器的物联网产业。

图 1.4 MEMS 传感器的物联网产业

1.3.4 物联网产业主导

物联网将成为继计算机、互联网与移动通信网之后的世界信息产业第三次浪潮，但目前国内对究竟"什么是物联网？"、"谁来主导产业链的发展？"并没有统一的答案。目前运营商涉足物联网的主要可分为智能传输通道和行业集成解决方案两种模式。

智能传输通道是指运营商在终端M2M(机器对机器)以及应用平台上提供可靠的协议或者是模组和二次开发的环境，通过对移动网络专业性的理解和规模化运营的经验，加强产业链各方合作，以达到共赢的局面。

物联网是互联网的延伸，是新一代信息技术的重要组成部分。物联网实现了物体与物体的互联、物体和人的互联，具备全面感知、可靠传送、智能处理等特征，使人类可以用更加精细和动态的方式管理生产、生活，从而提高整个社会的信息化能力。

物联网泛指物与物之间互联的网络及应用，广泛应用于交通、物流、安防、电力、家居等领域，分为感知层、网络层和应用层三部分。感知层主要包括各种感知器件和终端设备，感知器件包括 RFID 标签、二维码、各种传感器、摄像机等；网络层分为接入、传输两部分；应用层包括各种应用服务平台。

从产业链来看，硬件企业负责生产各层次的硬件设备，如感知器件、终端设备、网络硬件、服务器等；软件企业负责各环节软件编写，以实现数据采集、传输、存储、处理和显示等功能。系统集成商通过硬件和软件的有机结合来搭建物联网系统，并交付给物联网服务商，实现具体应用。目前我国物联网产业处于发展初期，系统集成企业一般都兼备软件开发能力，并直接为客户提供服务，硬件企业相对较为独立。

1.4 物联网的应用

1.4.1 物联网的应用领域

物联网用途广泛，遍及智能交通、环境保护、政府工作、公共安全、平安家居、智能消防、工业监测、农业管理、老人护理、个人健康等多个领域。在国家大力推动工业化与信息化两化融合的大背景下，物联网将是工业乃至更多行业信息化过程中一个比较现实的突破口。一旦物联网大规模普及，无数的物品需要加装更加小巧智能的传感器，用于动物、植物、机器等物品的传感器与电子标签及配套的接口装置数量将大大超过目前的手机数量。按照目前对物联网的需求，在近年内就需要数以亿计的传感器和电子标签。在2011年，内嵌芯片、传感器、无线射频的"智能物件"超过1万亿个，物联网发展成为一个上万亿元规模的高科技市场，大大推进了信息技术元件的生产，给市场带来巨大商机。物联网目前已经在行业信息化、家庭保健、城市安防等方面有实际应用。图 1.5 展示了未来物联网的应用场景。

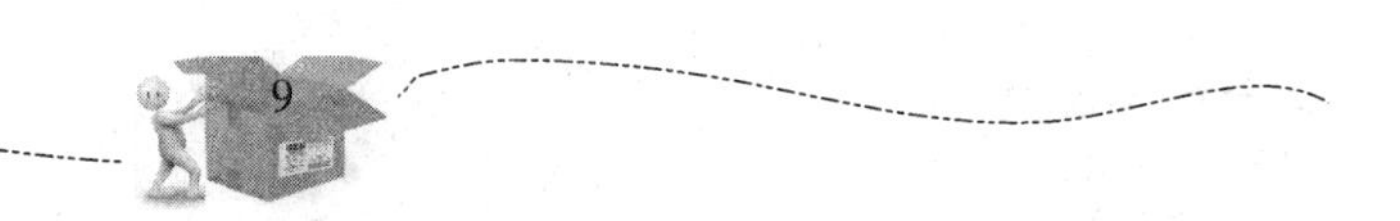

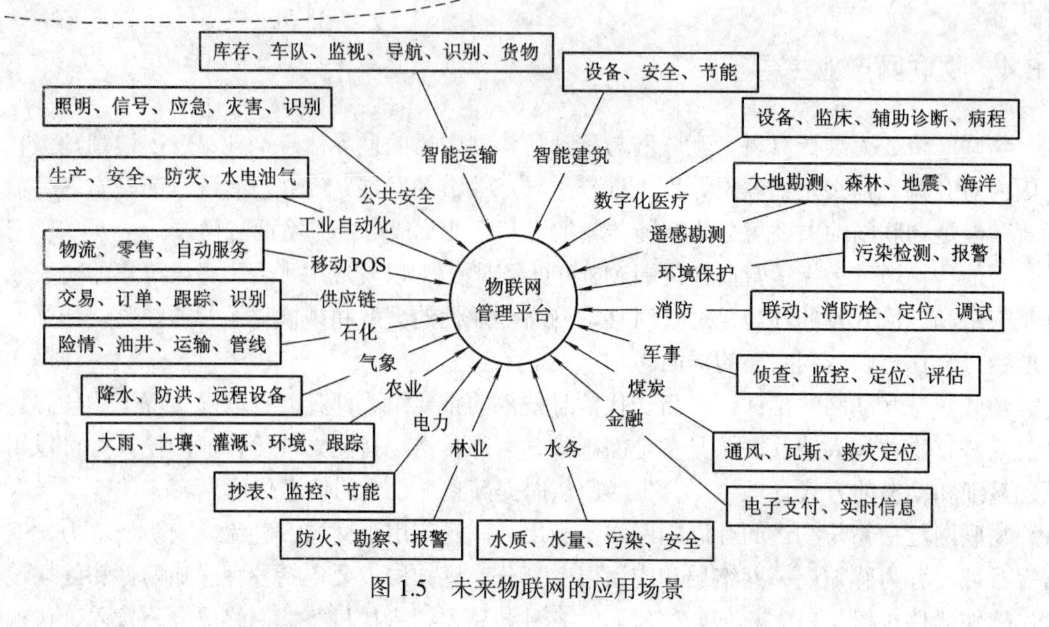

图 1.5　未来物联网的应用场景

1.4.2　物联网应用实例展示

国家加大信息化推进力度，企业客户的管理与生产、用户服务信息化建设对组网业务、集成业务及以 3G 为标志的全业务行业应用需求也随之增大。特别是目前在电力、汽车、物流、交通、安全等行业对物联网通信存在极大的需求。下面是物联网应用的几个典型实例。

1. 智能公交产品

智能公交产品是利用车辆定位技术、地理信息系统技术、公交运营优化与评价技术、计算机网络技术、通信技术，通过中国联通无线网络(3G/2G)实现公交车辆、电子站牌、公交人员与中心管理平台之间的数据信息传输，为公交公司提供集智能化调度、视频监控、信息发布、安全管理于一体的先进管理手段。其组网方案如图 1.6 所示。

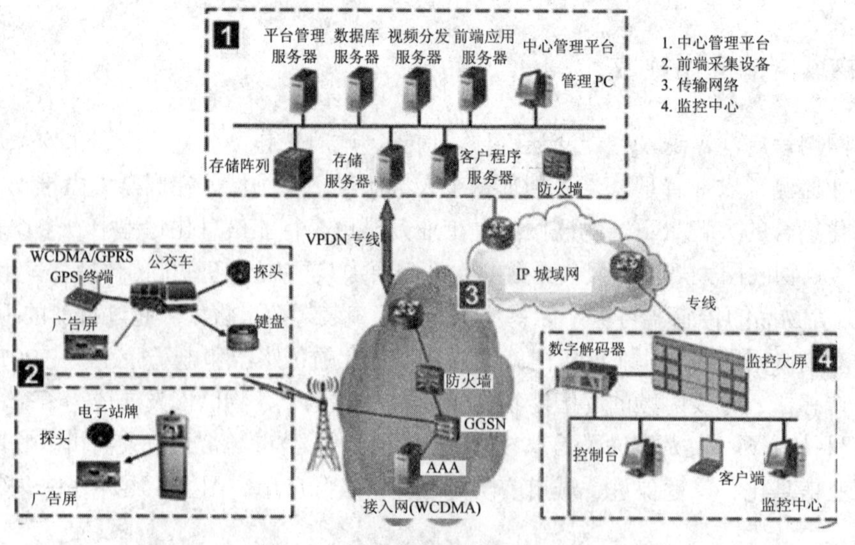

图 1.6　智能公交产品组网方案

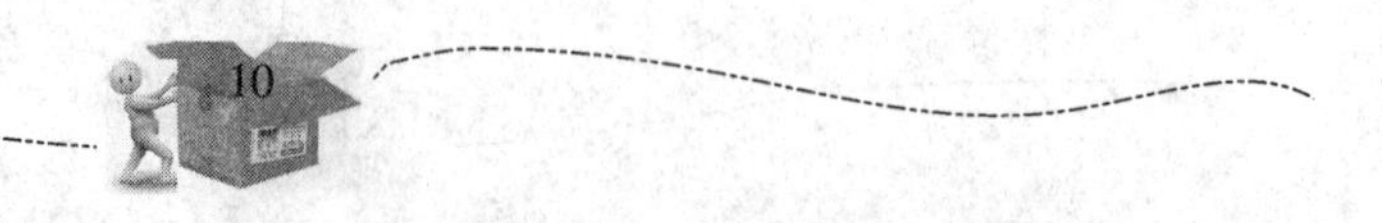

针对公交公司最为关注的三大焦点——“百公里油耗”、“百公里收入”、“百公里投诉”，中国联通智能公交产品针对性地提供四大功能，即先进的公交运营调度功能、安全可靠的视频监控功能、快速便捷的信息发布功能和完备实用的系统管理功能。

1) *运营调度功能*

智能公交产品通过公交车载设备中的GPS功能模块实现定位信息的采集，通过无线通信模块将定位数据上传至中心管理平台。结合地理信息系统技术，系统对定位数据进行分析处理，实现对公交车辆的位置监控、线网规划、计划排班、线路调度、报表统计分析等运营调度功能。

2) *视频监控功能*

智能公交产品通过公交车载监控设备记录车辆运营过程中的车内及路面状况。在需要时，可通过3G通信模块将车载设备采集的音视频信息实时上传至中心管理平台。视频监控功能实现了对公交车辆的安全监控，为案件或事故发生后的调查取证提供了科学有效的依据，对营造安全的搭乘环境和维护正常的搭乘秩序起到了积极的作用；同时加强了票款管理，防止了公交企业的收入流失。

3) *信息发布功能*

智能公交产品通过公交车载设备中的无线通信模块，实现公交车辆、公交人员、场站、电子站牌与中心监控平台之间的文字短消息发送和接收功能、语音通话功能，满足对车辆和驾驶员的远程调度管理需要；满足公交车辆、场站、电子站牌等渠道营运信息发布及媒体信息播放的需要。

4) *系统管理功能*

智能公交产品充分考虑了系统的实用性，实现了用户管理、设备管理、权限管理、认证管理等系统管理功能，使系统功能尽可能地完善并得到充分利用。

2. 平安校园物联网产品

平安校园物联网产品充分发挥全业务优势，将3G视频监控与“宽世界-神眼”平台有机结合，以满足校园安防需求；同时根据各地实际情况，提供学生安全定位、到校平安短信等与学生安全相关的其他应用。

典型案例：某企业的河北分公司推出的视频监控、平安短信、手机定位、家校互动应用；某企业的广东分公司推出的《广东联通物联网行业应用产品业务规范书——平安校园分册》，将平安校园定义为标准产品族，包含校园智能安防监控平台、出入口门禁控制系统、亲情视讯服务平台、亲子定位服务、校园突发事件应急指挥体系等产品。

平安校园物联网定义了产品的功能、业务资费、营销政策、售前支撑流程、售中流程、售后服务流程等相关规范。

平安校园产品的基本功能如下：

1) *视频监控基本功能*

视频监控功能：通过前端摄像头采集校园内的视频信号，经编码器编码后通过传输网络传送到视频监控平台，并实时显示在监控终端上。

视频存储及回放功能：前端摄像头采集的视频按要求存储在视频监控平台或前端视频服务器的存储设备上，并可以在事后按要求取出，在监控终端进行回放。

紧急报警功能：通过校园内的报警装置触发警灯、警笛等装置，并启动报警区域的视频监控，起到事前威慑预防校园犯罪，事中阻吓控制校园犯罪，事后记录惩罚校园犯罪的作用。

2) 视频监控可选功能

视频智能分析功能：通过在校园布放智能视频分析设备，对校园内部及周边的人物活动进行入侵检测、越界检测、逆行检测、人员聚集检测等智能分析，对突发事件的发生进行预测，达到减少校园犯罪的效果。

周界报警功能：通过部署在校园周界围墙的红外对射报警装置，对校园围墙进行设防，当有犯罪分子通过围墙非法闯入校园时，启动报警装置并触发事发地点的视频监控。

手机监控功能：相关人员可以通过安装专用客户端软件的 3G 手机实现对监控系统的访问与浏览，真正实现随时随地查看事发地点现场实时视频，实现远程处理事故快速反应的目的。

校车监控功能：在校车内安装具有 GPS 定位功能的视频监控前端设备，公安部门和学校可以在客户端对车辆的位置进行监控，确保校车按指定路线行驶；对车辆内部和周边进行视频监控，保证学生全程安全。

3) 平安短信功能

平安校园产品通过 RFID 技术，检测学生进出校门动作，并通过短信通知家长，使家长更加放心。平安校园产品实现了学生到校通知、学生离校通知、学生考勤统计功能。

4) 位置监控功能

平安校园产品通过学生随身佩带的具有定位功能的通信终端，实时记录学生所处的位置，保证学生在指定区域内活动。老师、家长可通过终端软件在 PC 或手机终端上监视学生位置。平安校园物联网产品位置监控功能包括学生定位、轨迹回放、区域报警、一键沟通、SOS 报警，如图 1.7 所示。

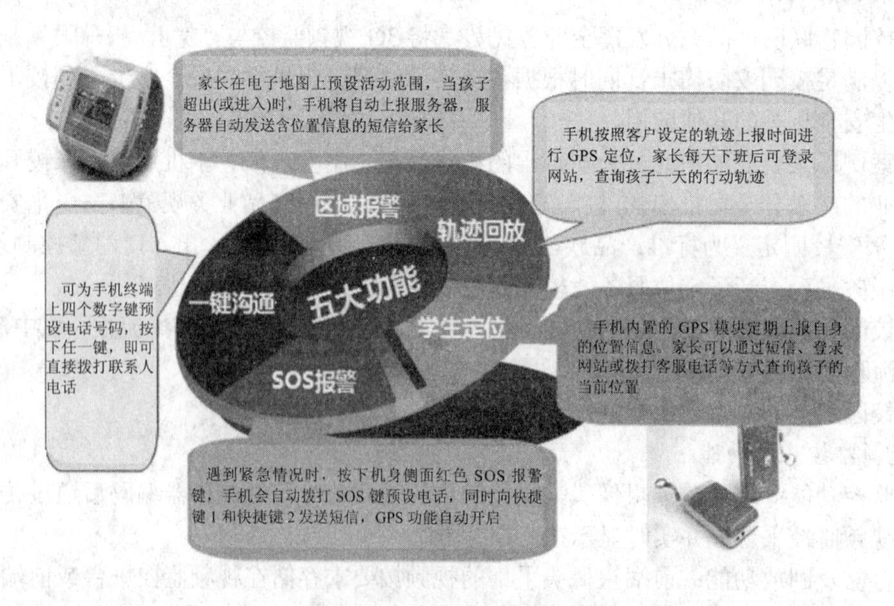

图 1.7　平安校园物联网产品位置监控功能详解

1.5　物联网的发展趋势

物联网的发展趋势体现在以下几个方面：

(1) 网络从虚拟走向现实，从局域走向泛在。

未来几年是中国物联网相关产业以及应用迅猛发展的时期。以物联网为代表的新兴信息产业成为七大新兴战略性产业(节能环保、新兴信息产业、生物产业、新能源、新能源汽车、高端装备制造业和新材料)之一，成为推动产业升级、迈向信息社会的“发动机”。

构建无所不在的网络信息社会已成为全球的趋势，当前世界各国正经历由“e”社会过渡到“u”社会，即无所不在的网络社会(UNS)的阶段，构建“u”社会已上升为国家的信息化战略，例如美国的“智慧地球”以及我们的“感知中国”。“u”战略是在已有的信息基础设施之上重点发展多样的服务与应用，是完成“e”战略后新一轮国家信息化战略。

(2) 物联网将信息化过渡到智能化。

与互联网相比，物联网在 anytime、anyone、anywhere 的基础上，又拓展到了 anything。人们不再被局限于网络的虚拟交流，有人与人(P2P)，机器与人(M2P)、人与机器(P2M)、机器与机器(M2M)之间广泛的通信和信息的交流。物联网将信息化过渡到智能化。

(3) 物联网带来信息技术的第三次革命。

物联网将给人们的生活带来重大改变。生活中的物品变得“聪明”、“善解人意”，物品通过芯片自动读取信息，并通过互联网进行传递，从而使得信息的“处理—获取—传递”整个过程有机地联系在了一起，这对人类生产力是一次重大的解放。条形码的普及花了 30 年时间，RFID 要完全达到条形码的应用程度，还需要 20 年左右。物联网的普及需要大约 20 年的时间。但应用的发展是伴随着技术的成熟而逐渐应用到各个方面的，并不是应用在等待技术完全成熟以后才会开始，在某些领域，物联网将率先应用，同时，伴随着技术的进步，会逐渐拓展到我们生活的方方面面。

(4) 核心技术就是核心竞争力。

物联网的四个关键应用技术是 RFID 技术、传感器技术、智能技术与纳米技术。物联网的发展受到一定的制约，表现如下：

① 物联网产业链长：缺乏完整的技术标准体系和成熟的业务模式。

② 行业融合不够：缺少有利于产业化推进的应用组织方案。

③ 研究力量分散：产业的集中度比较低。

物联网的核心技术使得其产业链具有很强的竞争力，主要表现如下：

① 互联网构建好自身的网络质量和服务，推动一批重大示范工程，促进物联网集成应用解决方案的成熟和产业化发展。

② 高端传感器和芯片设计制造、网络传输、云计算与应用等方面，结合产学研合作。

③ RFID 是物联网发展的排头兵，物联网中所有的个体“身份”均需要 RFID、感应器等基础产业支持。

对于企业而言，需构建平台培养人才、加强技术研发，加大产学研合作力度，从而掌握核心技术。

专家认为，伴随政策扶持，物联网有望迎来快速发展，但目前国内在技术标准与商业模式方面仍需实现更多突破，这样才能切实推进物联网的实际应用并从中赢得商机。

物联网的核心是大力发展并整合三大已有技术：传感、网络和信息系统，其实质是“信息化新阶段”。

(5) 物联网与移动网趋向融合。

传感网的安全性、稳定性、大容量等需求特点，对支撑网络尤其是无线网络环境也提出了极高的要求。TD-SCDMA 作为中国自主知识产权的第三代移动通信系统，我国掌握着核心技术，其系统时钟已不再依赖 GPS 系统，在我国现有的三种 3G 系统中，TD-SCDMA 的安全性能最高，可最大限度保障传感网的战略安全。

TD-SCDMA 与无线传感网融合，必将撬动起一个更大的民族产业，推动我国经济和自主创新产业更快、更好地发展。另外，中国移动全面、优质的网络覆盖将为传感网终端节点部署提供最大的便捷性和可靠性；TD-SCDMA 特有的高频谱利用率、大容量性，更将充分满足数十倍、数百倍于个人通信的物与物互联。

(6) 运营商正在引导物联网。

在 2009 年 9 月 19 日的中国国际信息通信展上，电子商务、手机购物、物流信息化、企业一卡通、公交视频、移动安防、校讯通等一批物联网概念的业务已经展示在业界眼前，积极与各方合作，达到整个产业链的构建，成为了中国移动的目标之一。

同样，中国电信推出自己的物联网业务——“平安 e 家”与“商务领航”，分别面对家庭与企业用户。此外，中国联通也推出了 3G 污水监测业务，该业务可以通过 3G 网络，实时对水表、灌溉等动态数据进行监测，并且能对空气质量、碳排放量、噪音进行监测。

目前，物联网产业链企业主要包括芯片厂商、传感器厂商、识读设备厂商以及传输网络、应用提供商等，而射频识别技术只是传感网诸多感应技术中的一环，而且在产业没有形成规模应用的时候，没有任何的厂商能够代表这个巨大的产业，但无疑，运营商正在引导着物联网。

练 习 题

一、单选题

1．手机钱包的概念是由(　　)提出来的。

A．中国　　B．日本　　C．美国　　D．德国

2．第三次信息技术革命在(　　)年。

A．1999　　B．2000　　C．2004　　D．2010

3．(　　)给出的物联网概念最权威。

A．微软　　B．IBM　　C．三星　　D．国际电信联盟

4．(　　)年中国把物联网发展写入了政府工作报告。

A．2000　　B．2008　　C．2009　　D．2010

5．第三次信息技术革命指的是(　　)。

A．互联网　　B．物联网　　C．智慧地球　　D．感知中国

6．智慧地球是(　　)提出来的。

A．德国　　B．日本　　C．法国　　D．美国

7．第一次信息技术革命在(　　)年。

A．1980　　B．1985　　C．1988　　D．1990

8．2009年中国RFID市场的规模达到(　　)。

A．50亿　　B．40亿　　C．30亿　　D．20亿

9．2005年到2010年，中国RFID市场规模的复合平均增长率，高达(　　)。

A．80%　　B．85.40%　　C．90%　　D．92%

10．第二次信息技术革命在(　　)年。

A．1990　　B．1993　　C．1995　　D．1996

11．IDC预测到2020年将有超过500亿台的(　　)连接到全球的公共网络。

A．M2M设备　　B．阅读器　　C．天线　　D．加速器

12．物联网的发展分(　　)。

A．三个阶段　　B．四个阶段　　C．五个阶段　　D．六个阶段

13．物联网在中国发展将经历(　　)。

A．三个阶段　　B．四个阶段　　C．五个阶段　　D．六个阶段

14．中国在(　　)集成的专利上没有主导权。

A．RFID　　B．阅读器　　C．天线　　D．加速器

15．2009年10月(　　)提出了“智慧地球”。

A．IBM　　B．微软　　C．三星　　D．国际电信联盟

二、判断题(在正确的后面打√，错误的后面打×)

1. 物联网包括物与物的互联，也包括人和人的互联。　(　　)

2. 物联网的出现，为我们建立新的商业模式，提供了巨大的想象空间。　(　　)

3. 营运层最核心、最活跃，产业的生态链最多。　(　　)

4. 物联网主动进行信息交换，非常好，技术廉价。　(　　)

5. 业界对物联网的商业模式已经达成了统一的共识。　(　　)

6.“物联网”被称为继计算机、互联网之后世界信息产业的第三次浪潮。　(　　)

7. 第三次信息技术革命，就是物联网。　(　　)

8. 2009年10月联想提出了“智慧地球”，从物联网的应用价值方面，进一步增强了人们对物联网的认识。　(　　)

9.“因特网＋物联网＝智慧地球”。　(　　)

10．1998年，英国的工程师Kevin Ashton提出现代物联网概念。　(　　)

11．1999年，Electronic Product Code (EPC) Global的前身麻省理工Auto-ID中心提出“Internet of Things”的构想。　(　　)

三、简答题

1．物联网这个概念是谁最先提出来的？

2．“三网融合”指的是哪三网？

3．什么是智能芯片？门卡、公交卡属于智能芯片吗？

4．关于物联网的英文资料，相关的国外网站有哪些？

第 2 章　物联网体系架构

读完本章，读者将了解以下内容：

※ 物联网体系架构，包括物联网的自主体系结构和物联网的 EPC 体系结构；

※ 物联网的 UID 技术体系和构建物联网体系结构的建议；

※ 物联网的关键技术。

2.1　物联网体系架构概述

物联网作为新兴的信息网络技术，将会对 IT 产业发展起到巨大的推动作用。然而，由于物联网尚处在起步阶段，还没有一个广泛认同的体系结构。在公开发表物联网应用系统的同时，很多研究人员提出了若干物联网体系结构。例如物品万维网(Web of Things，WoT)的体系结构，它定义了一种面向应用的物联网，即把万维网服务嵌入到系统中，采用简单的万维网服务形式使用物联网。这是一个以用户为中心的物联网体系结构，它试图把互联网中成功的、面向信息获取的万维网结构移植到物联网上，用于物联网的信息发布、检索和获取。当前，较具代表性的物联网架构有欧美支持的 EPC Global 物联网体系架构和日本支持的 UID(Ubiquitous Identification)物联网系统等。我国也积极参与了物联网体系结构的研究，正在积极制定符合社会发展实际情况的物联网标准和架构。

2.1.1　物联网的自主体系结构

为了适应异构物联网无线通信环境需要，Guy Pujolle 在《An Autonomic-oriented Architecture for the Internet of Things》(IEEE John Vincent Atanasoff 2006 International Symposium on Modern Computing)中提出了一种采用自主通信技术的物联网自主体系结构，如图 2.1 所示。所谓自主通信是指以自主件(Self Ware)为核心的通信，自主件在端到端层次以及中间节点，执行网络控制面已知的或者新出现的任务，自主件可以确保通信系统的可进化特性。由图 2.1 可以看出，物联网的这种自主体系结构由数据面、控制面、知识面和管理面四个面组成。数据面主要用于数据分组的传送；控制面通过向数据面发送配置信息，优化数据面的吞吐量，提高可靠性；知识面是最重要的一个面，它提供整个网络信息的完整视图，并且提炼成为网络系统的知识，用于指导控制面的适应性控制；管理面用于协调数据面、控制面和知识面的交互，提供物联网的自主能力。

在图 2.1 所示的自主体系结构中，其自主特征主要是由 STP/SP 协议栈和智能层取代了传统的 TCP/IP 协议栈，如图 2.2 所示，其中 STP 表示智能传输协议(Smart Transport Protocol)，SP 表示智能协议(Smart Protocol)。物联网节点的智能层主要用于协商交互节点之间 STP/SP 的选择，优化无线链路之上的通信和数据传输，以满足异构物联网设备之间的联网需求。

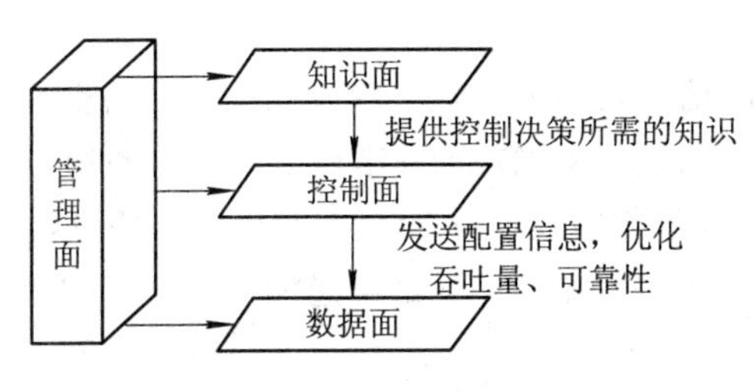

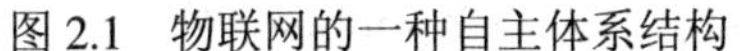
图 2.1　物联网的一种自主体系结构

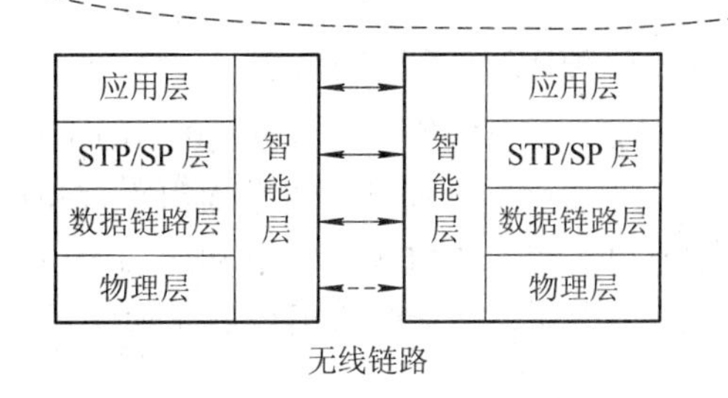

图 2.2　STP/SP 协议栈的自主体系结构

这种面向物联网的自主体系结构所涉及的协议栈比较复杂，只适用于计算资源较为充裕的物联网节点。

2.1.2　物联网的 EPC 体系结构

随着全球经济一体化和信息网络化进程的加快，为满足对单个物品的标识和高效识别，美国麻省理工学院的自动识别实验室(Auto-ID)在美国统一代码协会(UCC)的支持下，提出要在计算机互联网的基础上，利用 RFID、无线通信技术，构造一个覆盖世界万物的系统；同时还提出了电子产品代码(Electronic Product Code，EPC)的概念，即每个对象都将赋予一个唯一的 EPC，采用射频识别技术的信息系统管理，数据传输和数据储存由 EPC 网络来处理。随后，国际物品编码协会(EAN)和美国统一代码协会(UCC)于 2003 年 9 月联合成立了非营利性组织 EPC Global，将 EPC 纳入了全球统一标识系统，实现了全球统一标识系统中的 GTIN 编码体系与 EPC 概念的完美结合。

EPC Global 对于物联网的描述是，一个物联网主要由 EPC 编码体系、射频识别系统及 EPC 信息网络系统三部分组成。

1. EPC 编码体系

物联网实现的是全球物品的信息实时共享。显然，首先要做的是实现全球物品的统一编码，即对在地球上任何地方生产出来的任何一件物品，都要给它打上电子标签。这种电子标签带有一个电子产品代码，并且全球唯一。电子标签代表了该物品的基本识别信息，例如，表示“A 公司于 B 时间在 C 地点生产的 D 类产品的第 E 件”。目前，欧美支持的 EPC 编码和日本支持的 UID 编码是两种常见的电子产品编码体系。

2. 射频识别系统

射频识别系统包括 EPC 标签和读写器。EPC 标签是编号(每件商品唯一的号码，即牌照)的载体，当 EPC 标签贴在物品上或内嵌在物品中时，该物品与 EPC 标签中的产品电子代码就建立起了一对一的映射关系。EPC 标签从本质上来说是一个电子标签，通过 RFID 读写器可以对 EPC 标签的内存信息进行读取。这个内存信息通常就是产品电子代码。产品电子代码经读写器报送给物联网中间件，经处理后存储在分布式数据库中。用户查询物品信息时只要在网络浏览器的地址栏中输入物品名称、生产商、供货商等数据，就可以实时获悉物品在供应链中的状况。目前，与此相关的标准已制定，包括电子标签的封装标准，电子标签和读写器间的数据交互标准等。

3. EPC信息网络系统

EPC信息网络系统包括EPC中间件、EPC信息发现服务和EPC信息服务三部分。

EPC中间件通常指一个通用平台和接口，是连接RFID读写器和信息系统的纽带。它主要用于实现RFID读写器和后端应用系统之间的信息交互、捕获实时信息和事件，或将信息向上传送给后端应用数据库软件系统以及ERP系统等，或将信息向下传送给RFID读写器。

EPC信息发现服务(Discovery Service)包括对象名解析服务(Object Name Service，ONS)以及配套服务，它基于电子产品代码，获取EPC数据访问通道信息。目前，根ONS系统和配套的发现服务系统由EPC Global委托VeriSign公司进行运行维护，其接口标准正在形成之中。

EPC信息服务(EPC Information Service，EPC IS)即EPC系统的软件支持系统，用以实现最终用户在物联网环境下交互EPC信息。关于EPC IS的接口和标准也正在制定中。

可见，一个EPC物联网体系架构主要由EPC编码、EPC标签及RFID读写器、中间件系统、ONS服务器和EPC IS服务器等部分构成，如图2.3所示。

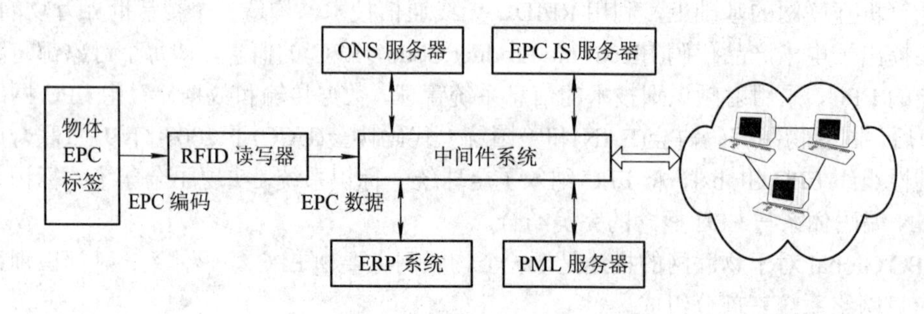

图2.3　EPC物联网体系架构示意图

由图2.3可以看到一个企业物联网应用系统的基本架构。该应用系统由三大部分组成，即RFID识别系统、中间件系统和计算机互联网系统。RFID识别系统包含EPC标签和RFID读写器，两者通过RFID空中接口通信，EPC标签贴于每件物品上。中间件系统含有EPC IS、PML(Physical Markup Language，物体标记语言)、ONS及其缓存系统，其后端应用数据库软件系统还包含ERP系统等，这些都与计算机互联网相连，可及时有效地跟踪、查询、修改或增减数据。

RFID读写器从含有一个EPC或一系列EPC的标签上读取物品的电子代码，然后将读取的物品电子代码送到中间件系统中进行处理。如果读取的数据量较大而中间件系统处理不及时，可应用ONS来储存部分读取数据。中间件系统以该EPC数据为信息源，在本地ONS服务器获取包含该产品信息的EPC信息服务器的网络地址。当本地ONS不能查阅到EPC编码所对应的EPC信息服务器地址时，可向远程ONS发送解析请求，获取物品的对象名称，继而通过EPC信息服务的各种接口获得物品信息的各种相关服务。整个EPC网络系统借助计算机互联网系统，利用在互联网基础上发展产生的通信协议和描述语言而运行。因此，也可以说物联网是架构在互联网基础上的关于各种物理产品信息服务的总和。

综上所述，EPC物联网系统是在计算机互联网基础上，通过中间件系统、对象名解析服务(ONS)和EPC信息服务(EPC IS)来实现物物互联的。

2.1.3　物联网的UID技术体系

鉴于日本在电子标签方面的发展，早在20世纪80年代中期就提出了实时嵌入式系统(TRON)，其中的T-Engine是其体系的核心。在T-Engine论坛领导下，UID中心设立于东京大学，于2003 年3月成立，并得到日本政府以及大企业的支持，目前包括微软、索尼、三菱、日立、日电、东芝、夏普、富士通、NTT、DoCoMo、KDDI、J-Phone、伊藤忠、大日本印刷、凸版印刷、理光等诸多企业。组建UID中心的目的是为了建立和普及自动识别“物品”所需的基础性技术，实现“计算无处不在”的理想环境。

UID是一个开放性的技术体系，由泛在识别码(uCode)、泛在通信器(UG)、信息系统服务器和uCode解析服务器等部分构成。UID使用uCode作为现实世界物品和场所的标识，它从uCode电子标签中读取uCode获得这些设施的状态，并控制它们，类似于PDA终端。UID 可广泛应用于多种产业或行业，现实世界用uCode标识的物品、场所等各种实体与虚拟世界中存储在信息服务器中的各种相关信息联系起来，实现物物互联。

2.1.4　构建物联网体系结构的原则

物联网概念的问世，打破了传统的思维模式。在提出物联网概念之前，一直是将物理基础设施和IT基础设施分开：一方面是机场、公路、建筑物，而另一方面是数据中心、个人计算机、宽带等。在物联网时代，将把钢筋混凝土、电缆与芯片、宽带整合为统一的基础设施。在这种意义上的基础设施就像是一块新的地球工地，世界在它上面运转，包括经济管理、生产运行、社会管理以及个人生活等。研究物联网的体系结构，首先需要明确架构物联网体系结构的基本原则，以便在已有物联网体系结构的基础之上，形成参考标准。

物联网有别于互联网，互联网的主要目的是构建一个全球性的计算机通信网络；物联网则主要是从应用出发，利用互联网、无线通信技术进行业务数据的传送，是互联网、移动通信网应用的延伸，是自动化控制、遥控遥测及信息应用技术的综合展现。当物联网概念与近程通信、信息采集、网络技术、用户终端设备结合之后，其价值才能逐步得到展现。因此，设计物联网体系结构应该遵循以下几条原则：

(1) 多样性原则。物联网体系结构必须根据物联网的服务类型、节点的不同，分别设计多种类型的体系结构，不能也没有必要建立起唯一的标准体系结构。

(2) 时空性原则。物联网尚在发展之中，其体系结构应能满足在时间、空间和能源方面的需求。

(3) 互联性原则。物联网体系结构需要平滑地与互联网实现互联互通，试图另行设计一套互联通信协议及其描述语言，是不现实的。

(4) 扩展性原则。对于物联网体系结构的架构，应该具有一定的扩展性，以便最大限度地利用现有网络通信基础设施，保护已投资利益。

(5) 安全性原则。物物互联之后，物联网的安全性将比计算机互联网的安全性更为重要，因此物联网的体系结构应能够防御大范围的网络攻击。

(6) 健壮性原则。物联网体系结构应具备相当好的健壮性和可靠性。

2.1.5 实用的层次性物联网体系架构

物联网是通过各种信息传感设备及系统(传感网、射频识别系统、红外感应器、激光扫描器等)、条码与二维码、全球定位系统，按约定的通信协议，将物与物、人与物、人与人连接起来，通过各种接入网、互联网进行信息交换，以实现智能化识别、定位、跟踪、监控和管理的一种信息网络。这个定义的核心是，物联网的主要特征是每一个物件都可以寻址，每一个物件都可以控制，每一个物件都可以通信。

根据物联网的服务类型和节点等情况，物联网的体系结构划分有两种情况：其一是由感知层、接入层、网络层和应用层组成的四层物联网体系结构；其二是由感知层、网络层和应用层组成的三层物联网体系结构。根据对物联网的研究、技术和产业的实践观察，目前业界将物联网系统划分为三个层次：感知层、网络层、应用层，并依此概括地描绘物联网的系统架构，如图 2.4 所示。

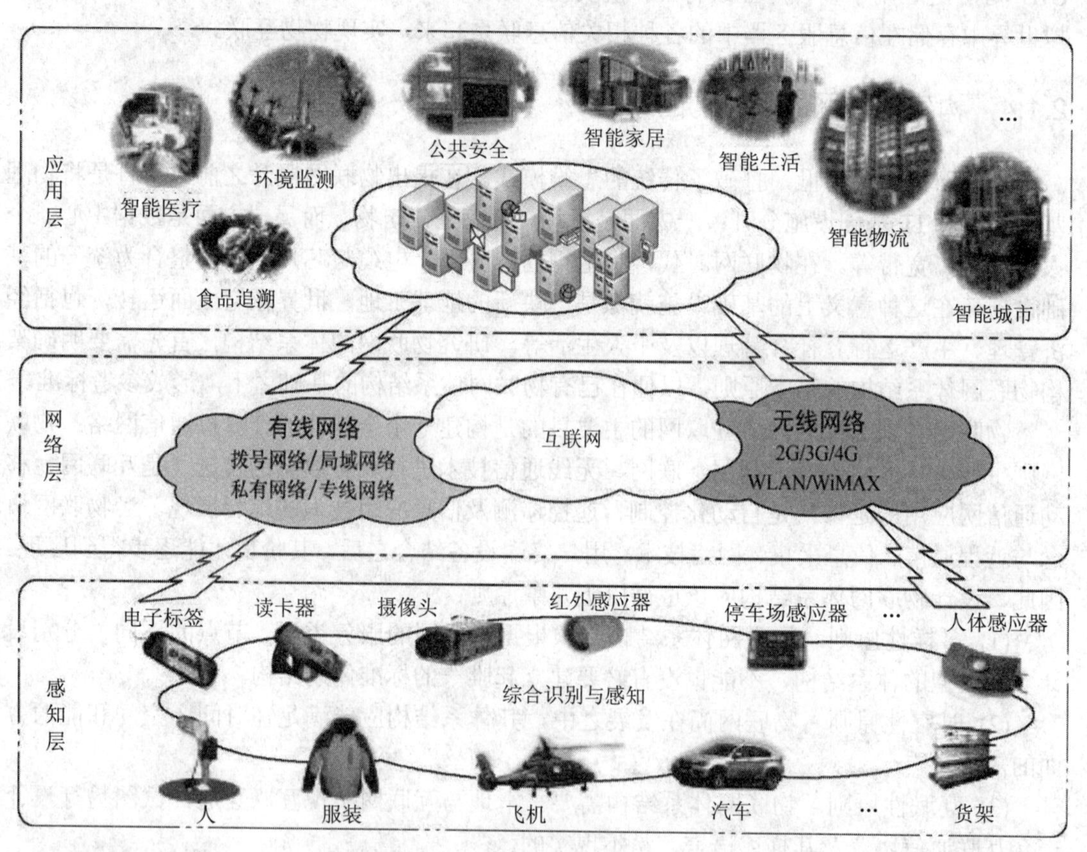

图 2.4　物联网体系架构示意图

感知层解决的是人类世界和物理世界的数据获取问题。感知层可进一步划分为两个子层，首先是通过传感器、数码相机等设备采集外部物理世界的数据，然后通过 RFID、条码、工业现场总线、蓝牙、红外等短距离传输技术传递数据。特别是在仅传递物品的唯一识别码的情况下，也可以只有数据的短距离传输这一层。实际上，这两个子层有时很难明确区分开。感知层所需要的关键技术包括检测技术、短距离有线和无线通信技术等。

网络层解决的是感知层所获得的数据在一定范围内(通常是长距离)传输的问题。这些数据可以通过移动通信网、国际互联网、企业内部网、各类专网、小型局域网等网络传输。特别是当三网融合后，有线电视网也能承担物联网网络层的功能，有利于物联网的加快推进。网络层所需要的关键技术包括长距离有线和无线通信技术、网络技术等。

应用层解决的是信息处理和人机界面的问题。网络层传输而来的数据在这一层里进入各类信息系统进行处理，并通过各种设备与人进行交互。这一层也可按形态直观地划分为两个子层。一个是应用程序层，进行数据处理，它涵盖了国民经济和社会的每一领域，包括电力、医疗、银行、交通、环保、物流、工业、农业、城市管理、家居生活等，包括支付、监控、安保、定位、盘点、预测等，可用于政府、企业、社会组织、家庭、个人等。这正是物联网作为深度信息化产物的重要体现。另一个是终端设备层，提供人机界面。物联网虽然是“物物相连的网”，但最终是要以人为本的，最终还是需要人的操作与控制，不过这里的人机界面已远远超出现时人与计算机交互的概念，而是泛指与应用程序相连的各种设备与人的反馈。

在各层之间，信息不是单向传递的，可有交互、控制等，所传递的信息多种多样，这其中关键是物品的信息，包括在特定应用系统范围内能唯一标识物品的识别码和物品的静态与动态信息。此外，软件和集成电路技术都是各层所需的关键技术。

2.2 感 知 层

物联网与传统网络的主要区别在于，物联网扩大了传统网络的通信范围，即物联网不仅仅局限于人与人之间的通信，还扩展到人与物、物与物之间的通信。在物联网具体实现过程中，如何完成对物的感知这一关键环节？本节将针对这一问题，对感知层及其关键技术进行介绍。

2.2.1 感知层的功能

物联网在传统网络的基础上，从原有网络用户终端向“下”延伸和扩展，扩大通信的对象范围，即通信不仅仅局限于人与人之间的通信，还扩展到人与现实世界的各种物体之间的通信。

这里的“物”并不是自然物品，而是要满足一定的条件才能够被纳入物联网的范围，例如有相应的信息接收器和发送器、数据传输通路、数据处理芯片、操作系统、存储空间等，遵循物联网的通信协议，在物联网中有可被识别的标识。可以看到现实世界的物品未必能满足这些要求，这就需要特定的物联网设备的帮助。物联网设备具体来说就是嵌入式系统、传感器、RFID 等。

物联网感知层解决的就是人类世界和物理世界的数据获取问题，即各类物理量、标识、音频、视频数据。感知层处于三层架构的最底层，是物联网发展和应用的基础，具有物联网全面感知的核心能力。作为物联网的最基本一层，感知层具有十分重要的作用。

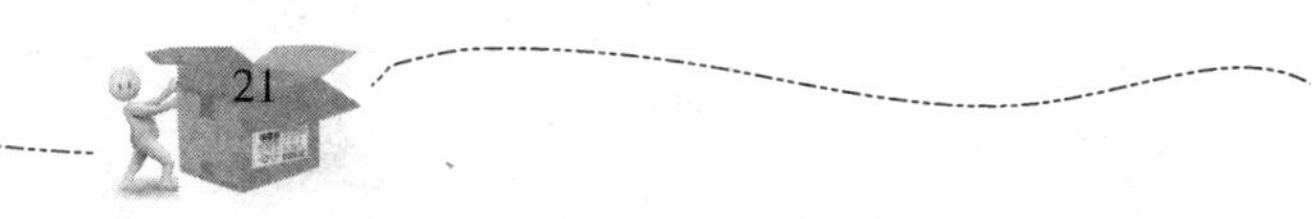

2.2.2 感知层的关键技术

感知层所需要的关键技术包括检测技术、中低速无线或有线短距离传输技术等。具体来说，感知层综合了传感器技术、嵌入式计算技术、智能组网技术、无线通信技术、分布式信息处理技术等，能够通过各类集成化的微型传感器的协作实时监测、感知和采集各种环境或监测对象的信息。感知层通过嵌入式系统对信息进行处理，并通过随机自组织无线通信网络以多跳中继方式将所感知到的信息传送到接入层的基站节点和接入网关，最终到达用户终端，从而真正实现“无处不在”的物联网的理念。

1. 传感器技术

人是通过视觉、嗅觉、听觉及触觉等感觉来感知外界信息的，感知的信息输入大脑进行分析判断和处理，大脑再指挥人做出相应的动作，这是人类认识世界和改造世界具有的最基本的能力。但是通过人的五官感知外界的信息非常有限，例如，人无法利用触觉来感知超过几十甚至上千度的温度，而且也不可能辨别温度的微小变化，这就需要电子设备的帮助。同样，利用电子仪器特别像计算机控制的自动化装置来代替人的劳动时，计算机类似于人的大脑，但仅有大脑而没有感知外界信息的“五官”显然是不够的，计算机还需要它们的“五官”——传感器。

传感器是一种检测装置，能感受到被测的信息，并能将检测感受到的信息按一定规律变换成为电信号或其他所需形式的信息输出，以满足信息的传输、处理、存储、显示、记录和控制等要求。它是实现自动检测和自动控制的首要环节。在物联网系统中，对各种参量进行信息采集和简单加工处理的设备，被称为物联网传感器。传感器可以独立存在，也可以与其他设备以一体方式呈现，但无论哪种方式，它都是物联网中的感知和输入部分。在未来的物联网中，传感器及其组成的传感器网络将在数据采集前端发挥重要的作用。

传感器的分类方法多种多样，比较常用的有按传感器的物理量、工作原理和输出信号三种方式来分类。此外，按照是否具有信息处理功能来分类的意义越来越重要，特别是在未来的物联网时代。按照这种分类方式，传感器可分为一般传感器和智能传感器。一般传感器采集的信息需要计算机进行处理；智能传感器带有微处理器，本身具有采集、处理、交换信息的能力，具备高数据精度、高可靠性与高稳定性、高信噪比与高分辨力、强自适应性、低价格性能比等特点。

1) 新型传感器

传感器是节点感知物质世界的“感觉器官”，用来感知信息采集点的环境参数。传感器可以感知热、力、光、电、声、位移等信号，为物联网系统的处理、传输、分析和反馈提供最原始的数据信息。

随着电子技术的不断进步，传统的传感器正逐步实现微型化、智能化、信息化、网络化；同时，也正经历着一个从传统传感器(Dumb Sensor)到智能传感器(Smart Sensor)再到嵌入式 Web 传感器(Embedded Web Sensor)不断丰富发展的过程。应用新理论、新技术，采用新工艺、新结构、新材料，研发各类新型传感器，提升传感器的功能与性能，降低成本，是实现物联网的基础。目前，市场上已经有大量门类齐全且技术成熟的传感器产品可供选择使用。

2) 智能化传感网节点技术

所谓智能化传感网节点，是指一个微型化的嵌入式系统。在感知物质世界及其变化的过程中，需要检测的对象很多，例如温度、压力、湿度、应变等，因此需要微型化、低功耗的传感网节点来构成传感网的基础层支持平台。所以需要针对低功耗传感网节点设备的低成本、低功耗、小型化、高可靠性等要求，研制低速、中高速传感网节点核心芯片，以及集射频、基带、协议、处理于一体，具备通信、处理、组网和感知能力的低功耗片上系统；针对物联网的行业应用，研制系列节点产品。这不但需要采用 MEMS 加工技术，设计符合物联网要求的微型传感器，使之可识别、配接多种敏感元件，并适用于主被动各种检测方法，而且传感网节点还应具有强抗干扰能力，以适应恶劣工作环境的需求。如何利用传感网节点具有的局域信号处理功能，在传感网节点附近局部完成一定的信号处理，使原来由中央处理器实现的串行处理、集中决策的系统，成为一种并行的分布式信息处理系统，这还需要开发基于专用操作系统的节点级系统软件。

2．RFID 技术

RFID 是射频识别(Radio Frequency Identification)的英文缩写，是 20 世纪 90 年代开始兴起的一种自动识别技术，它利用射频信号通过空间电磁耦合实现无接触信息传递并通过所传递的信息实现物体识别。RFID 既可以看成是一种设备标识技术，也可以归类为短距离传输技术，在本书中更倾向于前者。

RFID 是一种能够让物品“开口说话”的技术，也是物联网感知层的一个关键技术。在对物联网的构想中，RFID 标签中存储着规范而具有互用性的信息，通过有线或无线的方式把它们自动采集到中央信息系统，实现物品(商品)的识别，进而通过开放式的计算机网络实现信息交换和共享，实现对物品的“透明”管理。

RFID 系统主要由三部分组成：电子标签(Tag)、读写器(Reader)和天线(Antenna)。其中，电子标签芯片具有数据存储区，用于存储待识别物品的标识信息；读写器是将约定格式的待识别物品的标识信息写入电子标签的存储区中(写入功能)，或在读写器的阅读范围内以无接触的方式将电子标签内保存的信息读取出来(读出功能)；天线用于发射和接收射频信号，往往内置在电子标签和读写器中。

RFID 技术的工作原理是：电子标签进入读写器产生的磁场后，读写器发出的射频信号凭借感应电流所获得的能量将存储在芯片中的产品信息(无源标签或被动标签)发送出，或者主动发送某一频率的信号(有源标签或主动标签)；读写器读取信息并解码后，送至中央信息系统进行有关数据处理。

由于 RFID 具有无需接触、自动化程度高、耐用可靠、识别速度快、适应各种工作环境、可实现高速和多标签同时识别等优势，因此应用领域广泛，如物流和供应链管理、门禁安防系统、道路自动收费、航空行李处理、文档追踪/图书馆管理、电子支付、生产制造和装配、物品监视、汽车监控、动物身份标识等。以简单 RFID 系统为基础，结合已有的网络技术、数据库技术、中间件技术等，构筑一个由大量联网的读写器和无数移动的标签组成的、比 Internet 更为庞大的物联网，已成为 RFID 技术发展的趋势。

RFID 主要采用 ISO 和 IEC 制定的技术标准。目前可供射频卡使用的射频技术标准有 ISO/IEC 10536、ISO/IEC 14443、ISO/IEC 15693 和 ISO/IEC 18000。应用最多的是 ISO/IEC

14443 和 ISO/IEC 15693，这两个标准都由物理特性、射频功率和信号接口、初始化和反碰撞以及传输协议四部分组成。

RFID 与人们常见的条形码相比，比较明显的优势体现在以下几个方面：

(1) 读写器可同时识读多个 RFID 标签。

(2) 读写时不需要光线，不受非金属覆盖的影响，即使在严酷、肮脏的条件下仍然可以读取。

(3) 存储容量大，可以反复读、写。

(4) 可以在高速运动中读取。

当然，目前 RFID 还存在许多技术难点，主要集中在：RFID 反碰撞、防冲突问题；RFID 天线研究；工作频率的选择；安全与隐私等方面。

3. 二维码技术

二维码(2-dimensional bar code)技术是物联网感知层实现过程中最基本和关键的技术之一。二维码也叫二维条码或二维条形码，是用某种特定的几何形体按一定规律在平面上分布(黑白相间)的图形来记录信息的应用技术。从技术原理来看，二维码在代码编制上巧妙地利用构成计算机内部逻辑基础的“0”和“1”比特流的概念，使用若干与二进制相对应的几何形体来表示数值信息，并通过图像输入设备或光电扫描设备自动识读以实现信息的自动处理。

与一维条形码相比，二维码有着明显的优势，归纳起来主要有以下几个方面：数据容量更大，二维码能够在横向和纵向两个方位同时表达信息，因此能在很小的面积内表达大量的信息；超越了字母数字的限制；条形码相对尺寸小；具有抗损毁能力。此外，二维码还可以引入保密措施，其保密性较一维码要强很多。

二维码可分为堆叠式/行排式二维码和矩阵式二维码。其中，堆叠式/行排式二维码形态上是由多行短截的一维码堆叠而成；矩阵式二维码以矩阵的形式组成，在矩阵相应元素位置上用“点”表示二进制“1”，用“空”表示二进制“0”，并由“点”和“空”的排列组成代码。

二维码具有条码技术的一些共性：每种码制有其特定的字符集；每个字符占有一定的宽度；具有一定的校验功能等。

二维码的特点归纳如下：

(1) 高密度编码，信息容量大。二维码可容纳多达 1850 个大写字母或 2710 个数字或 1108 个字节或 500 多个汉字，比普通条码信息容量高几十倍。

(2) 编码范围广。二维码可以把图片、声音、文字、签字、指纹等可以数字化的信息进行编码，并用条码表示。

(3) 容错能力强，具有纠错功能。二维码因穿孔、污损等引起局部损坏时，甚至损坏面积达 50%时，仍可以正确得到识读。

(4) 译码可靠性高。二维码比普通条码百万分之二的译码错误率要低得多，误码率不超过千万分之一。

(5) 可引入加密措施。二维码保密性、防伪性好。

(6) 成本低，易制作，持久耐用。

(7) 条码符号形状、尺寸大小比例可变。

(8) 二维码可以使用激光或 CCD 摄像设备识读，十分方便。

与 RFID 相比，二维码最大的优势在于成本较低，一条二维码的成本仅为几分钱，而 RFID 标签因其芯片成本较高，制造工艺复杂，价格较高。RFID 与二维码功能比较见表 2-1。

表 2-1　RFID 与二维码功能比较

功　能	RFID	二　维　码
读取数量	可同时读取多个 RFID 标签	一次只能读取一个二维码
读取条件	RFID 标签不需要光线就可以读取或更新	二维码读取时需要光线
容量	存储资料的容量大	存储资料的容量小
读写能力	电子资料可以重复写	资料不可更新
读取方便性	RFID 标签可以很薄，如在包内仍可读取资料	二维码读取时需要清晰可见
资料准确性	准确性高	需靠人工读取，有人为疏失的可能性
坚固性	RFID 标签在严酷、恶劣与肮脏的环境下仍然可读取资料	当二维码污损时将无法读取，无耐久性
高速读取	在高速运动中仍可读取	移动中读取有所限制

4. ZigBee 技术

ZigBee 是一种短距离、低功耗的无线传输技术，是一种介于无线标记技术和蓝牙之间的技术，它是 IEEE 802.15.4 协议的代名词。ZigBee 采用分组交换和跳频技术，并且可使用三个频段，分别是 2.4GHz 的公共通用频段、欧洲的 868MHz 频段和美国的 915MHz 频段。ZigBee 主要应用在短距离范围并且数据传输速率不高的各种电子设备之间。与蓝牙相比，ZigBee 更简单、速率更慢、功率及费用也更低。同时，由于 ZigBee 技术的低速率和通信范围较小的特点，也决定了 ZigBee 技术只适合于承载数据流量较小的业务。

ZigBee 技术主要包括以下特点：

(1) 数据传输速率低，只有 10 kb/s～250 kb/s，专注于低传输应用。

(2) 低功耗。ZigBee 设备只有激活和睡眠两种状态，而且 ZigBee 网络中通信循环次数非常少，工作周期很短，所以一般来说两节普通 5 号干电池可使用 6 个月以上。

(3) 成本低。因为 ZigBee 数据传输速率低，协议简单，所以大大降低了成本。

(4) 网络容量大。ZigBee 支持星形、簇形和网状网络结构，每个 ZigBee 网络最多可支持 255 个设备。也就是说，每个 ZigBee 设备可以与另外 254 台设备相连接。

(5) 有效范围小。ZigBee 的有效传输距离为 10 m～75 m，具体依据实际发射功率的大小和各种不同的应用模式而定，基本上能够覆盖普通的家庭或办公室环境。

(6) 工作频段灵活。使用的频段分别为 2.4 GHz、868 MHz(欧洲)及 915 MHz(美国)，均为免执照频段。

(7) 可靠性高。ZigBee 采用了碰撞避免机制，同时为需要固定带宽的通信业务预留了专用时隙，避免了发送数据时的竞争和冲突；节点模块之间具有自动动态组网功能，信息在整个 ZigBee 网络中通过自动路由的方式进行传输，从而保证了信息传输的可靠性。

(8) 时延短。ZigBee 针对时延敏感的应用做了优化，通信时延和从休眠状态激活的时延都非常短。

(9) 安全性高。ZigBee 提供了数据完整性检查和鉴定功能，采用 AES-128 加密算法，同时根据具体应用可以灵活确定其安全属性。

由于 ZigBee 技术具有成本低、组网灵活等特点，可以嵌入各种设备，在物联网中发挥了重要作用。其应用领域主要有 PC 外设(鼠标、键盘、游戏操控杆)、消费类电子设备(电视机、CD、VCD、DVD 等设备上的遥控装置)、家庭内智能控制(照明、煤气计量控制及报警等)、玩具(电子宠物)、医护(监视器和传感器)、工控(监视器、传感器和自动控制设备)等。

5. 蓝牙

蓝牙(Bluetooth)是一种无线数据与话音通信的开放性全球规范，和 ZigBee 一样，也是一种短距离的无线传输技术。其实质内容是为固定设备或移动设备之间的通信环境建立通用的短距离无线接口，将通信技术与计算机技术进一步结合起来，是各种设备在无电线或电缆相互连接的情况下，能在短距离范围内实现相互通信或操作的一种技术。

蓝牙采用高速跳频(Frequency Hopping)和时分多址(Time Division Multiple Access，TDMA)等先进技术，支持点对点及点对多点通信。其传输频段为全球公共通用的 2.4 GHz 频段，能提供 1 Mb/s 的传输速率和 10 m 的传输距离，并采用时分双工传输方案实现全双工传输。

蓝牙除具有和 ZigBee 一样，可以全球范围适用、功耗低、成本低、抗干扰能力强等特点外，还有许多它自己的特点。

(1) 同时可传输话音和数据。蓝牙采用电路交换和分组交换技术，支持异步数据信道、三路话音信道以及异步数据与同步话音同时传输的信道。

(2) 可以建立临时性的对等连接(Ad-Hoc Connection)。

(3) 开放的接口标准。为了推广蓝牙技术的使用，蓝牙技术联盟(Bluetooth SIG)将蓝牙的技术标准全部公开，全世界范围内的任何单位和个人都可以进行蓝牙产品的开发，只要最终通过 Bluetooth SIG 的蓝牙产品兼容性测试，就可以推向市场。

蓝牙作为一种电缆替代技术，主要有以下三类应用：话音/数据接入、外围设备互连和个人局域网(PAN)。在物联网的感知层，主要是用于数据接入。蓝牙技术有效地简化了移动通信终端设备之间的通信，也能够成功地简化设备与因特网之间的通信，从而数据传输变得更加迅速、高效，为无线通信拓宽了道路。

2.3 网 络 层

物联网是什么？我们经常会说是 RFID，这只是感知，其实感知的技术已经有了，虽说未必成熟，但是开发起来并不很难。但是物联网的价值在什么地方？主要在于网，而不在于物。感知只是第一步，但是感知的信息，如果没有一个庞大的网络体系，将不能进行管理和整合，那这个网络就没有意义。本节将对物联网架构中的网络层进行介绍。

2.3.1 网络层的功能

物联网的网络层是在现有网络的基础上建立起来的，它与目前主流的移动通信网、国际互联网、企业内部网、各类专网等网络一样，主要承担着数据传输的功能，特别是当三网融合后，有线电视网也能承担数据传输的功能。

在物联网中，要求网络层能够把感知层感知到的数据无障碍、高可靠性、高安全性地进行传送，它解决的是感知层所获得的数据在一定范围内，尤其是远距离的传输问题。同时，物联网的网络层将承担比现有网络更大的数据量和面临更高的服务质量要求，所以现有网络尚不能满足物联网的需求，这就意味着物联网需要对现有网络进行融合和扩展，利用新技术以实现更加广泛和高效的互联功能。

由于广域通信网络在早期物联网发展中的缺位，早期的物联网应用往往在部署范围、应用领域等诸多方面有所局限，终端之间以及终端与后台软件之间都难以开展协同。随着物联网的发展，建立端到端的全局网络将成为必须。

2.3.2 网络层的关键技术

由于物联网的网络层是建立在 Internet 和移动通信网络等现有网络基础上的，除具有目前已经比较成熟的如远距离有线、无线通信技术和网络技术外，为实现"物物相连"的需求，物联网的网络层将综合使用 IPv6、2G/3G、Wi-Fi 等通信技术，实现有线与无线的结合、宽带与窄带的结合、感知网与通信网的结合。同时，网络层中的感知数据管理与处理技术是实现以数据为中心的物联网的核心技术。感知数据管理与处理技术包括物联网数据的存储、查询、分析、挖掘、理解以及基于感知数据决策和行为的技术。

下面将对物联网依托的 Internet、移动通信网络和无线传感器网络三种主要网络形态以及涉及的 IPv6、Wi-Fi 等关键技术进行简单介绍，第 5 章将对目前主流的网络及其关键技术做详细讲解。

1. Internet

Internet，中文译为因特网，广义的因特网叫互联网，是以相互交流信息资源为目的，基于一些共同的协议，并通过许多路由器和公共互联网连接而成，它是一个信息资源和资源共享的集合。Internet 采用了目前最流行的客户机/服务器工作模式，凡是使用 TCP/IP 协议，并能与 Internet 中任意主机进行通信的计算机，无论是何种类型、采用何种操作系统，均可看成是 Internet 的一部分，可见 Internet 覆盖范围之广。物联网也被认为是 Internet 的进一步延伸。

Internet 将作为物联网主要的传输网络之一，然而为了让 Internet 适应物联网大数据量和多终端的要求，业界正在发展一系列新技术。其中，由于 Internet 中用 IP 地址对节点进行标识，而目前的 IPv4 受制于资源空间耗竭，已经无法提供更多的 IP 地址，所以 IPv6 以其近乎无限的地址空间将在物联网中发挥重大作用。引入 IPv6 技术，使网络不仅可以为人类服务，还将服务于众多硬件设备，如家用电器、传感器、远程照相机、汽车等，它将使物联网无所不在、无处不在地深入社会的每个角落。

2. 移动通信网络

移动通信就是移动体之间的通信，或移动体与固定体之间的通信。通过有线或无线介质将这些物体连接起来进行话音等服务的网络就是移动通信网络。

移动通信网络由无线接入网、核心网和骨干网三部分组成。无线接入网主要为移动终端提供接入网络服务，核心网和骨干网主要为各种业务提供交换和传输服务。从通信技术层面看，移动通信网络的基本技术可分为传输技术和交换技术两大类。

在物联网中，终端需要以有线或无线方式连接起来，发送或者接收各类数据；同时，考虑到终端连接的方便性、信息基础设施的可用性(不是所有地方都有方便的固定接入能力)以及某些应用场景本身需要监控的目标就是在移动状态下，因此，移动通信网络以其覆盖广、建设成本低、部署方便、终端具备移动性等特点将成为物联网重要的接入手段和传输载体，为人与人之间、人与网络之间、物与物之间的通信提供服务。

在移动通信网络中，当前比较热门的接入技术有 3G、Wi-Fi 和 WiMAX。

在移动通信网络中，3G 是指第三代支持高速数据传输的蜂窝移动通信技术，3G 网络则综合了蜂窝、无绳、集群、移动数据、卫星等各种移动通信系统的功能，与固定电信网的业务兼容，能同时提供话音和数据业务。3G 的目标是实现所有地区(城区与野外)的无缝覆盖，从而使用户在任何地方均可以使用系统所提供的各种服务。3G 包括三种主要国际标准，即 CDMA2000、WCDMA 和 TD-SCDMA，其中 TD-SCDMA 是由中国第一个提出的，以我国知识产权为主的、被国际上广泛接受和认可的无线通信国际标准。

Wi-Fi 全称 Wireless Fidelity(无线保真技术)，传输距离有几百米，可实现各种便携设备(手机、笔记本电脑、PDA 等)在局部区域内的高速无线连接或接入局域网。Wi-Fi 是由接入点(Access Point，AP)和无线网卡组成的无线网络。主流的 Wi-Fi 技术无线标准有 IEEE 802.11b 及 IEEE 802.11g 两种，可分别提供 11 Mb/s 和 54 Mb/s 两种传输速率。

WiMAX 全称为 World Interoperability for Microwave Access(全球微波接入互操作性)，是一种城域网(MAN)无线接入技术，它是针对微波和毫米波频段提出的一种空中接口标准，其信号传输半径可以达到 50km，基本上能覆盖到城郊。正是由于这种远距离传输特性，WiMAX 不仅能解决无线接入问题，还能作为有线网络接入(有线电视、DSL)的无线扩展，方便地实现边远地区的网络连接。

3. 无线传感器网络

无线传感器网络(WSN)的基本功能是将一系列空间分散的传感器单元通过自组织的无线网络进行连接，从而将各自采集的数据通过无线网络进行传输汇总，以实现对空间分散范围内的物理或环境状况的协作监控，并根据这些信息进行相应的分析和处理。

很多文献将无线传感器网络归为感知层技术，实际上无线传感器网络技术贯穿物联网的三个层面，是结合了计算机、通信、传感器三项技术的一门新兴技术，具有较大范围、低成本、高密度、灵活布设、实时采集、全天候工作的优势，且对物联网其他产业具有显著带动作用。

如果说 Internet 构成了逻辑上的虚拟数字世界，改变了人与人之间的沟通方式，那么无线传感器网络就是将逻辑上的数字世界与客观上的物理世界融合在一起，改变人类与自然

界的交互方式。无线传感器网络是集成了监测、控制以及无线通信的网络系统，与传统网络相比较，它具有如下特点：

(1) 节点数目更为庞大(上千甚至上万)，节点分布更为密集；

(2) 由于环境影响和存在能量耗尽问题，节点更容易出现故障；

(3) 环境干扰和节点故障易造成网络拓扑结构的变化；

(4) 通常情况下，大多数传感器节点是固定不动的；

(5) 传感器节点具有的能量、处理能力、存储能力和通信能力等都十分有限。

因此，无线传感器网络的首要设计目标是能源的高效利用，主要涉及节能、定位、时间同步等关键技术，这也是无线传感器网络和传统网络最重要的区别之一。

2.4 应 用 层

物联网最终目的是要把感知和传输来的信息更好地利用，甚至有学者认为，物联网本身就是一种应用，可见应用在物联网中的地位。

2.4.1 应用层的功能

应用是物联网发展的驱动力和目的。应用层的主要功能是把感知和传输来的信息进行分析和处理，做出正确的控制和决策，实现智能化的管理、应用和服务。这一层解决的是信息处理和人机界面的问题。

具体地讲，应用层将网络层传输来的数据通过各类信息系统进行处理，并通过各种设备与人进行交互。这一层也可按形态直观地划分为两个子层：一个是应用程序层；另一个是终端设备层。应用程序层进行数据处理，完成跨行业、跨应用、跨系统之间的信息协同、共享、互通的功能，包括电力、医疗、银行、交通、环保、物流、工业、农业、城市管理、家居生活等，可用于政府、企业、社会组织、家庭、个人等，这正是物联网作为深度信息化网络的重要体现。而终端设备层主要是提供人机界面，物联网虽然是“物物相连的网”，但最终还是需要人的操作与控制，不过这里的人机界面已远远超出现在人与计算机交互的概念，而是泛指与应用程序相连的各种设备与人的反馈。

物联网的应用可分为监控型(物流监控、污染监控)、查询型(智能检索、远程抄表)、控制性(智能交通、智能家居、路灯控制)和扫描型(手机钱包、高速公路不停车收费)等。目前，软件开发、智能控制技术发展迅速，应用层技术会为用户提供丰富多彩的物联网应用。同时，各种行业和家庭应用的开发会推动物联网的普及，也会给整个物联网产业链带来利润。

2.4.2 应用层的关键技术

物联网的应用层能够为用户提供丰富多彩的业务体验，然而，如何合理、高效地处理从网络层传来的海量数据，并从中提取有效信息，是物联网应用层要解决的一个关键问题。下面将对应用层的 M2M、用于处理海量数据的云计算等关键技术进行简单介绍。

1. M2M

M2M 是 Machine-to-Machine(机器对机器)的缩写，根据不同应用场景，往往也被解释

为 Man-to-Machine(人对机器)、Machine-to-Man(机器对人)、Mobile-to-Machine(移动网络对机器)、Machine-to-Mobile(机器对移动网络)。Machine 一般特指人造的机器设备，而物联网(Internet of Things)中的 Things 则是指更抽象的物体，范围更广。例如，树木和动物属于 Things，可以被感知、被标记，属于物联网的研究范畴，但它们不是 Machine，不是人为事物；冰箱则属于 Machine，同时也是一种 Things。所以，M2M 可以看做是物联网的子集或应用。

M2M 是现阶段物联网普遍的应用形式，是实现物联网的第一步。M2M 业务现阶段通过结合通信技术、自动控制技术和软件智能处理技术，实现对机器设备信息的自动获取和自动控制。这个阶段通信的对象主要是机器设备，尚未扩展到任何物品，在通信过程中，也以使用离散的终端节点为主。并且，M2M 的平台也不等于物联网运营的平台，它只解决了物与物的通信，解决不了物联网智能化的应用。所以，随着软件的发展，特别是应用软件和中间件软件的发展，M2M 平台可以逐渐过渡到物联网的应用平台上。

M2M 将多种不同类型的通信技术有机地结合在一起，将数据从一台终端传送到另一台终端，也就是机器与机器的对话。M2M 技术综合了数据采集、GPS、远程监控、电信、工业控制等技术，可以在安全监测、自动抄表、机械服务、维修业务、自动售货机、公共交通系统、车队管理、工业流程自动化、电动机械、城市信息化等环境中运行并提供广泛的应用和解决方案。

M2M 技术的目标就是使所有机器设备都具备联网和通信能力，其核心理念就是网络一切(Network Everything)。随着科学技术的发展，越来越多的设备具有了通信和联网能力，网络一切逐步变为现实。M2M 技术具有非常重要的意义，有着广阔的市场和应用，会推动社会生产方式和生活方式的新一轮变革。

2. 云计算

云计算(Cloud Computing)是分布式计算(Distributed Computing)、并行计算(Parallel Computing)和网格计算(Grid Computing)的发展，或者说是这些计算机科学概念的商业实现。云计算通过共享基础资源(硬件、平台、软件)的方法，将巨大的系统池连接在一起以提供各种 IT 服务，这样企业与个人用户无需再投入昂贵的硬件购置成本，只需要通过互联网来租赁计算力等资源。用户可以在多种场合，利用各类终端，通过互联网接入云计算平台来共享资源。

云计算涵盖的业务范围一般有狭义和广义之分。狭义云计算指 IT 基础设施的交付和使用模式，通过网络以按需、易扩展的方式获得所需的资源(硬件、平台、软件)。提供资源的网络被称为“云”。“云”中的资源在使用者看来是可以无限扩展的，并且可以随时获取、按需使用、随时扩展、按使用付费。这种特性经常被称为像水电一样使用的 IT 基础设施。广义云计算指服务的交付和使用模式，通过网络以按需、易扩展的方式获得所需的服务。这种服务可以是与 IT 和软件、互联网相关的，也可以使用任意其他的服务。

云计算具有强大的处理能力、存储能力、带宽和极高的性价比，可以有效用于物联网应用和业务，也是应用层能提供众多服务的基础。它可以为各种不同的物联网应用提供统一的服务交付平台，可以为物联网应用提供海量的计算和存储资源，还可以提供统一的数据存储格式和数据处理方法。利用云计算可大大简化应用的交付过程，降低交付成本，并

能提高处理效率。同时，物联网也将成为云计算最大的用户，促使云计算取得更大的商业成功。第 10 章将对云计算进行详细介绍。

3. 人工智能

人工智能(Artificial Intelligence)是探索、研究使各种机器模拟人的某些思维过程和智能行为(如学习、推理、思考、规划等)，使人类的智能得以物化与延伸的一门学科。目前对人工智能的定义大多可划分为四类，即机器“像人一样思考”、“像人一样行动”、“理性地思考”和“理性地行动”。人工智能企图了解智能的实质，并生产出一种新的能以与人类智能相似的方式作出反应的智能机器。该领域的研究包括机器人、语言识别、图像识别、自然语言处理和专家系统等。目前主要的方法有神经网络、进化计算和粒度计算三种。在物联网中，人工智能技术主要负责分析物品所承载的信息内容，从而实现计算机自动处理。

人工智能技术的优点在于：大大改善操作者作业环境，减轻工作强度；提高作业质量和工作效率；一些危险场合或重点施工应用得到解决；环保、节能；提高机器的自动化程度及智能化水平；提高设备的可靠性，降低维护成本；实现故障诊断的智能化等。

4. 数据挖掘

数据挖掘(Data Mining)是从大量的、不完全的、有噪声的、模糊的及随机的实际应用数据中，挖掘出隐含的、未知的、对决策有潜在价值的数据的过程。数据挖掘主要基于人工智能、机器学习、模式识别、统计学、数据库、可视化技术等，高度自动化地分析数据，做出归纳性的推理。它一般分为描述型数据挖掘和预测型数据挖掘两种。描述型数据挖掘包括数据总结、聚类及关联分析等；预测型数据挖掘包括分类、回归及时间序列分析等。数据挖掘通过对数据的统计、分析、综合、归纳和推理，揭示事件间的相互关系，预测未来的发展趋势，为决策者提供决策依据。

在物联网中，数据挖掘只是一个代表性概念，它是一些能够实现物联网“智能化”、“智慧化”的分析技术和应用的统称。细分起来，包括数据挖掘和数据仓库(Data Warehousing)、决策支持(Decision Support)、商业智能(Business Intelligence)、报表(Reporting)、ETL(数据抽取、转换和清洗等)、在线数据分析、平衡计分卡(Balanced Scoreboard)等技术和应用。

5. 中间件

中间件是为了实现每个小的应用环境或系统的标准化以及它们之间的通信，在后台应用软件和读写器之间设置的一个通用的平台和接口。在许多物联网体系架构中，经常把中间件单独划分为一层，位于感知层与网络层或网络层与应用层之间。本书参照当前比较通用的物联网架构，将中间件划分到应用层。在物联网中，中间件作为其软件部分，有着举足轻重的地位。物联网中间件是在物联网中采用中间件技术，以实现多个系统或多种技术之间的资源共享，最终组成一个资源丰富、功能强大的服务系统，最大限度地发挥物联网系统的作用。具体来说，物联网中间件的主要作用在于将实体对象转换为信息环境下的虚拟对象，因此数据处理是中间件最重要的功能。同时，中间件具有数据的搜集、过滤、整合与传递等特性，以便将正确的对象信息传到后端的应用系统。

目前主流的中间件包括 ASPIRE 和 Hydra。ASPIRE 旨在将 RFID 应用渗透到中小型企业。为了达到这样的目的，ASPIRE 完全改变了现有的 RFID 应用开发模式，它引入并推进

一种完全开放的中间件，同时完全有能力支持原有模式中核心部分的开发。ASPIRE 的解决办法是完全开源和免版权费用，这大大降低了总的开发成本。Hydra 中间件特别方便实现环境感知行为和在资源受限设备中处理数据的持久性问题。Hydra 项目的第一个产品是为了开发基于面向服务结构的中间件，第二个产品是为了能基于 Hydra 中间件生产出可以简化开发过程的工具，即供开发者使用的软件或者设备开发套件。

物联网中间件的实现依托于中间件关键技术的支持，这些关键技术包括 Web 服务、嵌入式 Web、Semantic Web 技术、上下文感知技术、嵌入式设备及 Web of Things 等。

2.5 物联网的关键技术

物联网已成为目前 IT 业的新兴领域，引发了相当热烈的研究和探讨。不同的视角对物联网概念的看法不同，所涉及的关键技术也不相同。可以确定的是，物联网技术涵盖了从信息获取、传输、存储、处理直至应用的全过程，在材料、器件、软件、网络、系统各个方面都要有所创新才能促进其发展。国际电信联盟报告提出，物联网主要需要四项关键性应用技术：标签物品的 RFID 技术、感知事物的传感网络技术(Sensor Technologies)、思考事物的智能技术(Smart Technologies)和微缩事物的纳米技术(Nanotechnology)。显然这是侧重了物联网的末梢网络。欧盟《物联网研究路线图》将物联网研究划分为十个层面：感知，ID 发布机制与识别；物联网宏观架构；通信(OSI 参考模型的物理层与数据链路层)；组网(OSI 参考模型的网络层)；软件平台、中间件(OSI 参考模型的网络层以上各层)；硬件；情报提炼；搜索引擎；能源管理；安全。当然，这些都是物联网研究的内容，但对于实现物联网而言，这种划分略显重点不够突出。

通过对物联网系统的三个层次(感知层、网络层、应用层)的功能、关键技术及内涵分析，可以将实现物联网的关键技术归纳为感知技术(包括 RFID、新型传感器、智能化传感网节点技术等)、网络通信技术(包括传感网技术、核心承载网通信技术和互联网技术等)、数据融合与智能技术(包括数据融合与处理、海量数据智能控制)、云计算等。

练 习 题

一、单选题

1．物联网体系结构划分为四层，传输层在(　　)。

A．第一层　　B．第二层　　C．第三层　　D．第四层

2．物联网的基本架构不包括(　　)。

A．感知层　　B．传输层　　C．数据层　　D．会话层

3．感知层在(　　)。

A．第一层　　B．第二层　　C．第三层　　D．第四层

4．物联网体系结构划分为四层，应用层在(　　)。

A．第一层　　B．第二层　　C．第三层　　D．第四层

5．IBM 提出的物联网构架结构类型是(　　)。

A．三层　　B．四层　　C．八横四纵　　D．五层

6. 物联网的(　　)是核心。

A．感知层　　B．传输层　　C．数据层　　D．应用层

7. 下列哪项不是物联网的组成系统？(　　)

A．EPC 编码体系　　B．EPC 解码体系

C．射频识别技术　　D．EPC 信息网络系统

8. 利用 RFID、传感器、二维码等随时随地获取物体的信息，指的是(　　)。

A．可靠传递　　B．全面感知　　C．智能处理　　D．互联网

9. 下列关于物联网的描述，哪一项是不正确的？(　　)

A．GPS 也可以称做物联网，只不过 GPS 是初级个体的应用。

B．自动灯控算是物联网的雏形

C．电力远程抄表是物联网的基本应用

D．物联网最早在中国称为泛在网

10. 物联网在以下哪一个领域中的应用还处在探索之中，没有形成规模应用？(　　)

A．公共安全　　B．智能交通　　C．生态、环保　　D．远程医疗

11. RFID 属于物联网的(　　)。

A．感知层　　B．网络层　　C．业务层　　D．应用层

12. 下列哪项不是物联网体系构架原则？(　　)

A．多样性原则　　B．时空性原则　　C．安全性原则　　D．复杂性原则

二、判断题(在正确的后面打√，错误的后面打×)

1. 感知层是物联网获取、识别物体采集信息的来源，其主要功能是识别物体采集信息。(　　)

2. 物联网的感知层主要包括：二维码标签、读写器、RFID 标签、摄像头、GPS 传感器、M2M 终端。(　　)

3. 应用层相当于人的神经中枢和大脑，负责传递和处理感知层获取的信息。(　　)

4. 物联网的数据管理系统的结构主要有集中式、半分布式、分布式及层次式结构，目前大多数研究工作集中在半分布式结构方面。(　　)

5. 在物联网的拓扑控制技术中，主要包括功率控制和拓扑生成两个方面。(　　)

6. 物联网标准体系可以根据物联网技术体系的框架进行划分，即分为感知延伸层标准、网络层标准、应用层标准和共性支撑标准。(　　)

7. 物联网共性支撑技术不属于网络某个特定的层面，而是与网络的每层都有关系，主要包括：网络架构、标识解析、网络管理、安全、QoS 等。(　　)

8. 物联网环境支撑平台根据用户所处的环境进行业务的适配和组合。(　　)

9. 物联网服务支撑平台是面向各种不同的泛在应用，提供综合的业务管理、计费结算、签约认证、安全控制、内容管理、统计分析等功能。(　　)

10. 物联网中间件平台是用于支撑泛在应用的其他平台，例如封装和抽象网络及业务能力，向应用提供统一开放的接口等。(　　)

11．物联网应用层主要包含应用支撑子层和应用服务子层，在技术方面主要用于支撑信息的智能处理和开放的业务环境，以及各种行业和公众的具体应用。（　　）

12．物联网信息开放平台将各种信息和数据进行统一汇聚、整合、分类和交换，并在安全范围内开放给各种应用服务。（　　）

13．物联网服务可以划分为行业服务和公众服务。（　　）

14．物联网公共服务是面向公众的普遍需求，由跨行业的企业主体提供综合性服务，如智能家居等。（　　）

15．物联网包括感知层、网络层和应用层三个层次。（　　）

16．感知延伸层技术是保证物联网感知和获取物理世界信息的首要环节，并将现有网络接入能力向物进行延伸。（　　）

三、简答题

1. 物联网体系结构中主要包含哪三层？简述每层内容。

2. RFID 系统主要由哪几部分组成？简述 RFID 技术的工作原理。

第 3 章　传感器及检测技术

读完本章，读者将了解以下内容：

※ 传感器的分类、传感器的组成及传感器在物联网中的应用；

※ 检测的基本概念、检测技术的分类及检测系统的组成；

※ 典型传感器(如电阻式传感器、压电式传感器、生物传感器、磁电式传感器和光纤传感器)的原理；

※ 智能检测系统的组成及类型、智能传感器技术等。

3.1 传　感　器

3.1.1 传感器概述

传感器是一种物理装置或生物器官，能够探测、感受外界的信号、物理条件(如光、热、湿度)或化学组成(如烟雾)，并将探知的信息传递给其他装置或器官。

国家标准 GB7665—87 对传感器下的定义是：能感受规定的被测量件并按照一定的规律转换成可用信号的器件或装置，通常由敏感元件和转换元件组成。传感器是一种检测装置，能感受到被测量的信息，并能将检测感受到的信息按一定规律变换成为电信号或其他所需形式的信息输出，以满足信息的传输、处理、存储、显示、记录和控制等要求。传感器是实现自动检测和自动控制的首要环节。

关于传感器，我国曾出现过多种名称，如发送器、传送器、变送器等，它们的内涵相同或相似，所以近来已逐渐趋向统一，大都使用“传感器”这一名称了。从字面上可以作如下解释：传感器的功用是一感二传，即感受被测信息，并传送出去。根据这个定义，传感器的作用是将一种能量转换成另一种能量形式，所以不少学者也用“换能器(Transducer)”来称谓“传感器(Sensor)”。

3.1.2 传感器的分类

往往同一被测量可以用不同类型的传感器来测量，而同一原理的传感器又可测量多种物理量，因此传感器有许多种分类方法。常见的传感器分类方法如下：

1．按照传感器的用途分类

传感器按照其用途可分为力敏传感器、位置传感器、液面传感器、能耗传感器、速度传感器、加速度传感器、射线辐射传感器、热敏传感器和 24GHz 雷达传感器等。

2．按照传感器的原理分类

传感器按照其原理可分为振动传感器、湿敏传感器、磁敏传感器、气敏传感器、真空

度传感器和生物传感器等。

3．按照传感器的输出信号标准分类

传感器按照其输出信号的标准可分为以下几种：

(1) 模拟传感器：将被测量的非电学量转换成模拟电信号。

(2) 数字传感器：将被测量的非电学量转换成数字输出信号(包括直接和间接转换)。

(3) 膺数字型传感器：将被测量的信号量转换成频率信号或短周期信号的输出(包括直接或间接转换)。

(4) 开关传感器：当一个被测量的信号达到某个特定的阈值时，传感器相应地输出一个设定的低电平或高电平信号。

4．按照传感器的材料分类

在外界因素的作用下，所有材料都会作出相应的、具有特征性的反应。它们中的那些对外界作用最敏感的材料，即那些具有功能特性的材料，被用来作为传感器的敏感元件。从所应用的材料观点出发可将传感器分成下列几类：

(1) 按照其所用材料的类别分类：金属聚合物和陶瓷混合物。

(2) 按材料的物理性质分类：导体绝缘体和半导体磁性材料。

(3) 按材料的晶体结构分类：单晶和多晶非晶材料。

与采用新材料紧密相关的传感器开发工作，可以归纳为下述三个方向：

(1) 在已知的材料中探索新的现象、效应和反应，然后使它们在传感器技术中得到实际使用。

(2) 探索新的材料，应用那些已知的现象、效应和反应来改进传感器技术。

(3) 在研究新型材料的基础上探索新现象、新效应和反应，并在传感器技术中加以具体实施。

现代传感器制造业的进展取决于用于传感器技术的新材料和敏感元件的开发强度。传感器开发的基本趋势是和半导体以及介质材料的应用密切关联的。

5．按照传感器的制造工艺分类

传感器按照其制造工艺可分为集成传感器、薄膜传感器、厚膜传感器和陶瓷传感器等。

(1) 集成传感器是用标准的生产硅基半导体集成电路的工艺技术制造的。通常还将用于初步处理被测信号的部分电路也集成在同一芯片上。

(2) 薄膜传感器是通过沉积在介质衬底(基板)上的相应敏感材料的薄膜形成的。使用混合工艺时，同样可将部分电路制造在此基板上。

(3) 厚膜传感器是将相应材料的浆料涂覆在陶瓷基片上制成的，基片通常是由 Al_2O_3 制成的，然后进行热处理，使厚膜成形。

(4) 陶瓷传感器是采用标准的陶瓷工艺或其某种变种工艺(溶胶-凝胶等)生产的，完成适当的预备性操作之后，已成形的元件在高温中进行烧结。

厚膜传感器和陶瓷传感器这两种工艺之间有许多共同特性，在某些方面，可以认为厚膜工艺是陶瓷工艺的一种变型。

每种工艺技术都有自己的优点和不足。由于研究、开发和生产所需的资本投入较低，以及传感器参数的高稳定性等原因，采用陶瓷传感器和厚膜传感器比较合理。

6. 按照传感器的测量目的的不同分类

传感器根据测量目的的不同可分为物理型传感器、化学型传感器和生物型传感器。

(1) 物理型传感器是利用被测量物质的某些物理性质发生明显变化的特性制成的。

(2) 化学型传感器是利用能把化学物质的成分、浓度等化学量转化成电学量的敏感元件制成的。

(3) 生物型传感器是利用各种生物或生物物质的特性做成的，用以检测与识别生物体内化学成分的传感器。

3.1.3 传感器的性能指标

1. 传感器的静态特性

传感器的静态特性是指对静态的输入信号，传感器的输出量与输入量之间所具有的相互关系。因为这时输入量和输出量都与时间无关，所以它们之间的关系，即传感器的静态特性可用一个不含时间变量的代数方程，或以输入量作横坐标，把与其对应的输出量作纵坐标而画出的特性曲线来描述。表征传感器静态特性的主要参数有线性度、灵敏度、迟滞、重复性、漂移等。

(1) 线性度：指传感器输出量与输入量之间的实际关系曲线偏离拟合直线的程度。其定义为在全量程范围内实际特性曲线与拟合直线之间的最大偏差值与满量程输出值之比。

(2) 灵敏度：是传感器静态特性的一个重要指标。其定义为输出量的增量与引起该增量的相应输入量增量之比，用 S 表示。

(3) 迟滞：指传感器在输入量由小到大(正行程)及输入量由大到小(反行程)变化期间其输入、输出特性曲线不重合的现象。对于同一大小的输入信号，传感器的正、反行程输出信号大小不相等，这个差值称为迟滞差值。

(4) 重复性：指传感器在输入量按同一方向作全量程连续多次变化时，所得特性曲线不一致的程度。

(5) 漂移：指在输入量不变的情况下，传感器输出量随着时间变化的现象。产生漂移的原因有两个方面：一是传感器自身的结构参数；二是周围环境(如温度、湿度等)。

2. 传感器的动态特性

所谓动态特性，是指传感器在输入变化时，它的输出的特性。在实际工作中，传感器的动态特性常用它对某些标准输入信号的响应来表示。这是因为传感器对标准输入信号的响应容易用实验方法求得，并且它对标准输入信号的响应与它对任意输入信号的响应之间存在一定的关系，往往知道了前者就能推定后者。最常用的标准输入信号有阶跃信号和正弦信号两种，所以传感器的动态特性也常用阶跃响应和频率响应来表示。

3. 传感器的线性度

通常情况下，传感器的实际静态特性输出是条曲线而非直线。在实际工作中，为使仪表具有均匀刻度的读数，常用一条拟合直线近似地代表实际的特性曲线，即线性度(非线性

误差)，它就是这个近似程度的一个性能指标。

拟合直线的选取有多种方法。如将零输入和满量程输出点相连的理论直线作为拟合直线；或将与特性曲线上各点偏差的平方和为最小的理论直线作为拟合直线，此拟合直线称为最小二乘法拟合直线。

4．传感器的灵敏度

灵敏度是指传感器在稳态工作情况下输出量变化Δy对输入量变化Δx的比值。

灵敏度是输出-输入特性曲线的斜率。如果传感器的输出和输入之间呈线性关系，则灵敏度S是一个常数。否则，它将随输入量的变化而变化。

灵敏度的量纲是输出、输入量的量纲之比。例如，某位移传感器，在位移变化 1 mm时，输出电压变化为 200 mV，则其灵敏度应表示为 200 mV/mm。

当传感器的输出、输入量的量纲相同时，灵敏度可理解为放大倍数。提高灵敏度，可得到较高的测量精度。但灵敏度愈高，测量范围愈窄，稳定性也往往愈差。

5．传感器的分辨率

分辨率是指传感器可感受到的被测量的最小变化的能力。也就是说，如果输入量从某一非零值缓慢地变化，当输入变化值未超过某一数值时，传感器的输出不会发生变化，即传感器对此输入量的变化是分辨不出来的。只有当输入量的变化超过分辨率时，其输出才会发生变化。

通常传感器在满量程范围内各点的分辨率并不相同，因此常用满量程中能使输出量产生阶跃变化的输入量中的最大变化值作为衡量分辨率的指标。上述指标若用满量程的百分比表示，则称为分辨率。分辨率与传感器的稳定性有负相相关性。

3.1.4 传感器的组成

国家标准(GB7665—87)中定义传感器(Transducer/Sensor)为：能够感受规定的被测量并按照一定规律转换成可用输出信号的器件或装置。

这一定义包含了以下几方面的意思：

(1) 传感器是测量装置，能完成检测任务；

(2) 它的输出量是某一被测量，可能是物理量，也可能是化学量、生物量等；

(3) 它的输出量是某种物理量，这种量要便于传输、转换、处理、显示等，这种量可以是气、光、电量，但主要是电量；

(4) 输出、输入有对应关系，且应有一定的精确程度。

传感器一般由敏感元件、转换元件、转换电路三部分组成，组成框图如图 3.1 所示。

图 3.1　传感器组成框图

敏感元件：是直接感受被测量，并输出与被测量成确定关系的某一物理量的元件。

转换元件：敏感元件的输出就是它的输入，它把输入转换成电路参量。

转换电路：可把敏感元件的输出经转换元件的输出再转换成电量输出。

实际上，有些传感器很简单，有些则较复杂，大多数是开环系统，也有些是带反馈的闭环系统。

3.1.5　传感器在物联网中的应用

传感器是物联网信息采集基础。传感器处于产业链上游，在物联网发展之初受益较大；同时传感器又处在物联网金字塔的塔座，随着物联网的发展，传感器行业也将得到提升，它将是整个物联网产业中需求量最大的环节。

目前，我国传感器产业相对国外来说，还比较落后，尤其在高端产品的需求上，大部分还依赖于进口，即使这样，随着工业技术的发展，需求量还是很大。随着物联网“十二五”规划的出台，物联网在智能电网、交通运输、智能家居、精细农牧业、公共安全以及智慧城市等领域的应用正在慢慢展开，由此带来的传感器需求将更加的庞大。

现在，汽车、物流、煤矿安监、安防、RFID 标签卡领域的传感器市场增长较快：在汽车传感器市场上，由于汽车需求的急剧增加，带动传感器的销量也在快速上升，其潜在规模达五十七亿只，这个数量将是目前的十四倍以上；物流传感器市场将是汽车行业的两倍左右；此外，安防行业近年也引起了重视，“十二五”规划中我国安防行业产值年均增长百分之二十，传感器也将与其同步发展。

传感器技术领导者易转型为整体方案商，成长空间大，竞争力强，是投资的首选目标。整体方案市场空间大，是传感器企业的长远目标，传感器核心技术的领导者更易转型；在物联网战略下，传感器国产化需求迫切，传感器行业的国内领导者受政府扶持；作为物联网发展瓶颈，传感器成为整个产业链的优势环节，也代表了企业的核心竞争力。

3.2　检测技术基础

自动检测技术是一门以研究检测系统中信息提取、转换及处理的理论和技术为主要内容的应用技术学科。在信息社会的一切活动领域，检测是科学地认识各种现象的基础性方法和手段。检测技术是多学科知识的综合应用，涉及半导体技术、激光技术、光纤技术、声控技术、遥感技术、自动化技术、计算机应用技术以及数理统计、控制论、信息论等近代新技术和新理论。

3.2.1　检测系统概述

检测是人类认识物质世界、改造物质世界的重要手段。检测技术的发展标志着人类的进步和人类社会的繁荣。在现代工业、农业、国防、交通、医疗、科研等各行业中，检测技术的作用越来越大，检测设备就像神经和感官，源源不断地向人们传输各种有用的信息。检测的自动化、智能化归功于计算机技术的发展。微处理器芯片使传统的检测技术采用计算机进行数据分析处理成为现实。微电子技术和计算机技术的迅猛发展，使检测仪器在测量过程自动化、测量结果的智能化处理和仪器功能仿真等方面都有了巨大的进展。从广义上说，自动检测系统包括以单片机为核心的智能仪器、以 PC 为核心的自动测试系统和目前发展势头迅猛的专家系统。

现代检测系统应当包含测量、故障诊断、信息处理和决策输出等多种内容，具有比传统的“测量”更丰富的范畴和模仿人类专家信息综合处理能力。

现代检测系统充分开发利用了计算机资源，在人工最少参与的条件下尽量以软件实现系统功能。检测系统一般具有以下一些特点。

(1) 软件控制测量过程。自动检测系统可实现自稳零放大、自动极性判断、自动量程切换、自动报警、过载保护、非线性补偿、多功能测试和自动巡回检测。由于有了计算机，这些过程可采用软件控制。软件控制测量过程可以简化系统的硬件结构，缩小体积，降低功耗，提高检测系统的可靠性和自动化程度。

(2) 智能化数据处理。智能化数据处理是智能检测系统最突出的特点。计算机可以方便、快捷地实现各种算法。因此，智能检测系统可用软件对测量结果进行及时、在线处理，提高测量精度。

(3) 高度的灵活性。智能检测系统以软件为工作核心，生产、修改、复制都较容易，功能和性能指标更改方便。而传统的硬件检测系统，生产工艺复杂，参数分散性较大，每次更改都牵涉到元器件和仪器结构的改变。

(4) 实现多参数检测与信息融合。智能检测系统配备多个测量通道，可以由计算机对多路测量通道进行高速扫描采样。因此，智能检测系统可以对多种测量参数进行检测。在进行多参数检测的基础上，依据各路信息的相关特性，可以实现智能检测系统的多传感器信息融合，从而提高检测系统的准确性、可靠性和可容错性。

(5) 测量速度快。高速测量是智能检测系统追求的目标之一。所谓检测速度，是指从测量开始，经过信号放大、整流滤波、非线性补偿、A/D 转换、数据处理和结果输出的全过程所需的时间。目前高速 A/D 转换的采样速度为 200 MHz 以上，32 位 PC 的时钟频率也在 500 MHz 以上。随着电子技术的迅猛发展，高速显示、高速打印、高速绘图设备也日趋完善。这些都为智能检测系统的快速检测提供了条件。

(6) 智能化功能强。以计算机为信息处理核心的智能检测系统具有较强的智能功能，可以满足各类用户的需要。典型的智能功能有：

① 检测选择功能。智能检测系统能够实现量程转换、信号通道和采样方式的自动选择，使系统具有对被测对象的最优化跟踪检测能力。

② 故障诊断功能。智能检测系统结构复杂，功能较多，系统本身的故障诊断尤为重要。系统可以根据检测通道的特征和计算机本身的自诊断能力，检查各单元故障，显示故障部位、故障原因和应该采取的故障排除方法。

③ 其他智能功能。智能检测系统还可以具备人机对话、自校准、打印、绘图、通信、专家知识查询和控制输出等智能功能。

检测就是借助专用的手段和技术工具，通过实验的方法，把被测量与同性质的标准量进行比较，求出两者的比值，从而得到被测量数值大小的过程。传感器是感知、获取与检测信息的窗口，特别是在自动检测和自动控制系统中获取的信息，都要通过传感器转换为容易传输、处理的电信号。

在工程实践和科学实验中提出的检测任务是正确、及时地掌握各种消息，大多数情况下是要获取被测对象信息的大小，即被测量的大小。这样，信息采集的主要含义就是测量并取得测量数据。

测量结果可用一定的数值表示，也可用一条曲线或某种图形表示。但无论其表现形式如何，测量结果应包括两部分，即比值和测量单位。确切地讲，测量结果还应包括误差部分。

实现被测量与标准量比较得出比值的方法，称为测量方法。针对不同测量任务进行具体分析，以找出切实可行的测量方法，对测量工作是十分重要的。

3.2.2　检测技术的分类

1．按测量过程的特点分类

1) 直接测量法

在使用仪表或传感器进行测量时，对仪表读数不需要经过任何运算就能直接表示测量所需结果的测量方法称为直接测量法。例如，用磁电式电流表测量电路的某一支路电流、用弹簧管压力表测量压力等，都属于直接测量法。直接测量法的优点是测量过程既简单又迅速，缺点是测量精度不高。直接测量法又包括以下几种：

(1) 偏差测量法：用仪表指针的位移(即偏差)决定被测量的量值的测量方法。在测量时，插入被测量，按照仪表指针在标尺上的示值决定被测量的数值。这种方法测量过程比较简单、迅速，但测量结果精度较低。

(2) 零位测量法：用指零仪表的零位指示检测测量系统的平衡状态，在测量系统平衡时，用已知的标准量决定被测量的量值的测量方法。在测量时，已知的标准量直接与被测量相比较，已知量应连续可调，指零仪表指零时，被测量与已知标准量相等。

(3) 微差测量法：是综合了偏差测量法与零位测量法的优点而提出的一种测量方法。它将被测量与已知的标准量相比较，取得差值后，再用偏差测量法测得此差值。应用这种方法测量时，不需要调整标准量，而只需测量两者的差值。微差测量法的优点是反应快，而且测量精度高，特别适用于在线控制参数的测量。

2) 间接测量法

在使用仪表或传感器进行测量时，首先对与测量有确定函数关系的几个量进行测量，将被测量代入函数关系式，经过计算得到所需要的结果，这种测量方法称为间接测量法。间接测量法的测量手续较多，花费时间较长，一般用于采用直接测量法不方便或者缺乏直接测量手段的场合。

3) 组合测量法

组合测量法是一种特殊的精密测量方法，被测量必须经过求解联立方程组才能得到最后结果。组合测量法的操作手续复杂，花费时间长，多用于科学实验或特殊场合。

2．按测量的精度因素分类

(1) 等精度测量法：用相同精度的仪表与相同的测量方法对同一被测量进行多次重复测量。

(2) 非等精度测量法：用不同精度的仪表或不同的测量方法，或在环境条件相差很大时对同一被测量进行多次重复测量。

3．按测量仪表特点分类

(1) 接触测量法：传感器直接与被测对象接触，承受被测参数的作用，感受其变化，

从而获得其信号，并测量其信号大小的方法。

(2) 非接触测量法：传感器不与被测对象直接接触，而是间接承受被测参数的作用，感受其变化，并测量其信号大小的方法。

4．按测量对象的特点分类

(1) 静态测量法：指被测对象处于稳定情况下的测量方法，此时被测对象不随时间变化，故又称之为稳态测量法。

(2) 动态测量法：指被测对象处于不稳定情况下进行的测量方法，此时被测对象随时间而变化，因此，这种测量必须在瞬间完成，才能得到动态参数的测量结果。

3.2.3 检测系统的组成

1．检测系统构成

在工程中，需要由传感器与多台仪表组合在一起，才能完成信号的检测，这样便形成了一个检测系统。检测系统是传感器与测量仪表、变换装置等的有机结合。图 3.2 所示的是检测系统原理结构框图。

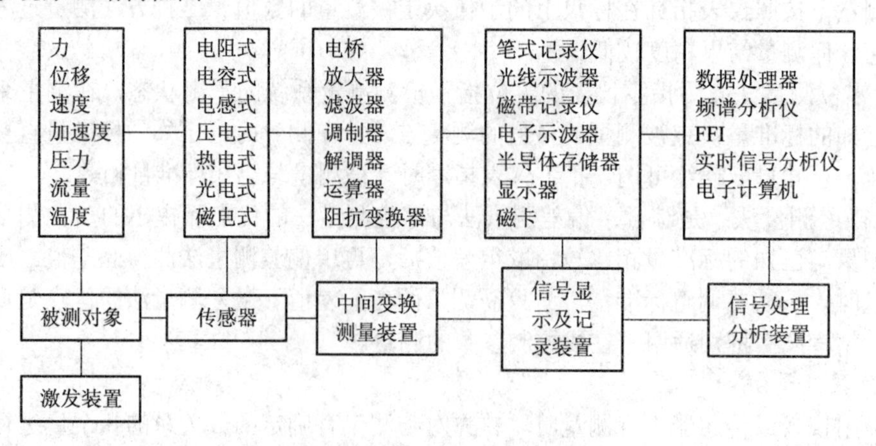

图 3.2 检测系统原理结构框图

2．开环检测系统和闭环检测系统

1) 开环检测系统

开环检测系统的全部信息变换只沿着一个方向进行，如图 3.3 所示。其中 x 为输入量，y 为输出量，x_1 和 x_2 为各个环节的传递系数。采用开环方式构成的检测系统，结构较简单，但各环节特性的变化都会造成测量误差。

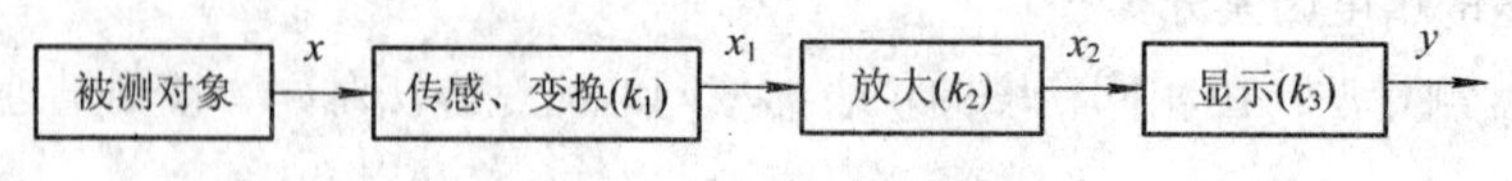

图 3.3 开环检测系统框图

2) 闭环检测系统

闭环检测系统是在开环检测系统的基础上加了反馈环节，使得信息变换与传递形成闭环，能对包含在反馈环内的各环节造成的误差进行补偿，使得系统的误差变得很小。

3. 检测仪表的组成

检测仪表是实现检测过程的物质手段，是测量方法的具体化，它将被测量经过一次或多次的信号或能量形式的转换，再由仪表指针、数字或图像等显示出量值，从而实现被测量的检测。检测仪表的组成框图如图 3.4 所示。

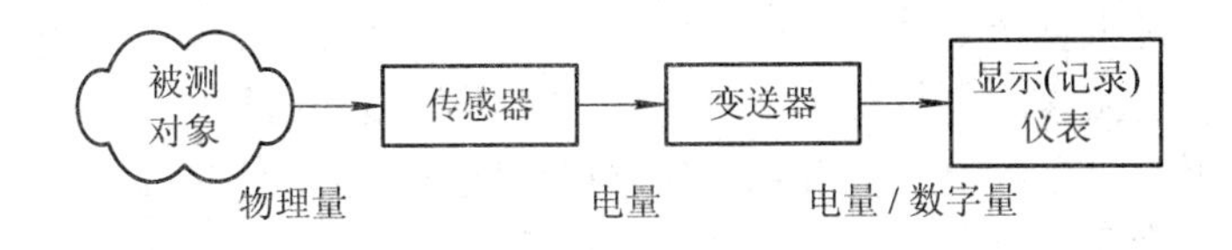

图 3.4　检测仪表的组成框图

1) 传感器

传感器也称敏感元件，一次元件，其作用是感受被测量的变化并产生一个与被测量呈某种函数关系的输出信号。

传感器：根据被测量性质分为机械量传感器、热工量传感器、化学量传感器及生物量传感器等；根据输出量性质分为无源电参量型传感器(如电阻式传感器、电容式传感器、电感式传感器等)与发电型传感器(如热电偶传感器、光电传感器、压电传感器等)。

2) 变送器

变送器的作用是将敏感元件输出信号变换成既保存原始信号全部信息又更易于处理、传输及测量的变量，因此要求变换器能准确、稳定地实现信号的传输、放大和转化。

3) 显示(记录)仪表

显示(记录)仪表也称二次仪表，其将测量信息转变成对应的工程量在显示(记录)仪表上显示。

3.3　典型传感器原理简介

3.3.1　电阻式传感器

电阻式传感器是把位移、力、压力、加速度、扭矩等非电物理量转换为电阻值变化的传感器。电阻式传感器与相应的测量电路组成的测力、测压、称重、测位移、加速度、扭矩等测量仪表是冶金、电力、交通、石化、商业、生物医学和国防等部门进行自动称重、过程检测和实现生产过程自动化不可缺少的工具之一。

电阻式传感器种类繁多，应用广泛，如称重传感器、压阻式传感器、应变式传感器、热电阻传感器等。

1. 称重传感器

称重传感器是一种能够将重力转变为电信号的力-电转换装置，是电子衡器的一个关键部件。

能够实现力-电转换的传感器有多种，常见的有电阻应变式称重传感器、电磁力式称重传感器和电容式称重传感器等。电磁力式称重传感器主要用于电子天平，电容式称重传感

器用于部分电子吊秤，而绝大多数衡器产品所用的还是电阻应变式称重传感器。电阻应变式称重传感器结构较简单，准确度高，适用面广，而且能够在相对比较差的环境下使用，因此电阻应变式称重传感器在衡器中得到了广泛运用。

2．压阻式传感器

压阻式传感器是根据半导体材料的压阻效应在半导体材料的基片上经扩散电阻而制成的器件。其基片可直接作为测量传感元件，扩散电阻在基片内接成电桥形式。当基片受到外力作用而产生形变时，各电阻值发生变化，电桥就会产生相应的不平衡输出。

用做压阻式传感器的基片(或称膜片)材料主要为硅片和锗片。硅片为敏感材料，由其制成的硅压阻式传感器越来越受到人们的重视，尤其是以测量压力和速度的固态压阻式传感器应用最为普遍。

3．应变式传感器

应变式传感器是基于测量物体受力变形所产生应变的一种传感器，最常用的传感元件为电阻应变片。

应变式传感器可测量位移、加速度、力、力矩、压力等各种参数。

应变式传感器的特点如下：

(1) 精度高，测量范围广；

(2) 价格低廉，品种多样，便于选择和大量使用；

(3) 频率响应较好，既可用于静态测量又可用于动态测量；

(4) 结构简单，体积小，重量轻；

(5) 使用寿命长，性能稳定可靠。

金属导体在外力作用下发生机械变形时，其电阻值随着它所受机械变形(伸长或缩短)的变化而发生变化的现象，称为金属的电阻应变效应。

应变式传感器是将应变片粘贴于弹性体表面或直接将应变片粘贴于被测试件上。弹性体或试件的变形通过基底和粘结剂传递给敏感栅，其电阻值发生相应的变化，通过转换电路转换为电压或电流的变化，即可测量应变。若通过弹性体或试件把位移、力、力矩、加速度、压力等物理量转换成应变，则可测量上述各量，而做成各种应变式传感器。

4．热电阻传感器

热电阻传感器主要是利用电阻值随温度变化而变化这一特性来测量温度及与温度有关的参数的。在温度检测精度要求比较高的场合，这种传感器比较适用。目前较为广泛的热电阻材料为铂、铜、镍等，它们具有电阻温度系数大、线性好、性能稳定、使用温度范围宽、加工容易等特点。热电阻传感器用于测量-200℃～+500℃范围内的温度。

热电阻传感器分类如下：

(1) NTC 热电阻传感器：该类传感器为负温度系数传感器，即传感器阻值随温度的升高而减小。

(2) PTC 热电阻传感器：该类传感器为正温度系数传感器，即传感器阻值随温度的升高而增大。

3.3.2　压电式传感器

压电式传感器是一种自发电式和机电转换式传感器。它的敏感元件由压电材料制成。压电材料受力后，表面产生电荷，此电荷经电荷放大器和测量电路放大与变换阻抗后就成为正比于所受外力的电量输出。压电式传感器用于测量力和能变换为力的非电物理量，如压力、加速度等(见压电式压力传感器、加速度计)。它的优点是频带宽、灵敏度高、信噪比高、结构简单、工作可靠和重量轻等；缺点是某些压电材料需要防潮措施，而且输出的直流响应差，需要采用高输入阻抗电路或电荷放大器来克服这一缺陷。配套仪表和低噪声、小电容、高绝缘电阻电缆的出现，使压电式传感器的使用更为方便。压电式传感器广泛应用于工程力学、生物医学、电声学等技术领域。

1．压电效应

压电效应是压电式传感器的主要工作原理。压电式传感器不能用于静态测量，因为经过外力作用后的电荷，只有在回路具有无限大的输入阻抗时才得到保存。实际的情况不是这样的，所以这决定了压电式传感器只能测量动态的应力。

压电效应示意图如图 3.5 所示。压电效应分为正压电效应和逆压电效应。正压电效应是指当晶体受到某固定方向外力的作用时，内部就产生电极化现象，同时在某两个表面上产生符号相反的电荷；当外力撤去后，晶体又恢复到不带电的状态；当外力作用方向改变时，电荷的极性也随之改变；晶体受力所产生的电荷量与外力的大小成正比。压电式传感器大多是利用正压电效应制成的。逆压电效应是指对晶体施加交变电场引起晶体机械变形的现象，又称电致伸缩效应。用逆压电效应制造的变送器可用于电声和超声工程。压电敏感元件的受力变形有厚度变形、长度变形、体积变形、厚度切变形、平面切变形五种基本形式。压电晶体是各向异性的，并非所有晶体都能在这五种状态下产生压电效应。例如石英晶体就没有体积变形压电效应，但具有良好的厚度变形和长度变形压电效应。

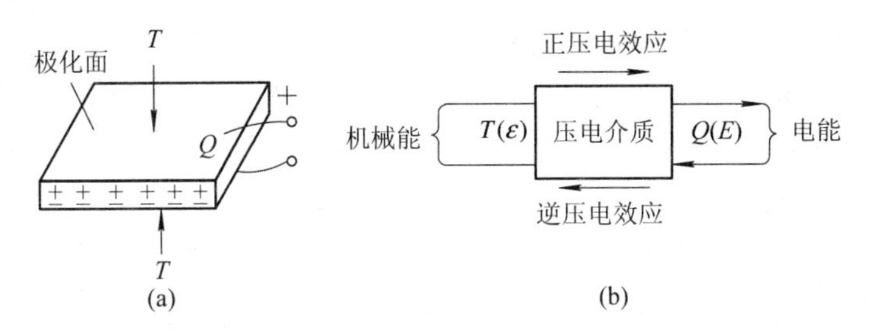

图 3.5　压电效应示意图

2．压电材料

压电材料可分为压电单晶、压电多晶和有机压电材料。压电式传感器中用得最多的是属于压电多晶的各类压电陶瓷和压电单晶中的石英晶体。其他压电单晶还有适用于高温辐射环境的铌酸锂以及钽酸锂、镓酸锂、锗酸铋等。压电陶瓷有属于二元系的钛酸钡陶瓷、锆钛酸铅系列陶瓷、铌酸盐系列陶瓷和属于三元系的铌镁酸铅陶瓷。压电陶瓷的优点是烧制方便、易成型、耐湿、耐高温；缺点是具有热释电性，会对力学量测量造成干扰。有机压电材料有聚二氟乙烯、聚氟乙烯、尼龙等十余种高分子材料。有机压电材料可大量生产和制成较大的面积，它与空气的声阻匹配具有独特的优越性，是很有发展潜力的新型电声材料。20 世纪 60 年代以来发现了同时具有半导体特性和压电特性的晶体，如硫化锌、氧化锌、硫化钙等。利用这种材料可以制成集敏感元件和电子线路于一体的新型压电传感器，很有发展前途。

压电敏感元件是力敏元件，在外力作用下，压电敏感元件(压电材料)的表面上产生电荷，从而实现非电量电测的目的。压电式传感器特别适合于动态测量，绝大多数加速度(振动)传感器属压电式传感器。压电式传感器的主要缺点是压电转换元件无静态输出，输出阻抗高，需高输入阻抗的前置放大级作为阻抗匹配，而且很多压电元件的工作温度最高只有250℃左右。

3.3.3 生物传感器

生物传感器是对生物物质敏感并将其浓度转换为电信号进行检测的仪器。它是由固定化的生物敏感材料作识别元件(包括酶、抗体、抗原、微生物、细胞、组织、核酸等生物活性物质)与适当的理化换能结构器(如氧电极、光敏管、场效应管、压电晶体等)及信号放大装置构成的分析工具或系统。生物传感器具有接收器与转换器的功能。

1. 简介

1967 年 S.J.乌普迪克等制出了第一个生物传感器——葡萄糖传感器。他们将葡萄糖氧化酶包含在聚丙烯酰胺胶体中加以固化，再将此胶体膜固定在隔膜氧电极的尖端上，便制成了葡萄糖传感器。当改用其他的酶或微生物等固化膜，便可制得检测其对应物的其他传感器。固定感受膜的方法有直接化学结合法、高分子载体法和高分子膜结合法。第二代生物传感器是微生物、免疫、酶免疫和细胞器传感器，第三代生物传感器是将系统生物技术和电子技术结合起来的场效应生物传感器。20 世纪 90 年代开启了微流控技术，生物传感器的微流控芯片集成为药物筛选与基因诊断等提供了新的技术前景。由于酶膜、线粒体电子传递系统粒子膜、微生物膜、抗原膜、抗体膜对生物物质的分子结构具有选择性识别功能，只对特定反应起催化活化作用，因此生物传感器具有非常高的选择性。其缺点是生物固化膜不稳定。生物传感器涉及的是生物物质，主要用于临床诊断检查、治疗时实施监控以及在发酵工业、食品工业、环境和机器人等方面的应用。

生物传感器是用生物活性材料(酶、蛋白质、DNA、抗体、抗原、生物膜等)与物理化学换能器有机结合的一门交叉学科，是发展生物技术必不可少的一种先进的检测方法与监控方法，也是物质分子水平的快速、微量分析方法。在 21 世纪知识经济发展中，生物传感器技术是介于信息和生物技术之间的新增长点，在国民经济中的临床诊断、工业控制、食品和药物分析(包括生物药物研究开发)、环境保护以及生物技术、生物芯片等研究中有着广泛的应用前景。

2. 定义与分类

用固定化生物成分或生物体作为敏感元件的传感器称为生物传感器(biosensor)。生物传感器并不专指用于生物技术领域的传感器，它的应用领域还包括环境监测、医疗卫生和食品检验等。

生物传感器主要有下面三种分类命名方式：

(1) 根据生物传感器中分子识别元件(即敏感元件)可分为五类：酶传感器、微生物传感器、细胞传感器、组织传感器和免疫传感器，其所应用的敏感材料依次为酶、微生物个体、细胞、动植物组织、抗原和抗体。

(2) 根据生物传感器的换能器(即信号转换器)可分为生物电极传感器、半导体生物传感器、光生物传感器、热生物传感器和压电晶体生物传感器等，其所应用的换能器依次为电化学电极、半导体、光电转换器、热敏电阻、压电晶体等。

(3) 以被测目标与分子识别元件的相互作用方式可分为生物亲和型生物传感器、代谢型或催化型生物传感器。

实际中，这三种分类方法之间互相交叉使用。

3．结构和原理

生物传感器由分子识别部分(敏感元件)和转换部分(换能器)构成，以分子识别部分去识别被测目标，是可以引起某种物理变化或化学变化的主要功能元件。分子识别部分是生物传感器选择性测定的基础。生物体中能够选择性地分辨特定物质的物质有酶、抗体、组织、细胞等。这些分子识别功能物质通过识别过程可与被测目标结合成复合物，如抗体和抗原的结合，酶与基质的结合。在设计生物传感器时，选择适合于测定对象的识别功能物质，是极为重要的前提，要考虑到所产生的复合物的特性。根据分子识别功能物质制备的敏感元件所引起的化学变化或物理变化，去选择换能器，是研制高质量生物传感器的另一重要环节。菌素传感器是典型的生物传感器，其结构如图 3.6 所示。敏感元件中光、热、化学物质的生成或消耗等会产生相应的变化量。根据这些变化量，可以选择适当的换能器。

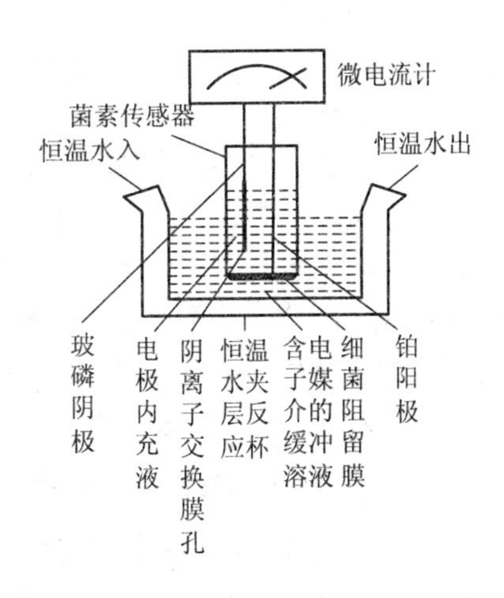

图 3.6　菌素传感器的结构

生物化学反应过程产生的信息是多元化的，微电子学和现代传感技术的成果已为检测这些信息提供了丰富的手段。

4．生物传感器的四大应用领域

生物传感器正进入全面深入研究开发时期，各种微型化、集成化、智能化、实用化的生物传感器与系统越来越多。

1) 食品工业

生物传感器在食品分析中的应用包括食品成分、食品添加剂、有害毒物及食品鲜度等的测定分析。

在食品工业中，葡萄糖的含量是衡量水果成熟度和储藏寿命的一个重要指标。已开发的酶电极型生物传感器可用来分析白酒、苹果汁、果酱和蜂蜜中的葡萄糖含量等。

亚硫酸盐通常用做食品工业的漂白剂和防腐剂，采用亚硫酸盐氧化酶为敏感材料制成

的电流型二氧化硫酶电极可用于测定食品中的亚硫酸含量。此外，也有用生物传感器测定色素和乳化剂的报道。

2) 环境监测

近年来，环境污染问题日益严重，人们迫切希望拥有一种能对污染物进行连续、快速、在线监测的仪器，生物传感器满足了人们的要求。目前，已有相当部分的生物传感器应用于环境监测中。

二氧化硫(SO_2)是酸雨、酸雾形成的主要原因，传统的检测方法很复杂。Marty 等人将亚细胞类脂类固定在醋酸纤维膜上，和氧电极制成安培型生物传感器，对酸雨、酸雾样品溶液进行检测。

3) 发酵工业

在各种生物传感器中，微生物传感器具有成本低、设备简单、不受发酵液混浊程度的限制、可能消除发酵过程中干扰物质的干扰等特点。因此，在发酵工业中广泛地采用微生物传感器作为一种有效的测量工具。

微生物传感器可用于测量发酵工业中的原材料和代谢产物，还可用于微生物细胞数目的测定。利用这种电化学微生物细胞数传感器可实现菌体浓度连续、在线的测定。

4) 医学领域

医学领域的生物传感器发挥着越来越大的作用。生物传感技术不仅为基础医学研究及临床诊断提供了一种快速、简便的新型方法，而且因为其专一、灵敏、响应快等特点，在军事医学方面，也具有广阔的应用前景。

在临床医学中，酶电极是最早研制且应用最多的一种传感器。利用其具有不同生物特性的微生物代替酶，可制成微生物传感器。在军事医学中，对生物毒素的及时、快速检测是防御生物武器的有效措施。生物传感器已应用于监测多种细菌、病毒及其毒素。

5. 未来生物传感器的几大特点

近年来，随着生物科学、信息科学和材料科学发展的推动，生物传感器技术飞速发展。可以预见，未来的生物传感器将具有以下特点：

(1) 功能多样化：未来的生物传感器将进一步涉及医疗保健、疾病诊断、食品检测、环境监测、发酵工业的各个领域。目前，生物传感器研究中的重要内容之一就是研究能代替生物视觉、听觉和触觉等感觉器官的生物传感器，即仿生传感器。

(2) 微型化：随着微加工技术和纳米技术的进步，生物传感器将不断地微型化，各种便携式生物传感器的出现使人们在家中进行疾病诊断，在市场上直接检测食品成为可能。

(3) 智能化与集成化：未来的生物传感器必定与计算机紧密结合，自动采集数据、处理数据，更科学、更准确地提供结果，实现采样、进样、结果一条龙，形成检测的自动化系统。同时，芯片技术将越来越多地进入传感器领域，实现检测系统的集成化、一体化。

(4) 低成本、高灵敏度、高稳定性和高寿命：生物传感器技术的不断进步，必然要求不断降低产品成本，提高灵敏度、稳定性和延长寿命。这些特性的改善也会加速生物传感器市场化、商品化的进程。

3.3.4　磁电式传感器

1．基本原理和结构

磁电式传感器是利用电磁感应原理，将输入运动速度变换成感应电势输出的传感器。它不需要辅助电源，就能把被测对象的机械能转换成易于测量的电信号，是一种有源传感器。

磁电式传感器有时也称做电动式或感应式传感器，它只适合进行动态测量。由于它有较大的输出功率，故配用电路较简单；零位及性能稳定；工作频带一般为 10 Hz～1000 Hz。

磁电式传感器具有双向转换特性，利用其逆转换效应可构成力(矩)发生器和电磁激振器等。根据电磁感应定律，当 W 匝线圈在均恒磁场内运动时，设穿过线圈的磁通为 Φ，则线圈内的感应电势 e 与磁通变化率 $\mathrm{d}\Phi/\mathrm{d}t$ 有如下关系：

$$e = -W\frac{\mathrm{d}\boldsymbol{\Phi}}{\mathrm{d}t}$$

根据这一原理，可以设计成变磁通式和恒磁通式两种结构形式，构成测量线速度或角速度的磁电式传感器。图 3.7(a)、(b)所示分别为用于旋转角速度及振动速度测量的变磁通式结构。其中永久磁铁 1(俗称“磁钢”)与线圈 3 均固定，动铁芯 2(衔铁)的运动使气隙 4 和磁路磁阻发生变化，从而引起磁通变化，在线圈中产生感应电势，因此又称变磁阻式结构。

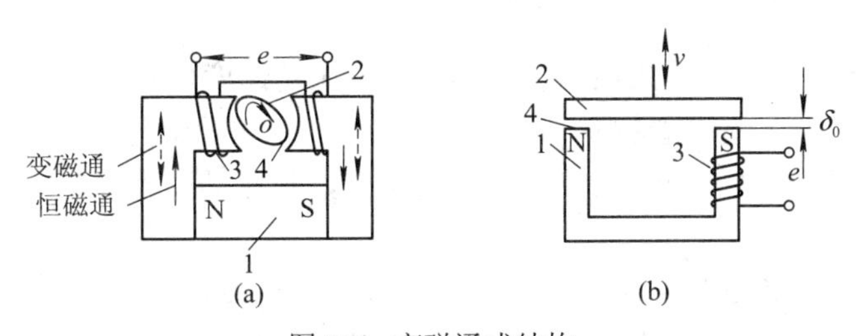

图 3.7　变磁通式结构

(a) 旋转型(变磁)；(b) 平移型(变气隙)

在恒磁通式结构中，工作气隙中的磁通恒定，感应电势是由于永久磁铁与线圈之间有相对运动——线圈切割磁力线而产生的。这类结构有两种，如图 3.8 所示。图中的磁路系统由圆柱形永久磁铁和极掌、圆筒形磁轭及空气隙组成。气隙中的磁场均匀分布，测量线圈绕在筒形骨架上，经膜片弹簧悬挂于气隙磁场中。

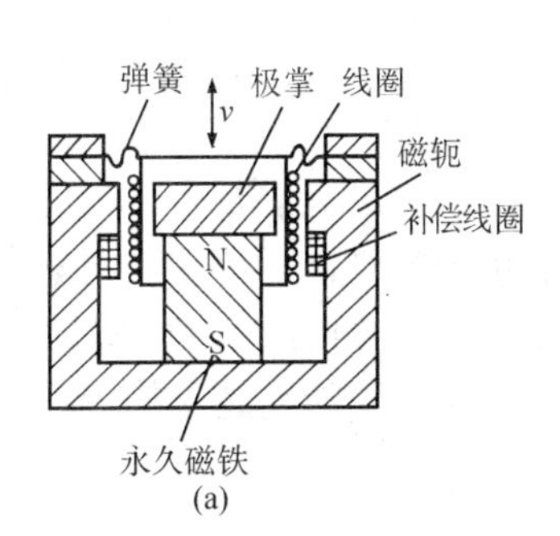

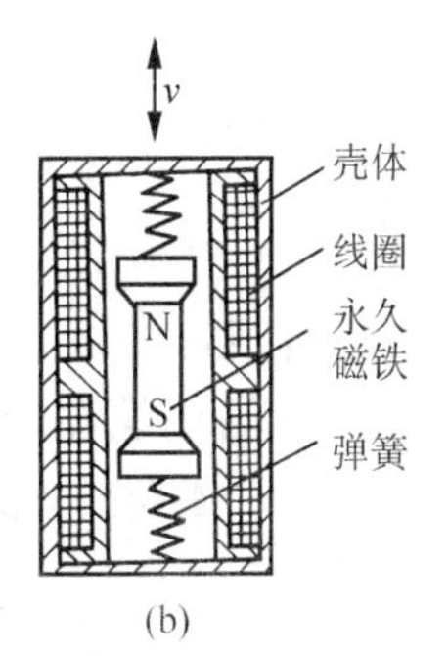

图 3.8　恒磁通式结构

(a) 动圈式；(b) 动铁式

当线圈与磁铁间有相对运动时，线圈中产生的感应电势 e 为

$$e = Blv$$

式中：B——气隙磁通密度(T)；

l——气隙磁场中有效匝数为 W 的线圈总长度(m)，$l = l_a W$(l_a 为每匝线圈的平均长度)；

v——线圈与磁铁沿轴线方向的相对运动速度(m/s)。

当传感器的结构确定后，B、l_a、W 都为常数，感应电势 e 仅与相对速度 v 有关。传感器的灵敏度为 $S = e / v = Bl$。

为提高灵敏度，应选用具有较大磁能积的永久磁铁和尽量小的气隙长度，以提高气隙磁通密度 B；增加 l_a 和 W 也能提高灵敏度，但它们受到体积和重量、内电阻及工作频率等因素的限制。

为了保证传感器输出的线性度，要保证线圈始终在均匀磁场内运动。设计者的任务是选择合理的结构形式、材料和结构尺寸，以满足传感器的基本性能要求。

2. 磁电式传感器的应用

1) 测振传感器

磁电式传感器主要用于振动测量。其中惯性式传感器不需要静止的基座作为参考基准，它直接安装在振动体上进行测量，因而在地面振动测量及机载振动监视系统中获得了广泛的应用。

常用的测振传感器有动铁式振动传感器、圈式振动速度传感器等。

测振传感器可用于航空发动机、各种大型电机、空气压缩机、机床、车辆、轨枕振动台、化工设备、各种水气管道、桥梁、高层建筑等，其振动监测与研究都可使用磁电式传感器。

2) 磁电式力发生器与激振器

前已指出磁电式传感器具有双向转换特性，其逆向功能同样可以利用。如果给速度传感器的线圈输入电量，那么其输出量即为机械量。

在惯性仪器——陀螺仪与加速度计中广泛应用的动圈式或动铁式直流力矩器就是上述速度传感器的逆向应用。它在机械结构的动态实验中是非常重要的设备，用以获取机械结构的动态参数，如共振频率、刚度、阻尼、振动部件的振型等。

除上述应用外，磁电式传感器还常用于扭矩、转速等的测量。

3.3.5 光纤传感器

传感器家族的新成员——光纤传感器备受青睐。光纤具有很多优异的性能，例如抗电磁干扰和原子辐射的性能，径细、质软、重量轻的机械性能，绝缘、无感应的电气性能，耐水、耐高温、耐腐蚀的化学性能等，它能够在人达不到的地方(如高温区)或者对人有害的地区(如核辐射区)，起到人的“耳目”的作用，而且还能超越人的生理极限，接收人的感官所感受不到的外界信息。

1. 光纤传感器的工作原理

光纤传感器的基本工作原理是将来自光源的光经过光纤送入调制器，使待测参数与进

入调制区的光相互作用后，导致光的光学性质(如光的强度、波长、频率、相位、偏正态等)发生变化，成为被调制的信号光，再经过光纤送入光探测器，经解调后，获得被测参数。

2．光纤传感器的特点

光纤传感器具有如下特点：

(1) 灵敏度较高；

(2) 几何形状具有多方面的适应性，可以制成任意形状的光纤传感器；

(3) 可以制造传感各种不同物理信息(声、磁、温度、旋转等)的器件；

(4) 可以用于高压、电气噪声、高温、腐蚀或其他的恶劣环境；

(5) 具有与光纤遥测技术的内在相容性。

3．光纤传感器的应用

光纤传感器应用于绝缘子污秽、磁、声、压力、温度、加速度、陀螺、位移、液面、转矩、光声、电流和应变等物理量的测量。

4．光纤传感器的分类

光纤传感器可以分为两大类：功能型(传感型)光纤传感器和非功能型(传光型)光纤传感器。

1) 功能型光纤传感器

功能型光纤传感器是利用光纤本身的特性把光纤作为敏感元件，被测量对光纤内传输的光进行调制，使传输的光的强度、相位、频率或偏振态等特性发生变化，再通过对被调制过的信号进行解调，从而得出被测信号。

光纤在其中不仅是导光媒质，而且也是敏感元件，光在光纤内受被测量调制，多采用多模光纤。

优点：结构紧凑、灵敏度高。

缺点：须用特殊光纤，成本高。

典型例子：光纤陀螺、光纤水听器等。

2) 非功能型光纤传感器

非功能型光纤传感器是利用其他敏感元件感受被测量的变化，光纤仅作为信息的传输介质，常采用单模光纤。

光纤在其中仅起导光作用，光照在光纤型敏感元件上受被测量调制。

优点：无需特殊光纤及其他特殊技术；比较容易实现，成本低。

缺点：灵敏度较低。

实用化的大都是非功能型光纤传感器。

光纤传感器是最近几年出现的新技术，可以用来测量多种物理量，比如声场、电场、压力、温度、角速度、加速度等，还可以完成现有测量技术难以完成的测量任务。无论是在狭小的空间里，还是在强电磁干扰和高电压的环境里，光纤传感器都显示出了独特的能力。目前光纤传感器已经有 70 多种，大致上分成光纤自身的传感器(功能型光纤传感器)和利用光纤的传感器(非功能型光纤传感器)。

所谓光纤自身的传感器，就是光纤自身直接接收外界的被测量。外界的被测量的物理

量能够引起测量臂的长度、折射率、直径的变化，从而使得光纤内传输的光在振幅、相位、频率、偏振等方面发生变化。测量臂传输的光与参考臂的参考光互相干涉(比较)，使输出的光的相位(或振幅)发生变化，根据这个变化就可检测出被测量的变化。光纤中传输的相位受外界影响的灵敏度很高，利用干涉技术能够检测出 10^{-4} rad 的微小相位变化所对应的物理量。利用光纤的绕性和低损耗，能够将很长的光纤盘成直径很小的光纤圈，以增加利用长度，获得更高的灵敏度。

光纤声传感器就是一种利用光纤自身的传感器。当光纤受到一点很微小的外力作用时，就会产生微弯曲，而其传光能力会发生很大的变化。声音是一种机械波，它对光纤的作用就是使光纤受力并产生弯曲，通过测量弯曲度得到声音的强弱。光纤陀螺也是光纤自身传感器的一种，与激光陀螺相比，光纤陀螺灵敏度高、体积小、成本低，可以用于飞机、舰船、导弹等的高性能惯性导航系统。

光纤布拉格光栅传感器(FBS)是一种使用频率最高、范围最广的光纤传感器，这种传感器能根据环境温度以及应变的变化来改变其反射的光波的波长。光纤布拉格光栅是通过全息干涉法或者相位掩膜法来将一小段光敏感的光纤暴露在一个光强周期分布的光波下面，这样光纤的光折射率就会根据其被照射的光波强度而变化。这种方法造成的光折射率的周期性变化就叫做光纤布拉格光栅。

当一束广谱的光束被传播到光纤布拉格光栅的时候，光折射率被改变以后的每一小段光纤就只会反射一种特定波长的光波，这个波长称为布拉格波长。这种特性可使光纤布拉格光栅只反射一种特定波长的光波，而其他波长的光波都会被传播。

光纤传感器的另外一个大类是利用光纤的传感器。其结构大致如下：传感器位于光纤端部，光纤只是光的传输线，将被测量的物理量变换成为光的振幅或相位的变化。在这种传感器系统中，传统的传感器和光纤相结合。光纤的导入为实现探针化的遥测提供了可能性。这种光纤传输的传感器适用范围广，使用简便，但是精度比第一类传感器稍低。

光纤传感器凭借着其自身的优势已经成为传感器家族中的后起之秀，并且在各种不同的测量中发挥着自己独到的作用，成为传感器家族中不可缺少的一员。

3.4 智能检测系统

传感器在原理与结构上千差万别，如何根据具体的测量目的、测量对象以及测量环境合理地选用传感器，组成一个智能检测系统，是在进行某个量测量时首先要解决的问题。当传感器确定之后，与之相配套的测量方法和测量设备也就可以确定了。检测结果的成败，在很大程度上取决于传感器的选项是否合理。为此，组成一个智能检测系统，要从系统总体考虑，明确使用的目的以及采用传感器的必要性。

3.4.1 智能检测系统的组成

智能检测系统和所有的计算机系统一样，由硬件和软件两个部分组成。智能检测系统的硬件基本结构如图 3.9 所示。图中不同种类的被测信号由各种传感器转换成相应的电信号，这是任何检测系统都必不可少的环节。传感器输出的电信号经调节放大(包括交直流放大、整流滤波和线性化处理)后，变成 0 V～5 V 直流电压信号，经 A/D 转换后送单片机进行初步数据处理。单片机通过通信电路将数据传输到主机，实现检测系统的数据分析和测量结果的存储、显示、打印、绘图以及与其他计算机系统的联网通信。

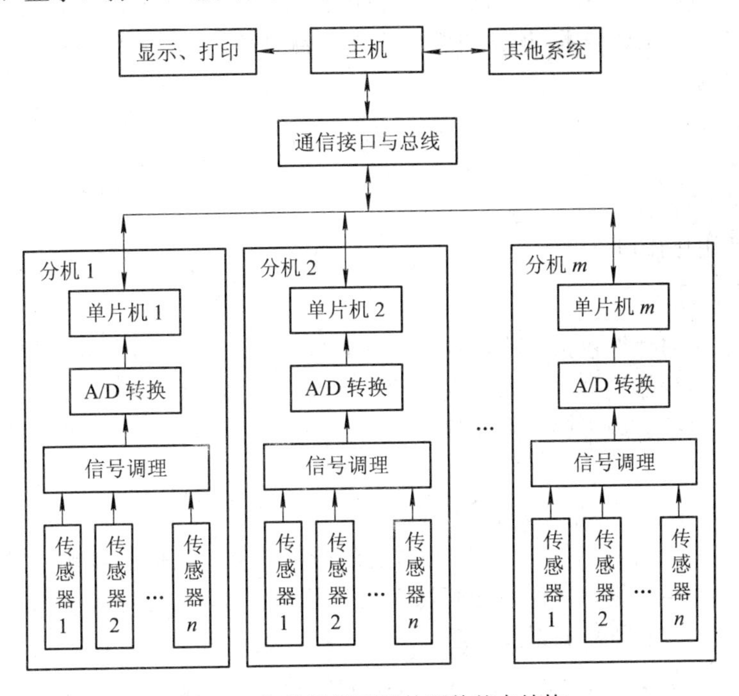

图 3.9　智能检测系统的硬件基本结构

智能检测系统的分机多以单片机为数据处理核心(特大型智能检测系统以工控机或 PC 主分机为数据处理核心)，典型的智能检测系统包含一个主机和多个分机。

1. 分机之间的连接

分机由传感器、信号调理、A/D 转换、单片机等部分组成。将它们连接成智能检测系统的基本单元，是决定系统检测性能的重要环节。

2. 通信标准接口与总线系统

各接口之间的连接方式是组建智能检测系统的关键。目前，全世界广泛采用的标准接口系统有 IEC-625 系统、CAMAC 系统、I^2C 系统、CAN 总线系统等。

现有标准接口的仪器可单独使用，也可作为智能检测系统的分机使用。利用标准接口的分机，可以大大简化智能检测系统的设计与实现，使智能检测系统在结构上通用化、积木化，增强可扩展性和可缩性，方便用户更改系统的功能和要求。标准接口系统应包括的内容有：接口的连接线及其传送信号的各种规定；接口电路的工作原理与实现方法；机械结构方面的规定；数据格式和编码方式；控制器的组成及其命令系统。

3.4.2　智能检测系统的设计

智能检测系统的设计主要包括硬件电路设计、接口选型设计和软件设计。对于系统设计人员，硬件电路设计的涉及面广，设计调试周期长，疑难问题较多。一般情况下，在设计智能检测系统时，应坚持以下几项设计原则。

1．硬件设计原则

智能检测系统的硬件包括主要硬件、分机硬件(包括传感器)和通信系统三大部分。硬件组成决定一个系统的主要技术与经济指标。智能检测系统的硬件系统设计应遵循下列原则：

(1) 简化电路设计。

(2) 低功耗设计。

(3) 通用化、标准化设计。

(4) 可扩展件设计。

(5) 采用通用化接口。

2．软件设计原则

智能检测系统的软件包括应用软件和系统软件。应用软件与被测对象直接有关，贯穿整个检测过程，由智能检测系统研究人员根据系统的功能和技术要求编写，它包括检测程序、控制程序、数据处理程序、系统界面生成程序等。智能检测系统的软件设计应遵循下列设计原则：

(1) 优化界面设计，方便用户使用。

(2) 使用编制、修改、调试、运行和方便的应用软件。软件是实现、完善和提高智能检测系统功能的重要手段。软件设计人员应充分考虑应用软件在编程、修改、调试、运行和升级时的方便，为智能检测系统的后续升级、换代设计做好准备。

(3) 丰富软件功能。无论智能仪器、自动测试系统，还是专家系统，设计时都应在程序运行速度和存储容量许可的情况下，尽量用软件实现设备的功能，简化硬件设计。事实上利用软件设计，可方便地实现测量量程转换、数字滤波、FFT 变换、数据融合、故障诊断、逻辑推理、知识查询、通信、报警等多种功能，大大提高设备的智能化程度。

3.4.3 智能传感器技术

智能传感器(Intelligent Sensor)是具有信息处理功能的传感器。智能传感器带有微处理机，具有采集、处理、交换信息的能力，是传感器集成化与微处理机相结合的产物。一般智能机器人的感觉系统由多个传感器集合而成，采集的信息需要计算机进行处理，而使用智能传感器就可将信息分散处理，从而降低成本。与一般传感器相比，智能传感器具有以下三个优点：

(1) 通过软件技术可实现高精度的信息采集，而且成本低。

(2) 具有一定的编程自动化能力。

(3) 功能多样化。

1．智能传感器的结构

智能传感器除了检测物理、化学量的变化之外，还具有测量信号调理(如滤波、放大、A/D 转换等)、数据处理以及数据显示等能力，它几乎包括了仪器仪表的全部功能。可见，智能传感器的功能已经延伸到仪器的领域。智能传感器原理框图如图 3.10 所示。

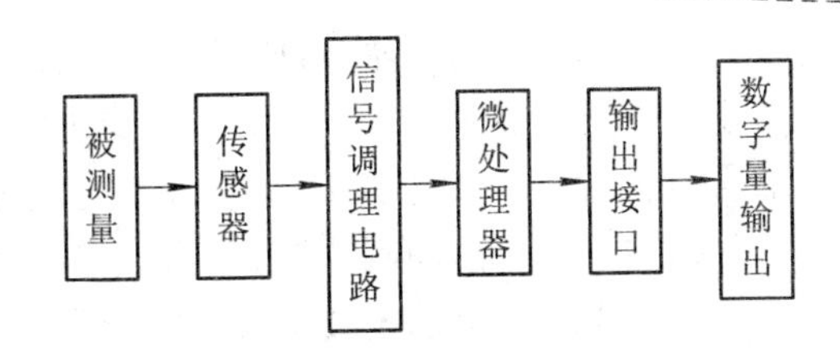

图 3.10　智能传感器原理框图

与传统传感器相比，智能传感器具有以下特点：

(1) 高精度。

(2) 高可靠性与高稳定性。

(3) 高信噪比与高分辨力。

(4) 强的自适应性。

(5) 低的价格性能比。

2. 智能传感器的功能

智能传感器具有如下功能：

(1) 自补偿功能：根据给定的传统传感器和环境条件的先验知识，处理器利用数字计算方法，自动补偿由传统传感器硬件线性、非线性和漂移以及环境影响因素引起的信号失真，以最佳地恢复被测信号。计算方法用软件实现，达到软件补偿硬件缺陷的目的。

(2) 自校准功能：操作者输入零值或某一标准量值后，自校准软件可以自动地对传感器进行在线校准。

(3) 自诊断功能：因内部和外部因素影响，传感器性能会下降或失效(分别称为软、硬故障)，处理器利用补偿后的状态数据，通过电子故障字典或有关算法可预测、检测和定位故障。

(4) 数值处理功能：可以根据智能传感器内部的程序，自动处理数据，如进行统计处理、剔除异常值等。

(5) 双向通信功能：微处理器和基本传感器之间构成闭环，微处理器不但接收、处理传感器的数据，还可将信息反馈至传感器，对测量过程进行调节和控制。

(6) 自计算和处理功能：根据给定的间接测量和组合测量数学模型，智能处理器利用补偿的数据可计算出不能直接测量的物理量数值；利用给定的统计模型可计算被测对象总体的统计特性和参数；利用已知的电子数据表，处理器可重新标定传感器特性。

(7) 数字量输出功能：包括数据交换通信接口功能、数字和模拟输出功能及使用备用电源的断电保护功能等。

(8) 自学习与自适应功能：传感器通过对被测量样本值学习，处理器利用近似公式和迭代算法可认知新的被测量值，即有再学习能力。同时，通过对被测量和影响量的学习，处理器利用判断准则自适应地重构结构和重置参数，如自选量程、自选通道、自动触发、自动滤波切换和自动温度补偿等。

3. 智能传感器的应用与方向

智能传感器已广泛应用于航天、航空、国防、科技和工农业生产等各个领域中。例如，

它在机器人领域中有着广阔的应用前景，智能传感器使机器人具有类人的五官和大脑功能，可感知各种现象，完成各种动作。在工业生产中，利用传统的传感器无法对某些产品质量指标(例如，黏度、硬度、表面光洁度、成分、颜色及味道等)进行快速、直接测量及在线控制。而利用智能传感器可直接测量与产品质量指标有函数关系的生产过程中的某些量(如温度、压力、流量等)，利用神经网络或专家系统技术建立的数学模型进行计算，可推断出产品的质量。在医学领域中，糖尿病患者需要随时掌握血糖水平，以便调整饮食和注射胰岛素，防止其他并发症。通常测血糖时必须刺破手指采血，再将血样放到葡萄糖试纸上，最后把试纸放到电子血糖计上进行测量。这是一种既麻烦又痛苦的方法。美国 Cygnus 公司生产了一种“葡萄糖手表”，其外观像普通手表一样，戴上它就能实现无疼、无血、连续的血糖测试。“葡萄糖手表”上有一块涂着试剂的垫子，当垫子与皮肤接触时，葡萄糖分子就被吸附到垫子上，并与试剂发生电化学反应，产生电流。传感器测量该电流，经处理器计算出与该电流对应的血糖浓度，并以数字量显示。

虚拟化、网络化和信息融合技术是智能传感器发展完善的三个主要方向。虚拟化是通过通用的硬件平台充分利用软件实现智能传感器的特定硬件功能，虚拟化传感器可缩短产品开发周期，降低成本，提高可靠性。网络化智能传感器是利用各种总线的多个传感器组成系统并配备带有网络接口(LAN 或 Internet)的微处理器。通过系统和网络处理器可实现传感器之间、传感器与执行器之间、传感器与系统之间的数据交换和共享。多传感器信息融合是智能处理的多传感器信息经元素级、特征级和决策级组合，以形成更为精确的被测对象特性和参数。

练 习 题

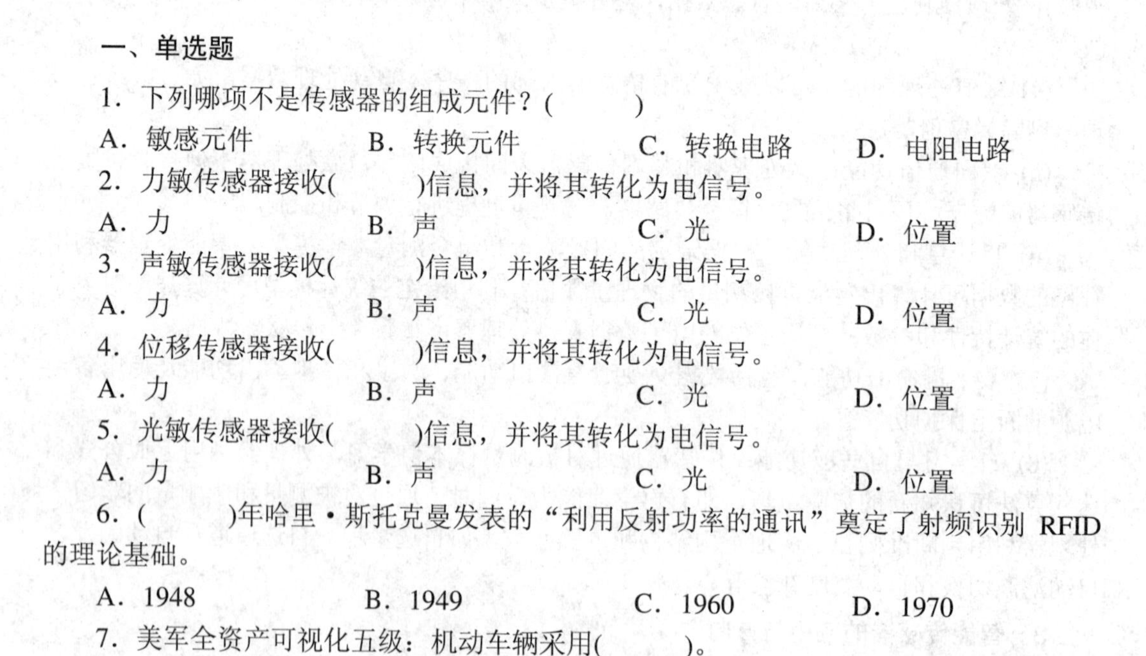

一、单选题

1. 下列哪项不是传感器的组成元件？(　　)

A. 敏感元件　　B. 转换元件　　C. 转换电路　　D. 电阻电路

2. 力敏传感器接收(　　)信息，并将其转化为电信号。

A. 力　　B. 声　　C. 光　　D. 位置

3. 声敏传感器接收(　　)信息，并将其转化为电信号。

A. 力　　B. 声　　C. 光　　D. 位置

4. 位移传感器接收(　　)信息，并将其转化为电信号。

A. 力　　B. 声　　C. 光　　D. 位置

5. 光敏传感器接收(　　)信息，并将其转化为电信号。

A. 力　　B. 声　　C. 光　　D. 位置

6. (　　)年哈里·斯托克曼发表的“利用反射功率的通讯”奠定了射频识别 RFID 的理论基础。

A. 1948　　B. 1949　　C. 1960　　D. 1970

7. 美军全资产可视化五级：机动车辆采用(　　)。

A. 全球定位系统　　B. 无源 RFID 标签　　C. 条形码　　D. 有源 RFID 标签

8．哪个不是物理传感器？(　　　)

A．视觉传感器　　B．嗅觉传感器　　C．听觉传感器　　D．触觉传感器

9．机器人中的皮肤采用的是(　　　)。

A．气体传感器　　B．味觉传感器　　C．光电传感器　　D．温度传感器

10．哪个不是智能尘埃的特点？(　　　)

A．广泛用于国防目标　　B．广泛用于生态、气候

C．智能爬行器　　D．体积超过 1 立方米

二、简答题

1．简述传感器的作用及组成。

2．简述传感器的选用原则。

3．简述智能传感器的结构和功能。

4．光纤传感器有哪些特点？

5．生物传感器主要有哪几类？

6．检测技术按测量过程的特点分类可分为哪几类？

第4章 射频识别技术

读完本章，读者将了解以下内容：

※ RFID技术的分类、应用和RFID技术标准；

※ RFID的工作原理及系统组成和RFID系统中的软件组件；

※ RFID中间件的组成及功能特点、RFID中间件体系结构及常见的RFID中间件等。

4.1 射频识别技术概述

4.1.1 射频识别

1．概述

RFID是Radio Frequency Identification的缩写，即射频识别。无线射频识别技术是20世纪90年代开始兴起的一种自动识别技术。射频识别技术是一项利用射频信号通过空间耦合(交变磁场或电磁场)实现无接触信息传递并通过所传递的信息达到识别目的的技术。RFID常称为感应式电子芯片或近接卡、感应卡、非接触卡、电子标签、电子条码等。一套完整的RFID系统由读写器与电子标签两部分组成，其工作原理为由读写器发射一特定频率的无限电波能量给电子标签，用以驱动电子标签的电路将内部之ID Code送出，此时读写器便接收此ID Code。电子标签的特殊在于免用电池、免接触、免刷卡，故不怕脏污，且芯片密码为世界唯一，无法复制，安全性高、寿命长。

RFID的应用非常广泛，目前典型应用有动物芯片、汽车芯片防盗器、门禁管制、停车场管制、生产线自动化、物料管理等。RFID标签有两种：有源标签和无源标签。

从信息传递的基本原理来说，射频识别技术在低频段基于变压器耦合模型(初级与次级之间的能量传递及信号传递)，在高频段基于雷达探测目标的空间耦合模型(雷达发射电磁波信号，碰到目标后，携带目标信息返回雷达接收机)。

许多高科技公司正在加紧开发RFID专用的软件和硬件，如英特尔、微软、甲骨文、SAP和SUN，无线射频识别技术(RFID)正在成为全球热门新科技。

2．射频识别技术的发展历史

射频识别技术的发展可按十年期划分如下：

1940—1950年：雷达的改进和应用催生了射频识别技术，1948年奠定了射频识别技术的理论基础。

1950—1960年：早期射频识别技术的探索阶段，主要处于实验室实验研究。

1960—1970年：射频识别技术的理论得到了发展，开始了一些应用尝试。

1970—1980 年：射频识别技术与产品研发处于一个大发展时期，各种射频识别技术测试得到加速，出现了一些最早的射频识别应用。

1980—1990 年：射频识别技术及产品进入商业应用阶段，各种规模应用开始出现。

1990—2000 年：射频识别技术标准化问题逐渐得到重视，射频识别产品得到广泛应用，逐渐成为人们生活中的一部分。

2000 年后：标准化问题更加为人们所重视，射频识别产品种类更加丰富，有源式电子标签、无源式电子标签及半有源式电子标签均得到发展，电子标签成本不断降低，规模应用行业扩大。

至今，射频识别技术的理论得到丰富和完善。单芯片电子标签、多电子标签识读、无线可读可写、无源式电子标签的远距离识别、适应高速移动物体的射频识别技术与产品正在成为现实并走向应用。

3. 射频识别技术的特点

RFID 技术的主要特点是通过电磁耦合方式来传送识别信息，不受空间限制，可快速地进行物体跟踪和数据交换。由于 RFID 需要利用无线电频率资源，因此 RFID 必须遵守无线电频率管理的诸多规范。具体来说，与同期或早期的接触式识别技术相比较，RFID 还具有如下一些特点。

(1) 数据的读写功能。只要通过 RFID 读写器，不需要接触即可直接读取射频卡内的数据信息到数据库内，且一次可处理多个标签，也可将处理的数据状态写入电子标签。

(2) 电子标签的小型化和多样化。RFID 在读取上并不受尺寸大小与形状之限制，不需要为了读取精确度而配合纸张的固定尺寸和印刷品质。此外，RFID 电子标签更可向小型化发展，便于嵌入到不同物品内。

(3) 耐环境性。RFID 最突出的特点是可以非接触读写(读写距离可以从十厘米至几十米)、可识别高速运动物体，抗恶劣环境，且对水、油和药品等物质具有强力的抗污性。RFID 可以在黑暗或脏污的环境之中读取数据。

(4) 可重复使用。由于 RFID 为电子数据，可以反复读写，因此可以回收标签重复使用，提高利用率，降低电子污染。

(5) 穿透性。RFID 即便是被纸张、木材和塑料等非金属、非透明材质包覆，也可以进行穿透性通信，但是它不能穿过铁质等金属物体进行通信。

(6) 数据的记忆容量大。数据容量随着记忆规格的发展而扩大，未来物品所需携带的数据量会愈来愈大，对卷标所能扩充容量的需求也会增加，对此 RFID 将不会受到限制。

(7) 系统安全性。将产品数据从中央计算机中转存到标签上将为系统提供安全保障，大大地提高系统的安全性。射频标签中数据的存储可以通过校验或循环冗余校验的方法来得到保证。

4.1.2　RFID 技术的分类

1. RFID 技术分类

对于 RFID 技术，可依据电子标签的供电方式、工作频率、可读性和工作方式进行分类。

1) 根据电子标签的供电方式分类

在实际应用中，必须给电子标签供电，它才能工作，虽然它的电能消耗是非常低的(一般是1/100 mW级别)。按照电子标签获取电能的方式不同，常把电子标签分成有源式电子标签、无源式电子标签及半有源式电子标签。

(1) 有源式电子标签。有源式电子标签通过标签自带的内部电池进行供电，它的电能充足，工作可靠性高，信号传送的距离远。另外，有源式电子标签可以通过设计电池的不同寿命对电子标签的使用时间或使用次数进行限制，它可以用在需要限制数据传输量或者使用数据有限制的地方。有源式电子标签的缺点主要是价格高，体积大，电子标签的使用寿命受到限制，而且随着电子标签内电池电力的消耗，数据传输的距离会越来越小，影响系统的正常工作。

(2) 无源式电子标签。无源式电子标签的内部不带电池，需靠外界提供能量才能正常工作。无源式电子标签典型的产生电能的装置是天线与线圈，当电子标签进入系统的工作区域时，天线接收到特定的电磁波，线圈就会产生感应电流，再经过整流并给电容充电，电容电压经过稳压后可作为工作电压。无源式电子标签具有永久的使用期，常常用在电子标签信息需要每天读写或频繁读写的场合，而且无源式电子标签支持长时间的数据传输和永久性的数据存储。无源式电子标签的缺点主要是数据传输的距离要比有源式电子标签短。因为无源式电子标签依靠外部的电磁感应供电，电能比较弱，数据传输的距离和信号强度会受到限制，所以需要敏感性比较高的信号接收器才能可靠识读。但它的价格、体积、易用性决定了它是电子标签的主流。

(3) 半有源式电子标签。半有源式电子标签内的电池仅对标签内要求供电维持数据的电路供电或者为标签芯片工作所需的电压提供辅助支持，为本身耗电很少的电子标签电路供电。电子标签未进入工作状态前，一直处于休眠状态，相当于无源式电子标签，电子标签内部电池能量消耗很少，因而电池可维持几年，甚至长达10年有效。当电子标签进入读写器的读取区域，受到读写器发出的射频信号激励而进入工作状态时，电子标签与读写器之间信息交换的能量支持以读写器供应的射频能量为主(反射调制方式)，电子标签内部电池的作用主要在于弥补电子标签所处位置的射频场强不足，电子标签内部电池的能量并不转换为射频能量。

2) 根据电子标签的工作频率分类

从应用概念来说，电子标签的工作频率也就是射频识别系统的工作频率，是其最重要的特点之一。电子标签的工作频率不仅决定着射频识别系统的工作原理(电感耦合还是电磁耦合)、识别距离，还决定着电子标签及读写器实现的难易程度和设备的成本。工作在不同频段或频点上的电子标签具有不同的特点。射频识别应用占据的频段或频点在国际上有公认的划分，即位于ISM波段，典型的工作频率有125 kHz、133 kHz、13.56 MHz、27.12 MHz、433 MHz、902 MHz～928 MHz、2.45 GHz、5.8 GHz等。

(1) 低频段电子标签。低频段电子标签，简称为低频标签，其工作频率范围为30 kHz～300 kHz，典型工作频率有 125 kHz、133 kHz(也有接近的其他频率的，如 TI 公司使用134.2 kHz)。低频标签一般为无源式电子标签，其工作能量通过电感耦合方式从读写器耦合线圈的辐射近场中获得。低频标签与读写器之间传送数据时，低频标签需位于读写器天线辐射的近区场内。低频标签的阅读距离一般情况下小于1 m。

低频标签的典型应用有动物识别、容器识别、工具识别、电子闭锁防盗(带有内置应答器的汽车钥匙)等。与低频标签相关的国际标准有 ISO 11784/11785(用于动物识别)、ISO 18000-2(125 kHz～135 kHz)。低频标签有多种外观形式，应用于动物识别的低频标签外观有项圈式、耳牌式、注射式、药丸式等。

低频标签的主要优势体现在电子标签芯片一般采用普通的CMOS工艺，具有省电、廉价的特点，工作频率不受无线电频率约束，可以穿透水、有机组织、木材等，非常适合近距离、低速度、数据量要求较少的识别应用等。低频标签的劣势主要体现在电子标签存储数据量较少，只适用于低速、近距离的识别应用。

(2) 中高频段电子标签。中高频段电子标签的工作频率一般为3 MHz～30 MHz，其典型工作频率为13.56 MHz。该频段的电子标签，一方面从射频识别应用角度来看，因其工作原理与低频标签完全相同，即采用电感耦合方式工作，所以宜将其归为低频标签类中；另一方面，根据无线电频率的一般划分，其工作频段又称为高频，所以也常常将其称为高频标签。

中高频段电子标签一般也采用无源方式，其工作能量同低频标签一样，也是通过电感(磁)耦合方式从读写器耦合线圈的辐射近区场内获得。电子标签与读写器进行数据交换时，电子标签必须位于读写器天线辐射的近区场内。中高频段电子标签的阅读距离一般情况下也小于1 m(最大读取距离为1.5 m)。

中高频段电子标签可方便地做成卡状，其典型应用包括电子车票、电子身份证、电子闭锁防盗(电子遥控门锁控制器)等，相关的国际标准有 ISO 14443、ISO 15693、ISO 18000-3(13.56 MHz)等。

(3) 超高频与微波频段的电子标签。超高频与微波频段的电子标签，简称为微波电子标签，其典型工作频率为433.92 MHz、862(902) MHz～928 MHz、2.45 GHz、5.8 GHz。微波电子标签可分为有源式电子标签与无源式电子标签两类。工作时，电子标签位于读写器天线辐射场的远区场内，电子标签与读写器之间的耦合方式为电磁耦合方式。读写器天线辐射场为无源式电子标签提供射频能量，将有源式电子标签唤醒。相应的射频识别系统阅读距离一般大于1 m，典型情况为4 m～7 m，最大可达10 m以上。读写器天线一般均为定向天线，只有在读写器天线定向波束范围内的电子标签才可被读写。

由于阅读距离的增加，应用中有可能在阅读区域中同时出现多个电子标签的情况，从而提出了多标签同时读取的需求，进而这种需求发展成为一种潮流。目前，先进的射频识别系统均将多标签识读问题作为系统的一个重要特征。

以目前技术水平来说，无源微波电子标签比较成功的产品相对集中在 902 MHz～928 MHz工作频段上。2.45 GHz和5.8 GHz射频识别系统多以半有源微波电子标签产品面世。半有源式电子标签一般采用纽扣电池供电，具有较远的阅读距离。

微波电子标签的典型特点主要集中在是否无源，无线读写距离，是否支持多标签读写，是否适合高速识别应用，读写器的发射功率容限，电子标签及读写器的价格等方面。对于可无线写的电子标签而言，通常情况下，写入距离要小于识读距离，其原因在于写入要求更大的能量。

微波电子标签的数据存储容量一般限定在2 kb以内，再大的存储容量似乎没有太大的意义，从技术及应用的角度来说，微波电子标签并不适合作为大量数据的载体，其主要功

能在于标识物品并完成无接触的识别过程。典型的数据容量指标有 1 kb、128 b、64 b 等。

微波电子标签的典型应用包括移动车辆识别、电子身份证、仓储物流应用、电子闭锁防盗(电子遥控门锁控制器)等，相关的国际标准有 ISO 10374、ISO 18000-4(2.45 GHz)、ISO 18000-5(5.8 GHz)、ISO 18000-6(860 MHz～930 MHz)、ISO 18000-7(433.92 MHz)、ANSI NCITS 256—1999 等。

3) 根据电子标签的可读性分类

根据使用的存储器类型，可以将电子标签分成只读(Read Only，RO)电子标签、可读可写(Read and Write，RW)电子标签和一次写入多次读出(Write Once Read Many，WORM)电子标签。

(1) 只读电子标签。只读电子标签内部只有只读存储器(Read Only Memory，ROM)。ROM 中存储有电子标签的标识信息。这些信息可以在电子标签制造过程中，由制造商写入 ROM 中，电子标签在出厂时，即已将完整的标签信息写入标签。这种情况下，应用过程中，电子标签一般具有只读功能。也可以在电子标签开始使用时由使用者根据特定的应用目的写入特殊的编码信息。

只读电子标签信息的写入，在更多的情况下是在电子标签芯片的生产过程中将标签信息写入芯片，使得每一个电子标签拥有一个唯一的标识 UID(如 96 bit)。应用中，需再建立标签唯一 UID 与待识别物品的标识信息之间的对应关系(如车牌号)。只读标签信息的写入也可在应用之前，由专用的初始化设备将完整的标签信息写入。

只读电子标签一般容量较小，可以用做标识标签。对于标识标签来说，一个数字或者多个数字字母字符串存储在标签中，这个储存内容是进入信息管理系统中数据库的钥匙(Key)。标识标签中存储的只是标识号码，用于对特定的标识项目，如人、物、地点进行标识，被标识项目的详细、特定的信息，只能在与系统相连接的数据库中进行查找。

一般电子标签的 ROM 区存放有厂商代码和无重复的序列码，每个厂商的代码是固定和不同的，每个厂商的每个产品的序列码也肯定是不同的。所以每个电子标签都有唯一码，这个唯一码又是存放在 ROM 中，所以标签就没有可仿制性，是防伪的基础点。

(2) 可读可写电子标签。可读可写电子标签内部的存储器，除了 ROM、缓冲存储器之外，还有非活动可编程记忆存储器。这种存储器一般是 EEPROM(电可擦除可编程只读存储器)，它除了存储数据功能外，还具有在适当的条件下允许多次对原有数据的擦除以及重新写入数据的功能。可读可写电子标签还可能有随机存取器(Random Access Memory，RAM)，用于存储标签反应和数据传输过程中临时产生的数据。

可读可写电子标签一般存储的数据比较大，大都是用户可编程的。标签中除了存储标识码外，还存储有大量的被标识项目其他的相关信息，如生产信息、防伪校验码等。在实际应用中，关于被标识项目的所有信息都是存储在标签中的，读标签就可以得到关于被标识目标的大部分信息，而不必连接到数据库进行信息读取。另外，在读标签的过程中，可以根据特定的应用目的控制数据的读出，实现在不同情况下读出的数据部分不同。

(3) 一次写入多次读出电子标签。这种 WORM 概念既有接触式改写的电子标签存在，也有无接触式改写的电子标签存在。这类 WORM 电子标签一般大量用在一次性使用的场合，如航空行李标签、特殊身份证件标签等。

RW卡一般比WORM卡和RO卡价格高得多，如电话卡、信用卡等；WORM卡是用户可以一次性写入的卡，写入后数据不能改变，比RW卡要便宜；RO卡存有一个唯一的ID号码，不能修改，具有较高的安全性。

4) 根据电子标签的工作方式分类

根据电子标签的工作方式，可将RFID分为主动式电子标签、被动式电子标签和半主动式电子标签。一般来讲，无源系统为被动式电子标签，有源系统为主动式电子标签。

(1) 主动式电子标签。一般来说，主动式RFID系统为有源系统，即主动式电子标签用自身的射频能量主动地发送数据给读写器，在有障碍物的情况下，只需穿透障碍物一次。由于主动式电子标签自带电池供电，它的电能充足，工作可靠性高，信号传输距离远。主动式电子标签的主要缺点是标签的使用寿命受到限制，而且随着标签内部电池能量的耗尽，数据传输距离越来越短，从而影响系统的正常工作。

(2) 被动式电子标签。被动式电子标签必须利用读写器的载波来调制自身的信号，电子标签产生电能的装置是天线和线圈。电子标签进入RFID系统工作区后，天线接收特定的电磁波，线圈产生感应电流供给电子标签工作，在有障碍物的情况下，读写器的能量必须来回穿过障碍物两次。这类系统一般用于门禁或交通系统中，因为读写器可以确保只激活一定范围内的电子标签。

(3) 半主动式电子标签。在半主动式RFID系统里，电子标签本身带有电池，但是电子标签并不通过自身能量主动发送数据给读写器，电池只负责对电子标签内部电路供电。电子标签需要被读写器的能量激活，才可通过反向散射调制方式传送自身数据。

2. RFID系统的分类

根据RFID系统完成的功能不同，可以粗略地把RFID系统分成四种类型：EAS系统、便携式数据采集系统、物流控制系统、定位系统。

1) EAS系统

EAS(Electronic Article Surveillance)是一种设置在需要控制物品出入的门口的RFID技术。这种技术的典型应用场合是商店、图书馆、数据中心等地方，当未被授权的人从这些地方非法取走物品时，EAS系统会发出警告。在应用EAS技术时，首先在物品上粘贴EAS标签，当物品被正常购买或者合法移出时，在结算处通过一定的装置使EAS标签失活，物品就可以取走。物品经过装有EAS系统的门口时，EAS装置能自动检测标签的活动性，若发现活动性标签，EAS系统会发出警告。典型的EAS系统一般由三部分组成：附着在商品上的电子标签(即电子传感器)、电子标签灭活装置(以便授权商品能正常出入)、监视器(在出口形成一定区域的监视空间)。

EAS系统的工作原理是：在监视区，发射器以一定的频率向接收器发射信号。发射器与接收器一般安装在零售店、图书馆的出入口，形成一定的监视空间。当具有特殊特征的标签进入该区域时，会对发射器发出的信号产生干扰，这种干扰信号也会被接收器接收，再经过微处理器的分析判断，就会控制警报器的鸣响。根据发射器所发出的信号不同以及标签对信号干扰原理的不同，EAS可以分成许多种类型。EAS技术最新的研究方向是标签的制作，人们正在讨论EAS标签能不能像条码一样，在产品的制作或包装过程中加进产品，成为产品的一部分。

2) 便携式数据采集系统

便携式数据采集系统是使用带有RFID读写器的手持式数据采集器采集RFID标签上的数据。这种系统具有比较大的灵活性，适用于不宜安装固定式 RFID 系统的应用环境。手持式读写器(数据输入终端)可以在读取数据的同时，通过无线电波数据传输方式(RFDC)实时地向主计算机系统传输数据，也可以暂时将数据存储在读写器中，再一批一批地向主计算机系统传输数据。

3) 物流控制系统

在物流控制系统中，固定布置的 RFID 读写器分散布置在给定的区域，并且读写器直接与数据管理信息系统相连，信号发射机是移动的，一般安装在移动的物体或人身上。当物体或人流经读写器时，读写器会自动扫描标签上的信息并把数据信息输入数据管理信息系统存储、分析、处理，达到控制物流的目的。

4) 定位系统

定位系统用于自动化加工系统中的定位以及对车辆、轮船等进行运行定位支持。读写器放置在移动的车辆、轮船上或者自动化流水线中移动的物料、半成品、成品上，信号发射机嵌入到操作环境的地表下面。信号发射机上存储有位置识别信息，读写器一般通过无线的方式或者有线的方式连接到主信息管理系统。

总之，一套完整的 RFID 系统解决方案包括标签设计及制作工艺、天线设计、系统中间件研发、系统可靠性研究、读卡器设计和示范应用演示六部分，可以广泛应用于工业自动化、商业自动化、交通运输控制管理和身份认证等多个领域，而在仓储物流管理、生产过程制造管理、智能交通、网络家电控制等方面更是引起了众多厂商的关注。

4.1.3 RFID 技术的应用

从发展过程上来看，RFID 早期主要应用在政府管理、零售超市、航空业、制造业等领域。在这些行业的应用中，RFID 系统表现出了最明显的优势——超强的数据采集能力，这一点让 RFID 具有了跨行业的应用能力。作为服务行业的通信企业，其本身所提供的就是一个数据传输的过程，在产品采购、物流管理、企业门户、客户管理等各个环节有效利用 RFID，对于 RFID 的发展和通信行业的效率提升都将是极大的促进。同时，应用较为广泛的一些行业，也能够为通信业提供一些示例。

1. 政府机构：安全权力

“9·11”事件以后，美国政府开始广布摄像头，配上面部识别技术，可以追踪个人的行踪。除了大型数据库，最佳的追踪方式莫过于使用 RFID 技术控制每个公民的行踪，从而增强政府的安全监控。

“9·11”事件后，IBM 被美国国防部指定为合作伙伴，为 43 000 个国防设备提供基于 RFID 的应用。IBM 使用 RFID 技术来坚持不懈地跟踪和测量全球性邮件系统的质量，向 IPC 提供来自欧洲、北美和亚太区域 36 个国家的反馈邮件能否准时到达。

除了安全领域，提升政府管理机构的信息化程度、政府采购和供应的效率也都需要 RFID 来帮忙，在美国政府之后，日本、新加坡等亚洲国家也意识到了这一点，并计划通过在政府机构推行 RFID 来带动本国的发展。

2．零售：供应链各环节

IBM帮助总部在德国的第五大零售商METRO集团设计了一个集成的RFID解决方案，这一计划于2003年11月开始，最初有100家供应商在其运往METRO公司10个中央仓库和250家商店的所有货柜和集装箱上贴上了RFID标签。作为这一项目的RFID系统集成商，IBM领导制定项目战略以及项目的实现和首次使用，通过一个实验室来测试每一供应商提供的产品与RFID技术之间的互操作性。这一解决方案通过让METRO对整个处理链中的商品进行跟踪，优化了订单和存货管理，避免了缺货情况的发生，降低了成本，并对传统的供应链进行了改造。

3．航空：行李托运

在航空业，美国三角洲航空、波音航空和欧洲空中客车公司都宣布正在研究用于航空物流领域的RFID行业标准。2007年7月，亚特兰大三角洲航空公司发言人Reid Davis宣布，“未来24个月内我们公司如果投入使用RFID无线标签，首批将肯定用于旅客行李和航运货物。”

行李托运处理控制BHC，是IBM所提供的一套适用于机场行李托运处理系统的方案规划、过程控制和监督综合解决方案，其行李搜索、跟踪和交运功能允许工作人员通过友好的图形化界面直接控制行李的托运流程，而实际的行李处理信息则能够连续采集并报告给管理人员。IBM还提供了另外两种行李托运系统：BagFlo——高性能的行李跟踪和预测系统，用来监视伦敦希思罗机场的行李转运情况；JBS——主要的全球化航空公司都在使用的一种全球行李跟踪和客户服务应用。

4．垃圾处理：跟踪监控

2004年7月，日本领先的废品管理公司——Kureha环境工程公司开始测试在其医疗废品上贴上采用了RFID技术的标签，这是RFID技术在亚太区域内首次应用于医疗废品的回收和处理，并采用IBM公司提供的RFID解决方案。

该测试检验根据RFID标签追踪处理中医疗废品的效率和准确度，该RFID系统的主要目标是，通过和不同的医院、运输公司合作而建立一个可追踪的系统，避免医疗废品的非法处理。

当今，医疗垃圾对人类的生存环境构成了巨大的威胁和隐患，日本已加强了对垃圾处理的限制，特殊垃圾的处理尤其被政府所重视，RFID则是解决这一难题的良方。

在国内，更大的麻烦来自于电子垃圾的处理，为了控制废旧电器对环境的污染，同时和欧盟等贸易伙伴统一标准，信息产业部对电子垃圾的处理日益重视并做出了严格的限制，目前还没有正式出台对电子产品标记安全使用期限，超期产品要强制回收处理，禁止再流入市场的相关法规。

5．制造业：生产效率的提升

RFID不仅仅应用于零售业，从制造环节开始，它就发挥了巨大的作用。早在2004年，IBM就帮助一家电子制造业的领袖企业进行了供应链系统的整合，其中，RFID用来跟踪产品在库存、配送中心、地区配送中心的运输过程中的信息，该项目提高了供应链透明度，提供几乎实时的存量可见度，存货周转量提高 12%，工作效率提高 100%，库存接收准确性提高 50%。

6．RFID 技术与传感器技术

当电子标签具有感知能力的时候，RFID 与无线传感网的界限就变得模糊不清了。很多主动式和半主动式电子标签结合传感器进行设计，使得传感器可以发送数据给读写器，而这些电子标签并不完全是无线传感网的节点，因为它们之间缺乏通过相互协同组成的自组织网络进行通信，但是它们又超越了一般的电子标签。另一方面，一些传感器节点正在使用 RFID 读写器作为它们感知能力的一部分。温度标签、振动传感器和化学传感器能大大提高 RFID 技术的功能。

若将智能传感器与准确的时间、位置感应的电子标签结合起来，将能够记录给定物体的状态和其被处理的情况。例如，人们正在研究开发的检测易腐食品是否过期的生物传感器，这种传感器十分微小，能检测出任何生物或化学制剂。这种传感器由发射器和计算机芯片组成，它能嵌入电子标签，能在水瓶里，甚至肉品包装袋的积水底部工作。RFID 生物传感器的研制还需要几年时间，但有些公司，包括麦当劳最大的牛肉供应商金州食品公司自 2002 年以来一直在试验 RFID 生物传感器。由 RFID 传感器构成的系统最终将跟踪和监测所有的食品供应，防止污染和生物恐怖主义。

7．应用近距离无线通信技术组成无线支付系统

近距离无线通信(Near Field Communication，NFC)技术是由飞利浦公司发起，由诺基亚公司、索尼公司等著名厂商联合主推的一项无线通信技术。NFC 工作在 13.56 MHz 频段，其数据传输速率取决于工作距离，可为 106 kb/s、212 kb/s 或 424 kb/s；其最长通信距离为 20 cm，在大多数应用中，实际工作距离不会超过 10 cm。NFC 技术的出现在很大程度上改变了人们使用某些电子设备的方式，甚至改变了信用卡、现金和钥匙的使用方式，它可以应用在手机等便携型设备上，实现安全的移动支付和交易、简便的端到端通信、在移动中轻松接入信息等功能。

NFC 与 RFID 技术所针对的行业不同，NFC 技术针对的是消费类电子产品，而 RFID 技术针对的是所有行业，包括物流、交通等诸多行业。从某种意义上讲，NFC 也是 RFID 的一种应用，也可以把 NFC 看成是 RFID 的升级。RFID 与 NFC 是相互促进的，一方面，RFID 应用的普及需要无处不在的读写器；另一方面，NFC 是与手机紧密结合的技术，NFC 的普及可解决 RFID 读写器存在的一些难题，为 RFID 的进一步发展助力。此外，RFID 市场的存在和扩大，也给 NFC 技术的推广普及提供了基础环境。从通信角度来看，近距离内工作的 RFID 技术也是近距离无线通信技术的一种。RFID 技术的下一个应用热点将是手机、个人数字助理(PDA)和汽车电子产品等消费性的电子产品领域，它们的表现形式将是基于 NFC 等技术的非接触式移动支付等，诸如以手机取代和统一电子钱包、信用卡、积分卡、银行卡和交通卡等。

NFC 手机与用户识别模块(SIM 卡)整合，让手机拥有小额付费功能，并同时可以兼容如 MasterCard PayPass 及 VISA Wave 等多张非接触式感应信用卡，以一部手机就可乘地铁、巴士，还能当做电子钱包，而无须携带多张卡出门。空中下载(Over The Air，OTA)技术是通过移动通信的空中接口对 SIM 卡数据及应用进行远程管理的技术。借助于 OTA，可以简

单、便捷地配置 NFC 手机的多元化服务。这种移动支付模式将带给消费者极大的方便，它可以随时、随地快速选择新的支付模式。NFC 手机会内建密钥以增加安全性，也可以设定让每一笔交易都必须经过使用者以密码或其他生物特征确认，在系统支持下还能记录每笔交易信息，而客户也可以随时通过手机查询每次充值或交易的记录。NFC 手机还可以读取内建感应线圈的海报提供的优惠信息。如果主要路标也布有内建感应线圈的电子标签，手机就能接收道路、旅游、环境、消费与公共服务等相关信息，使 NFC 的应用更加多元化。

8．RFID 技术与 3G

RFID 技术在当前的移动通信领域中已经有所应用，但是大部分还处于试验阶段，从 RFID“标记”、“地址号码”和“传感功能”这三个本质特点来看，RFID 在 3G 产业中的应用前景非常广阔。移动通信技术发展到 3G 的直接结果是一个结构更加复杂和功能更加强大的通信系统，除了传统的人与人之间的通信外，设备与设备之间的通信业务(Machine to Machine，M2M)也将得到迅速发展，而 RFID 在其中扮演着关键的角色，因为 RFID 所具有的“标记”、“地址号码”和“传感功能”能够解决 M2M 中很多实际的问题。虽然设备或物品本身并不具备感知的功能，但可以利用支持 RFID 技术的 3G 终端了解设备或物品所处的外界环境，从而更好地实现对设备或物品的数据读取、状态监测和远程管理控制等诸多业务。新融合的需求对移动设备提出了前所未有的挑战，如果需要手持设备支持丰富的融合业务，除了强大的处理器之外，还需要支持无线局域网(WLAN)、超宽带(UWB)、蓝牙、ZigBee、通用移动电话业务(UMTS)等诸多无线协议，用以支持移动通信、娱乐体验的需求。

3G 手机加上 RFID 技术可以实时传递信息及上传或下载多媒体影音档案，提供数据的读取与更新、存储用于对象识别与获取信息的功能。该研究表明，通过 3G 系统结合日常生活中各项物品，如家电用品、日常用品、大众运输、餐厅、电影及卖场等内含的电子标签，各项物品的服务经 3G 手机上的读写器读取之后，产品的具体信息会显示于 3G 手机屏幕，从而达到服务数字化，并且无所不在，无所不用，大大提高了人们数字生活的方便程度。若 RFID 的相关设备成本可以降低，未来日常生活中的各项物品均有可能内嵌电子标签，那样 RFID 技术与 3G 系统的结合可为人类未来的生活带来极大方便。

4.1.4　RFID 技术标准

由于 RFID 的应用牵涉到众多行业，因此其相关的标准非常复杂。从类别看，RFID 标准可以分为以下四类：技术标准(如 RFID 技术、IC 卡标准等)；数据内容与编码标准(如编码格式、语法标准等)；性能与一致性标准(如测试规范等)；应用标准(如船运标签、产品包装标准等)。具体来讲，RFID 相关的标准涉及电气特性、通信频率、数据格式和元数据、通信协议、安全、测试、应用等方面。

与 RFID 技术和应用相关的国际标准化机构主要有国际标准化组织(ISO)、国际电工委员会(IEC)、国际电信联盟(ITU)、世界邮联(UPU)。此外，还有其他的区域性标准化机构(如 EPC Global、Ubiquitous ID Center、CEN)、国家标准化机构(如 BSI、ANSI、DIN)和产业联盟(如 ATA、AIAG、EIA)等也制定了与 RFID 相关的区域、国家、产业联盟标准，并通过不同的渠道提升为国际标准。表 4-1 列出了目前 RFID 系统主要频段的标准与特性。

表 4-1 RFID 系统主要频段的标准与特性

特 性	低 频	高 频	超 高 频	微 波
工作频率	125 kHz～ 134 kHz	13.56 MHz	868 MHz～ 915 MHz	2.45 GHz～ 5.8 GHz
读取距离	1.2 m	1.2 m	4 m(美国)	15 m(美国)
速度	慢	中等	快	很快
潮湿环境	无影响	无影响	影响较大	影响较大
方向性	无	无	部分	有
全球适用频率	是	是	部分	部分
现有 ISO 标准	11784/85，14223	14443，18000-3，15693	18000-6	18000-4/555

总体来看，目前 RFID 存在三个主要的技术标准体系：总部设在美国麻省理工学院(MIT)的自动识别中心(Auto-ID Center)、日本的泛在中心(Ubiquitous ID Center，UIC)和 ISO 标准体系。

1. EPC Global

EPC Global 是由美国统一代码协会(UCC)和国际物品编码协会(EAN)于 2003 年 9 月共同成立的非营利性组织，其前身是 1999 年 10 月 1 日在美国麻省理工学院成立的非营利性组织 Auto-ID 中心。Auto-ID 中心以创建物联网为使命，与众多成员企业共同制定一个统一的开放技术标准。EPC Global 旗下有沃尔玛集团、英国特易购(Tesco)等 100 多家欧美零售流通企业，同时有 IBM、微软、飞利浦、Auto-ID Lab 等公司提供技术研究支持。目前 EPC Global 已在加拿大、日本、中国等国建立了分支机构，专门负责 EPC 码段在这些国家的分配与管理、EPC 相关技术标准的制定、EPC 相关技术在本国宣传普及以及推广应用等工作。

EPC Global 物联网体系架构由 EPC 编码、EPC 标签及读写器、EPC 中间件、ONS 服务器和 EPCIS 服务器等部分构成。

EPC 赋予物品唯一的电子编码，其位长通常为 64 bit 或 96 bit，也可扩展为 256 bit。对不同的应用规定有不同的编码格式，主要存放企业代码、商品代码和序列号。Gen2 标准的 EPC 编码可兼容多种编码。

2. Ubiquitous ID

日本在电子标签方面的发展，始于 20 世纪 80 年代中期的实时嵌入式系统 TRON，T-Engine 是其中核心的体系架构。

在 T-Engine 论坛领导下，泛在中心于 2003 年 3 月成立，并得到日本政府经济产业省和总务省以及大企业的支持，目前包括微软、索尼、三菱、日立、日电、东芝、夏普、富士通、NTT DoCoMo、KDDI、J-Phone、伊藤忠、大日本印刷、凸版印刷、理光等重量级企业。

泛在 ID 中心的泛在识别技术体系架构由泛在识别码(uCode)、信息系统服务器、泛在通信器和 uCode 解析服务器四部分构成。

uCode 采用 128 bit 记录信息，提供了 340 × 1036 编码空间，并可以以 128 bit 为单元进

一步扩展至 256 bit、384 bit 或 512 bit。uCode 能包容现有编码体系的元编码设计，以兼容多种编码，包括 JAN、UPC、ISBN、IPv6 地址，甚至电话号码。uCode 标签具有多种形式，包括条码、射频标签、智能卡、有源芯片等。泛在 ID 中心把标签进行分类，设立了九个级别的不同认证标准。

信息系统服务器存储并提供与 uCode 相关的各种信息。uCode 解析服务器确定与 uCode 相关的信息存放在哪个信息系统服务器上。uCode 解析服务器的通信协议为 uCodeRP 和 eTP，其中 eTP 是基于 eTron(PKI)的密码认证通信协议。

泛在通信器主要由 IC 标签、标签读写器和无线广域通信设备等部分构成，用来把读到的 uCode 送至 uCode 解析服务器，并从信息系统服务器获得有关信息。

3. ISO 标准体系

国际标准化组织(ISO)以及其他国际标准化机构如国际电工委员会(IEC)、国际电信联盟(ITU)等是 RFID 国际标准的主要制定机构。大部分 RFID 标准都是由 ISO(或与 IEC 联合组成)的技术委员会(TC)或分技术委员会(SC)制定的。

4.2　RFID 系统的组成

4.2.1　RFID 的工作原理及系统组成

1. RFID 的工作原理

RFID 的工作原理是：标签进入磁场后，如果接收到读写器发出的特殊射频信号，就能凭借感应电流所获得的能量发送出存储在芯片中的产品信息(即 Passive Tag，无源标签或被动标签)，或者主动发送某一频率的信号(即 Active Tag，有源标签或主动标签)，读写器读取信息并解码后，送至中央信息系统进行有关数据处理。

RFID 技术由 Auto-ID 中心开发，其应用形式为标记(tag)卡和标签(label)设备。标记设备由 RFID 芯片和天线组成，标记类型分为三种：自动式、半被动式和被动式。现在市场上开发的基本上是被动式 RFID 标记，因为这类设备造价较低，且易于配置。被动式标记设备运用无线电波进行操作和通信，信号必须在识别器允许的范围内，通常是 10 英尺(约 3 m)。这类标记适合于短距离信息识别，如一次性剃须刀或可移动刀片包装盒这类小商品。RFID 芯片可以是只读的，也可是读/写方式，依据应用需求决定。被动式标记设备采用 EEPROM，便于运用特定电子处理设备往上面写数据。一般标记设备在出厂时都设定为只读方式。Auto-ID 规范中还包含有死锁命令，以在适当情形下阻止跟踪进程。

Auto-ID 中心开发的电子产品代码(EPC)规范能识别目标，以及所有与目标相关的数据。EPC 系统运用正确的数据库链接到 EPC 码，厂商和零售商能依据权限进行查询、管理和变更操作。一旦标记贴到产品或设备上，RFID 识别器便能读取存储于标记中的数据。Auto-ID 计划将 EPC 系统发展成为全球标准，该标准主要包括：识别目标的特定代码(EPC)；定义数据的所有者(EPC 管理器)；定义代码及标记的其余信息；定义货物参数，如库存单元号；将 EPC 代码转换为 Internet 地址(目标命名服务 ONS)；对目标进行描述(物理置标语言 PML)；

聚集和处理 RFID 数据(专家软件)；分配给每类目标的特定号码(串行号)；用于互操作性的规范最小集(标记及识别规范)。采用 RFID 技术最大的好处是可以对企业的供应链进行透明管理，有效地降低成本。

2．RFID 系统的组成

射频识别系统至少应包括读写器和电子标签(或称射频卡、应答器等，本书统称为电子标签) 两个部分，另外，还应包括天线、主机等。RFID 系统在具体的应用过程中，根据不同的应用目的和应用环境，系统的组成会有所不同，但从 RFID 系统的工作原理来看，系统一般都由信号发射机、信号接收机、发射接收天线几部分组成。RFID 系统的组成如图 4.1 所示，下面分别加以说明。

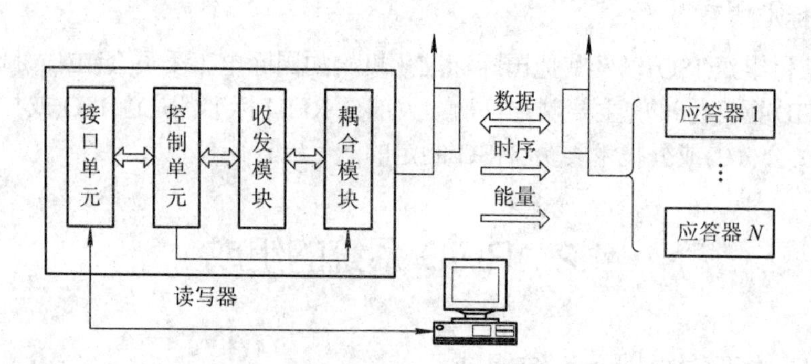

图 4.1　RFID 系统的组成示意图

1) 信号发射机

在 RFID 系统中，信号发射机为了不同的应用目的，会以不同的形式存在，典型的形式是标签(TAG)。标签相当于条码技术中的条码符号，用来存储需要识别传输的信息。另外，与条码不同的是，标签必须能够自动或在外力的作用下，把存储的信息主动发射出去。

2) 信号接收机

在 RFID 系统中，信号接收机一般叫做读写器。读写器基本的功能就是提供与标签进行数据传输的途径。另外，读写器还提供相当复杂的信号状态控制、奇偶错误校验与更正功能等。标签中除了存储需要传输的信息外，还必须含有一定的附加信息，如错误校验信息等。识别数据信息和附加信息按照一定的结构编制在一起，并按照特定的顺序向外发送。读写器通过接收到的附加信息来控制数据流的发送。一旦到达读写器的信息被正确地接收和译解后，读写器通过特定的算法决定是否需要发射机对发送的信号重发一次，或者发射机停止发信号，这就是“命令响应协议”。使用这种协议，即便在很短的时间、很小的空间阅读多个标签，也可以有效地防止“欺骗问题”的产生。

3) 编程器

只有可读可写标签系统才需要编程器。编程器是向标签写入数据的装置。编程器写入数据一般来说是离线(OFF-LINE)完成的，也就是预先在标签中写入数据，等到开始应用时直接把标签黏附在被标识项目上。也有一些 RFID 应用系统，写数据是在线(ON-LINE)完成的，尤其是在生产环境中作为交互式便携数据文件来处理时。

4) 天线

天线是标签与读写器之间传输数据的发射、接收装置。在实际应用中，除了系统功率，

天线的形状和相对位置也会影响数据的发射和接收，需要专业人员对系统的天线进行设计、安装。

RFID 主要有线圈型、微带贴片型、偶极子型三种基本形式的天线。其中，小于 1 m 的近距离应用系统的 RFID 天线一般采用工艺简单、成本低的线圈型天线，它们主要工作在中低频段；而 1 m 以上远距离的应用系统需要采用微带贴片型或偶极子型的 RFID 天线,它们工作在高频及微波频段。这几种类型天线的工作原理是不相同的。

若从功能实现考虑，可将 RFID 系统分成边沿系统和软件系统两大部分，如图 4.2 所示。这种观点同现代信息技术观点相吻合。边沿系统主要是完成信息感知，属于硬件组件部分；软件系统完成信息的处理和应用；通信设施负责整个 RFID 系统的信息传递。

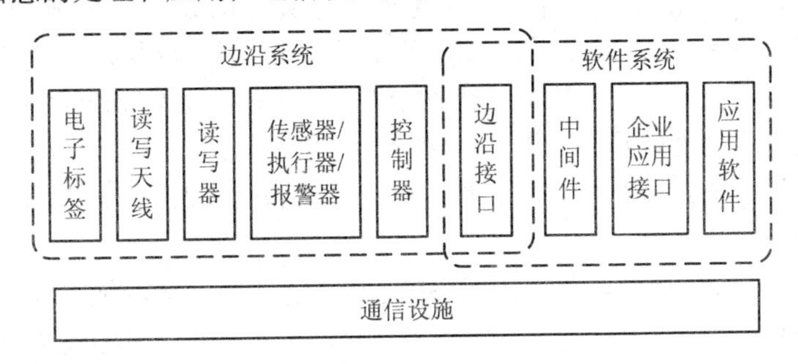

图 4.2　射频识别系统的基本组成

4.2.2　RFID 系统中的软件组件

RFID 系统中的软件组件主要完成数据信息的存储、管理以及对 RFID 标签的读写控制，是独立于 RFID 硬件之上的部分。RFID 系统归根结底是为应用服务的，读写器与应用系统之间的接口通常由软件组件来完成。一般，RFID 的软件组件包含边沿接口系统、RFID 中间件(即为实现所采集信息的传递与分发而开发的中间件)、企业应用接口(即为企业前端软件，如设备供应商提供的系统演示软件、驱动软件、接口软件、集成商或者客户自行开发的 RFID 前端操作软件等)和应用软件(主要指企业后端软件，如后台应用软件、管理信息系统(MIS)软件等)。

1. 边沿接口系统

边沿接口系统完成 RFID 系统软件与硬件之间的连接，通过使用控制器实现同 RFID 软硬件之间的通信。边沿接口系统的主要任务是从读写器中读取数据和控制读写器的行为，激励外部传感器、执行器工作。此外，边沿接口系统还具有以下功能：

(1) 从不同读写器中过滤重复数据；

(2) 允许设置基于事件方式触发的外部执行机构；

(3) 提供智能功能，选择发送到软件系统；

(4) 远程管理功能。

2. RFID 中间件

RFID 系统中间件是介于读写器和后端软件之间的一组独立软件，它能够与多个 RFID 读写器和多个后端软件应用系统连接。应用程序使用中间件所提供的通用应用程序接口

(API)，就能够连接到读写器，读取 RFID 标签数据。中间件屏蔽了不同读写器和应用程序后端软件的差异，从而减轻了多对多连接的设计与维护的复杂性。使用 RFID 中间件有三个主要目的：

(1) 隔离应用层和设备接口；

(2) 处理读写器和传感器捕获的原始数据，使应用层看到的都是有意义的高层事件，大大减少所需处理的信息；

(3) 提供应用层接口用于管理读写器和查询 RFID 观测数据。

3. 企业应用接口

企业应用接口是 RFID 前端操作软件，主要是提供给 RFID 设备操作人员使用的，如手持读写设备上使用的 RFID 识别系统、超市收银台使用的结算系统和门禁系统使用的监控软件等，此外还应当包括将 RFID 读写器采集到的信息向软件系统传送的接口软件。

前端软件最重要的功能是保障电子标签和读写器之间的正常通信，通过硬件设备的运行和接收高层的后端软件控制来处理和管理电子标签和读写器之间的数据通信。前端软件完成的基本功能如下：

(1) 读/写功能：读功能就是从电子标签中读取数据，写功能就是将数据写入电子标签。这中间涉及编码和调制技术的使用，例如采用 FSK 还是 ASK 方式发送数据。

(2) 防碰撞功能：很多时候不可避免地会有多个电子标签同时进入读写器的读取区域，要求同时识别和传输数据，这时，就需要前端软件具有防碰撞功能，即可以同时识别进入识别范围内的所有电子标签，其并行工作方式大大提高了系统的效率。

(3) 安全功能：确保电子标签和读写器双向数据交换通信的安全。在前端软件设计中可以利用密码限制读取标签内信息、读写一定范围内的标签数据以及对传输数据进行加密等措施来实现安全功能，也可以使用硬件结合的方式来实现安全功能。电子标签不仅提供了密码保护，而且能对电子标签上的数据和数据从电子标签传输到读写器的过程进行加密。

(4) 检/纠错功能：由于使用无线方式传输数据很容易被干扰，使得接收到的数据产生畸变，从而导致传输出错，前端软件可以采用校验和的方法，如循环冗余校验(Cyclic Redundance Check，CRC)、纵向冗余校验(Longitudinal Redundance Check，LRC)、奇偶校验等检测错误，可以结合自动重传请求(Automatic Repeater Quest，ARQ)技术重传有错误的数据来纠正错误，以上功能也可以通过硬件来实现。

4. 应用软件

由于信息是为生产决策服务的，因此，RFID 系统所采集的信息最终要向后端应用软件传送，应用软件系统需要具备相应的处理 RFID 数据的功能。应用软件的具体数据处理功能需要根据客户的具体需求和决策的支持度来进行软件的结构与功能设计。

应用软件也是系统的数据中心，它负责与读写器通信，将读写器经过中间件转换之后的数据插入到后台企业仓储管理系统的数据库中，对电子标签管理信息、发行电子标签和采集的电子标签信息集中进行存储和处理。一般来说，后端应用软件系统需要完成以下功能：

(1) RFID 系统管理：系统设置以及系统用户信息和权限。

(2) 电子标签管理：在数据库中管理电子标签序列号和每个物品对应的序号及产品名称、型号规格，芯片内记录的详细信息等，完成数据库内所有电子标签的信息更新。

(3) 数据分析和存储：对整个系统内的数据进行统计分析，生成相关报表，对采集到的数据进行存储和管理。

4.3　几种常见的 RFID 系统

从电子标签到读写器之间的通信和能量感应方式来看，RFID 系统一般可以分为电感耦合(磁耦合)系统和电磁反向散射耦合(电磁场耦合)系统。电感耦合系统是通过空间高频交变磁场实现耦合，依据的是电磁感应定律；电磁反向散射耦合，即雷达原理模型，发射出去的电磁波碰到目标后反射，同时携带回目标信息，依据的是电磁波的空间传播规律。

电感耦合方式一般适合于中、低频率工作的近距离 RFID 系统；电磁反向散射耦合方式一般适合于高频、微波工作频率的远距离 RFID 系统。电感耦合和电磁反向散射耦合如图 4.3 所示。

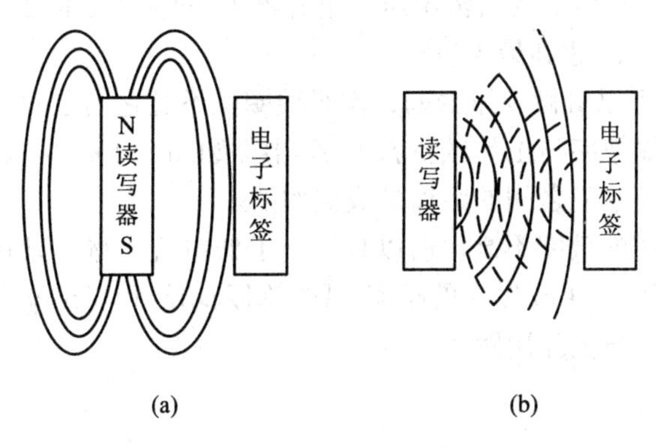

图 4.3　电感耦合和电磁反向散射耦合
(a) 电感耦合；(b) 电磁反向散射耦合

4.3.1　电感耦合 RFID 系统

电感耦合方式的电路结构如图 4.4 所示。电感耦合的射频载波频率为 13.56 MHz 和小于 135 kHz 的频段，应答器和读写器之间的工作距离小于 1 m。

1．应答器的能量供给

电磁耦合方式的应答器几乎都是无源的，能量(电源)从读写器获得。由于读写器产生的磁场强度受到电磁兼容性能有关标准的严格限制，因此系统的工作距离较近。

在图 4.4 所示的读写器中，u_s 为射频信号源，L_1 和 C_1 构成谐振回路(谐振于 u_s 的频率)，R_s 是射频源的内阻，R_1 是电感线圈 L_1 的损耗电阻。u_s 在 L_1 上产生高频电流 i，谐振时高频电流 i 最大，高频电流产生的磁场穿过线圈，并有部分磁力线穿过距离读写器电感线圈 L_1 一定距离的应答器线圈 L_2。由于所有工作频率范围内的波长(13.56 MHz 的波长为 22.1 m，135 kHz 的波长为 2400 m)比读写器和应答器线圈之间的距离大很多，所以两线圈之间的电磁场可以视为简单的交变磁场。

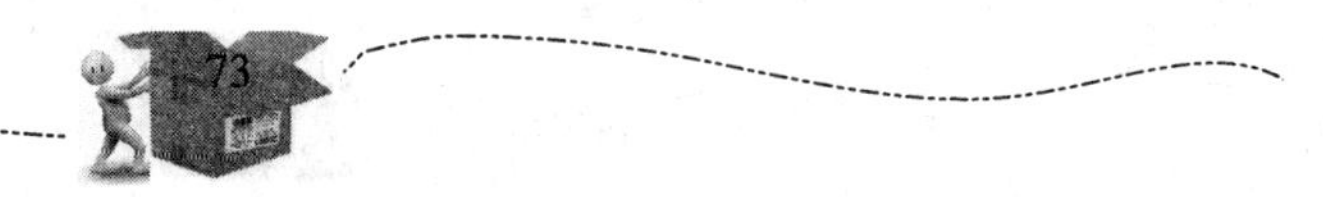

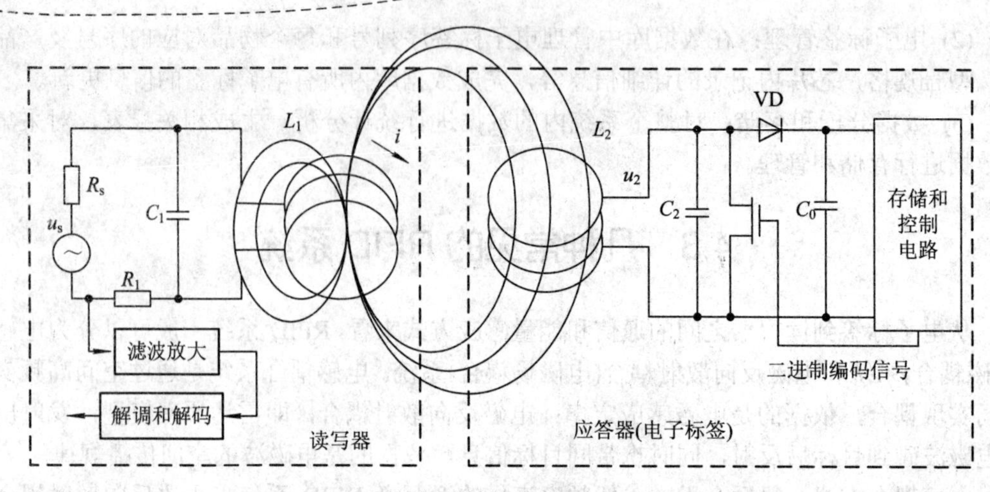

图 4.4　电感耦合方式的电路结构

穿过电感线圈 L_2 的磁力线通过感应，在 L_2 上产生电压 ，将其通过 VD 和 C_0 整流滤波后，即可产生应答器工作所需的直流电压。电容器 C_2 的选择应使 L_2 和 C_2 构成对工作频率谐振的回路，以使电压 u_2 达到最大值。

电感线圈 L_1、L_2 可以看做变压器初、次级线圈，不过它们之间的耦合很弱。读写器和应答器之间的功率传输效率与工作频率 f、应答器线圈的匝数 n、应答器线圈包围的面积 A、两线圈的相对角度以及它们之间的距离是成比例的。

因为电感耦合系统的效率不高，所以只适合于低电流电路。只有功耗极低的只读电子标签(小于 135 kHz)可用于 1 m 以上的距离。具有写入功能和复杂安全算法的电子标签的功率消耗较大，因而其一般的作用距离为 15 cm。

2. 数据传输

应答器向读写器的数据传输采用负载调制方法。应答器二进制数据编码信号控制开关器件，使其电阻发生变化，从而使应答器线圈上的负载电阻按二进制编码信号的变化而改变。负载的变化通过 L_2 映射到 L_1，使 L_1 的电压也按二进制编码规律变化。该电压的变化通过滤波放大和调制解调电路，恢复应答器的二进制编码信号，这样，读写器就获得了应答器发出的二进制数据信息。

4.3.2　反向散射耦合 RFID 系统

1. 反向散射

雷达技术为 RFID 的反向散射耦合方式提供了理论和应用基础。当电磁波遇到空间目标时，其能量的一部分被目标吸收，另一部分以不同的强度散射到各个方向。在散射的能量中，一小部分反射回发射天线，并被天线接收(因此发射天线也是接收天线)，对接收信号进行放大和处理，即可获得目标的有关信息。

2. RFID 反向散射耦合方式

一个目标反射电磁波的频率由反射横截面来确定。反射横截面的大小与一系列的参数有关，如目标的大小、形状和材料，电磁波的波长和极化方向等。由于目标的反射性能通

常随频率的升高而增强，所以 RFID 反向散射耦合方式采用特高频和超高频，应答器和读写器的距离大于 1 m。

RFID 反向散射耦合方式的原理框图如图 4.5 所示，读写器、应答器和天线构成一个收发通信系统。

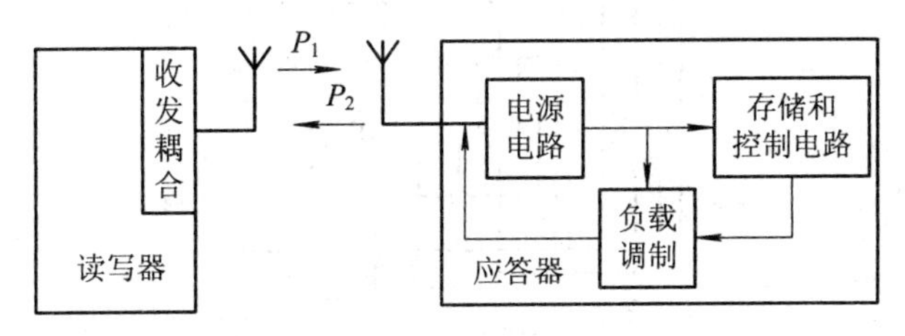

图 4.5　RFID 反向散射耦合方式的原理框图

1) 应答器的能量供给

无源应答器的能量由读写器提供，读写器天线发射的功率 P_1 经自由空间衰减后到达应答器，被吸收的功率经应答器中的整流电路后形成应答器的工作电压。

在 UHF 和 SHF 频率范围，有关电磁兼容的国际标准对读写器所能发射的最大功率有严格的限制，因此在有些应用中，应答器采用完全无源方式会有一定困难。为解决应答器的供电问题，可在应答器上安装附加电池。为防止电池不必要的消耗，应答器平时处于低功耗模式，当应答器进入读写器的作用范围时，应答器由获得的射频功率激活，进入工作状态。

2) 应答器至读写器的数据传输

由读写器传到应答器的功率的一部分被天线反射，反射功率 P_2 经自由空间后返回读写器，被读写器天线接收。接收信号经收发耦合器电路传输到读写器的接收通道，被放大后经处理电路获得有用信息。

应答器天线的反射性能受连接到天线的负载变化的影响，因此，可采用相同的负载调制方法实现反射的调制。其表现为反射功率 P_2 是振幅调制信号，它包含了存储在应答器中的识别数据信息。

3) 读写器至应答器的数据传输

读写器至应答器的命令及数据传输，应根据 RFID 的有关标准进行编码和调制，或者按所选用应答器的要求进行设计。

3. 声表面波应答器

1) 声表面波器件

声表面波(Surface Acoustic Wave，SAW)器件以压电效应和与表面弹性相关的低速传播的声波为依据。SAW 器件体积小、重量轻、工作频率高、相对带宽较宽，并且可以采用与集成电路工艺相同的平面加工工艺，制造简单，重获得性和设计灵活性高。

声表面波器件具有广泛的应用，如通信设备中的滤波器。在 RFID 应用中，声表面波应答器的工作频率目前主要为 2.45 GHz。

2) 声表面波应答器

声表面波应答器的基本结构如图 4.6 所示，长长的一条压电晶体基片的端部有指状电极结构。基片通常采用石英铌酸锂或钽酸锂等压电材料制作，在压电基片的导电板上附有

偶极子天线，其工作频率和读写器的发送频率一致。在应答器的剩余长度安装了反射器，反射器的反射带通常由铝制成。

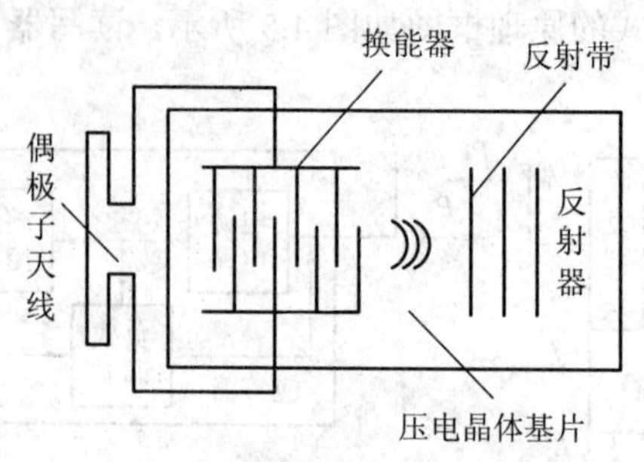

图 4.6　声表面波应答器的基本结构

读写器送出的射频脉冲序列电信号，从应答器的偶极子天线馈送至换能器。换能器将电信号转换为声波。转换的工作原理是利用压电衬底在电场作用时的膨胀和收缩效应。电场是由指状电极上的电位差形成的。一个时变输入电信号(即射频信号)引起压电衬底振动，并沿其表面产生声波。严格地说，传输的声波有表面波和体波，但主要是表面波，这种表面波纵向通过基片。一部分表面波被每个分布在基片上的反向带反射，而剩余部分到达基片的终端后被吸收。一部分反向波返回换能器，在那里被转换成射频脉冲序列电信号(即将声波变换为电信号)，并被偶极子天线传送至读写器。读写器接收到的脉冲数量与基片上的反射带数量相符，单个脉冲之间的时间间隔与基片上反射带的空间间隔成比例，从而通过反射的空间布局可以表示一个二进制的数字序列。

由于基片上的表面波传播速度缓慢，在读写器的射频脉冲序列电信号发送后，经过约 1.5 ms 的滞后时间，从应答器返回的第一个应答脉冲才到达。这是表面波应答器时序方式的重要优点。因为在读写器周围所处环境中的金属表面上的反向信号以光速返回到读写器天线(例如，与读写器相距 100 m 处的金属表面反射信号，在读写器天线发射之后 0.6 ms 就能返回读写器)，所以当应答器信号返回时，读写器周围的所有金属表面反射都已消失，不会干扰返回的应答信号。

声表面波应答器的数据存储能力和数据传输取决于基片的尺寸和反射带之间所能实现的最短间隔，实际上，16 bit～32 bit 的数据传输率大约为 500kb/s。

声表面波 RFID 系统的作用距离主要取决于读写器所能允许的发射功率，在 2.45 GHz 下，作用距离可达到 1 m～2 m。

采用偶极子天线的好处是它的辐射能力强，制造工艺简单，成本低，而且能够实现全向性的方向图。微带贴片天线的方向图是定向的，适用于通信方向变化不大的 RFID 系统，但工艺较为复杂，成本也相对较高。

4.4　RFID 中间件技术

RFID 中间件(Middleware)技术将企业级中间件技术延伸到 RFID 领域，是 RFID 产业链的关键共性技术。它是 RFID 读写器和应用系统之间的中介。RFID 中间件屏蔽了 RFID 设

备的多样性和复杂性，能够为后台业务系统提供强大的支撑，从而驱动更广泛、更丰富的RFID应用。

4.4.1　RFID中间件的组成及功能特点

RFID中间件是介于前端读写器硬件模块与后端数据库、应用软件之间的一类软件，是RFID应用部署运作的中枢。它使用系统软件所提供的基础服务(功能)，衔接网络上应用系统的各个部分或不同的应用，能够达到资源共享、功能共享的目的。目前，对RFID中间件还没有很严格的定义，普遍接受的描述是：中间件是一种独立的系统软件或服务程序，分布式应用软件借助这种软件在不同的技术之间共享资源，中间件位于客户机服务器的操作系统之上，管理计算资源和网络通信。使用中间件主要有三个目的：隔离应用层与设备接口；处理读写器与传感器捕获的原始数据；提供应用层接口，用于管理读写器、查询RFID观测数据。

1．RFID中间件的组成

RFID中间件(即RFID Edge Server)也是EPC Global推荐的RFID应用框架中相当重要的一环，它负责实现与RFID硬件以及配套设备的信息交互与管理，同时作为一个软硬件集成的桥梁，完成与上层复杂应用的信息交换。鉴于使用中间件的三个主要原因，大多数中间件应由读写器适配器、事件管理器和应用程序接口三个组件组成。

1) 读写器适配器

读写器适配器的作用是提供读写器接口。假若每个应用程序都编写适应于不同类型读写器的API程序，那将是非常麻烦的事情。读写器适配器程序提供一种抽象的应用接口，来消除不同读写器与API之间的差别。

2) 事件管理器

事件管理器的作用是过滤事件。读写器不断从电子标签读取大量未经处理的数据，而应用系统内部一般存在大量重复的数据，因此数据必须进行去重和过滤。而不同的数据子集，中间件应能够聚合汇总应用系统定制的数据集合。事件管理器就是按照规则取得指定的数据。过滤有两种类型：一是基于读写器的过滤；二是基于标签和数据的过滤。提供这种事件过滤的组件就是事件管理器。

3) 应用程序接口

应用程序接口的作用是提供一个基于标准的服务接口。这是一个面向服务的接口，即应用程序层接口，它为RFID数据的收集提供应用程序层语义。

2．RFID中间件的主要功能

RFID中间件的任务主要是对读写器传来的与标签相关的数据进行过滤、汇总、计算、分组，减少从读写器传往应用系统的大量原始数据、生成加入了语义解释的事件数据。因此说，中间件是RFID系统的“神经中枢”，也是RFID应用的核心设施。具体地说，RFID中间件的功能主要集中在以下四个方面。

1) 数据实时采集

RFID中间件最基本的功能是从多种不同读写器中实时采集数据。在当前的形势，RFID

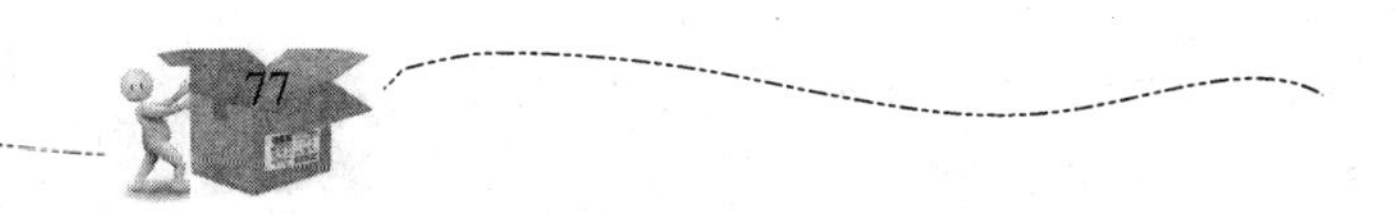

应用处于起始阶段，特别是在物流等行业，条码等还是主要的识别方式，而且现在不同生产商提供的 RFID 读写器接口未能标准化，功能也不尽相同，这就要求中间件能兼容多种读写器。

2) 数据处理

RFID 的特性决定了它在短时间内能产生海量的数据，而这些数据有效利用率非常低，必须经过过滤聚合处理，缩减数据的规模。此外，RFID 本身具有错读、漏读和多读等在硬件上无法避免的问题，通过软件的方法弥补，事件的平滑过滤可确保 RFID 事件的一致性、准确性。这不但需要进行数据底层处理，也需要进行高级处理功能，即事件处理。

3) 数据共享

RFID 中间件的一个重要功能是数据共享。随着部署 RFID 应用的企业增多，大量应用出现推动数据共享的需求，高效、快速地将物品信息共享给应用系统，可提高数据利用的价值。数据共享主要涉及数据的存储、订阅和分发，以及浏览器控制。

4) 安全服务

RFID 中间件采集了大量的数据，并把这些数据共享，这些数据可能是很敏感的数据，比如个人隐私，这就需要中间件实现网络通信安全机制，根据授权提供给应用系统相应的数据。

3. 中间件的工作机制及特点

从理论上讲，中间件的工作机制为：在客户端上的应用程序需要从网络中的某个地方获取一定的数据或服务，这些数据或服务可能处于一个运行着不同操作系统的特定查询语言数据库的服务器中。客户/服务器应用程序中负责寻找数据的部分只需访问一个中间件系统，由中间件完成到网络中寻址数据源或服务，进而传输客户请求、重组答复信息，最后将结果送回应用程序的任务。

中间件作为一个用 API 定义的软件层，在具体实现上应具有强大的通信能力和良好的可扩展性。作为一个中间件应具备：标准的协议和接口，具备通用性、易用性；分布式计算，提供网络、硬件、操作系统透明性；满足大量应用需要；能运行于多种硬件和操作系统平台。其中，具有标准的协议和接口更为重要，因为由此可实现不同硬件、操作系统平台上的数据共享、应用互操作。

4.4.2 RFID 中间件体系结构

RFID 中间件技术涉及的内容比较多，包括并发访问技术、目录服务及定位技术、数据及设备监控技术、远程数据访问、安全和集成技术、进程及会话管理技术等。但任何 RFID 中间件应能够提供数据读出和写入、数据过滤和聚合、数据的分发、数据的安全等服务。根据 RFID 应用需求，中间件必须具备通用性、易用性、模块化等特点。对于通用性要求，系统采用面向服务架构(Service Oriented Architecture，SOA)的实现技术，Web 服务器以服务的形式接受上层应用系统的定制要求并提供相应服务，通过读写器适配器提供通用的适配接口以“即插即用”的方式接收读写器进入系统；对于易用性要求，系统采用 B/S 结构，以 Web 服务器作为系统的控制枢纽，以 Web 浏览器作为系统的控制终端，可以远程控制中间件系统以及下属的读写器。

例如，根据 SOA 的分布式架构思想，RFID 中间件可按照 SOA 类型来划分层次，每一层都有一组独立的功能以及定义明确的接口，而且都可以利用定义明确的规范接口与相邻层进行交互。把功能组件合理划分为相对独立的模块，可使系统具备更好的可维护性和可扩展性。如图 4.7 所示，可将中间件系统按照数据流程划分为设备管理系统(包括数据采集及预处理)、事件处理以及数据服务接口模块。

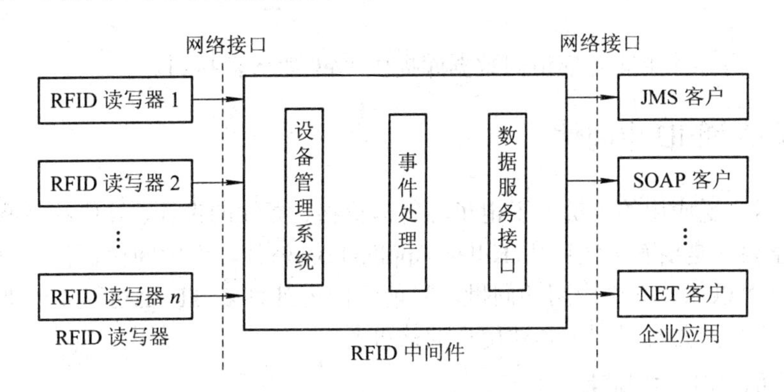

图 4.7　分布式 RFID 中间件分层结构示意图

1. 设备管理系统

设备管理系统实现的主要功能：一是为网络上的读写器进行适配，并按照上层的配置建立实时的 UDP 连接并做好接收标签数据的准备；二是对接收到的数据进行预处理。读写器传递上来的数据存在着大量的冗余信息以及一些误读的标签信息，所以要对数据进行过滤，消除冗余数据。预处理内容包括集中处理所属读写器采集到的标签数据，并统一进行冗余过滤、平滑处理、标签解读等工作。经过处理后，每条标签内容包含的信息有标准 EPC 格式数据、采集的读写器编号、首次读取时间、末次读取时间等，并以一个读周期为时间间隔，分时向事件处理子系统发送，为进一步的数据高级处理做好必要准备。

2. 事件处理

在 RFID 系统中，一方面是各种应用程序以不同的方式频繁地从 RFID 系统中取得数据；另一方面却是有限的网络带宽，这种矛盾使得设计一套消息传递系统成为自然而然的事情。

设备管理系统产生事件，并将事件传递到事件处理系统中，由事件处理系统进行处理，然后通过数据服务接口把数据传递到相关的应用系统。在这种模式下，读写器不必关心哪个应用系统需要什么数据。同时，应用程序也不需要维护与各个读写器之间的网络通道，仅需要将需求发送到事件处理系统中即可。由此，设计出的事件处理系统应具有数据缓存功能、基于内容的路由功能和数据分类存储功能。

来自事件处理系统的数据一般以临时 XML 文件的形式和磁盘文件方式保存，供数据服务接口使用。这样，一方面可通过操作临时 XML 文件，实现数据入库前数据过滤功能；另一方面又实现了 RFID 数据的批量入库，而不是对于每条来自设备管理系统的 RFID 数据都进行一次数据库的连接和断开操作，减少了因数据库连接和断开而浪费的宝贵资源。

3. 数据服务接口

来自事件处理系统的数据最终是分类的 XML 文件。同一类型的数据以 XML 文件的形

式保存，并提供给相应的一个或多个应用程序使用。而数据服务接口主要是对这些数据进行过滤、入库操作，并提供访问相应数据库的服务接口。具体操作如下：

(1) 将存放在磁盘上的XML文件进行批量入库操作，当XML数据量达到一定数量时，启动数据入库功能模块，将XML数据移植到各种数据库中。

(2) 在数据移植前将重复的数据过滤掉。数据过滤过程一般在处理临时存放的XML文件的过程中完成。

(3) 为企业内部和企业外部访问数据库提供Web服务器接口。

4.4.3 常见的RFID中间件

RFID技术广泛应用的关键除了电子标签的价格、天线的设计、波段的标准化、设备的认证之外，重要的是要有关键应用(Killer Application)软件，而中间件可称为RFID运作的中枢，因为它可以加速关键应用的问世。目前，国内外许多IT公司已先后推出了自己的RFID中间件产品，并且得到了企业用户的认可。

1．IBM 的RFID中间件

IBM RFID中间件是一套基于Java并遵循J2EE企业架构开发的一套开放式RFID中间件产品，可以帮助企业简化实施RFID项目的步骤，能满足企业处理海量数据的要求。基于高度标准化的开发方式，IBM的RFID中间件产品可以与企业信息管理系统无缝连接，有效缩短企业的项目实施周期，降低RFID项目的实施出错率和企业实施成本。目前，IBM RFID中间件已成功应用于许多企业的商品供应链之中，例如全球第四大零售商METRO公司，不仅提高了整个商品供应链的流转速度，减少了产品的差错率，还提高了整个供应链的服务水平，降低了供应链的运营成本。

2．Oracle的RFID中间件

Oracle RFID中间件是甲骨文公司开发的一套基于Java遵循J2EE企业架构的中间件产品。它依托Oracle数据库，充分发挥Oracle数据库的数据处理优势，满足企业对海量RFID数据存储和分析处理的要求。Oracle RFID中间件除最基本的数据处理功能之外，还向用户提供了智能化的手工配置界面。实施RFID项目的企业可根据业务的实际需求，手工设定RFID读写器的数据扫描周期、相同数据的过滤周期，并指定RFID中间件将电子数据导入指定的服务数据库；用户还可以利用Oracle提供的各种数据库工具对RFID中间件导入的数据进行各种数据指标分析，并作出准确的预测。

3．Microsoft的RFID中间件

与其他软件厂商运行的Java平台不同，Microsoft中间件产品以SQL数据库和Windows操作系统为依托，主要运行于微软的Windows系列操作平台。微软还准备将RFID中间件产品集成为Windows平台的一部分，并专门为RFID中间件产品的数据传输进行系统级的网络优化。

4．Sybase的RFID中间件

Sybase中间件包括Edge ware软件套件、RFID业务流程、集成和监控工具。该工具采用基于网络的程序界面，将RFID数据所需要的业务流程映射到现有企业的系统中。客户

可以建立独有的规则，并根据这些规则监控实时事件流和 RFID 中间件取得的信息数据。Sybase 中间件的安全套件已经被 SAP 整合进 SAP 企业应用系统，双方还签订了 RFID 中间件联盟协议，利用双方资源共同推广 RFID 中间件的企业 RFID 解决方案。

以上这些 RFID 中间件产品已经过实验室、企业多次实地测试，其稳定性、先进性、海量数据的处理能力也比较完善，得到了许多用户的认同。

4.5　RFID 应用系统开发示例

运用 RFID 技术设计开发一个实际应用系统是主要目的所在。下面通过一个 RFID 应用系统的示例，在介绍读写器的开发技术基础上，介绍 RFID 在 ETC 系统的应用示例。

4.5.1　RFID 系统开发技术简介

一个实际的 RFID 应用系统一般由硬件和软件两大部分组成，其中硬件部分关键是读写器。读写器的硬件结构主要可以分为主控制器模块和射频收发模块两部分，以及其他辅助部分，组成框图如图 4.8 所示。

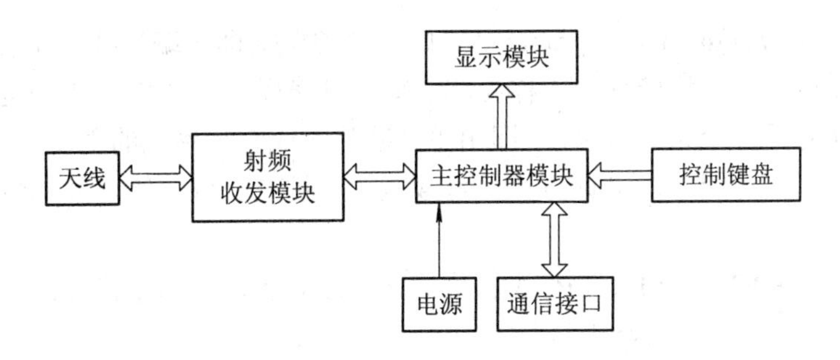

图 4.8　RFID 系统读写器的硬件组成

1．主控制器的选择

读写器主控制器可以采用 Nios II 软核处理器，该软核处理器是被嵌入到 Altera Cyclone FPGA 系列的 EP1C6T144C8 中。

1) Altera Cyclone FPGA 系列简介

FPGA 是英文 Field Programmable Gate Array 的缩写，即现场可编程门阵列，它是在可编程阵列逻辑(Programmable Array Logic，PAL)、门阵列逻辑(Gate Array Logic，GAL)、可编程逻辑器件(Programmable Logic Device，PLD)等可编程器件的基础上进一步发展的产物。它是作为专用集成电路(Application Specific Integrated Circuit，ASIC)领域中的一种半定制电路而出现的，既解决了定制电路的不足，又克服了原有可编程器件门电路数有限的缺点。

Altera Cyclone FPGA 是目前市场上性价比最优且价格最低的 FPGA。Cyclone 器件具有为大批量价格敏感应用优化的功能集，这些应用市场包括消费类、工业类、汽车业、计算机和通信类。器件基于成本优化的全铜 1.5 V SRAM 工艺，容量从(2910～20 060)个逻辑单元，具有多达 294 912 bit 嵌入 RAM。

Altera Cyclone FPGA 支持各种单端 I/O 标准，如 LVTTL、LVCMOS、PCI 和 SSTL-2/3，通过 LVDS 和 RSDS 标准提供多达 129 个通道的差分 I/O 支持。每个 LVDS 通道的数据速率高达 640 Mb/s。Cyclone 器件具有双数据速率(DDR)SDRAM 和 FCRAM 接口的专用电路。Cyclone FPGA 中有两个锁相环(PLL)提供六个输出和层次时钟结构，以及复杂设计的时钟管理电路。这些业界最高效架构特性的组合使得 FPGA 系列成为 ASIC 最灵活和最合算的替代方案。

2) NiosⅡ简介

NiosⅡ系列软核处理器是Altera的第二代FPGA嵌入式处理器，其性能超过200DMIPS。Altera 的 Stratix、StratixGX、Stratixn 和 Cyclone 系列 FPGA 全面支持 NiosⅡ处理器。

NiosⅡ系列包括三种产品，分别是：NiosⅡ/f(快速)——最高的系统性能，中等 FPGA 使用量；NiosⅡ/s(标准)——高性能，低 FPGA 使用量；NiosⅡ/e(经济)——低性能，最低的 FPGA 使用量。这三种产品具有 32 位处理器的基本结构单元——32 位指令大小、32 位数据和地址路径、32 位通用寄存器和 32 个外部中断源，使用同样的指令集架构(ISA)，100%二进制代码兼容，设计者可以根据系统需求的变化更改 CPU，选择满足性能和成本的最佳方案，而不会影响已有的软件投入。

3) SOPC 简介

SOPC 是英文 System on a Programmable Chip 的缩写，即可编程片上系统。用可编程逻辑技术把整个系统放到一块硅片上，称为 SOPC。可编程片上系统(SOPC)是一种特殊的嵌入式系统：首先它是片上系统(SOC)，即由单个芯片完成整个系统的主要逻辑功能；其次，它是可编程系统，具有灵活的设计方式，可裁减、可扩充、可升级，并具备软硬件在系统可编程的功能。

SOPC 结合了 SOC 和 PLD、FPGA 的优点，一般具备以下基本特征：

(1) 至少包含一个嵌入式处理器内核；

(2) 具有小容量片内高速 RAM 资源；

(3) 丰富的 IP Core 资源可供选择；

(4) 足够的片上可编程逻辑资源；

(5) 处理器调试接口和 FPGA 编程接口；

(6) 可能包含部分可编程模拟电路；

(7) 单芯片、低功耗、微封装。

SOPC 设计技术涵盖了嵌入式系统设计技术的全部内容，除了以处理器和实时多任务操作系统(RTOS)为中心的软件设计技术，以 PCB 和信号完整性分析为基础的高速电路设计技术以外，SOPC 还涉及目前已引起普遍关注的软硬件协同设计技术。由于 SOPC 的主要逻辑设计是在可编程逻辑器件内部进行的，而 BGA 封装已被广泛应用在微封装领域中，传统的调试设备(如逻辑分析仪和数字示波器)已很难进行直接测试分析，因此，必将对以仿真技术为基础的软硬件协同设计技术提出更高的要求。同时，新的调试技术也不断地涌现出来，如 Xilinx 公司的片内逻辑分析仪 Chip Scope ILA 就是一种价廉物美的片内实时调试工具。

2. 射频收发模块

目前，射频收发模块可供选择的产品主要有 SkyeModule 模块和 CC1100 模块。

1) SkyeModule 模块简介

SkyeModule 是 SkyeTek 公司生产的超高频(562 MHz～955 MHz)RFID 读写器模块，可以对基于 ISO18000-6B、EPC Class1 Gen2 空中接口协议标准的标签进行读写操作。SkyeTek 公司已经为 SkyeModule 模块制定了专门的通信协议，控制器只需要按照通信协议格式就可以通过串行接口或 USB 接口与 SkyeModule 模块进行通信，读取标签信息或对 SkyeModule 模块进行配置。

两根串口线分别是 TXD 和 RXD 连接(没有握手协议)。TXD 和 RXD 可以在模块上找到相应的点。根据 SkyeTek Protocol v3 协议(ASCLL 或二进制格式)，数据在主机和 SkyeModule 进行交换。图 4.9 所示为 SkyeModule 发射示意图。发送 1 的 ASCII 码，即 49(十进制)=0X31(十六进制)=0b00110001(二进制)。

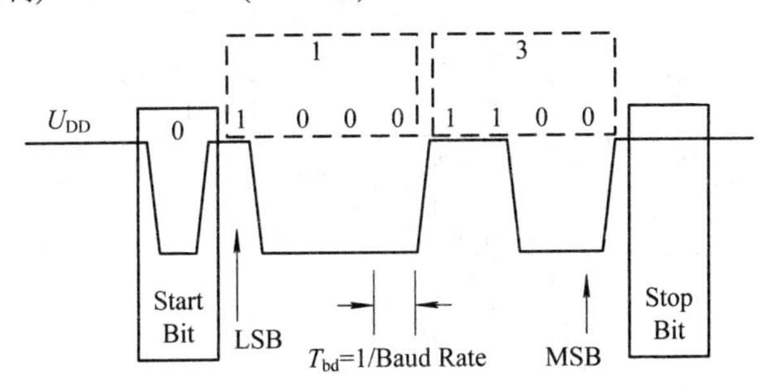

图 4.9　SkyeModule 发射示意图

对于 SkyeModule 模块，波特率是可选的，可通过相应的系统参数来设置。程序出厂时，默认波特率为 38 400 波特，无奇偶校验，8 位数据，1 位停止位。

当 SkyeModule 模块和 PC 相连时，应进行 TTL 和 RS-232 间的电平转换。

2) CC1100 模块简介

CC1100 是一种低成本、真正单片的 UHF 收发器，为低功耗无线应用而设计。电路主要设定为在 315 MHz、433 MHz、868 MHz 和 915 MHz 的 ISM 和 SRD(短距离设备)频率波段，也可以容易地设置为 300 MHz～348 MHz、400 MHz～464 MHz 和 800 MHz～928 MHz 的其他频率。

RF 收发器集成了一个高度可配置的调制解调器。这个调制解调器支持不同的调制格式，其数据传输率可达 500 kb/s。通过开启集成在调制解调器上的前向误差校正选项，性能得到了提升。

CC1100 为数据包处理、数据缓冲、突发数据传输、清晰信道评估、连接质量指示和电磁波激发提供了广泛的硬件支持。

CC1100 的主要操作参数和 64 位传输/接收 FIFO(先进先出堆栈)可通过 SPI 接口控制。在一个典型系统里，CC1100 和一个微控制器及若干被动元件一起使用。

使用 CC1100 只需少量的外部元件。推荐的应用电路如图 4.10 所示，详细内容请查看相关文献。

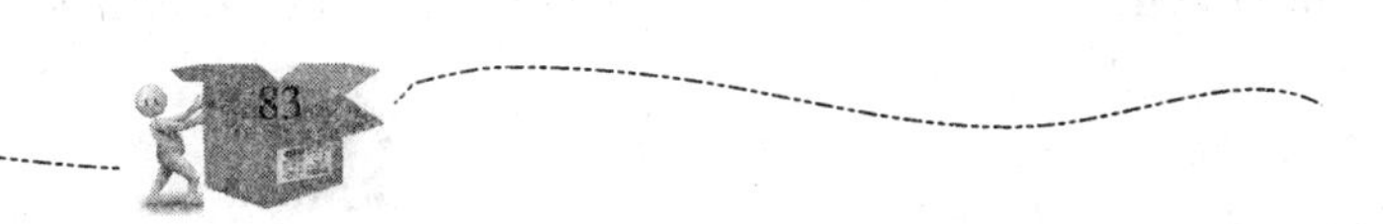

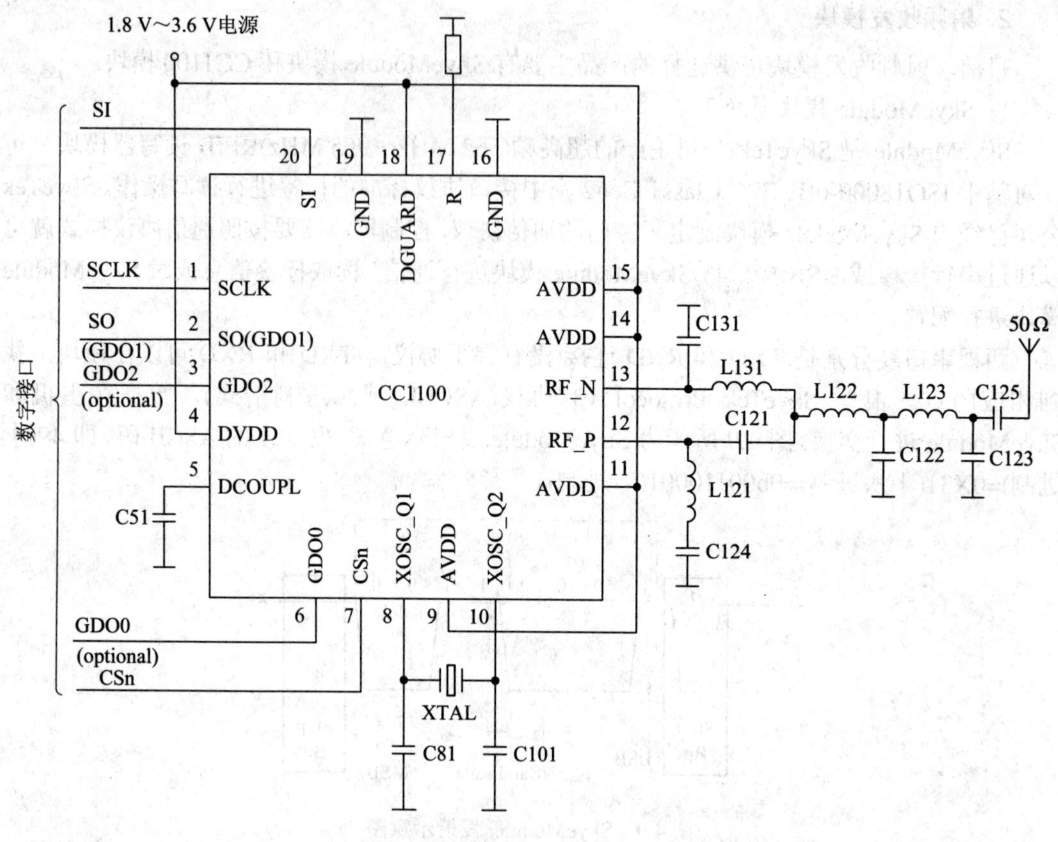

图 4.10　CC1100 的典型应用电路

4.5.2　基于 RFID 技术的 ETC 系统设计

电子收费系统(Electronic Toll Collection System，ETC)又称不停车收费系统，是利用 RFID 技术，实现车辆不停车自动收费的智能交通系统。ETC 在国外已有较长的发展历史，美国、欧洲等国家和地区的电子收费系统已经局部联网并逐步形成规模效益。我国以 IC 卡、磁卡为介质，采用人工收费方式为主的公路联网收费方式无疑也受到这一潮流的影响。

在不停车收费系统特别是高速公路自动收费应用上，RFID 技术可以充分体现出它的优势，即在让车辆高速通过完成自动收费的同时，还可以解决原来收费成本高、管理混乱以及停车排队引起的交通拥塞等问题。

1．基于 RFID 技术的 ETC 系统

ETC 系统广泛采用了现代的高新技术，尤其是电子方面的技术，包括无线电通信、计算机、自动控制等多个领域。与一般半自动收费系统相比较，ETC 具有两个主要特征：一是在收费过程中流通的不是传统的纸币现金，而是电子货币；二是实现了公路的不停车收费，即使用 ETC 系统的车辆只需要按照限速要求直接驶过收费道口，收费过程通过无线通信和机器操作自动完成，不必再像以往一样在收费亭前停靠、付款。ETC 系统不停车收费系统功能包括收费站、收费数据采集、管理收费车道的交通、车道控制机与后台结算网络的数据接口、内部管理功能、查询系统。ETC 系统结构如图 4.11 所示。

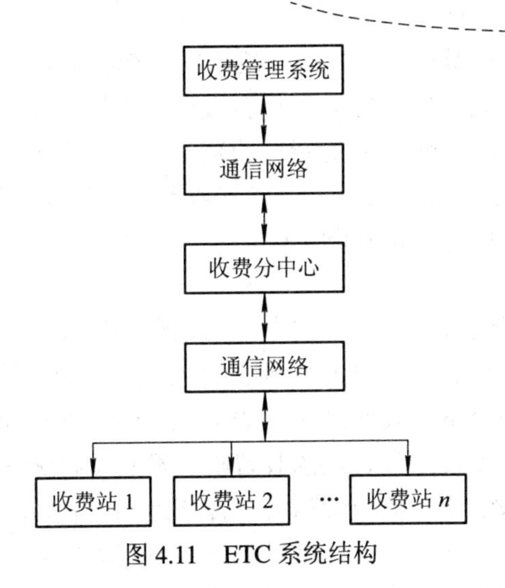

图 4.11　ETC 系统结构

1) 收费管理系统

收费管理系统是整个 ETC 系统的控制和监视中心。各收费分中心的运作都要通过收费管理系统来完成。它提供以下几个功能：

(1) 汇集各个路桥自动收费系统的收费信息；

(2) 监控所有收费站系统的运行状态；

(3) 管理所有标识卡和用户的详细资料，并详细记录车辆通行情况，管理和维护电子标签的账户信息；

(4) 提供各种统计分析报表及图表；

(5) 收费管理中心可通过网络连接各收费站以进行数据交换及管理(也可采用脱机方式，通过便携机或权限卡交换数据)；

(6) 查询缴费情况、入账情况、各路段的车流量等情况；

(7) 执行收费结算，形成电子标签用户和业主的转账数据。

2) 收费分中心

收费分中心的主要功能如下：

(1) 接收和下载收费管理系统运行参数(费率表、黑名单、同步时钟、车型分类标准及系统设置参数等)；

(2) 采集辖区内各收费站上传的收费数据；

(3) 对数据进行汇总、归档、存储，并打印各种统计报表；

(4) 上传数据和资料给收费管理系统；

(5) 票证发放、统计和管理；

(6) 抓拍图像的管理；

(7) 收费系统中操作、维修人员权限的管理；

(8) 数据库、系统维护、网络管理等。

3) 通信网络

通信网络负责在收费系统与运行系统之间、在各站口的收费系统之间传输数据，包括：

(1) 收费站与收费中心的通信。出于对安全的考虑，收费站与收费中心之间采用 TCP/IP 协议进行文件传输。

(2) 收费站数据库服务器与各车道控制机之间的数据通信。该模块与车道控制系统的通信模块是对等的，提供的主要功能为：更新数据，当接收完上级系统下传的更新数据并写入数据库后，向各车道控制机发送更新后的数据；接收数据，实时接收车道上传的原始过车记录和违章车辆信息；发送控制指令，当接收到车道监控系统发来的车道控制指令后，将该指令实时地转发到对应的车道控制机中。

4) 收费站

收费站采用智能型远距离非接触收费机，当车辆驶抵收费站时，利用车辆上配备的电子标签，通过“刷卡”，收费站的收费机将数据写入卡片并上传给收费站的微机，可使唯一车辆收到信号，车辆在驶至下个收费站时，刷卡后，经过卡片和收费机的三次相互认证，并将电子标签上的相关信息发给收费站的收费机。经收费机无线接收系统核对无误后完成一次自动收费，并开启绿灯或其他放行信号，控制道闸抬杆，指示车辆正常通过。如收不到信号或核对该车辆通行合法性有误，则维持红灯或其他停车信号，指示该车辆属于非正常通行车辆，同时安装的高速摄像系统能将车辆的有关信息数据快速记录下来并通知管理人员进行处理。车主的开户、记账、结账和查询(利用互联网或电话网)，可利用计算机网络进行账务处理，通过银行实现本地或异地的交费结算。收费计算机系统包括一个可记录存储多达 20 万部车辆的数据库，可以根据收费接收机送来的识别码、入口码等进行检索、运算与记账，并可将运算结果送到执行机构。执行机构包括可显示车牌号、应交款数、余款数等。

2. 基于 RFID 技术的 ETC 系统的硬件设计

ETC 的工作流程为：当有车进入自动收费车道并驶过在车道的入口处设置的地感线圈时，地感线圈就会产生感应而生成一个脉冲信号，由这个脉冲信号启动射频识别系统。由读写器的控制单元控制天线搜寻是否有电子标签进入读写器的有效读写范围。如果有则向电子标签发送读指令，读取电子标签内的数据信息，送给计算机，由计算机处理完后再由车道后面的读写器写入电子标签，打开栏杆放行并在车道旁的显示屏上显示此车的收费信息，这样就完成了一次自动收费。如果没找到有效的标签，则发出报警，放下栏杆阻止恶意闯关，迫使其进入旁边预设的人工收费通道。

从 ETC 的工作流程分析可知一个较为完整的 ETC 车道所需的各个组成部分，据此可设计如图 4.12 所示的 ETC 车道自动收费系统框图。嵌入式系统主要完成总体控制，MSP430 单片机则主要负责车辆缴费信息的显示，二者互为冗余且都可控制整个系统，一旦一方出现异常，另一方即可发出报警信息，在故障排除前代其行使职责，以保证 ETC 车道的正常工作。

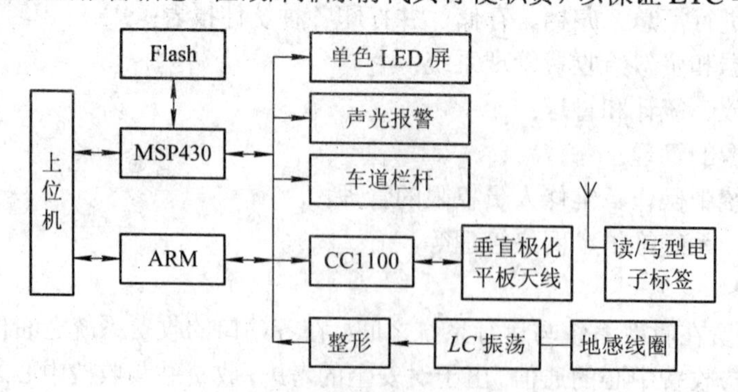

图 4.12　ETC 车道自动收费系统框图

各部分的硬件选择及设计的具体说明如下。

1) 车辆检测器的设计

车辆检测器是高速公路交通管理与控制的主要组成部分之一，是交通信息的采集设备。它通过数据采集和设备监控等方式，在道路上实时地检测交通量、车辆速度、车流密度和时空占有率等各种交通参数，这些都是智能交通系统中必不可少的参数。检测器检测到的数据，通过通信网络传送到本地控制器中或直接上传至监控中心计算机中，作为监控中心分析、判断、发出信息和提出控制方案的主要依据。它在自动收费系统中除了采集交通信息外还扮演着 ETC 系统开关的角色。

使用车辆检测器作为 ETC 系统的启动开关，当道路检测器检测到有车辆进入时，就发送一个电信号给 RFID 读写器的主控 CPU，由主控 CPU 启动整个射频识别系统，对来车进行识别，并完成自动收费。

目前，常用的车辆检测器种类很多，有电磁感应检测器、波频车辆检测器、视频检测器等，具体的有环形线圈(地感线圈)检测器、磁阻检测器、微波检测器、超声波检测器、红外线检测器等。其中，地感线圈检测器和超声波检测器都可做到高精度检测并且受环境以及天气的影响较少，更适用于 ETC 系统。但是，超声波检测器必须放置在车道的顶部，而 ETC 中最关键的射频识别读写器天线也需要放置在车道比较靠上的位置，二者就有可能会互相影响，且超声波检测器价格更高，故其性价比要稍逊于地感线圈。更重要的是，地感线圈的技术更加成熟。

地感线圈的原理结构如图 4.13 所示，其工作原理是，埋设在路面下使环形线圈电感量随之降低，当有车经过时会引起电路谐振频率的上升，只要检测到此频率随时间变化的信号，就可检测出是否有车辆通过。环形线圈的尺寸可随需要而定，每车道埋设一个，计数精度可达到±2%。

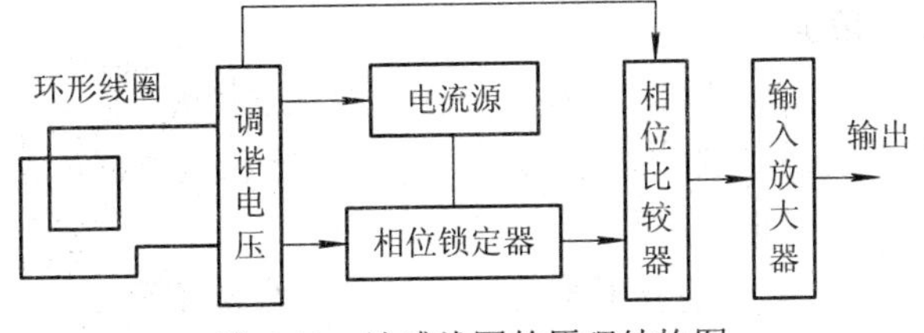

图 4.13　地感线圈的原理结构图

2) 双核冗余控制设计

考虑到不停车电子收费系统需要常年在室外环境下工作，会受到各种恶劣天气的影响以及各种污染的侵蚀，对其核心控件采取冗余设计以保证系统的正常工作，即采用了双核控制的策略——嵌入式系统和单片机的冗余控制。这一策略的具体内容是，平时二者都处于工作状态，各司其职，嵌入式系统负责总体控制，单片机负责大屏幕显示，相互通信时都先检查对方的工作状态，一旦某一个 CPU 状态异常，另一个就立即启动设备异常报警，并暂时接管其工作以保证整个系统的正常工作，直到故障排除恢复正常状态。之所以选择嵌入式系统和 MSP430 单片机，是因为嵌入式系统的实时性、稳定性更好，功能更加强大，有利于产品的更新换代。而 MSP430 单片机则以超低功耗、超强功能的低成本微型化的 16 位单片机著称，这有利于降低系统功耗、提高系统寿命，其众多的 I/O 接口也可为日后的系统升级提供足够的空间。

这种冗余设计的实现主要是通过两套控制系统完成的，即嵌入式系统和 MSP430 单片机都各有一套控制板，都可与射频收发芯片进行信息交换，都可采集地感线圈的脉冲信号，都可控制栏杆、红绿灯、声光报警、显示屏等车道设备。嵌入式系统和 MSP430 单片机之间采用 RS-485 通信，每次通信时都先检测对方的工作状态，如果出现异常则紧急启动本控制系统中的备用控制程序。

3) 电子标签与读写器

电子标签与读写器的核心收发模块可采用 CC1100，有关内容可以查看相关资料。

练 习 题

一、单选题

1. 物联网有四个关键性的技术，下列哪项技术被认为是能够让物品“开口说话”的一种技术？(　　)

A. 传感器技术　B. 电子标签技术　C. 智能技术　D. 纳米技术

2. (　　)是物联网中最为关键的技术。

A. RFID 标签　B. 读写器　C. 天线　D. 加速器

3. RFID 卡(　　)可分为主动式电子标签和被动式电子标签。

A. 按供电方式分　B. 按工作频率分
C. 按工作方式分　D. 按标签芯片分

4. 射频识别卡同其他几类识别卡最大的区别在于(　　)。

A. 功耗　B. 非接触　C. 抗干扰　D. 保密性

5. 物联网技术是基于射频识别技术而发展起来的新兴产业，射频识别技术主要是基于(　　)方式进行信息传输的。

A. 电场和磁场　B. 同轴电缆　C. 双绞线　D. 声波

6. 作为射频识别系统最主要的两个部件——读写器和应答器，二者之间的通信方式不包括以下哪个选项？(　　)

A. 串行数据通信　B. 半双工系统　C. 全双工系统　D. 时序系统

7. RFID 卡的读取方式为(　　)。

A. CCD 或光束扫描　B. 电磁转换
C. 无线通信　D. 电擦除、写入

8. RFID 卡(　　)可分为有源式电子标签和无源式电子标签。

A. 按供电方式分　B. 按工作频率分
C. 按工作方式分　D. 按标签芯片分

9. 利用 RFID 、传感器、二维码等随时随地获取物体的信息，指的是(　　)。

A. 可靠传递　B. 全面感知　C. 智能处理　D. 互联网

10. (　　)的工作频率是 30 kHz～300 kHz。

A. 低频电子标签　B. 高频电子标签　C. 特高频电子标签　D. 微波标签

11. (　　)的工作频率是 3 MHz～30 MHz。

A．低频电子标签　B．高频电子标签　C．特高频电子标签　D．微波标签

12．(　　)的工作频率是 300 MHz～3 GHz。

A．低频电子标签　B．高频电子标签　C．特高频电子标签　D．微波标签

13．(　　)的工作频率是 2.45 GHz。

A．低频电子标签　B．高频电子标签　C．特高频电子标签　D．微波标签

14．二维码目前不能表示的数据类型为(　　)。

A．文字　B．数字　C．二进制　D．视频

15．(　　)抗损性强、可折叠、可局部穿孔、可局部切割。

A．二维条码　B．磁卡　C．IC 卡　D．光卡

16．行排式二维条码有(　　)。

A．PDF417　B．QR Code　C．Data Matrix　D．Maxi Code

17．QR Code 是由(　　)于 1994 年 9 月研制的一种矩阵式二维条码。

A．日本、　B．中国　C．美国　D．欧洲

18．哪个不是 QR Code 条码的特点？(　　)

A．超高速识读　B．全方位识读

C．行排式　D．能够有效地表示中国汉字、日本汉字

19．(　　)对接收的信号进行解调和译码然后送到后台软件系统处理。

A．射频卡　B．读写器　C．天线　D．中间件

20．低频 RFID 卡的作用距离(　　)。

A．小于 10 cm　B．为 1 cm～20 cm　C．为 3 m～8 m　D．大于 10 m

21．高频 RFID 卡的作用距离(　　)。

A．小于 10 cm　B．为 1 cm～20 cm　C．为 3 m～8m　D．大于 10 m

22．超高频 RFID 卡的作用距离(　　)。

A．小于 10 cm　B．为 1 cm～20 cm　C．为 3 m～8 m　D．大于 10 m

23．微波 RFID 卡的作用距离(　　)。

A．小于 10 cm　B．为 1 cm～20 cm　C．为 3 m～8 m　D．大于 10 m

二、判断题(在正确的后面打√，错误的后面打×)

1．物联网中 RFID 标签是最关键的技术和产品。(　　)

2．中国在 RFID 集成的专利上并没有主导权。(　　)

3．RFID 系统包括电子标签、读写器和天线。(　　)

4．射频识别系统一般由读写器和应答器两部分构成。(　　)

5．RFID 是一种接触式的识别技术。(　　)

6．物联网的实质是利用射频识别技术通过计算机互联网实现物品(商品)的自动识别和信息的互联与共享。(　　)

7．物联网目前的传感技术主要是 RFID。植入这个芯片的产品，是可以被任何人进行感知的。(　　)

8．射频识别技术实际上是自动识别技术(Automatic Equipment Identification，AEI)在无线电技术方面的具体应用与发展。(　　)

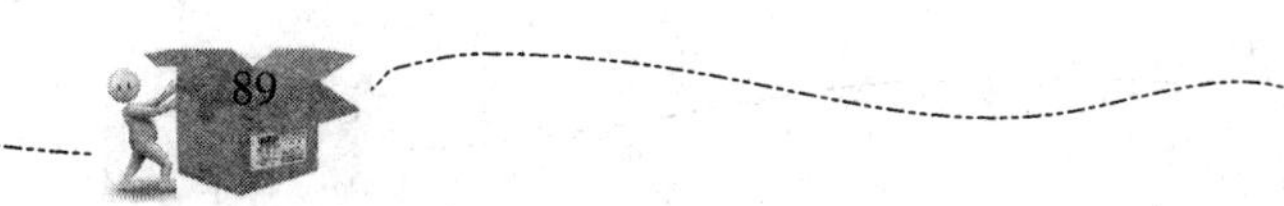

9．射频识别系统与条形码技术相比，数据密度较低。 (　　)

10．射频识别系统与IC卡相比，在数据读取中几乎不受方向和位置的影响。(　　)

三、简答题

1．RFID系统中如何确定所选频率适合实际应用？

2．简述RFID的基本工作原理和RFID技术的工作频率。

3．简述RFID的分类。

4．射频标签的能量获取方法有哪些？

5．射频标签的天线有哪几种？各自的作用是什么？

6．简述RFID的中间件的功能和作用。

第 5 章　物联网通信与网络技术

读完本章，读者将了解以下内容：

※ 无线通信技术；

※ 蓝牙技术的工作原理、基本结构和协议栈；

※ Wi-Fi 网络结构和原理、Wi-Fi 技术的应用、ZigBee 网络及应用；

※ 无线局域网及无线城域网等。

5.1　无线通信技术概述

古列尔默·马可尼在 1896 年发明了无线电报。他在 1901 年把长波无线电信号从康沃尔(Cornwall，位于英国的西南部)跨过大西洋传送到 3200 km 之外的圣约翰(St. John，位于加拿大)的纽芬兰岛(Newfoundland)。他的发明使双方可以通过彼此发送用模拟信号编码的字母数字符号来进行通信。一个世纪以来，无线技术的发展为人类带来了无线电、电视、移动电话和通信卫星。现在，几乎所有类型的信息都可以发送到世界的各个角落。近年来，更为引人关注的是通信卫星、无线网络和蜂窝技术。

通信卫星是在 20 世纪 60 年代首次发射的，那时它们仅能处理 240 路语音话路。今天的通信卫星承载了大约所有语音流量的 1/3，以及国家之间的所有电视信号。现代通信卫星对所处理的信号一般都会有 1/4 s 的传播延迟。新型的卫星运行在低地球轨道上，其固有的信号延迟较小，这类卫星已经发射用于提供诸如 Internet 接入这样的数据服务。

无线网络技术使商业企业能够发展广域网(WAN)、城域网(MAN)和局域网(LAN)而无需电缆设备。IEEE 开发了作为无线局域网标准的 IEEE 802.11，蓝牙(Bluetooth)工业联盟也致力于提供一个无缝的无线网络技术。

蜂窝或移动电话是马可尼无线电报的现代对等技术，它提供了双方的、双向的通信。第一代无线电话使用的是模拟技术，这种设备笨重且覆盖范围是不规则的，然而它们成功地向人们展示了移动通信的固有便捷性。现在的无线设备已经采用了数字技术。与模拟网络相比，数字网络可以承载更高的信息量并提供更好的接收和安全性。此外，数字技术带来可能的附加值的服务，诸如呼叫者标识。更新的无线设备使用能支持更高信息速率的频率范围连接到 Internet 上。

1. 蜂窝革命

蜂窝革命直观地表现在移动电话市场罕见的增长上。在 1990 年，移动用户数大约是 1100 万。今天，这个数字是几十亿。根据国际电信联盟(ITU)的统计，全世界范围的移动用户数在 2002 年首次超过固定电话的用户数。更新一代的设备，添加了具有可接入 Internet 和内置数码照相机这样的强大功能。移动电话显著增长的原因有很多：首先是移动电话的

便捷性，它们可以随使用者移动；此外，其特性决定了它们是位置感知的；再有，移动电话是与处于固定位置的地区基站进行通信的。

移动电话仅是这场蜂窝革命中较为明显的一个方面。随着新型无线设备的引进，这些新型设备可以接入到 Internet 上。它们除具有可对个人信息进行组织管理以及电话功能外，现在又有了 Web 接入、即时消息、E-mail 和其他在 Internet 上可获得的服务。汽车中的无线设备可以根据需要为用户下载地图和导向。

无线技术带来的第一个高潮是话音方面，现在，人们的注意力在数据上。这一市场比较大的一块是“无线” Internet。无线用户使用 Internet 不同于固定用户，与典型的固定设备(诸如 PC)相比，无线设备受显示和输入能力方面的限制，采用事务处理和消息会话，而不是冗长的浏览会话。无线设备由于具有位置感知能力，因而可以根据用户的地理位置对信息做适当的剪裁。信息有能力找到用户，而不需用户去搜索信息。

2．全球蜂窝网络

今天的蜂窝网不再是单一的。然而，设备仅能支持众多技术中的一两种，且通常只能在某一个运营商的网络范围内运行。国际电信联盟已开发出下一代无线设备的标准。新的标准会使用更高的频率以增加其容量，新的标准也致力于消除过去人们在开发和使用的第一代、第二代网络时产生的不兼容性。

在北美，使用较广泛的第一代数字无线网络是先进移动电话系统(Advanced Mobile Phone System，AMPS)。该网络使用蜂窝数字分组数据(Cellular Digital Packet Data，CDPD)覆盖网络提供数据服务，它提供 19.2kb/s 的数据速率。CDPD 在规则的话音通道上使用空闲期提供数据服务。

第二代无线系统有全球移动通信系统(Global System for Mobile Communications，GSM)、个人通信服务(Personal Communication Service，PCS)IS-136 和 PCS IS-95。PCS IS-136 使用时分多点接入(Time Division Multiple Access，TDMA)，PCS IS-95 使用码分多址(Code Division Multiple Access，CDMA)。GSM 和 PCS IS-136 使用专用信道以 9.6 kb/s 的速率交付数据服务。

ITU 已开发出新的标准(International Mobile Telecommunication-2000，IMT-2000)。该系列标准致力于提供无缝的全球网，标准是围绕着 2 GHz 频带开发的。新的标准和频带提供的数据速率可达到 2 Mb/s。

除定义频率使用、编码技术和传输以外，标准还需要定义移动设备如何与 Internet 交互。有几个标准工作组和工业联盟正在致力于实现这样的目标。无线应用协议(Wireless Application Protocol，WAP)论坛已开发出一个通用协议，该协议准许具有有限显示和输入能力的设备存取 Internet。因特网工程任务组(Internet Engineering Task Force，IETF)已开发出一个移动 IP 标准，该标准可以使无处不在的 IP 协议在一个移动环境下工作。

3．宽带

Internet 上有越来越多的多媒体应用。在万维网(World Wide Web，WWW)的网页上有大量的图片、视频和音频信息，商业通信也呈现同样的趋势。例如，E-mail 常常包含了大量的多媒体附件。为了能够完全参与到通信中，要求无线网络具有与其进行通信的固定设备同样高的数据速率。通过宽带无线技术可以得到更高的数据速率。

宽带无线服务具有所有无线服务同样的优点：便利和廉价。运营商的服务可以比固定服务更快地交付，且没有铺设线路设备的成本。这样的服务也是移动的，几乎能够在任一地方交付。

围绕着很多不同的应用，有许多开发宽带无线标准的尝试。这些标准几乎覆盖了从无线局域网到小型无线家庭网络的所有方面。数据传输率也由 2 Mb/s 到 100 Mb/s，甚至 100 Mb/s 以上。这其中的很多技术现在就可获得，更多的技术在未来几年内也可获得。

无线局域网(WLAN)在架设固定网络很困难或太昂贵的地方提供网络服务。主要的 WLAN 标准是 IEEE 802.11，它提供高达 54 Mb/s 的数据速率。

IEEE 802.11 的一个潜在问题是与蓝牙技术的兼容性。蓝牙是一个无线网络的规范，它定义了诸如膝上型计算机(Laptop)、个人数字助理(Personal Digital Assistant，PDA)和移动电话设备之间的无线通信。蓝牙和 IEEE 802.11 的某些版本使用相同的频带，如果在同一个设备上配置，这两种技术很可能会相互干扰。

5.2 蓝 牙 技 术

5.2.1　蓝牙技术概述

蓝牙(Bluetooth)技术是由爱立信、诺基亚、Intel、IBM 和东芝五家公司于 1998 年 5 月共同提出并开发的。蓝牙技术的本质是设备间的无线连接，主要用于通信与信息设备。近年来，在电声行业中也开始使用蓝牙技术。一般情况下，工作范围是 10 m 半径之内。在此范围内，可进行多台设备间的互联。但对于某些产品，设备间的连接距离甚至远隔 100 m 也照样能建立蓝牙通信与信息传递。

有了蓝牙技术，存储于手机中的信息可以在电视机上显示出来，也可以将其中的声音信息数据进行转换，以便在 PC(个人电脑)上聆听。东芝公司已开发了一种蓝牙无线 Modem 和 PC 卡，将两张卡中的一张插入 Modem 的主机上，另一张插入 PC(个人电脑)，这样用户就成功实现了与因特网的无线联网。

蓝牙技术的特点如下：

(1) 采用跳频技术，数据包短，抗信号衰减能力强；

(2) 采用快速跳频和前向纠错方案以保证链路稳定，减少同频干扰和远程传输噪声；

(3) 使用 2.4 GHz ISM 频段，无须申请许可证；

(4) 可同时支持数据、音频、视频信号；

(5) 采用 FM 调制方式，降低设备的复杂性。

蓝牙技术的传输速率设计为 1 MHz，以时分方式进行全双工通信，其基带协议是电路交换和分组交换的组合。一个跳频频率发送一个同步分组，每个分组占用一个时隙，使用扩频技术也可扩展到五个时隙。同时，蓝牙技术支持一个异步数据通道或三个并发的同步话音通道，或一个同时传送异步数据和同步话音的通道。每一个话音通道支持 64 kb/s 的同步话音；异步通道支持最大速率为 721 kb/s、反向应答速率为 57.6 kb/s 的非对称连接，或者是 432.6 kb/s 的对称连接。

5.2.2 蓝牙协议体系结构

蓝牙技术的一个主要目的就是使符合该规范的各种设备能够互通，这就要求本地设备和远端设备使用相同的协议。不同的应用，其使用的协议栈可能不同，但它们都必须使用蓝牙技术规范中的物理层和数据链路层。完整的蓝牙协议体系结构如图 5.1 所示。当然，不是任何应用都必须使用全部协议，可以只采用部分协议，例如语音通信时，只需经过基带协议(Baseband)，而不用通过 L2CAP。

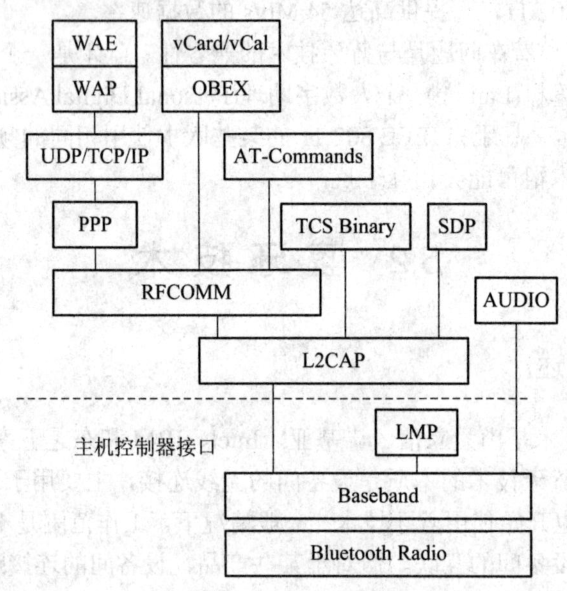

图 5.1　蓝牙协议体系结构

图 5.1 所示中的蓝牙协议体系又可以分为以下四层：

核心协议：Baseband、LMP、L2CAP、SDP；

电缆替代协议：RFCOMM；

电话控制协议：TCS Binary、AT-Commands；

选用协议：PPP、UDP/TCP/IP、OBEX、WAP、vCard/vCal、WAE。

除了上述协议层外，规范还定义了主机控制器接口(HCI)，它为基带控制器、连接控制器、硬件状态和控制寄存器等提供命令接口。这些协议又可以分为蓝牙专有协议和非专有协议，此区分主要是在蓝牙专有协议的基础上尽可能地采用和借鉴现有的各种高层协议(即非专有协议)，使得现有的各种应用能移植到蓝牙上来，如 UDP/TCP/IP 等。蓝牙核心协议都是蓝牙专有的协议，绝大部分的蓝牙设备都需要这些协议。而 RFCOMM 和 TCS Binary 协议是 SIG 分别在 ETSITS 07.10 和 ITU Recommendation Q.931 协议的基础上制定的。选用协议则主要是各种已经广泛使用的高层协议。总之，电缆替代协议、电话控制协议和选用协议在核心协议的基础上构成了面向应用的协议。

1. 核心协议

1) 基带协议(Baseband)

蓝牙的网络拓扑结构如图 5.2 所示。它首先由一个个微微网(Piconet)构成。一个微微网

中，只有一个蓝牙设备是主设备(Master)，可以有七个从设备(Slave)，它们是由 3 位的 MAC 地址区分的。主设备的时钟和跳频序列用于同步同一个微微网中的从设备。多个独立的非同步的微微网又可以形成分布式网络(Scatternet)，一个微微网中的主/从设备可以是另外一个微微网中的主/从设备，但是各个微微网通过使用不同的跳频序列来加以区分。

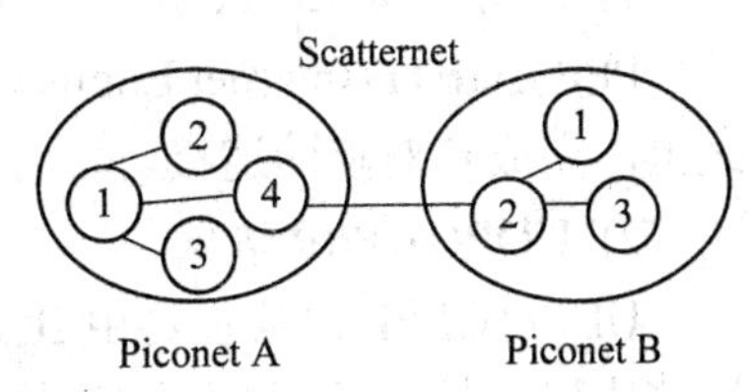

图 5.2　蓝牙的网络拓扑结构

基带协议就是确保各个蓝牙设备之间的物理射频连接，以形成微微网。蓝牙的射频系统是一个跳频系统，其任一分组在指定时隙、指定频率上发送，它使用查询(Inquiry)和寻呼(Page)进程同步不同设备间的发送频率和时钟，可为基带数据分组提供两种物理连接方式：同步面向连接(SCO)和异步非连接(ACL)。SCO 既能传输语音分组(采用 CVSD 编码)，也能传输数据分组；而 ACL 只能传输数据分组。所有的语音和数据分组都附有不同级别的前向纠错(FEC)或循环冗余校验(CRC)编码，并可进行加密，以保证数据传输可靠。此外，对于不同的数据类型都会分配一个特殊的信道，可以传递连接管理信息和控制信息等。

2) 连接管理协议(LMP)

连接管理协议负责蓝牙各设备间连接的建立。首先，它通过连接的发起、交换、核实，进行身份认证和加密；其次，它通过设备间协商以确定基带数据分组的大小；另外，它还可以控制无线部分的电源模式和工作周期，以及微微网内各设备的连接状态。

3) 逻辑链路控制和适配协议(L2CAP)

逻辑链路控制和适配协议是基带的上层协议，可以认为它是与 LMP 并行工作的，它们的区别在于当数据不经过 LMP 时，则 L2CAP 将采用多路技术、分割和重组技术、群提取技术等为上层提供数据服务。虽然基带协议提供了 SCO 和 ACL 两种连接类型，但是 L2CAP 只支持 ACL，并允许高层协议以 64 KB/s 的速度收发数据分组。

4) 服务发现协议(SDP)

使用服务发现协议，可以查询到设备信息和服务类型，之后，蓝牙设备之间的连接才能建立。

2. 电缆替代协议(RFCOMM)

RFCOMM 是基于 ETSI 07.10 规范的串行线仿真协议，它在蓝牙基带协议上仿真 RS-232 控制和数据信号，为使用串行线传送机制的上层协议(如 OBEX)提供服务。

3. 电话控制协议

1) 二元电话控制协议(TCS Binary)

二元电话控制协议是面向比特的协议，它定义了蓝牙设备间建立语音和数据呼叫的控制信令，定义了处理蓝牙 TCS 设备群的移动管理进程。

2) AT 命令集电话控制协议(AT-Commands)

在 ITU2T V. 250 和 ETS300 916(GSM 07.07)的基础之上，SIG 定义了控制多用户模式下，移动电话、调制解调器和可用于传真业务的 AT 命令集。

4. 选用协议

1) 点对点协议(PPP)

PPP 是 IETF(Internet Engineering Task Force)制定的，在蓝牙技术中，它运行于 RFCOMM 之上，完成点对点的连接。

2) UDP/TCP/IP 协议

UDP/TCP/IP 协议也是由 IETF 制定的，是互联网通信的基本协议。在蓝牙设备中使用这些协议，是为了与互联网连接的设备进行通信。

3) 对象交换协议(OBEX)

OBEX 是 IrOBEX 的简写，是由红外数据协会(IrDA)制定的会话层协议，它采用简单和自发的方式来交换对象。其基本功能类似于 HTTP，采用客户机/服务器模式，而独立于传输机制和传输应用程序接口(API)。另外，OBEX 专门提供了一个文件夹列表对象，用于浏览远端设备上的文件夹内容。在我国目前使用的蓝牙协议有 1.0 和 2.0 版本，欧洲使用的蓝牙协议多为 2.2 版本。在蓝牙 1.0 协议中，RFCOMM 是 OBEX 唯一的传输层，在以后的版本中，有可能也支持 TCP/IP 作为传输层。

4) 无线应用协议(WAP)

WAP 是由无线应用协议论坛(WAP Forum)制定的，它融合了各种广域无线网络技术，其目的是将互联网内容和电话传送的业务传送到数字蜂窝电话或者其他无线终端。选用 WAP，可以充分利用无线应用环境(WAE)开发的高层应用软件。

5.2.3 蓝牙网关的主要功能

蓝牙网关用于办公网络内部的蓝牙移动终端通过无线方式访问局域网以及 Internet；跟踪、定位办公网络内的所有蓝牙设备，在两个属于不同匹配网的蓝牙设备之间建立路由连接，并在设备之间交换路由信息。

蓝牙网关的主要功能如下：

(1) 实现蓝牙协议与 TCP/IP 协议的转换，完成办公网络内部蓝牙移动终端的无线上网功能。

(2) 在安全的基础上实现蓝牙地址与 IP 地址之间的地址解析，它利用自身的 IP 地址和 TCP 端口来唯一地标识办公网络内部没有 IP 地址的蓝牙移动终端，比如蓝牙打印机等。

(3) 通过路由表来对网络内部的蓝牙移动终端进行跟踪、定位，使得办公网络内部的蓝牙移动终端可以通过正确的路由，访问局域网或者另一个匹配网中的蓝牙移动终端。

(4) 在两个属于不同匹配网的蓝牙移动终端之间交换路由信息，从而完成蓝牙移动终端通信的漫游与切换。在这种通信方式中，蓝牙网关在数据包路由过程中充当中继作用，相当于蓝牙网桥。

5.2.4 蓝牙移动终端(MT)

蓝牙移动终端是普通的蓝牙设备，能够与蓝牙网关以及其他蓝牙设备进行通信，从而实现办公网络内部移动终端的无线上网以及网络内部文件、资源的共享。各个功能模块关系如图 5.3 所示。

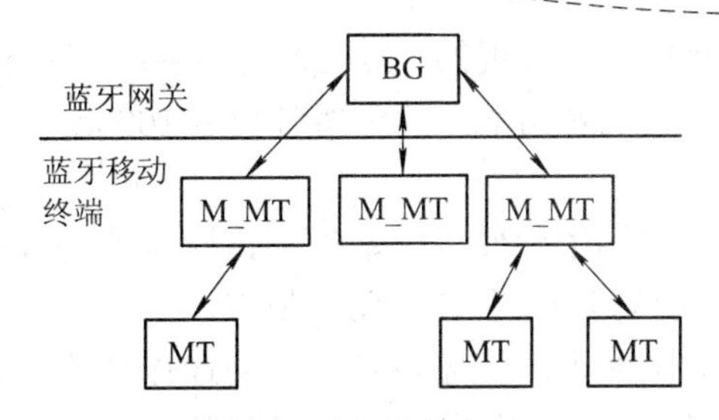

图 5.3　功能模块关系

如果目的端位于单位内部的局域网或者 Internet，则需要通过蓝牙网关进行蓝牙协议与 TCP/IP 协议的转换。如果该 MT 没有 IP 地址，则由蓝牙网关来提供，其通信方式为 MT—BG—MT。如果目的端位于办公网络内部的另一个匹配网，则通过蓝牙网关来建立路由连接，从而完成整个通信过程的漫游，其通信方式为 MT—BG—M_MT(为主移动终端)—MT。采用蓝牙技术也可使办公室的每个数据终端互相连通。例如，多台终端共用 1 台打印机，可按照一定的算法登录打印机的等待队列，依次执行。

5.2.5　蓝牙网络的结构和蓝牙系统的组成

1．蓝牙网络的结构

微微网是实现蓝牙无线通信的最基本方式。每个微微网只有一个主设备。一个主设备最多可以同时与七个从设备同时进行通信。多个蓝牙设备组成的微微网如图 5.4 所示。

散射网是多个微微网相互连接所形成的比微微网覆盖范围更大的蓝牙网络，其特点是不同的微微网之间有互联的蓝牙设备，如图 5.5 所示。

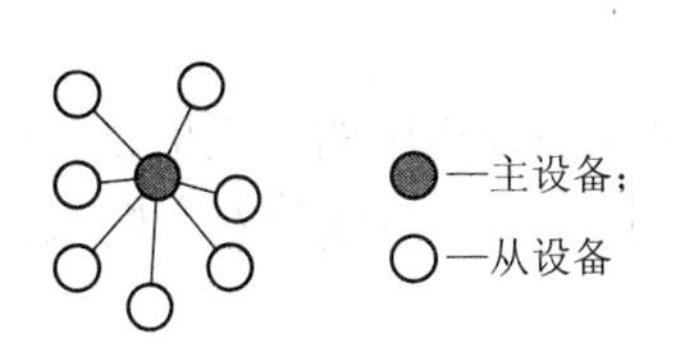

图 5.4　多个蓝牙设备组成的微微网

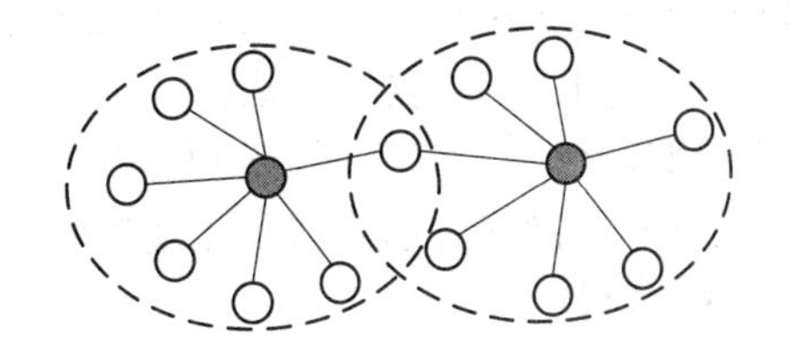

图 5.5　多个微微网组成的散射网

虽然每个微微网只有一个主设备，但从设备可以基于时分复用机制加入不同的微微网，而且一个微微网的主设备可以成为另外一个微微网的从设备。每个微微网都有其独立的跳频序列，它们之间并不跳频同步，由此避免了同频干扰。

2．蓝牙系统的组成

蓝牙系统由无线单元、链路控制单元、链路管理器三部分组成。

1) 无线单元

蓝牙是以无线 LAN 的 IEEE 802.11 标准技术为基础的，使用 2.45 GHz ISM 全球通自由波段。蓝牙天线属于微带天线，空中接口是建立在天线电平为 0 dBm 基础上的，遵从 FCC(美国联邦通信委员会)有关 0 dBm 电平的 ISM 频段的标准。当采用扩频技术时，其发射功率可增加到 100 mW。频谱扩展功能是通过起始频率为 2.402 GHz、终止频率为 2.480 GHz、

间隔为 1 MHz 的 79 个跳频频点来实现的。其最大的跳频速率为 1660 跳/秒。系统设计通信距离为 10 cm～10 m，如增大发射功率，其距离可长达 100 m。

2) 链路控制单元

链路控制单元(即基带)描述了硬件——基带链路控制器的数字信号处理规范。基带链路控制器负责处理基带协议和其他一些低层常规协议。

(1) 建立物理链路。微微网内的蓝牙设备之间的连接被建立之前，所有的蓝牙设备都处于待命(Standby)状态。此时，未连接的蓝牙设备每隔 1.28 s 就周期性地“监听”信息。每当一个蓝牙设备被激活，它就将监听划给该单元的 32 个跳频频点。跳频频点的数目因地理区域的不同而异(32 这个数字只适用于使用 2.400 GHz～2.4835 GHz 波段的国家)。作为主蓝牙设备，首先初始化连接程序，如果地址已知，则通过寻呼(Page)消息建立连接；如果地址未知，则通过一个后接寻呼消息的查询(Inquiry)消息建立连接。在最初的寻呼状态，主单元将在分配给被寻呼单元的 16 个跳频频点上发送一串 16 个相同的寻呼消息。如果没有应答，主单元则按照激活次序在剩余 16 个频点上继续寻呼。从单元收到从主单元发来的消息的最大延迟时间为激活周期的 2 倍(2.56 s)，平均延迟时间是激活周期的一半(0.6 s)。查询消息主要用来寻找蓝牙设备。查询消息和寻呼消息很相像，但是查询消息需要一个额外的数据串周期来收集所有的响应。

(2) 差错控制。基带控制器有三种纠错方式：1/3 比例前向纠错(1/3FEC)码，用于分组头；2/3 比例前向纠错(2/3FEC)码，用于部分分组；数据的自动请求重发方式(ARQ)，用于带有 CRC(循环冗余校验)的数据分组。差错控制用于提高分组传送的安全性和可靠性。

(3) 验证和加密。蓝牙基带部分在物理层为用户提供保护和信息加密机制。验证基于“请求-响应”运算法则，采用口令/应答方式，在连接进程中进行，它是蓝牙系统中的重要组成部分。它允许用户为个人的蓝牙设备建立一个信任域，比如只允许主人自己的笔记本电脑通过主人自己的移动电话通信。

加密采用流密码技术，适用于硬件实现。它被用来保护连接中的个人信息。密钥由程序的高层来管理。网络传送协议和应用程序可以为用户提供一个较强的安全机制。

3) 链路管理器

链路管理器(LM)软件模块设计了链路的数据设置、鉴权、链路硬件配置和其他一些协议。链路管理器能够发现其他蓝牙设备的链路管理器，并通过链路管理协议(LMP)建立通信联系。链路管理器提供的服务项目包括发送和接收数据、设备号请求(LM 能够有效地查询和报告名称或者长度最大可达 16 位的设备 ID)、链路地址查询、建立连接、验证、协商并建立连接方式、确定分组类型、设置保持方式及休眠方式。

5.2.6 蓝牙技术的硬件设计

从目前蓝牙产品来看，其硬件上都采用了两块芯片构成一个芯片组，一块是射频芯片，另外一块是基带控制芯片，如朗讯公司的 W7020 和 W7400、飞利浦的 UAA3558 和 PCD87750 等，这两块芯片再加上外加的 Flash、天线和电源芯片就可以构成一个蓝牙模块(Bluetooth Module)，用于各种蓝牙产品之中。

以朗讯公司的W7020和W7400为例，来说明如何构造和使用一个蓝牙模块，如图5.6所示。W7020是采用BiCOMS工艺制造的高集成度射频芯片，外接特征阻抗为50 Ω的天线，和一个13 MHz的晶振。从图5.6中可以看出，它通过串行接口总线(Serial Interface Bus)和选通信号(Strobe Signals)和W7400接口。这样就构成一个完整的蓝牙模块。W7400最大的特点是包含了一个ARM7TDMI的RISC核，能满足蓝牙1.0的各个协议栈，并且提供了USB和UART/PCM两个主机控制器接口(Host Controller Interface，HCI)，极大方便了硬件设计。另外，在当今对芯片功耗要求日益苛刻的情况下，W7020和W7400均采用2.7 V工作电压，以保证降低功耗，延长电池寿命，特别适合各种便携设备。利用主机控制器接口HCI，采用两种方式，可很方便地把它嵌入到各种产品之中。

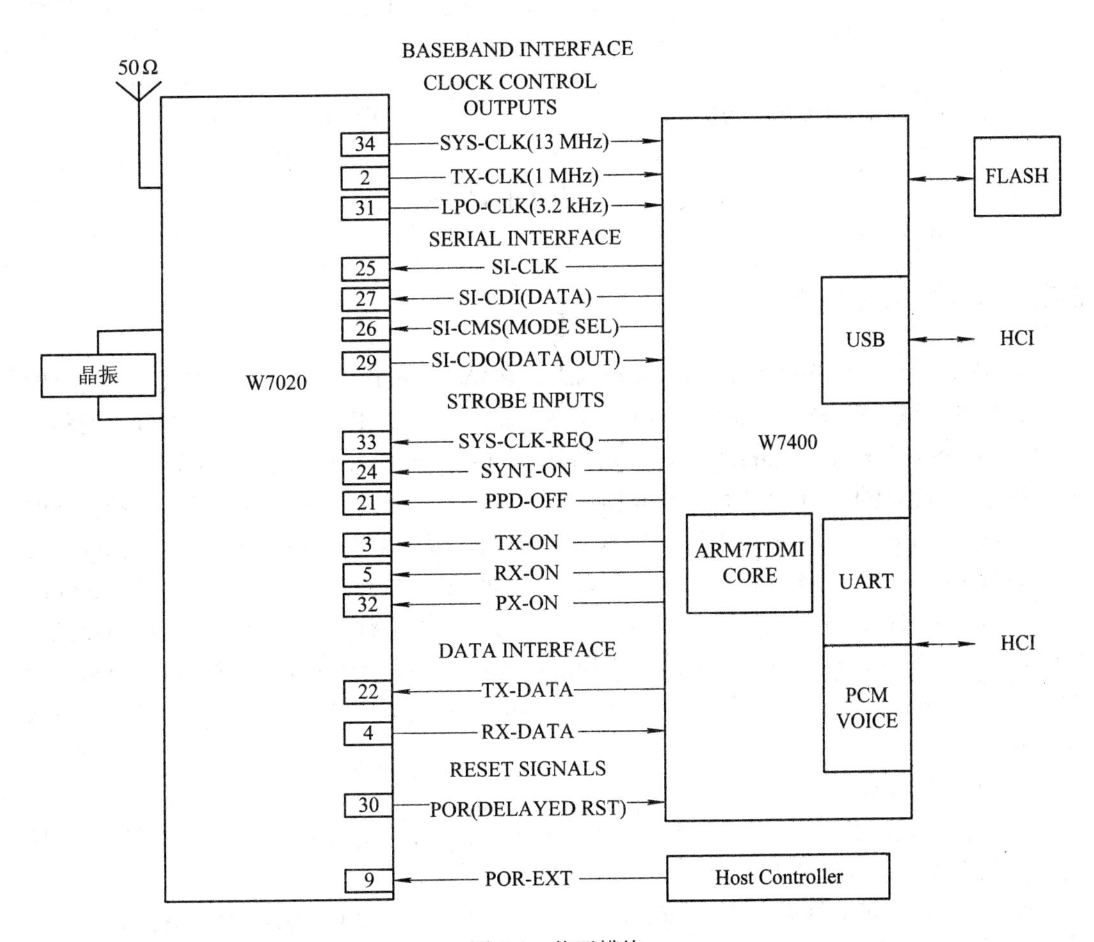

图5.6　蓝牙模块

1) 采用UART/PCM方式

这种方式利用UART作为数据(Data)通信接口，而PCM作为语音(Voice)通信接口，如图5.7所示。当用UART进行数据通信时，蓝牙模块是作为一个数字电路终端设备(Data Circuit-terminal Equipment，DCE)，其串行传输速度可以达到460.8 kb/s。当用PCM进行语音通信时，其采用的编码格式很灵活，可以采用CVSD、A律(欧洲)和μ律(美国)三种格式，方便了蓝牙语音产品的开发。

2) 采用 USB 方式

USB 方式如图 5.8 所示，是把蓝牙模块当做一个 USB 从设备来和主机通信，它满足 USB1.1 规范，最高速度可以达到 12 Mb/s。

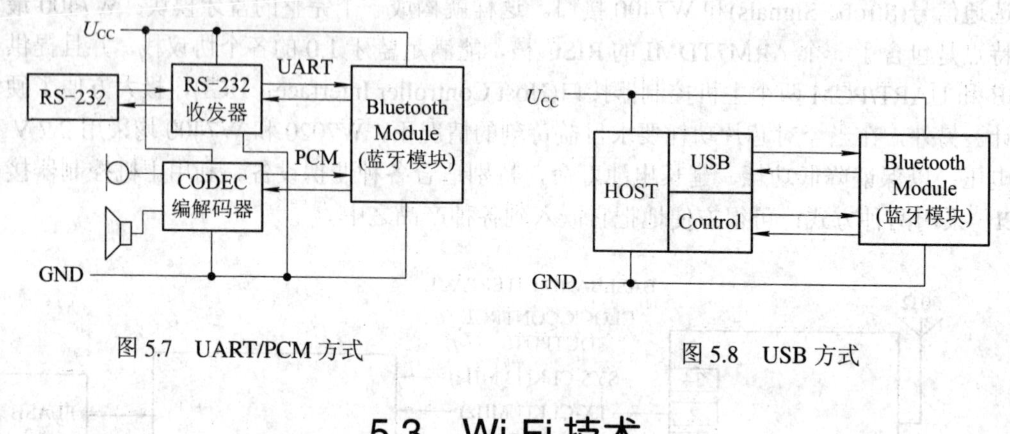

图 5.7 UART/PCM 方式

图 5.8 USB 方式

5.3 Wi-Fi 技术

5.3.1 Wi-Fi 技术的概念

Wi-Fi 是一种可以将个人电脑、手持设备(如 PDA、手机)等终端以无线方式互相连接的技术。简单来说，Wi-Fi 其实就是 IEEE 802.11b 的别称，是由一个名为“无线以太网相容联盟”(Wireless Ethernet Compatibility Alliance，WECA)的组织所发布的业界术语，它是一种短程无线传输技术，能够在数百英尺范围内支持互联网接入的无线电信号。随着技术的发展，以及 IEEE 802.11a 及 IEEE 802.11g 等标准的出现，现在 IEEE 802.11 这个标准已被统称为 Wi-Fi。它可以帮助用户访问电子邮件、Web 和流式媒体。它为用户提供了无线的宽带互联网访问。同时，它也是人们在家里、办公室或在旅途中快速上网的便捷的途径。Wi-Fi 是由 AP(Access Point)和无线网卡组成的无线网络。在开放性区域，通信距离可达 305 m；在封闭性区域，通信距离为 76 m～122 m，方便与现有的有线以太网络整合，组网的成本更低。

Wi-Fi 的优点如下：

(1) 无线电波的覆盖范围广。Wi-Fi 的半径可达 100 m，适合办公室及单位楼层内部使用。而蓝牙技术只能覆盖 15 m 内。

(2) 速度快，可靠性高。IEEE 802.11b 无线网络规范是 IEEE 802.11 网络规范的扩展，最高带宽为 11 Mb/s，在信号较弱或有干扰的情况下，带宽可调整为 5.5 Mb/s、2 Mb/s 和 1 Mb/s，带宽的自动调整，有效地保障了网络的稳定性和可靠性。

(3) 无需布线。Wi-Fi 最主要的优势在于不需要布线，可以不受布线条件的限制，因此非常适合移动办公用户的需要，具有广阔的市场前景。目前它已经从传统的医疗保健、库存控制和管理服务等特殊行业向更多行业拓展开去，逐步进入家庭以及教育机构等领域。

(4) 健康安全。IEEE 802.11 规定的发射功率不可超过 100 mW，实际发射功率约 60 mW～70 mW(而手机的发射功率约为 200 mW～1 W，手持式对讲机高达 5 W)，而且无

线网络使用方式并非像手机直接接触人体，是绝对安全的。

目前使用的 IP 无线网络存在一些不足之处，如带宽不高、覆盖半径小、切换时间长等，并且无线网络系统对上层业务开发不开放，使得适合 IP 移动环境的业务难以开发。

由于 Wi-Fi 的频段在世界范围内是无需任何电信运营执照的免费频段，因此 WLAN 无线设备提供了一个世界范围内可以使用的，费用极其低廉且数据带宽极高的无线空中接口。用户可以在 Wi-Fi 覆盖区域内快速浏览网页，随时随地接听、拨打电话。有了 Wi-Fi 功能，我们打长途电话(包括国际长途)、浏览网页、收发电子邮件、下载音乐、传递数码照片等，再无需担心速度慢和花费高的问题。

现在 Wi-Fi 的覆盖范围在国内越来越广泛了，高级宾馆、豪华住宅区、飞机场以及咖啡厅之类的区域都有 Wi-Fi 接口。当我们去旅游或办公时，就可以在这些场所使用我们的掌上设备尽情网上冲浪了。

随着 3G 时代的来临，越来越多的电信运营商将目光投向了 Wi-Fi 技术，Wi-Fi 覆盖小、带宽高，3G 覆盖大、带宽低，两种技术有着相互对立的优缺点，取长补短相得益彰。Wi-Fi 技术低成本、无线、高速的特征非常符合 3G 时代的应用要求。在手机的 3G 业务方面，目前支持 Wi-Fi 的智能手机可以轻松地通过 AP 实现对互联网的浏览。随着 VoIP 软件的发展，以 Skype 为代表的 VoIP 软件已经可以支持多种操作系统。在装有 Wi-Fi 模块的智能手机上装上相应的 VoIP 软件后就可以通过 Wi-Fi 网络来实现语音通话。所以 3G 与 Wi-Fi 是不矛盾的，而 Wi-Fi 可以作为 3G 的高效有利的补充。

5.3.2　Wi-Fi 网络结构和原理

Wi-Fi 网络是基于 IEEE 802.11 定义的一个无线网络通信的工业标准，利用这些标准来组成网络并进行数据传输的局域网，由于支持无线上网，只要移动终端具有这种功能就可无线上网。

1. Wi-Fi 网络架构

Wi-Fi 网络架构如图 5.9 所示，主要包括以下六部分：

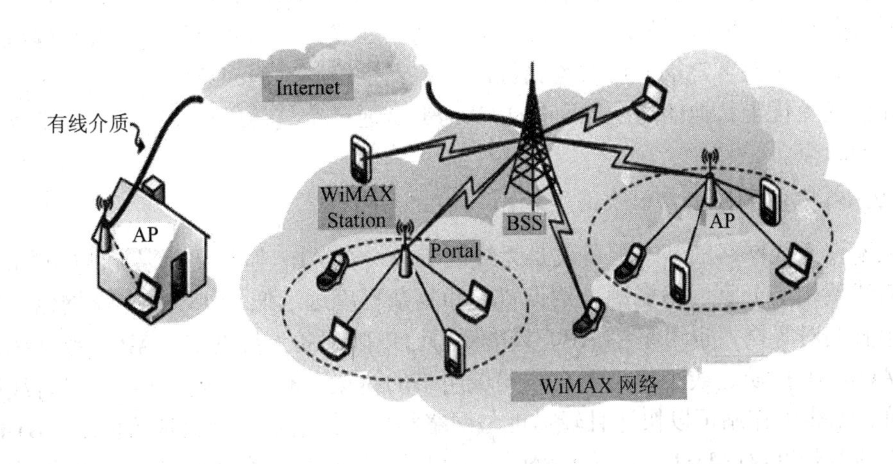

图 5.9　Wi-Fi 网络架构

(1) 站点(Station)：网络最基本的组成部分。

(2) 基本服务单元(Basic Service Set，BSS)：网络最基本的服务单元。最简单的服务单元可以只由两个站点组成。站点可以动态地连接到基本服务单元中。

(3) 分配系统(Distribution System，DS)：用于连接不同的基本服务单元。分配系统使用的媒介(Medium)逻辑上和基本服务单元使用的媒介是截然分开的，尽管它们物理上可能会是同一个媒介，例如同一个无线频段。

(4) 接入点(Access Point，AP)：既有普通站点的身份，又有接入到分配系统的功能。

(5) 扩展服务单元(Extended Service Set，ESS)：由分配系统和基本服务单元组合而成。这种组合是逻辑上，并非物理上的——不同的基本服务单元也有可能在地理位置上相去甚远。分配系统也可以使用各种各样的技术。

(6) 关口(Portal)：也是一个逻辑成分，用于将无线局域网和有线局域网或其他网络联系起来。

网络中有三种媒介：站点使用的无线的媒介、分配系统使用的媒介以及和无线局域网集成在一起的其他局域网使用的媒介。物理上它们可能互相重叠。IEEE 802.11 只负责在站点使用的无线的媒介上的寻址(Addressing)。分配系统和其他局域网的寻址不属于无线局域网的范围。

IEEE 802.11 没有具体定义分配系统，只是定义了分配系统应该提供的服务(Service)。整个无线局域网定义了九种服务，其中有五种服务属于分配系统的任务，分别是连接(Association)、结束连接(Diassociation)、分配(Distribution)、集成(Integration)、再连接(Reassociation)，四种服务属于站点的任务，分别为鉴权(Authentication)、结束鉴权(Deauthentication)、隐私(Privacy)、MAC 数据传输(MSDU delivery)。

2. Wi-Fi 网络的工作原理

Wi-Fi 的设置至少需要一个 AP 和一个或一个以上的 Client(Hi)。AP 每 100 ms 将 SSID(Service Set Identifier)经由 Beacons(信号台)封包广播一次，Beacons 封包的传输速率是 1 Mb/s，并且长度相当的短，所以这个广播动作对网络效能的影响不大。因为 Wi-Fi 规定的最低传输速率是 1 Mb/s，所以可确保所有的 Wi-Fi Client 端都能收到这个 SSID 广播封包，Client 可以借此决定是否要和这一个 SSID 的 AP 连线。使用者可以设定要连线到哪一个 SSID。Wi-Fi 总是对客户端开放其连接标准，并支持漫游。但亦意味着，一个无线适配器有可能在性能上优于其他的适配器。由于 Wi-Fi 是通过空气传送信号，所以和非交换以太网有相同的特点。

3. Wi-Fi 网络的使用

一般架设无线网络的基本配备就是无线网卡及一个 AP，如此便能以无线的模式，配合既有的有线架构来分享网络资源，架设费用和复杂程度远远低于传统的有线网络。如果只是几台电脑的对等网，也可不要 AP，只需要每台电脑配备无线网卡。AP 主要在媒体接入控制(MAC)层中扮演无线工作站及有线局域网络的桥梁。有了 AP，就像一般有线网络的 Hub 一样，无线工作站可以快速且轻易地与网络相连。特别是对于宽带的使用，Wi-Fi 更显优势，有线宽带网络(ADSL、小区 LAN 等)到户后，连接到一个 AP，然后在电脑中安装一块无线网卡即可。普通的家庭有一个 AP 已经足够，甚至用户的邻里得到授权后，则无需增加端口，也能以共享的方式上网。

Wi-Fi 的工作距离不大，在网络建设完备的情况下，IEEE 802.11b 的真实工作距离可以达到 100 m 以上，而且解决了高速移动时数据的纠错问题、误码问题，Wi-Fi 设备与设备、设备与基站之间的切换和安全认证都得到了很好的解决。

Wi-Fi 网络的使用方法如下：

1) 设置方法

(1) 确定移动终端设备具有 Wi-Fi 功能以及移动终端设备可以接收到信号；

(2) 在“开始”→“设置”→“连线”中点选“连接”，然后选择“高级”，在“选择自动使用的网络”下方点选“选择网络”；

(3) 看到两个下拉空格，第一个是“在程序自动连接到 Internet 时，使用：”，点选“新建”；

(4) 新窗口里有“请为这些设置输入名称”，在下方空格处编辑“Internet 设置”或者其他名字；

(5) “调制解调器”里面不要填写任何东西，勾选“代理服务器设置”中的“此网路连接到 Internet”，点选“OK”即可。

2) 网卡设置

(1) 在“开始”→“设置”→“连接”中点选“无线网络管理员”；

(2) 在弹出页面的右下方点选“菜单”，然后点选上弹菜单中的“开启 Wi-Fi”，如果无线路由器设置正常的话，这时点选“网络搜寻”；

(3) 点选“配置无线网络”下方的品牌名字，弹出新的窗口，在“要访问的网络”下方选择“所有可用的”；

(4) 在“网络适配器”的“我的网卡连线到”项目中选择“默认 Internet 设置”，在“点击适配器以修改设置”下方点选“AUSU 802.11b+g Wireless Card”；

(5) 在新窗口中点选“使用服务器分配的 IP 地址”，并在“IP 地址”栏填入公司或者单位分配给的 IP；

(6) 在“子网掩码”中填入子网掩码，在“网关”中填入网关，再点选“名称服务器”，在新窗口的“DNS”和“备用 DNS”中填入相应的 DNS，然后一直点选“OK”即可。

通过上面的步骤，就可以使移动终端设备自动地匹配网络，可以上网做我们想做的事情，如浏览网页、看视频、听音乐等。

5.4　ZigBee 技术

5.4.1　ZigBee 技术概述

ZigBee 主要应用在短距离范围之内并且数据传输速率不高的各种电子设备之间。ZigBee 联盟成立于 2001 年 8 月。2002 年下半年，Invensys、Mitsubishi、Motorola 以及 Philips 半导体公司四大巨头共同宣布加盟 ZigBee 联盟，研发 ZigBee 的下一代无线通信标准。到

目前为止，该联盟已有 27 家成员企业。所有这些公司都参加了负责开发 ZigBee 物理和媒体控制层技术标准的 IEEE 802.15.4 工作组。ZigBee 协议比蓝牙、高速率个人区域网或 IEEE 802.11x 无线局域网更简单、实用。

Zigbee 使用 2.4 GHz 波段，采用跳频技术。它的基本速率是 250 kb/s，当降低到 28 kb/s 时，传输范围可扩大到 134 m，并获得更高的可靠性。另外，它可与 254 个节点联网，可以比蓝牙更好地支持游戏、消费电子、仪器和家庭自动化应用。

ZigBee 技术具有如下主要特点：

(1) 数据传输速率低：只有 10 kb/s～250 kb/s，专注于低传输应用。

(2) 功耗低：在低耗电待机模式下，两节普通 5 号干电池可使用 6 个月以上。这也是 ZigBee 的支持者所一直引以为豪的独特优势。

(3) 成本低：因为 ZigBee 数据传输速率低，协议简单，所以大大降低了成本；积极投入 ZigBee 开发的 Motorola 以及 Philips，均已在 2003 年正式推出芯片，飞利浦预估，应用于主机端的芯片成本和其他终端产品的成本比蓝牙更具价格竞争力。

(4) 网络容量大：每个 ZigBee 网络最多可支持 255 个设备。也就是说，每个 ZigBee 设备可以与另外 254 台设备相连接。

(5) 有效范围小：有效覆盖范围为 10 m～75 m 之间，具体依据实际发射功率的大小和各种不同的应用模式而定，基本上能够覆盖普通的家庭或办公室环境。

(6) 工作频段灵活：使用的频段分别为 2.4 GHz、868 MHz(欧洲)及 915 MHz(美国)，均为免执照频段。

根据 ZigBee 联盟目前的设想，ZigBee 的目标市场主要有 PC 外设(鼠标、键盘、游戏操控杆)、消费类电子设备(TV、VCR、CD、 VCD、DVD 等设备上的遥控装置)、家庭内智能控制(照明、煤气计量控制及报警等)、玩具(电子宠物)、医护(监视器和传感器)、工控(监视器、传感器和自动控制设备)等。

5.4.2 ZigBee 协议栈

ZigBee 协议栈结构如图 5.10 所示，是基于标准 OSI 七层模型的，包括高层应用规范、应用汇聚层、网络层、媒体接入层和物理层。

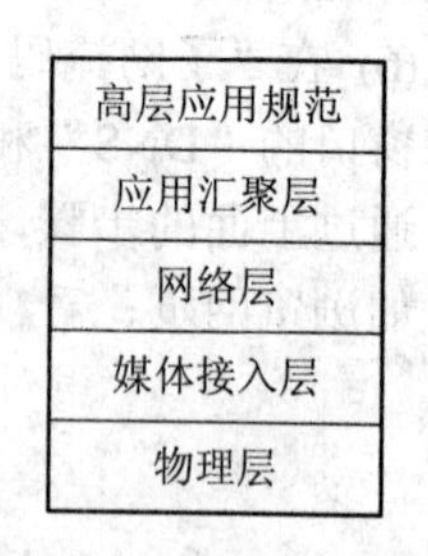

图 5.10 ZigBee 协议栈

IEEE 802.15.4 定义了两个物理层标准，分别是 2.4 GHz 物理层和 868/915 MHz 物理层。两者均基于直接序列扩频(Direct Sequence Spread Spectrum，DSSS)技术。868 MHz 只有一个信道，传输速率为 20 kb/s；902 MHz～928 MHZ 频段有 10 个信道，信道间隔为 2 MHz，传输速率为 40 kb/s。以上这两个频段都采用 BPSK 调制。2.4 GHz～2.4835 GHz 频段有 16 个信道，信道间隔为 5 MHz，能够提供 250kb/s 的传输速率，采用 O-QPSK 调制。为了提高传输数据的可靠性，IEEE 802.15.4 定义的媒体接入控制(MAC)层采用了 CSMA-CA 和时隙 CSMA-CA 信道接入方式和完全握手协议。应用汇聚层主要负责把不同的应用映射到 ZigBee 网络上，包括安全与鉴权、多个业务数据流的汇聚、设备发现和业务发现。

5.4.3　ZigBee 的网络系统

1. ZigBee 网络配置

低数据速率的 WPAN 中包括两种无线设备：全功能设备(FFD)和精简功能设备(RFD)。其中，FFD 可以和 FFD、RFD 通信，而 RFD 只能和 FFD 通信，RFD 之间是无法通信的。RFD 的应用相对简单，例如在传感器网络中，它们只负责将采集的数据信息发送给它的协调点，并不具备数据转发、路由发现和路由维护等功能。RFD 占用资源少，需要的存储容量也小，成本比较低。

在一个 ZigBee 网络中，至少存在一个 FFD 充当整个网络的协调点，即 PAN 协调点(ZigBee 中也称做 ZigBee 协调点)。一个 ZigBee 网络只有一个 PAN 协调点。通常，PAN 协调点是一个特殊的 FFD，它具有较强大的功能，是整个网络的主要控制者，它负责建立新的网络、发送网络信标、管理网络中的节点以及存储网络信息等。FFD 和 RFD 都可以作为终端节点加入 ZigBee 网络。此外，普通 FFD 也可以在它的个人操作空间(POS)中充当协调点，但它仍然受 PAN 协调点的控制。ZigBee 中每个协调点最多可连接 255 个节点，一个 ZigBee 网络最多可容纳 65 535 个节点。

2. ZigBee 网络的拓扑结构

ZigBee 网络的拓扑结构主要有三种，星形网、网状(Mesh)网和混合网。

星形网如图 5.11(a)所示，是由一个 PAN 协调点和一个或多个终端节点组成的。PAN 协调点必须是 FFD，它负责发起建立和管理整个网络，其他的节点(终端节点)一般为 RFD，分布在 PAN 协调点的覆盖范围内，直接与 PAN 协调点进行通信。星形网通常用于节点数量较少的场合。

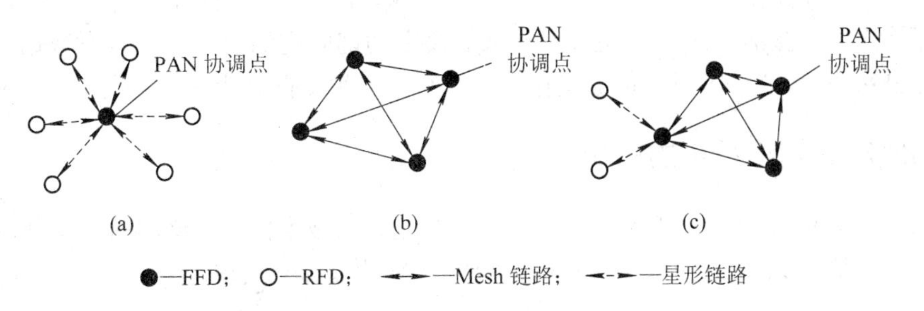

图 5.11　ZigBee 网络的拓扑结构

(a) 星形网；(b) 网状网；(c)混合网

Mesh 网如图 5.11 (b)所示，一般是由若干个 FFD 连接在一起形成，它们之间是完全的对等通信，每个节点都可以与它的无线通信范围内的其他节点通信。Mesh 网中，一般将发起建立网络的 FFD 节点作为 PAN 协调点。Mesh 网是一种高可靠性网络，具有“自恢复”能力，它可为传输的数据包提供多条路径，一旦一条路径出现故障，则存在另一条或多条路径可供选择。

Mesh 网可以通过 FFD 扩展网络，组成 Mesh 网与星形网的混合网，如图 5.11(c)所示。混合网中，终端节点采集的信息首先传到同一子网内的协调点，再通过网关节点上传到上一层网络的 PAN 协调点。混合网适用于覆盖范围较大的网络。

3. ZigBee组网技术

ZigBee中，只有PAN协调点可以建立一个新的ZigBee网络。当ZigBee的PAN协调点希望建立一个新网络时，首先扫描信道，寻找网络中的一个空闲信道来建立新的网络。如果找到了合适的信道，ZigBee协调点会为新网络选择一个PAN标识符(PAN标识符是用来标识整个网络的，所选的PAN标识符必须在信道中是唯一的)。一旦选定了PAN标识符，就说明已经建立了网络，此后，如果另一个ZigBee协调点扫描该信道，这个网络的协调点就会响应并声明它的存在。另外，这个ZigBee协调点还会为自己选择一个16 bit的网络地址。ZigBee网络中的所有节点都有一个64 bit的IEEE扩展地址和一个16 bit的网络地址，其中，16 bit的网络地址在整个网络中是唯一的，也就是IEEE 802.15.4中的MAC短地址。

ZigBee协调点选定了网络地址后，就开始接受新的节点加入其网络。当一个节点希望加入该网络时，它首先会通过信道扫描来搜索它周围存在的网络，如果找到了一个网络，它就会进行关联过程加入网络，只有具备路由功能的节点可以允许别的节点通过它关联网络。如果网络中的一个节点与网络失去联系后想要重新加入网络，它可以通过孤立通知过程重新加入网络。网络中每个具备路由器功能的节点都维护一个路由表和一个路由发现表，它可以参与数据包的转发、路由发现和路由维护，以及关联其他节点来扩展网络。

ZigBee网络中传输的数据可分为三类：周期性数据，例如传感器网中传输的数据，这一类数据的传输速率根据不同的应用而确定；间歇性数据，例如电灯开关传输的数据，这一类数据的传输速率根据应用或者外部激励而确定；反复性的、反应时间低的数据，例如无线鼠标传输的数据，这一类数据的传输速率是根据时隙分配而确定的。为了降低ZigBee节点的平均功耗，ZigBee节点有激活和睡眠两种状态，只有当两个节点都处于激活状态时才能完成数据的传输。在有信标的网络中，ZigBee协调点通过定期地广播信标为网络中的节点提供同步；在无信标的网络中，终端节点定期睡眠，定期醒来，除终端节点以外的节点要保证始终处于激活状态，终端节点醒来后会主动询问它的协调点是否有数据要发送给它。在ZigBee网络中，协调点负责缓存要发送给正在睡眠的节点的数据包。

5.4.4 ZigBee网络系统的应用

ZigBee具有的低功耗、低成本、使用便捷等显著的技术优势，必将有着广阔的应用前景。下面介绍基于ZigBee技术的远程医疗监护系统的设计与实现。

1. 系统结构

远程医疗监护系统结构图如图5.12所示，该系统由监护基站设备和ZigBee传感器节点构成一个微型监护网络。传感器节点上使用中央控制器对需要监测的生命指标传感器进行控制并采集数据，通过ZigBee无线通信方式将数据发送至监护基站设备，并由该基站装置将数据传输至所连接的PC或者其他网络设备上，通过Internet网络可以将数据传输至远程医疗监护中心，由专业医疗人员对数据进行统计观察，提供必要的咨询服务，实现远程医疗。在救护车中的急救人员还可通过GPRS实现将急救病人的信息实时传送，以利于医院抢救室及时做好准备工作。医疗传感器节点可以根据不同的需要而设置，因此该系统具有极大的灵活性和扩展性。同时，将该系统接入Internet网络，可以形成更大的社区医疗监护网络、医院网络乃至整个城市和全国的医疗监护网络。

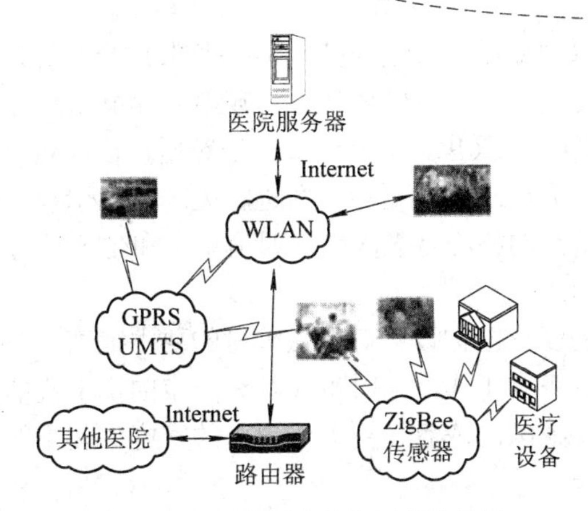

图 5.12　远程医疗监护系统结构图

2. 监护传感器节点

1) 监护传感器的组成及工作原理

监护传感器节点的主要功能是采集人体生理指标数据，或对某些医疗设备的状况以及治疗过程情况进行动态监测，并通过射频通信的方式，将数据传输至监护基站设备。

监护传感器节点框图如图 5.13 所示，主要包括医疗传感器模块、ZigBee 通信模块、处理器单元和电源四部分。

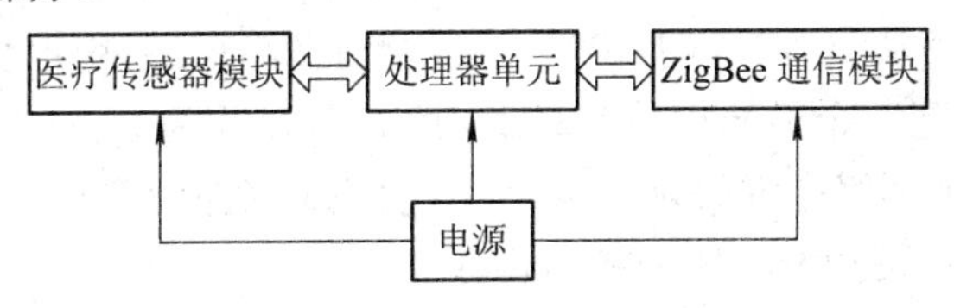

图 5.13　监护传感器节点框图

处理器单元如图 5.14 所示，主要分为 CPU、存储器、AD 转换、测试带和数码显示屏五部分。根据低功耗和处理能力的需要，采用 TI 公司的 MSP430 系列单片机，存储器部分主要用于存储传感器所采集的临时数据，在处理器将数据传输之后，传感器节点内不做数据的大量存储。

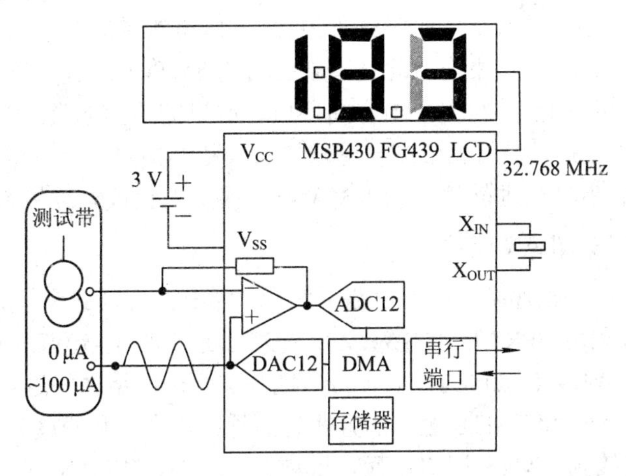

图 5.14　处理器单元

监护传感器的工作原理如下：首先由控制单元发出开始监测某项生理参数的指令，然后通过无线数据通信单元把指令发给生理信息与数据采集单元，对人体生理信号(体温、血压、脉搏、血糖、血氧等)进行采集，最后通过无线数据通信单元将数据传给控制和显示单元中的信息处理模块，一方面对接收到的数据进行处理和显示，另一方面将结果数据存入数据库供检索和回放。节点的核心是无线数据通信单元和生理信息与数据采集单元。

2) 无线数据通信单元

在医院里，所应用的医疗监护设备对电磁辐射的要求很高。对于设备来讲，辐射的电磁波既不能干扰其他设备正常工作，同时也应具有一定的抗干扰能力，不受其他设备辐射出的电磁波干扰。因此，在医院或者使用无线通信的家庭中使用的医疗设备，设计中必须对此进行充分考虑。

在本系统中，所使用的射频通信为全球公开的免费 2.4 GHz 的 ISM 频段，采用的通信标准为 IEEE 802.15.4/ZigBee 标准。它是一种低复杂度、低功耗和低成本的无线通信技术，可在 10 m～75 m 范围内，以 20 kb/s～250 kb/s 的传输速率来传输医疗数据。它依据 IEEE 802.15.4 标准，在数千个微小的传感器之间相互协调实现通信。这些传感器只需少量能量，以接力的方式通过无线电波将数据从一个传感器传至另一个传感器，因此，通信效率非常高。

FFD 可以在三种不同模式下工作：个人网络(Personal Area Network，PAN)协调者、协调者和设备。RFD 作为从设备不需要传输大量的数据，且只占用很少的资源。用一个 FFD 加上一个 RFD 就可组建一个最简单的 WPAN，其中 FFD 作为 PAN 协调者来执行通信功能，因此，在任何一个星形网络中都必须至少有一个 FFD 来作为 PAN 协调者。在本系统中，ZigBee 设备通常以星形网和网状网两种结构存在。

星形网络结构的通信是以 FFD 作为 PAN 协调者完成与设备之间的通信，在该网络中 PAN 协调者的功能是初始化网络、中止和路由信息。星形网络广泛应用于自动化家居、个人医疗监护系统和医院病房等小区域。

3) 生理信息与数据采集单元

系统中，医疗传感器模块主要实现体温、血压、血氧和血糖的测量等功能。其中，体温测量集成了北京迈创公司所生产的 YSI 体温探头，血压测量集成了北京迈创公司的 KNM 无创血压测量模块，血氧测量集成了北京迈创公司的 SWS01 血氧测量模块。

无线节点为传感器的扩展留出了丰富的接口，如果需要其他类型的生理指标数据，如体温、心电图等数据，则只需将相应的传感器接入预留的接口，形成新的无线传感器节点，开发相应的嵌入式控制及处理软件，就可将节点直接加入到该无线传感器网络中。

3. GPRS/UMTS WLAN 网关

相对于 WLAN 高传输速率、低覆盖范围而言，GPRS/UMTS 具有低传输速率和高覆盖范围的特点。本系统利用 GPRS/UMTS WLAN 网关实现 UMTS 与 WLAN 之间的无缝连接，使得配有 UMTS 和 WLAN 接口的设备可自由地在这两个网络之间进行切换。

一般来说，WLAN 和 UMTS 融合的方式有两种：紧耦合和松耦合。在紧耦合体系中，WLAN 网关直接连接到 UMTS 网络。而在松耦合体系中，WLAN 网关并不是直接连接到 UMTS 网络中，而是通过 Internet 或是 IP 骨干网作为中介。在本系统中，利用松耦合体系实现手持移动设备与 UMTS 网络之间的通信。WLAN 和 UMTS 的松耦合体系结构如图 5.15 所示。

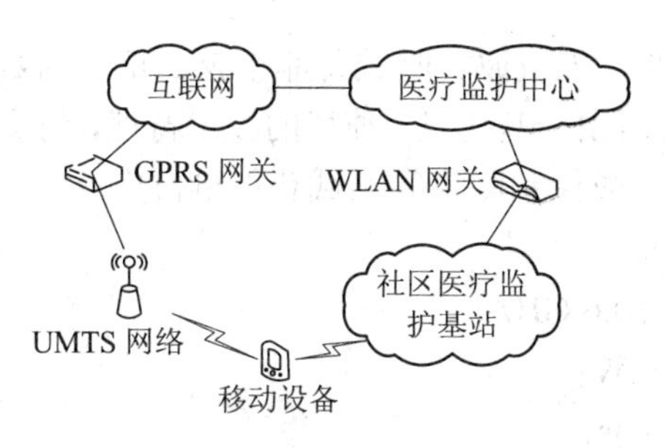

图 5.15　WLAN 和 UMTS 的松耦合体系结构

本系统还具有较高的灵活性和扩展性，通过 Internet 可以使远离医院等医护机构的病员也能随时得到必要的医疗监护和远程医生的咨询指导。

5.5　超宽带(UWB)技术

5.5.1　UWB 技术的概念

超宽带(Ultra Wideband，UWB)技术是一种无线载波通信技术，它不采用正弦载波，而是利用纳秒级的非正弦波窄脉冲传输数据，因此其所占的频谱范围很宽。

UWB 可在非常宽的带宽上传输信号，美国 FCC 对 UWB 的规定为：在 3.1 GHz～10.6 GHz 频段中占用 500 MHz 以上的带宽。由于 UWB 可以利用低功耗、低复杂度的收发机实现高速数据传输，因此 UWB 技术得到了迅速发展。它在非常宽的频谱范围内采用低功率脉冲传送数据而不会对常规窄带无线通信系统造成大的干扰，并可充分利用频谱资源。基于 UWB 技术而构建的高速率数据收发机有着广泛的用途。

UWB 技术具有系统复杂度低，发射信号功率谱密度低，对信道衰落不敏感，截获能力低，定位精度高等优点，尤其适用于室内等密集多径场所的高速无线接入，非常适合于建立一个高效的无线局域网或无线个域网(WPAN)。

UWB 主要应用在小范围、高分辨率、能够穿透墙壁、地面和身体的雷达和图像系统中。除此之外，这种新技术适用于对速率要求非常高(大于 100 Mb/s)的 LAN 或 PAN。

UWB 最具特色的应用是视频消费娱乐方面的无线个人局域网(PAN)。现有的无线通信方式，IEEE 802.11b 和蓝牙的速率太慢，不适合传输视频数据；54 Mb/s 速率的 IEEE 802.11a 标准可以处理视频数据，但费用昂贵。而 UWB 有可能在 10 m 范围内，支持高达 110 Mb/s 的数据传输率，不需要压缩数据，可以快速、简单、经济地完成视频数据处理。

具有一定相容性和高速、低成本、低功耗的优点使得 UWB 较适合家庭无线消费市场的需求，UWB 尤其适合近距离内高速传送大量多媒体数据以及可以穿透障碍物的突出优点，让很多商业公司将其看做是一种很有前途的无线通信技术，将其应用于诸如将视频信号从机顶盒无线传送到数字电视等家庭场合。当然，UWB 未来的前途还取决于各种无线方案的技术发展、成本、用户使用习惯和市场成熟度等多方面的因素。

5.5.2 UWB 无线通信系统的关键技术

UWB 技术与极短脉冲、无载波、时域、非正弦、正交函数和大相对带宽无线/雷达信号是同义的。UWB 脉冲通信由于其优良、独特的技术特性，将会在无线多媒体通信、雷达、精密定位、穿墙透地探测、成像和测量等领域获得日益广泛的应用。

UWB 的主要指标如下：

频率范围：3.1 GHz～10.6 GHz；

系统功耗：1 mW～4 mW；

脉冲宽度：0.2 ns～1.5 ns；

重复周期：25 ns～1 ms；

发射功率：＜−41.3 dBm/MHz；

数据速率：几十到几百 Mb/s；

分解多路径时延：≤1 ns；

多径衰落：≤5 dB；

系统容量：大大高于 3G 系统；

空间容量：1000 kb/m^2。

1. 脉冲信号的产生

从本质上讲，产生极短脉冲宽度(ns 级)的信号源是研究 UWB 技术基本的前提条件，例如单个无载波窄脉冲信号，有两个突出的特点：一是激励信号的波形为具有陡峭前沿的单个短脉冲；二是激励信号包括很宽的频谱，从直流(DC)到微波波段。目前产生脉冲源的方法有两种：

(1) 光电方法，基本原理是利用光导开关导通瞬间的陡峭上升沿获得脉冲信号。由于作为激发源的激光脉冲信号可以有很陡的前沿，所以得到的脉冲宽度可达到 ps(10^{-12})量级。另外，由于光导开关是采用集成方法制成的，可以获得很好的一致性，因此光电方法是最有发展前景的一种方法。

(2) 电子方法，基本原理是对半导体 PN 结反向加电，使其达到雪崩状态，并在导通的瞬间，取陡峭的上升沿作为脉冲信号。这种方法目前应用得最广泛，但是缺点是：由于采用电脉冲信号作为触发，其前沿较宽，触发精度受到限制，特别是在要求精确控制脉冲发生时间的场合，达不到控制的精度。另外，由于受晶体管耐压特性的限制，这种方法一般只能产生几十伏到上百伏的脉冲，当然，脉冲宽度还可以达 1 ns 以下。

2. UWB 调制技术

调制方式是指信号以何种方式承载信息，它不但决定着通信系统的有效性和可靠性，同时也影响信号的频谱结构和接收机的复杂度。对于多址技术解决多个用户共享信道的问题，合理的多址方案可以在减小用户间干扰的同时极大地提高多用户容量。

1) 脉位调制和脉幅调制

在 UWB 系统中采用的调制方式有单脉冲调制和多脉冲调制。

(1) 单脉冲调制。对于单个脉冲，脉冲的幅度、位置和极性变化都可以用于传递信息。适用于 UWB 的主要单脉冲调制技术包括脉冲幅度调制(PAM)、脉冲位置调制(PPM)、通断

键控(OOK)、二相调制(BPM)和跳时/直扩二进制相移键控调制 TH/DS-BPSK 等。

PAM 是通过改变脉冲幅度的大小来传递信息的一种脉冲调制技术。PAM 既可以改变脉冲幅度的极性，也可以仅改变脉冲幅度的绝对值大小。通常所讲的 PAM 只改变脉冲幅度的绝对值。BPM 和 OOK 是 PAM 的两种简化形式。BPM 通过改变脉冲的正、负极性来调制二元信息，所有脉冲幅度的绝对值相同。OOK 通过脉冲的有无来传递信息。在 PAM、BPM 和 OOK 调制中，发射脉冲的时间间隔是固定不变的。实际上，可以通过改变发射脉冲的时间间隔或发射脉冲相对于基准时间的位置来传递信息，这就是 PPM 的基本原理。在 PPM 中，脉冲的极性和幅度都不改变。

PAM、OOK 和 PPM 共同的优点是可以通过非相干检测恢复信息。PAM 和 PPM 还可以通过多个幅度调制或多个位置调制提高信息传输速率。然而，PAM、OOK 和 PPM 都有一个共同的缺点：经过这些方式调制的脉冲信号将出现线谱。线谱不仅会使 UWB 脉冲系统的信号难以满足一定的频谱要求(例如，FCC 关于 UWB 信号频谱的规定)，而且还会降低功率的利用率。

综合考虑可靠性、有效性和多址性能等因素，目前广泛受关注的是 TH-PPM 和 TH/DS-BPSK 两种调制方式。两者的区别在于，当采用匹配滤波器的单用户检测时，TH/DS-BPSK 的性能要优于 TH-PPM。对 TH/DS-BPSK 而言，在速率较高时，应优先选择 DS-BPSK 方式；速率较低时，由于 TH-BPSK 受远近效应的影响较小，应选择 TH-BPSK 方式。在采用最小均方误差(MMSE)检测方式的多用户接收机应用情况时，两者差别不大；但在速率较高时，TH/DS-BPSK 的性能还是要优于 TH-PPM 系统。而 BPM 则可以避免线谱现象，并且是功率效率最高的脉冲调制技术。对于功率谱密度受约束和功率受限的 UWB 脉冲无线系统，为了获得更好的通信质量或更高的通信容量，BPM 是一种比较理想的脉冲调制技术。

(2) 多脉冲调制。为了降低单个脉冲的幅度或提高抗干扰性能，在 UWB 脉冲无线系统中，往往采用多个脉冲传递相同的信息，这就是多脉冲调制的基本思想。

当采用多脉冲调制时，把传输相同信息的多个脉冲称为一组脉冲，那么，多脉冲调制过程可以分为两步：第一步为每组脉冲内部单个脉冲的调制；第二步为每组脉冲作为整体被调制。在第一步中，每组脉冲内部的单个脉冲通常采用 PPM 或 BPM 调制；在第二步中，每组脉冲作为整体通常可以采用 PAM、PPM 或 BPM 调制。一般把第一步称为扩谱，而把第二步称为信息调制。因而在第一步中，把 PPM 称为跳时扩谱(TH-SS)，即每组脉冲内部的每一个脉冲具有相同的幅度和极性，但具有不同的时间位置；把 BPM 称为直接序列扩谱(DS-SS)，即每组脉冲内部的每一个脉冲具有固定的时间间隔和相同的幅度，但具有不同的极性。在第二步中，根据需要传输的信息比特，PAM 同时改变每组脉冲的幅度，PPM 同时调节每组脉冲的时间位置，BPM 同时改变每组脉冲的极性。这样，把第一步和第二步组合起来不难得到以下多脉冲调制技术：TH-SS PPM、DS-SS PPM、TH-SS PAM、DS-SS PAM、TH-SS BPM 和 DS-SS BPM 等。

多脉冲调制不仅可以通过提高脉冲重复频率来降低单个脉冲的幅度或发射功率，更重要的是，多脉冲调制可以利用不同用户使用的 SS 序列之间的正交性或准正交性实现多用户干扰抑制，也可以利用 SS 序列的伪随机性实现窄带干扰抑制。

在多脉冲调制中，利用不同 SS 序列之间的正交性，可以通过同时传输多路多脉冲调制的信号来提高系统的通信速率，这样的技术通常被称为码分多址(CDMA)技术。在 2004 年

的国际信号处理会议上提出了一种特殊的 CDMA 系统——无载波的正交频分复用系统(CL-UWB/OFDM)。这种多脉冲调制技术可有效地抑制多路数据之间的干扰和窄带干扰。

2) 波形调制

波形调制(PWSK)是结合 Hermite 脉冲等多正交波形提出的调制方式。在这种调制方式中，采用 M 个相互正交的等能量脉冲波形携带数据信息，每个脉冲波形与一个 M 进制数据符号对应。在接收端，利用 M 个并行的相关器进行信号接收，利用最大似然检测完成数据恢复。由于各种脉冲能量相等，因此可以在不增加辐射功率的情况下提高传输效率。在脉冲宽度相同的情况下，PWSK 可以达到比 MPPM 更高的符号传输速率。在符号速率相同的情况下，PWSK 的功率效率和可靠性高于 MPAM。由于这种调制方式需要较多的成形滤波器和相关器，其实现复杂度较高，因此，在实际系统中较少使用，目前仅限于理论研究。

3) 正交多载波调制

传统意义上的 UWB 系统均采用窄脉冲携带信息。FCC 对 UWB 的新定义拓广了 UWB 的技术手段。原理上讲，-10 dB 带宽大于 500MHz 的任何信号形式均可称做 UWB。在 OFDM 系统中，数据符号被调制在并行的多个正交子载波上传输，数据调制/解调采用快速傅里叶变换/逆快速傅里叶变换(FFT/IFFT)实现。由于具有频谱利用率高、抗多径能力强、便于 DSP 实现等优点，OFDM 技术已经广泛应用于数字音频广播(DAB)、数字视频广播(DVB)、WLAN 等无线网络中，且被作为 B3G/4G 蜂窝网的主流技术。

3. UWB 多址技术

多址技术包括跳时多址、直扩-码分多址、跳频多址、波分多址等。系统设计中，可以对调制方式与多址方式进行合理的组合。

1) 跳时多址

跳时多址(THMA)是最早应用于 UWB 通信系统的多址技术，它可以方便地与 PPM 调制、BPSK 调制相结合形成跳时-脉位调制(TH-PPM)、跳时-二进制相移键控系统方案。这种多址技术利用了 UWB 信号占空比极小的特点，将脉冲重复周期(T_f，又称帧周期)划分成 N_h 个持续时间为 T_c 的互不重叠的码片时隙，每个用户利用一个独特的随机跳时序列在 N_h 个码片时隙中随机选择一个作为脉冲发射位置。在每个码片时隙内可以采用 PPM 调制或 BPSK 调制。接收端利用与目标用户相同的跳时序列跟踪接收。

由于用户跳时码之间具有良好的正交性，多用户脉冲之间不会发生冲突，从而避免了多用户干扰。将跳时技术与 PPM 结合，可以有效地抑制 PPM 信号中的离散谱线，达到平滑信号频谱的作用。由于每个帧周期内可分的码片时隙数有限，当用户数很大时必然产生多用户干扰。因此，如何选择跳时序列是非常重要的问题。

2) 直扩-码分多址

直扩-码分多址(DS-CDMA)是 IS-95 和 3G 移动蜂窝系统中广泛采用的多址方式，这种多址方式同样可以应用于 UWB 系统。在这种多址方式中，每个用户使用一个专用的伪随机序列对数据信号进行扩频，用户扩频序列之间的互相关很小，即使用户信号间发生冲突，解扩后互干扰也会很小。但由于用户扩频序列之间存在互相关，远近效应是限制其性能的重要因素。因此，在 DS-CDMA 系统中需要进行功率控制。在 UWB 系统中，DS-CDMA 通常与 BPSK 结合。

3) 跳频多址

跳频多址(FHMA)是结合多个频分子信道使用的一种多址方式，每个用户利用专用的随机跳频码控制射频频率合成器，以一定的跳频图案周期性地在若干个子信道上传输数据，数据调制在基带完成。若用户跳频码之间无冲突或冲突概率极小，则多用户信号之间在频域正交，可以很好地消除用户间的干扰。理论上讲，子信道数量越多，则容纳的用户数量越大，但这是以牺牲设备复杂度和功耗为代价的。在 UWB 系统中，将 3.1GHz～10.6GHz 频段分成若干个带宽大于 500 MHz 的子信道，根据用户数量和设备复杂度要求选择一定数量的子信道和跳频码来解决多址问题。FHMA 通常与多带脉冲调制或 OFDM 相结合，调制方式采用 BPSK 或正交移相键控(QPSK)。

4) PWDMA

PWDMA 是结合 Hermite 等正交多脉冲提出的一种波分多址方式。每个用户分别使用一种或几种特定的成形脉冲，调制方式可以是 BPSK、PPM 或 PWSK。由于用户使用的脉冲波形之间相互正交，在同步传输的情况下，即使多用户信号间相互冲突也不会产生互干扰。通常正交波形之间的异步互相关不为零，因此在异步通信的情况下用户间将产生互干扰。目前，PWDMA 仅限于理论研究，尚未进入实用阶段。

4．天线的设计

能够有效辐射时域短脉冲的天线是 UWB 研究的另一个重要方面。UWB 天线应该达到以下要求：一是输入阻抗具有 UWB 特性；二是相位中心具有超宽频带不变特性。即要求天线的输入阻抗和相位中心在脉冲能量分布的主要频带上保持一致，以保证信号的有效发射和接收。

对于时域短脉冲辐射技术，早期采用双锥天线、V-锥天线、扇形偶极子天线，这几种天线存在馈电难、辐射效率低、收发耦合强、无法测量时域目标的特性，只能用做单收发用途。随着微波集成电路的发展，研制出了 UWB 平面槽天线，它的特点是能产生对称波束、可平衡 UWB 馈电、具有 UWB 特性。利用光刻技术，可以制成毫米、亚毫米波段的集成天线。

5．收发机的设计

与传统的无线收发机结构相比，UWB 收发机的结构相当简单。传统的无线收发机大多采用超外差式结构；UWB 收发机采用零差结构，在接收端，天线收集的信号经放大后通过匹配滤波或相关接收机处理，再经高增益门限电路恢复原来信息。现代数字无线技术常采用数字信号处理芯片(DSP)的软件无线电来产生不同的调制方式，这些系统可逐步降低信息速率以在更大的范围内连接用户。UWB 的一大优点是，即使最简单的收发机也可采用这一数字技术。

5.5.3　UWB 技术在家庭和有线电视网络中的应用

1．超宽带技术在家庭网络中的应用

1) 家庭网络

家庭网络系统由有线系统和无线系统综合构成。其中，有线系统采用国际数字接口标

准 IEEE 1394b，在 IEEE 1394b 基础上，家庭网络无线系统引入了频谱高效率的超宽带脉冲无线电技术，可提供灵活性和移动性的宽带无线接入。直扩序列超宽带的家庭网络把移动高速、高性能无线网无缝隙地扩展至有线 1394 骨干网。

2) 直接序列超宽带通信子网技术

采用单频带体制的 DS-UWB 系统是家庭网络比较理想的方案。DS-CDMA 建议采用了双频带(3.1 GHz～5.15GHz 加 5.825 GHz～10.6 GHz)的方法，即在每个超过 1 GHz 的频带内用极短时间脉冲传输数据，该方法也称为脉冲无线电。

与无线 1394 网桥综合的家庭网络结构支持 IEEE1394 固定连接和 DS-UWB 无线连接。无线 UWB 总线系统的拓扑结构呈现星形，Hub 位置不是固定不变的，无线 UWB 总线系统管理所有挂在无线总线上的子站，负责维护帧结构，分配周期定时信息。无线 UWB 总线系统要监控在总线注册的子站状态，在子站和子站间广播通信质量信息，显示同步和等时模式子站的时隙安排，控制多址接入过程，保证输出功率在某一电平之下。数据流的传输是自组织网络中对等通信的模式，当一对子站之间直接链路被阻隔时，子站和 Hub 也可以承担中继多条数据的功能。

直接序列超宽带系统的物理层采用二进制相移键控调制技术，为了避免多径衰落的影响，使用 RAKE 接收机接收信号。其多址接入技术采用直扩-码分多址技术。由于 UWB 信号产生的特殊性，其脉冲成型技术为甚窄高斯单周脉冲，并使用空时编码对其进行编码。典型高斯单周脉冲宽带为 0.2 ns～2.0 ns，脉冲间隔为 10 ns～100 ns，脉冲位置可以是等间隔、随机或伪随机间隔。

直接序列超宽带系统的数据链路控制(DLC)层是由一系列帧长为 1394 周期数倍的 DLC 帧构成的，该帧由管理区域、数据区域、随机区域等组成。数据链路控制层把资源分成两部分，分别用于等时时隙的预留带宽和同步时隙的动态带宽。

直接序列超宽带的 1394 汇聚层(CL)含有 IEEE1394 特定业务汇聚子层(SSCS)和公共部分汇聚子层(CPCS)，它类似 IEEE1394b 链路层，负责 1394 事务处理层和 UWB 低层次之间的映射。

2. 超宽带技术在有线电视网络中的应用

1) 有线电视网络及高清晰度电视技术

有线电视网络是高效、廉价的综合网络，它具有频带宽、容量大、功能多、成本低、抗干扰能力强、支持多种业务连接千家万户的优势，它的发展为信息高速公路的发展奠定了基础。有线电视网络成为最贴近家庭的多媒体渠道，只不过它目前还是靠同轴电缆向用户传送电视节目，还处于模拟水平。高清晰度电视属于数字电视的最高标准，拥有最佳的视频、音频效果。它与采用模拟信号传输的传统电视系统不同，采用了数字信号传输。由于高清晰度电视从电视节目的采集、制作到电视节目的传输，以及到用户终端的接收全部实现数字化，因此给我们带来了极高的清晰度，除此之外，信号抗噪能力也大大加强。数字电视具有高清晰画面、高保真立体声伴音、电视信号可以存储、可与计算机构成多媒体系统、频率资源利用充分等多种优点，成为家庭影院的主力。

2) 有线电视网络中的超宽带技术应用

交互式电视点播系统和高清晰度电视业务的码率高、数据量大，需要占用很大的带宽

和网络资源，而数量巨大的用户数引起了资源的短缺。为了解决有线电视网络的带宽问题，引入超宽带技术，因为它使用无载波结构，网络配置成本低，只需要在系统前端和用户侧增加相应装置，就可以在不改变现有有线电视网络结构的基础上传输 UWB 数据流。

UWB 技术具有类噪声特性，传送数据时在时域产生持续时间非常短的脉冲信号，而有线电视系统中发送的载波信号会受到外界噪声和其他信号的干扰，系统可用带宽和有线网络的传输容量会受到很大影响，UWB 的短脉冲信号则不会对载波信号造成干扰，于是在有线电视网络的公共传输媒质中实现了 UWB 脉冲信号与其他频域信号的共存。

在有线电视网络中使用 UWB 技术存在一个固有的问题，即有线电视网络本身的固有频率损耗会改变 UWB 脉冲信号的形状和幅度，为了解决这个问题，可以采用预补偿的方法。UWB 数据进入有线电视网之前先进行预补偿，这样信号就容易通过同轴电缆系统，同时，UWB 信号具有伪随机特性，混合光纤同轴电缆网的噪声电平高于其功率谱密度，信号传送不会受到影响。

有线电视网络传送 UWB 信号时，首先将数据分成视频、音频和数据流，频道调制器将每一路信号与射频混频同时分配一台号，RF 信号进入混合器后，混合器将这些信号合并为一个输出信号，其他的视频数据流调制成射频信号后同混合器输出的普通节目混合，然后转换为光信号，经过光纤传输。在接收端，系统将混合信号里的 UWB 信号提取出来，同时视频和音频数据被解调器解调出来。该技术的显著特点就是在现有有线电视网络中加入 UWB 信号调制解调器，而无需对有线电视网络进行较大的改变。UWB 信号被扩展到 50 MHz～1 GHz 频段范围内，在任何频率处的信号能量都能低于该频段处的噪声电平。普通的有线电视系统或者混合光纤同轴电缆网一般使用的最大频率为 870 MHz，但系统仍具有 1 GHz 左右的带宽，这样，UWB 窄脉冲可以在同轴电缆中可靠地传输，可在相同时间内发送更多的数据。

3. 应用 UWB 技术的有线电视网络和家庭网络的连接

将 UWB 技术应用于有线电视网络中，充分利用其技术优点，基本不干扰现有的电视频道，同时没有占用或者很少占用频道资源。另外，UWB 的多址方式可以实现一定数量的并发用户，有线电视网络服务商也可以获得充分利用。

5.6 无线局域网

5.6.1 IEEE 802.11 协议简述

无线局域网(Wireless Local Area Networks，WLAN)是计算机网络技术与无线电通信技术结合的产物，是在有线局域网的基础上发展起来的。与有线局域网相比，无线局域网采用的是无线链路(Cable-free Link)构成网络。无线局域网广泛应用于办公自动化、工业自动化和银行等金融系统，具有很大的发展潜力。

1. 无线局域网的主要特征

无线局域网的出现弥补了有线网络的不足，它具有安装的灵活性、网络的伸缩性和移动性等优势。

1) 网络拓扑结构

WLAN 拓扑结构可分为有中心(Hub-Based)和无中心(Peer to Peer)局域网两类。在有中心结构的网络拓扑中，设有一个无线节点充当基站，所有节点访问均由其控制，每个节点只要在中心站覆盖范围之内就可与其他节点通信，并且中心节点为访问有线主干网提供了一个逻辑节点，这与蜂窝式移动通信的方式非常相似。这种结构的缺点是抗毁性差，中心节点的故障容易导致整个网络的瘫痪。对于无中心结构的网络，要求其中任意节点均可与其他节点通信，所以又称自组织网络(Ad-hoc)。由于无中心节点控制网络的接入，各节点都具有路由器功能，又都可以竞争共用信道，为此，大多数无中心结构的 WLAN 都要采用 CSMA 类型的 MAC 协议。

应该指出的是，自组局域网在军用和民用领域都有很好的应用前景，在军事领域中，由于战场往往没有预先建好的固定接入节点，携带移动站的战士就可以利用临时建立的移动自组网络进行通信。这种组网方式也能够应用到作战的地面装甲车辆和坦克群，以及海上舰艇群、空中的机群。由于每一个移动设备都具有路由器转发分组的功能，因此，这种自组局域网的生存能力非常好。在民用领域，当出现自然灾害时，在抢险救灾中利用移动自组网络进行及时的通信往往也是很有效的，因为这时事先已经建好的固定网络基础设施可能都已被毁坏。

2) 传输媒质及传输方式

WLAN 的传输媒质有两种，即无线电波和红外线，前者使用居多。红外线局域网有较强的方向性，适于近距离通信。而采用无线电波作为媒体的局域网，覆盖范围大，而且这种局域网多采用扩频技术，发射功率比自然背景的噪声低，有效地避免了信号的偷听和窃取，使通信非常安全，具有很高的实用性。无线局域网采用微波传输，使用的频段有 L 频段、S 频段和 C 频段。目前大多数产品使用 S 频段(2.4GHz～2.4835GHz)，在这些波段内的 WLAN 的产品大多数采用扩频调制方式，主要有 DS 和 FH 两种。

2. 无线局域网标准

WLAN 近年来的迅速发展受到了一系列标准协议的制定的促进，这些协议中影响最大的是 IEEE 802.11 系列标准。

1) IEEE 802.11 标准

1997 年 6 月，IEEE 推出了第一代无线局域网标准——IEEE 802.11。该标准定义了物理层和介质访问控制子层的协议规范。

IEEE 802.11 在物理层定义了数据传输的信号特征和调制方法，定义了两个无线电射频(RF)传输方法和一个红外线传输方法。RF 传输标准包括直接序列扩频技术和跳频扩频技术。直接序列扩频技术采用二进制相移键控(BPSK)技术，可以以 1 Mb/s 的速率进行发射，如果使用正交相移键控(QPSK)技术，发射速率可以达到 2 Mb/s。跳频扩频技术利用 GFSK 二级或四级调制方式可以达到 2 Mb/s 的工作速率。

由于在无线网络中冲突检测较困难，为了尽量减少数据的传输碰撞和重试发送，防止各站点无序地争用信道，IEEE 802.11 规定无线局域网介质访问控制子层采用 CSMA/CA(载波多路访问/冲突防止)协议，而不是冲突检测(CD)协议。CSMA/CA 通信方式将时间域的划分与帧格式紧密联系起来，保证某一时刻只有一个站点发送，实现了网络系统的集中控制。

2) IEEE 802.1lb 标准

为了支持更高的数据传输速率和更健全的连接性，IEEE 于 1999 年 9 月批准了 IEEE 802.1lb 标准。IEEE 802.1lb 标准对 IEEE 802.11 标准进行了修改和补充，其中最重要的改进就是在 IEEE 802.11 的基础上增加了两种更高的通信速率：5.5 Mb/s 和 11 Mb/s。

IEEE 802.11b 采用了补充编码键控(CCK)技术，CCK 由 64 个 8 bit 长的码字组成。IEEE 802.11b 规定在速率为 5.5 Mb/s 时使用 CCK，对每个载波进行 4 bit 编码。而当速率为 11 Mb/s 时，对每个载波进行 8 bit 编码。同时，MAC 层的多速率机制确保当工作站之间因距离过长或干扰过大而使信噪比低于某个门限值时，传输速率能够从 11 Mb/s 自动降到 5.5 Mb/s，进一步可调整到 2 Mb/s 和 1 Mb/s。

由于现行的以太网技术可以实现不同速率以太网络之间的兼容，因此有了 IEEE 802.11b 标准之后，移动用户可以得到以太网级的网络性能、速率和可用性，管理者也可以无缝地将多种 LAN 技术集成起来，形成一种能够最大限度地满足用户需求的网络。

5.6.2　几种无线通信标准比较

目前，无线局域网仍处于众多标准共存时期。在美国和欧洲形成了几个互不相让的高速无线标准：美国 IEEE 创建的高速无线标准 IEEE 802.11(包括 IEEE 802.11a 和 IEEE 802.11b)、HomeRF 标准和 Bluetooth。IEEE 802.11b 标准的最高数据传输数率能达到 11 Mb/s，规定采用 2.4 GHz 频带；IEEE 802.11a 标准的数据传输速率为 54 Mb/s，规定采用 2.4 GHz 频带，比 IEEE 802.11b 技术快近 5 倍。

现在，没有人能够解决无线互联标准不统一的问题，主要是因为行业发展太快而标准跟不上，造成标准“百花齐放”。几种标准的比较见表 5-1。

表 5-1　几种标准的比较

	IEEE 802.11b	HomeRF	Bluetooth
传输速度	11 Mb/s	1 Mb/s、2 Mb/s、10 Mb/s	30 kb/s～400 kb/s
应用范围	办公区和校园局域网	家庭办公室，私人住宅和庭院的网络	
终端类型	笔记本电脑，桌面 PC，掌上电脑和因特网网关	笔记本电脑，桌面 PC，Modem，电话，移动设备和因特网网关	笔记本电脑，蜂窝式电话，掌上电脑，寻呼机和轿车
接入方式	接入方式多样化	点对点或每节点多种设备的接入	
覆盖范围	15.24 m～91.44 m	45.72 m	9.144 m
传输协议	直接顺次发射频谱	跳频发射频谱	窄带发射频谱

5.6.3　无线局域网的组成及工作原理

无线局域网也类似有线局域网，设备相应的有无线网卡、无线接入点(AP)、无线网桥(Bridge)、无线网关(Gate-way)和无线路由器等。下面仅介绍无线网卡和无线接入点的组成原理。

1．无线网卡

无线网卡是在无线局域网的覆盖下，通过无线连接网络上网所使用的无线终端设备。无线网卡一般由网络接口控制器、扩频调制及解扩解调单元和微波收发信机单元三部分组成，如图 5.16 所示。其中：NIC 为网络接口控制单元；BBP 为基带处理单元；IF 为中频调制解调器；RF 为射频单元。

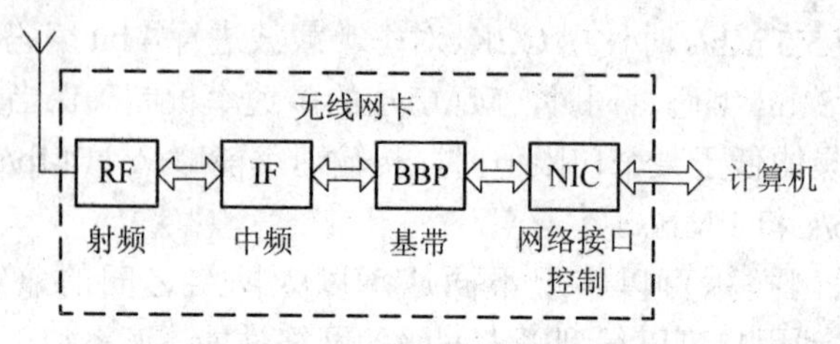

图 5.16　无线局域网网卡的组成

NIC 可以实现 IEEE 802.11 的协议规范的 MAC 层功能，主要负责接入控制，在移动主机有数据要发送时，NIC 负责接收主机发送的数据，并按照一定的格式封装成帧，然后根据多址接入协议(在 WLAN 中为 IEEE 802.11 协议)把数据帧发送到信道中去。当接收数据时，NIC 根据接收帧中的目的地址，判别是否是发往本机的数据，如果是则接收该帧信息，并进行 CRC 校验。为了实现上述功能，NIC 还需要完成发送和接收缓存的管理，通过计算机总线进行 DMA 操作和 I/O 操作，与计算机交换数据。

RF、IF 和 BBP 三个单元组成一个通信机，用来实现物理层功能，并与 NIC 进行必要的信息交换。由于宽带无线 IP 网络中的通信业务具有宽带、突发的特点，因此对通信机提出了更高的要求。BBP 在发送数据时对数据进行调制，IF 处理器把基带数据调制到中频载波上去，再由 RF 单元进行上变频，把中频信号变换到射频上发射。在接收数据时，先由 RF 单元把射频信号变换到中频上，然后由 IF 进行中频处理，得到基带接收信号。BBP 对基带信号进行解调处理，恢复位定时信息，把最后获得的数据交给 NIC 处理。

事实上，在物理实现上可以将不同的功能单元组合到一起。例如 NIC 与 BBP 处理器都工作在基带，可以将两者集成到一起；IF 可以全数字化，它与 BBP 结合在一起可以更方便地实现一些功能。

无线网卡的软件主要包括基于 MAC 控制芯片的固件和主机操作系统下的驱动程序。固件是无线网卡上最基本的控制系统，主要基于 MAC 芯片来实现对整个无线网卡的控制和管理。无线网卡在固件中完成了最底层、最复杂的传输 / 发送模块功能，并向下提供与物理层的接口，向上提供一个程序开发接口，为程序开发人员开发附加的移动主机应用功能提供支持。

2．无线接入点(AP)

无线接入点作为移动终端与有线网络通信的接入点，其主要任务是协调多个移动终端对无线信道的访问，所以其功能主要对应于 OSI 模型中的 MAC 层。和有线以太网中的 Hub，类似，可以实现无线网络的帧格式(IEEE 802.11 帧)与有线网络的帧格式(IEEE 802.3 帧)之间的转换；负责本单元内的管理，包括终端的登录、认证、散步和漫游的管理；具有简单网管功能；能做到“操作透明性”和“性能透明性”。

从逻辑上讲，AP 由无线收发部分、有线收发部分、管理与软件部分及天线组成，如图 5.17 所示。

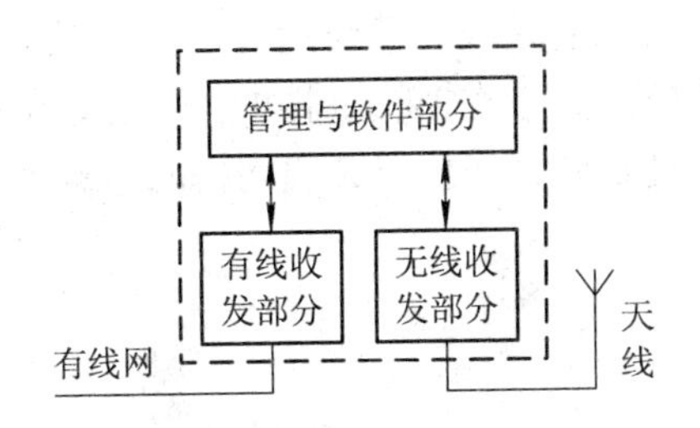

图 5.17　AP 组成图

AP 上有两个端口：一个是无线端口，连接的是无线小区中的移动终端；另一个是有线端口，连接的是有线网络。在 AP 的无线端口，接收无线信道上的帧，经过格式转换后成为有线网格式的帧结构，再转发到有线网络上；同样，AP 把从有线端口上接收到的帧转换成无线信道上的帧格式转发到无线端口上。AP 在对帧的处理过程中，可以相应地完成对帧的过滤及加密工作，从而可以保证无线信道上数据的安全性。

3．无线网络的组建

无线局域网可以简单也可以复杂，最简单的无线局域网只需两个装有无线适配卡(Wireless Adapter Card)的 PC，将其放在有效距离内，这就是所谓的对等(Peer-to-Peer)网络，这类简单网络无需经过特殊组合或专人管理，任何两个移动式 PC 之间不需中央服务器(Central Server)就可以相互对通，如图 5.18 所示。

无线接入点(AP)可增大 Ad-Hoc 网络模式中 PC 之间的有效距离到原来的两倍。因为访问点是连接在有线网络上，每一个移动式 PC 都可经服务器与其他移动式 PC 实现网络的互连互通，每个访问点可容纳许多 PC，具体视其数据的传输实际要求而定，一个访问点容量可达(15～63)PC。通过无线接入点的连接示意图如图 5.19 所示。

图 5.18　对等方式的无线网络

图 5.19　通过无线接入点的连接示意图

无线网络交换机和 PC 之间有一定的有效距离，在室内约为 150 m，户外约为 300 m。在大的场所(例如仓库中或学校中)可能需要多个访问点，网桥的位置需要事先考察决定，使有效范围覆盖全场并互相重叠，使每个用户都不会和网络失去联络。用户可以在一群访问点覆盖的范围内漫游(Roam)。访问点把用户在不知不觉中从一个访问点的覆盖范围转移到另一个访问点的覆盖范围，确保通信不会被中断。

为了解决覆盖问题，在设计网络时可用接力器(Extension Point，EP)来增大网络的转接范围。接力器在功能上看起来像是访问点，但接力器并不接在有线网络上。接力器的作用就是把信号从一个 AP 传递到另一个 AP 或 EP 来延伸无线网络的覆盖范围。EP 可串在一起，将信号从一个 AP 传递到遥远的地方。

若要将第一栋楼内无线网络的范围扩展到 1 km 甚至数千米以外的第二栋楼，其中的一个方法是在每栋楼上安装一个定向天线，天线的方向互相对准，第一栋楼的天线经过网桥连到有线网络上，第二栋楼的天线接在第二栋楼的网桥上，如此无线网络就可接通相距较远的两个或多个建筑物。通过定向天线构建无线网桥的示意图如图 5.20 所示。

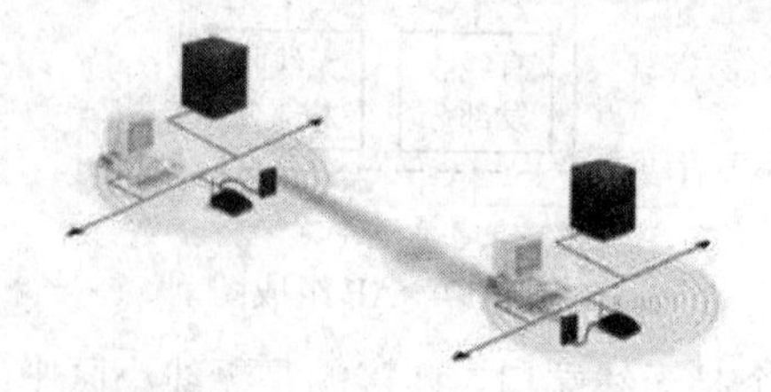

图 5.20　通过定向天线构建无线网桥的示意图

5.6.4　无线局域网的网络安全

WLAN 无线网技术的安全性由下面四级定义：

(1) 扩频、跳频无线传输技术本身使盗听者难以捕捉到有用的数据；

(2) 设置严密的用户口令及认证措施，防止非法用户入侵；

(3) 设置附加的第三方数据加密方案，使信号盗听者难以理解其中的内容；

(4) 采取网络隔离及网络认证措施。

1. 扩展频谱技术

扩展频谱技术在五十多年前第一次被军方公开介绍，它用来进行保密传输。从一开始它就设计成抗噪音、干扰、阻塞和未授权检测。扩展频谱发送器用一个非常弱的功率信号在一个很宽的频率范围内发射出去，与窄带射频相反，它将所有的能量集中到一个单一的频点。扩展频谱的实现方式有多种，最常用的是直接序列和跳频序列两种。

2. 用户认证——口令控制

推荐在无线网的站点上使用口令控制，当然未必要局限于无线网。诸如 Novell NetWare 和 Microsoft NT 等网络操作系统和服务器提供了包括口令管理在内的内建多级安全服务。口令应处于严格的控制之下并经常予以变更。由于无线局域网的用户要包括移动用户，而移动用户倾向于把他们的笔记本电脑移来移去，因此，严格的口令策略等于增加了一个安全级别，它有助于确认网站是否正被合法的用户使用。

3. 数据加密

假如用户的数据要求极高的安全性，譬如说是商用网或军用网上的数据，那么用户可能需要采取一些特殊的措施。最高级别的安全措施就是在网络上整体使用加密产品。数据包中的数据在发送到局域网之前要用软件或硬件的方法进行加密。只有那些拥有正确密钥的站点才可以恢复、读取这些数据。如果需要全面的安全保障，加密是最好的方法。一些网络操作系统具有加密能力。基于每个用户或服务器、价位较低的第三方加密产品也可以胜任，像 McAfeeAssicoate 的 NetCrypto 或 Captial Resour-ces Snare 等加密产品能够确保唯有授权用户可以进入网络、读取数据。鉴于第三方加密软件开发商致力于加密事务，并可为用户提供最好的性能、质量、服务和技术支持，WLAN 赞成使用第三方加密软件。

4. 其他无线网络方面的考虑

无线局域网还有些其他好的安全特性。首先无线接入点会过滤那些对相关无线站点而言毫无用处的网络数据，这就意味着大部分有线网络数据根本不会以电波的形式发射出去；其次，无线网的节点和接入点有与环境有关的转发范围限制，这个范围一般是几十至上百厘米，这使得窃听者必须处于节点或接入点的附近；最后，无线用户具有流动性，他们可能在一次上网时间内由一个接入点移动至另一个接入点，与之对应，他们进行网络通信所使用的跳频序列也会发生变化，这使得窃听几乎毫无可能。

无论是否有无线网段，大多数的局域网都必须要有一定级别的安全措施。在内部好奇心、外部攻击和电线窃听面前，甚至有线网都显得很脆弱。没有人愿意冒险将局域网上的数据暴露于不速之客和恶意攻击之前。而且，如果用户的数据相当机密，比如是银行网和军用网上的数据，那么，为了确保机密，用户必须采取特殊措施。我们希望读者能从上述讨论中了解到保障整个网络安全的重要性。

5.7 无线城域网

5.7.1 IEEE 802.16x 标准和机制

1. IEEE 802.16 标准的进展

IEEE 802.16 是为制定无线城域网(Wireless MAN)标准成立的工作组，自 1999 年成立后，主要负责开发 2 GHz～6 GHz 频带的无线接入系统空中接口物理层和媒体接入控制层规范。2001 年，由业界主要的无线宽带接入厂商和芯片制造商成立了非营利工业贸易联盟组织——WiMAX(Worldwide In teroperability for Microwave Access)。该联盟对基于 IEEE 802.16 标准和 ETSI Hiper MAN 标准的宽带无线接入产品进行兼容性和互操作性的测试和认证，发放 WiMAX 认证标志，借此推动无线宽带接入技术的发展。IEEE 802.16 工作组于 2001 年 12 月通过最早的 IEEE 802.16 标准，2003 年 4 月，发布了修正和扩展后的 IEEE 802.16a 标准。该标准的工作频段为 2 GHz～11 GHz，在 MAC 层提供了 QoS 保证机制，支持语音和视频等实时性业务。2004 年 7 月，通过了 IEEE 802.16d，对 2 GHz～6 GHz 频段的空中接口物理层和 MAC 层做了详细的规定。该协议是相对成熟的版本，业界各大厂商基于该标准开发产品。2005 年 10 月，IEEE 正式批准 IEEE 802.16e 标准，该标准在 2 GHz～6 GHz 频段上支持移动宽带接入，实现了移动中提供高速数据业务的宽带无线接入解决方案。

2. IEEE 802.16 协议体系结构

IEEE 802.16 协议规定了 MAC 层和 PHY 层的规范。MAC 层独立于 PHY 层，并且支持多种不同的 PHY 层。

IEEE 802.16 的 MAC 层采用分层结构，分为三个子层：特定业务汇聚子层(CS)，负责将业务接入点(SAP)收到的外部网络数据转换和映射到 MAC 业务数据单元(SDU)，并传递到 MAC 层业务接入点；公共部分子层(CPS)，是 MAC 的核心部分，主要功能包括系统接入、带宽分配、连接建立和连接维护等，将 CS 层的数据分类到特定的 MAC 连接，同时对物理层上传输和调度的数据实施 QoS 控制；加密子层，其主要功能是提供认证、密钥交换和加解密处理。

IEEE 802.16 主要针对点对多点(PMP)结构的宽带无线接入应用而设计。为了适应 2 GHz～11 GHz 频段的物理环境和不同业务需求，IEEE 802.16a 增强了 MAC 层的功能，提出了网状(Mesh)结构，用户站(SS)之间可以构成小规模多跳无线连接。IEEE 802.16 MAC 层是基于连接的，用户站进入网络后会与基站(BS)建立传输连接。SS 在上行信道上进行资源请求，由 BS 根据链路质量和服务协议进行上行链路资源分配管理。

3．物理层

IEEE 802.16 支持时分双工(TDD)和频分双工(FDD)。两种模式下都采用突发(Burst)格式发送。上行信道基于时分多用户接入(TDMA)和按需分配多用户接入(DMDA)相结合的方式。上行信道被划分为多个时隙，初始化、竞争、维护、业务传输等都通过占用一定数量的时隙来完成，由 BS 的 MAC 层统一控制，并根据系统情况动态改变。下行信道采用时分复用(TDM)方式，BS 将资源分配信息写入上行链路映射(UL-MAP)广播给 SS。

IEEE 802.16 没有具体规定载波带宽，系统可采用 1.25 MHz～20 MHz 之间的带宽。IEEE 802.16 建议了几个系列：1.25 MHz 系列包括 1.25 MHz、2.5 MHz、5 MHz、10 MHz、20 MHz 等，1.75 系列包括 1.75 MHz、3.5 MHz、7 MHz、14 MHz 等。对于 10 GHz～66 GHz，还可以采用 28 MHz 载波带宽，提供更高接入速率。

IEEE 802.16 中规定了两种调制方式：单载波和正交频分复用(OFDM)调制方式。IEEE 802.16 规定在 10 GHz～66 GHz 频段采用单载波调制方式。在 2 GHz～11 GHz 频段，存在多径衰落，采用 OFDM 技术。OFDM 的物理层采用 256 个子载波，每个子载波采用 BPSK、QPSK、16QAM 或 64QAM 调制。

4．MAC 层的 QoS 机制

IEEE 802.16 MAC 层实现 QoS 的核心原理是将 MAC 层传输的数据包与业务流对应起来以使该连接获得 QoS 支持。业务流由连接标识符(CID)标识。CID 中包含了业务类型和其他 QoS 参数。

1) 业务流管理

业务流提供了上、下行 QoS 管理机制，系统上、下行带宽在不同业务流之间分配。业务流标识(SFID)用来标识网络中每个已经创建(DSA)的业务流。业务流有三个 QoS 参数集：指派 QoS 参数集(Provisioned QoS ParamSet)、已接纳 QoS 参数集(Admitted QoS ParamSet)和激活 QoS 参数集(Active QoS ParamSet)。指派 QoS 参数集是对业务流静态或动态配置时指派的。已接纳 QoS 参数集是 BS 认为能够满足该业务流资源要求的参数集，BS 将按照已接纳 QoS 参数集为其预留资源。激活 QoS 参数集是通过注册或动态业务流管理过程被激活的参数集，BS 为激活的业务流提供其实际需要同时又不大于已接纳 QoS 参数集的资源。同一条服务流的三个 QoS 参数集满足如下关系：激活 QoS 参数集为已接纳参数集的子集，已接纳 QoS 参数集为指派 QoS 参数集的子集。业务流被激活或接纳时获得一个 CID，可以通过 MAC 管理消息的动态创建、改变或删除。

2) 分类器

分类器是对进入系统的数据单元进行分类的匹配标准。ATM 信元匹配标准为虚通路识别器(VPI)和虚通道识别器(VCI)，分组匹配标准为 IP 地址。分类器与 CID 相关联。当上层数据单元通过 MAC 接口到来时，数据单元通过分类器映射到各个激活的业务流上。

3) 调度业务类型

IEEE 802.16 定义了四种调度业务类型，并对每种业务类型的带宽请求方式进行了规定(优先级从高到低)：

(1) 主动授权业务(UGS)：传输固定速率实时数据业务，如 T1/E1 和 VoIP 等。BS 将基于服务流的最大持续速率周期性地提供固定带宽授予，不允许使用任何单播轮询或竞争请求机会，同时禁止捎带请求。

(2) 实时轮询业务(rtPS)：支持可变速率实时业务，如 MPEG。BS 提供周期性单播查询请求机会，禁止使用其他竞争请求机会和捎带请求。

(3) 非实时轮询业务(nrtPS)：支持周期变长分组的非实时数据流和有最小带宽要求的业务，如 ATM、Internet 接入。BS 提供比 rtPS 更长周期或不定期的单播请求机会，可使用竞争请求，可以被设置优先级。

(4) 尽力而为(BE)业务：支持非实时无任何速率和时延抖动要求的分组数据业务，如短信、E-mail。允许使用任何类型的请求机会和捎带请求。

4) 带宽分配与调度策略

IEEE 802.16 协议中对带宽分配与调度策略并未作出规定，而是把接入控制、资源预留、流量控制、分组调度算法等一系列的问题留待开发者来解决。SS 接入系统时，BS 必须监测出该业务是否会对已有的传输业务产生影响，以及进行资源分配，BS 需要为高优先权业务预留足够的资源。MAC 层将业务按不同类型分类后进行排队，对不同的队列调用不同的分组调度算法，同时还涉及内存管理、流量监控等算法，以满足不同业务的 QoS 需求。这些算法在有线网络中已经有比较成熟的研究。如何将它们与无线信道的多变、时延、干扰、多径衰落等特性以及 IEEE 802.16 的 MAC 层特点结合起来，提出新的算法，是未来研究的重点。

5.7.2　WiMAX 网络构建

1．WiMAX 的概念及其特点

随着通信网的进一步发展，WiMAX 作为一种面向“最后一公里”接入的标准，尤其在目前全球缺乏统一宽带无线接入标准之际，有重要现实意义与战略价值。该标准大体可以分为两种：一种是 IEEE 802.16d 标准，支持固定宽带无线接入系统空中接口；另一种是 IEEE 802.16e 标准，支持固定和移动性的宽带无线接入系统空中接口标准。

全球微波接入互操作性(World Interopera-bility for Microwave Access，WiMAX)是一项基于 IEEE 802.16 标准的宽带无线接入城域网(BWA-MAN)技术，也可以称为 IEEE Wireless MAN。该技术是针对微波和毫米波频段提出的一种新的空中接口标准，其主要目标是提供一种在城域网一点对多点的多厂商环境下，可有效地互操作的宽带无线接入手段。WiMAX 具有如下特点：

(1) 传输距离远：无线信号传输距离最远可达 50 km，并能覆盖半径达 1.6 km 的范围，是 3G 基站的 10 倍。

(2) 传输速率高：可实现 74.81 Mb/s 的传输速率。

(3) 容量高：WiMAX 的一个基站可以同时接入数百个远端用户站。

(4) 灵活的信道宽度：WiMAX 能在信道宽度和连接用户数量之间取得平衡，其信道宽度由 1.5 MHz 到 20 MHz 不等。

(5) QoS 性能：可向用户提供具有 QoS 性能的数据、视频、话音业务。

(6) 丰富的多媒体通信服务：能够实现电信级的多媒体通信服务。

(7) 保密性：支持安全传输，并提供鉴权与数字加密等功能。

2. WiMAX 网络体系架构

1) 网络体系架构

WiMAX 网络体系架构如图 5.21 所示，包括核心网络、用户基站(SS)、基站(BS)、接力站(RS)、用户终端设备(TE)和网管。

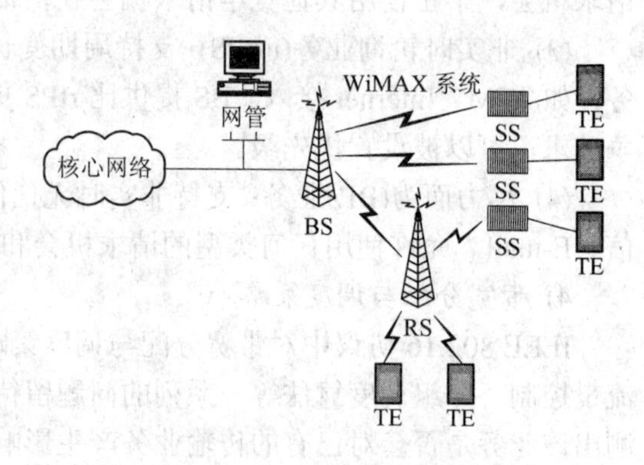

图 5.21　WiMAX 网络体系架构

(1) 核心网络：WiMAX 连接的核心网络通常为传统交换网或因特网。WiMAX 提供核心网络与基站间的连接接口，但 WiMAX 系统并不包括核心网络。

(2) 基站：提供用户基站与核心网络间的连接，通常采用扇形/定向天线或全向天线，可提供灵活的子信道部署与配置功能，并根据用户群体状况不断升级扩展网络。

(3) 用户基站：属于基站的一种，提供基站与用户终端设备间的中继连接，通常采用固定天线，并被安装在屋顶上。基站与用户基站间采用动态适应性信号调制模式。

(4) 接力站：在点到多点体系结构中，接力站通常用于提高基站的覆盖能力，也就是说充当一个基站和若干个用户基站(或用户终端设备)间信息的中继站。接力站面向用户侧的下行频率可以与其面向基站的上行频率相同，当然也可以采用不同的频率。

(5) 用户终端设备：WiMAX 系统定义用户终端设备与用户基站间的连接接口，提供用户终端设备的接入。但用户终端设备本身并不属于 WiMAX 系统。

(6) 网管：用于监视和控制网内所有的基站和用户基站，提供查询、状态监控、软件下载、系统参数配置等功能。

2) 端到端的参考模型

WiMAX 网络的参考模型分为非漫游模式和漫游模式，分别如图 5.22 和图 5.23 所示。其功能逻辑组包括移动用户台(MSS)、接入网络(ASN)、连接服务网络(CSN)和应用服务提供商(ASP)网络。与图 5.22 相比，图 5.23 主要增加了 CSN 之间的 R5 参考点。另外，WiMAX NWG 规范不定义 CSN 和 ASP 之间的接口。

图 5.22 和图 5.23 中，ASN 是一套网络功能的集合，为 WiMAX 用户提供无线接入。一个 ASN 由基站(BS)和接入网关(ASN-GW)组成。一个 ASN 可以被一个或者多个 CSN 共享。

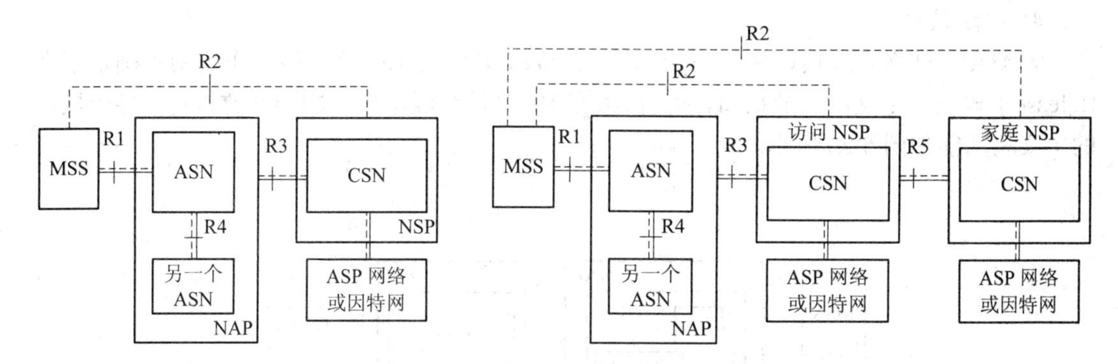

图 5.22　非漫游模式端到端参考模型　　　　　　　　图 5.23　漫游模式端到端参考模型

CSN 被定义为一套网络功能的组合，为 WiMAX 用户提供 IP 连接。CSN 可以由路由器、AAA 代理/服务器、用户数据库、Internet 网关设备等组成。CSN 既可以作为全新的 WiMAX 系统的一个新建网元，也可以利用部分现有的网络设备实现其功能。

NAP 是一种运营实体，为一个或者多个 WiMAX 网络业务提供者(NSP)提供 WiMAX 无线接入设备。一个 NAP 可以拥有一个或者多个 ASN。

NSP 是一种运营实体，为用户提供 IP 连接和 WiMAX 业务，这些服务满足事先与用户建立的服务协定。为了提供这些服务，一个 NSP 需要与一个或者多个 NAP 签约，以使用接入网设备。NSP 的设备都在一个 CSN 内。一个 NSP 可以与其他的 NSP 建立漫游协定，也可以与第三方业务提供者签订协约，为用户提供 WiMAX 服务。从 WiMAX 用户的角度来看，NSP 可以分成归属 NSP(H-NSP)和拜访 NSP(V-NSP)。

ASP 的主要功能是提供增值业务以及三层之上的业务，例如 IMS、企业应用等，并管理 IP 层之上的应用。

3) 网络实体

(1) 接入网络。接入网络(ASN)由 BS 和接入网关(ASN-GW)组成，如图 5.24 所示，可以连接到多个 CSN，为不同 NSP 的 CSN 提供无线接入服务。其中，BS 用于处理 IEEE 802.16 空中接口，包括 BS 和 SS 两种；ASN-GW 主要处理到 CSN 的接口功能和 ASN 的管理。ASN 管理 IEEE 802.16 空中接口，为 WiMAX 用户提供无线接入，其主要功能有：发现网络；在 BS 和 MSS 之间建立两层连接，协助高层与 MSS 建立三层连接；ASN 内寻呼和移动性管理；ASN 和 CSN 之间的隧道建立和管理；无线资源管理；存储临时用户信息列表。

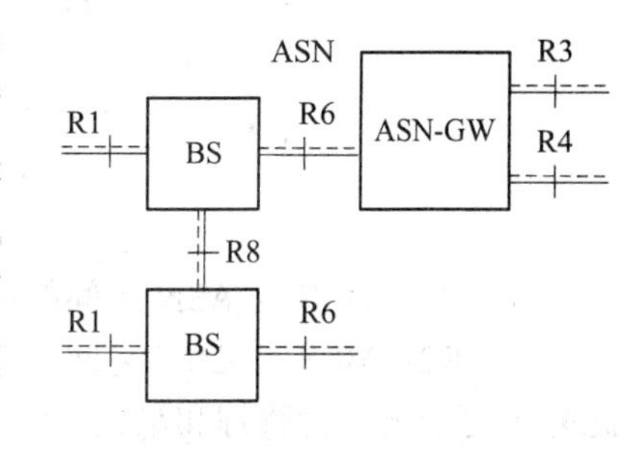

图 5.24　ASN 参考模型

(2) 连接服务网络。连接服务器网络(CSN)可以由路由器、AAA 代理或服务器、用户数据库、因特网网关设备等组成。CSN 可作为全新的 WiMAX 系统的一个新建网络实体，也可利用部分现有的网络设备实现 CSN 功能。CSN 为 WiMAX 用户提供 IP 连接，其主要功能有：因特网接入，为用户会话连接，给终端分配 IP 地址；AAA 代理或服务器，用户计费以及结算；基于用户系统参数的 QoS 及许可控制；ASN 之间的移动性管理；ASN 和 CSN 之间的隧道建立和管理；WiMAX 服务，如基于位置的服务、组播服务等。

4) 网络接口

WiMAX 网络开放接口如图 5.25 所示。接口 R1 至 R5 为网络工作组初步确定了在 Release 1 规范中定义的开放接口，接口 R6 至 R8 为后续版本中考虑的开放接口。各个接口的定义和功能如图 5.26 所示。

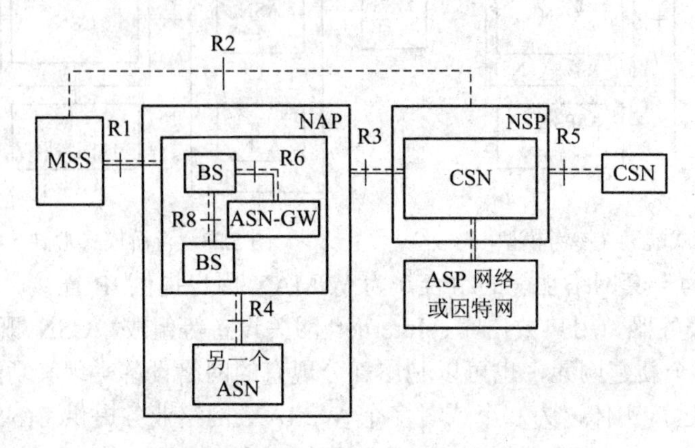

图 5.25 WiMAX 网络开放接口

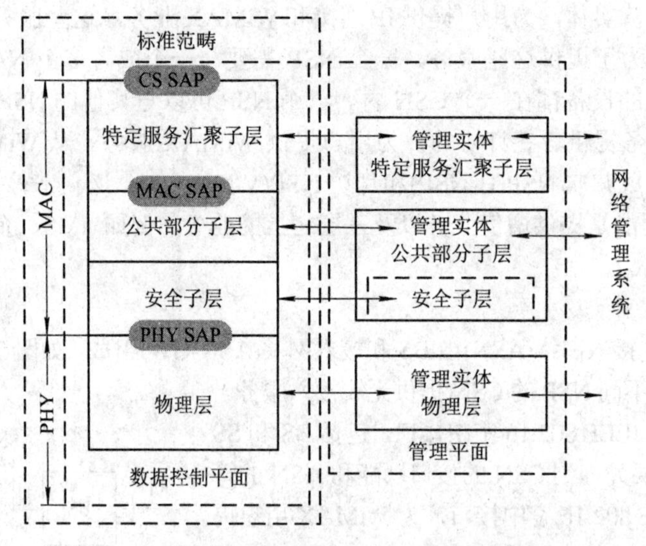

图 5.26 IEEE 802.16 空中接口协议栈模型

(1) R1：MSS 与 ASN 之间的接口，可能包含管理平面的功能。

(2) R2：MSS 与 CSN 之间的逻辑接口，提供鉴权、业务授权和 IP 主机配置等服务。此外，可能还包含管理和承载平面的移动性管理。

(3) R3：ASN 和 CSN 之间互操作的接口，包括一系列控制和承载平面的协议。

(4) R4：用于处理 ASN-GW 间移动性相关的一系列控制和承载平面协议。

(5) R5：拜访 CSN 与归属 CSN 之间互操作的一系列控制和承载平面协议。

(6) R6：BS 和 ASN-GW 间的互操作接口，属于 ASN 内的接口，由一系列控制和承载平面协议构成。

(7) R7：属于 ASN-GW 内部接口，图 5.25 中没有标注，具体定义还在讨论之中。

(8) R8：BS 之间的接口，用于快速无缝切换功能，由一系列控制和承载平面协议组成。

5) 协议栈参考模型

IEEE 802.16 标准描述了一个点到多点的固定宽带无线接入系统的空中接口。空中接口由物理层和 MAC 层组成，如图 5.26 所示。IEEE 802.16 MAC 层能支持多种物理层规范，以适合各种应用环境。

物理层由传输汇聚子层(TCL)和物理媒质依赖子层(PMD)组成。通常说的物理层主要是指 PMD。物理层定义了两种双工方式：时分双工(TDD)和频分双工(FDD)，这两种方式都使用突发数据传输格式，这种传输机制支持自适应的突发业务数据，传输参数(调制方式、编码方式、发射功率等)可以动态调整，但是需要 MAC 层协助完成。

MAC 层分成三个子层：特定服务汇聚子层(Service Specific Convergence Sublayer，CS)、公共部分子层(Common Part Sublayer，CPS)和安全子层(Privacy Sublayer，PS)。

(1) CS 子层的主要功能是负责将其业务接入点(SAP)收到的外部网络数据转换和映射到 MAC 业务数据单元(SDU)，并传递到 MAC 层的 SAP。协议提供多个 CS 规范作为与外部各种协议的接口。

(2) CPS 是 MAC 的核心部分，主要功能包括系统接入、带宽分配、连接建立和连接维护等。它通过 MAC SAP 接收来自各种 CS 层的数据并分类到特定的 MAC 连接，同时对物理层上传输和调度的数据实施 QoS 控制。

(3) 安全子层的主要功能是提供认证、密钥交换和加解密处理。

3. WiMAX 的应用模式

从技术特点分析，WiMAX 不适合单独组网进行运营。从目前运营商的情况来看，WiMAX 的应用模式主要有以下场景。

1) 固网宽带业务的接入

WiMAX 固定应用模式采用符合 IEEE 802.16d 标准的设备，工作频段根据标准规定和国家的频率划分可以为 3.5GHz 频段，载波带宽为 3.5 MHz。由于技术的限制，网络不支持小区间的用户数据的切换。终端设备的形式为固定安装在室内的或可携带的调制解调器形式。在 WiMAX 固定应用模式中，WiMAX 网络主要作为 IP/E1 的承载。在光纤或其他有线资源到位后，网络设备可以移到其他地方布网。WiMAX 的固定应用模式主要包括两个方面，如图 5.27 所示。

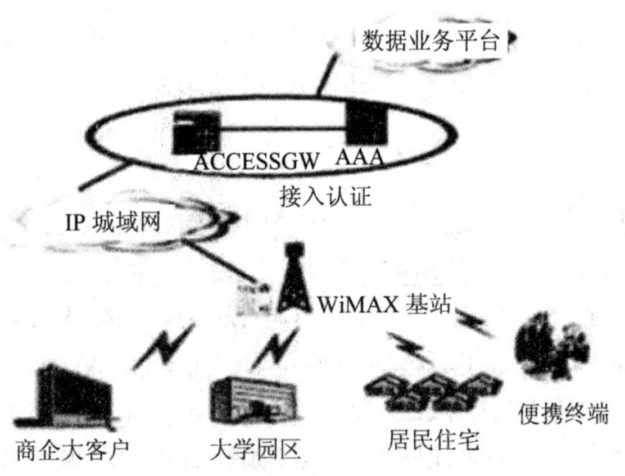

图 5.27 WiMAX 作为固网宽带业务的接入

(1) 家庭宽带接入市场。由于 WiMAX 设备成本呈现逐渐下滑的趋势，且用户峰值接入速率较高，安装方便，同时具有一定的便携能力，因此运营商可利用 WiMAX 技术，在客户端采用室内型 CPE，快速进入个人宽带接入市场，提供宽带数据业务。

(2) 商企等大客户接入市场。大客户接入主要实现基于 IP 和电路业务的综合接入。运营商可利用 WiMAX 作为数字分组网(DDN)、帧中继(FR)网络等有线接入平台的补充，在客户端采用室内型或室外型 CPE。而新兴运营商或移动运营商可利用宽带无线设备迅速开展业务，抓住重要客户，弥补其固网资源的不足。

2) NGN 网络的接入

WiMAX 可用做 NGN 网络的接入，如图 5.28 所示。利用 IP 语音业务可实时带宽分配、占用空中无线资源少的特点进行语音业务的接入。对于新兴运营商，可利用 WiMAX 设备取代光缆和铜缆，在客户端配合 IAD、综合 AG 等设备快速布局，打破传统固网运营商对语音业务的垄断。

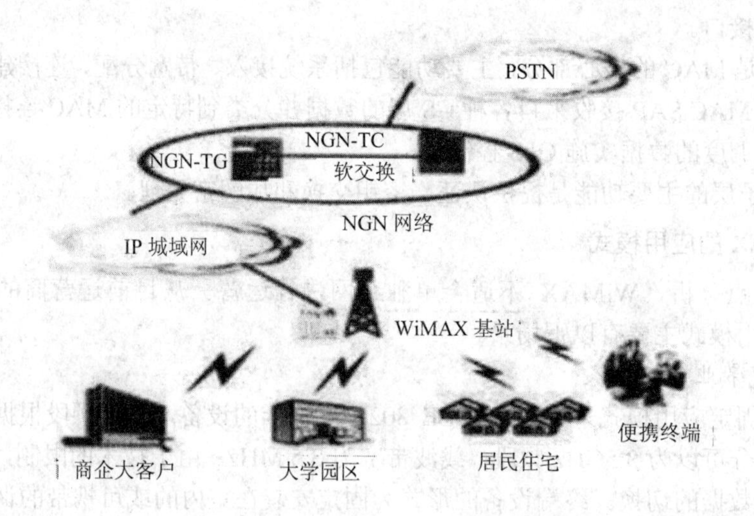

图 5.28　WiMAX 作为 NGN 网络的接入

3) 数据业务的接入补充

目前，移动宽带数据业务主要指移动增值数据业务，包括移动互联网、消息类、游戏、企业应用、视频等多种业务。随着短信和移动游戏类业务的增长，用户对移动宽带数据类业务提出了更高的数据传输带宽需求。WiMAX 可以作为数据接入业务的一个有力的补充手段。

4) 移动网络基站传输

WiMAX 移动应用模式如图 5.29 所示，其采用符合 IEEE 802.16e 标准的设备，根据标准其工作频段应在 6 GHz 以下。WiMAX 移动应用模式是面向个人用户的，提供支持切换和 QoS 机制的无线数据接入业务。其网络架构与 WLAN、3G 无线接入网络相似，可以通过蜂窝组网方式覆盖较大区域。在这种应用模式下，可以将 WiMAX 看做为一种无线城域网、多点基站互联和回运的支持手段；同时，WiMAX 的非视距特性能够在城市中得到很好的应用，可配合运营商实现快速建网的目的，如针对我国城域网建设的实际情况，可建立采用 WiMAX 接入技术的宽带 SDH 城域网。

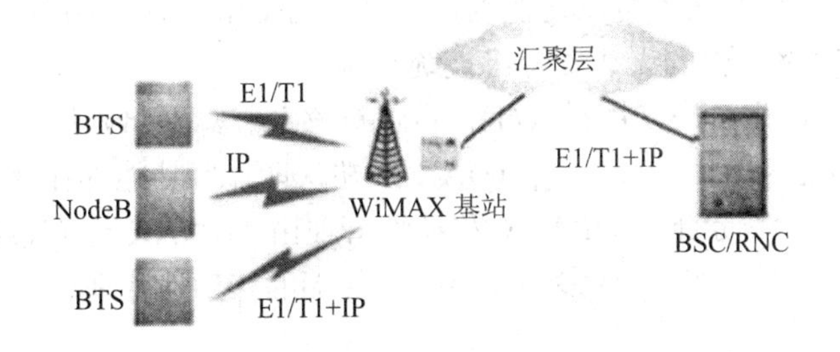

图 5.29　WiMAX 移动应用模式

5) WiMAX 与 3G 融合组网方案

WiMAX 与 3G 融合组网的网络架构如图 5.30 所示。

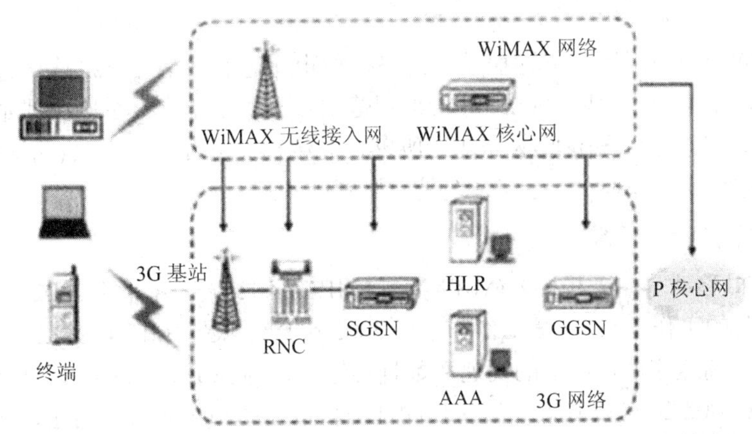

AAA—签权、认证、计费；GGSN—网关 GPRS 支持节点；HRL—归属位置寄存器；
RNC—无线网络控制器；SGSN—服务 GPRS 支持节点

图 5.30　WiMAX 与 3G 融合组网的网络架构

依据与移动蜂窝系统(3G)结合的紧密程度，移动蜂窝网络和 WiMAX 网络组网方案可以分成松耦合和紧耦合两大类。考虑耦合程度从浅到深，移动蜂窝网络和 WiMAX 网络可以有六个工作模式：

(1) 统一计费和用户管理模式；

(2) 基于移动蜂窝网络的 WiMAX 网络认证和计费模式；

(3) WiMAX 网络接入移动蜂窝网络的标准分组域业务模式；

(4) 业务一致性和连续性模式；

(5) 无缝的分组域业务切换模式；

(6) WiMAX 接入到移动蜂窝标准电路域模式。

模式(1)和模式(2)属于松耦合，模式(3)～模式(6)属于紧耦合。模式(1)中，在两个系统间外挂一个附加的网络，AAA 在附加网络中实现，完成鉴权和计费功能；模式(2)中，WiMAX 作为移动蜂窝网络的互补网络，其认证和计费需要用移动蜂窝网络的归属位置寄存器(HLR)和 AAA 等，WiMAX 流量出口直接连接到城域网；模式(3)中，WiMAX 认证和计费方式与模式(2)类似，其业务流量出口将由移动蜂窝网络的分组域网关负责；模式(4)中，WiMAX 网络可以直接访问移动蜂窝网络的所有业务；模式(5)中，WiMAX 网络切换要受移动蜂窝网络的控制，其 VoIP 语音业务可以切换到移动蜂窝网络中；模式(6)中，WiMAX 网络中的无线资源和移动蜂窝网络中的无线资源将被统一调度。

WiMAX 组网可以先考虑采用模式(1)，再通过移动蜂窝网络升级，逐步演进到模式(4)和模式(5)，模式(6)是终极发展目标。WiMAX 终端认证计费功能都在移动蜂窝网络相应的设备中实现。在松耦合场景下，WiMAX 移动性管理由 WiMAX 专有设备实现，而在紧耦合场景下，移动蜂窝中的设备也要参与 WiMAX 终端的移动性管理。

5.8 无线广域网

5.8.1 广域网的常用标准

广域网(WAN)是使用远距离远程通信链路把相距遥远的网络计算机连接起来的网络，常由两个或多个小 LAN 组成。WAN 连接地理范围较大，常常是一个国家或是一个洲。其目的是为了让分布较远的各局域网互连，所以它的结构又分为末端系统(两端的用户集合)和通信系统(中间链路)两部分。通信系统是广域网的关键。

1．几种主流 WAN 标准

IEEE 802.20 移动宽带无线接入(MBWA)是由 IEEE 802.16 工作组于 2002 年 3 月提出的，并为此成立专门的工作小组，这个工作小组于 2002 年 9 月独立为 IEEE 802.20 工作组。IEEE 802.20 可实现在高速移动环境下的高速率数据传输，以弥补 IEEE 802.1x 协议族在移动性上的劣势。IEEE 802.20 可以有效地解决移动性与传输速率相互矛盾的问题，它是一种适用于高速移动环境下的宽带无线接入系统空中接口规范。

TD-SCDMA、WCDMA、CDMA2000 等 3G 技术标准在技术特性和性能指标上相差不大，所以可以将其作为一个整体与 IEEE 802.20 进行比较。

从技术上看，IEEE 802.20 标准在物理层技术上以 OFDM 和 MIMO 为核心，充分挖掘时域、频域和空间域的资源，大大提高了系统的频谱效率；在设计理念上，基于分组数据的纯 IP 架构适应突发性数据业务的性能优于上面提到的 3G 技术，与 3.5G(HSDPA、EV-DO)性能相当；在实现和部署成本上也具有较大的优势。

从市场来看，IEEE 802.20 产品的市场化还没有成熟，在短期内不可能撼动 3G 的市场地位。因为 3G 的技术已经非常成熟，制造商和运营商都进行了大量投入，同时，电信监管部门也对 3G 进行了大量的监管和扶持，所以从市场发展的角度来看，IEEE 802.20 只能作为 3G 的补充，它们之间互补性较强。

高移动性和高吞吐量必然是未来无线通信市场的重要需求。IEEE 802.20 正是为满足这一需求而专门设计的宽带无线接入技术，其具有性能好、效率高、成本低和部署灵活等特点。IEEE 802.20 在移动性上优于 IEEE 802.11，在数据吞吐量上强于 3G 技术，其设计理念也符合下一代技术的发展方向，因而确实是一种非常有前景的无线技术。但是，现在产业链尚未形成，所以还很难判定它在未来市场中的位置。不过，IEEE 802.20 的出现，确实在整个移动通信行业产生了很大的推动效应，有力地促进了同类技术的不断更新和发展。

2. 下一代 WAN 技术

目前，3G 各种标准和规范已达成协议，并已开始商用。但是，应该看到 3G 系统尚有很多需要改进的地方，例如：3G 缺乏全球统一标准；3G 所采用的语音交换架构仍承袭了第二代(2G)的电路交换，而不是纯 IP 方式；流媒体(视频)的应用不尽如人意；数据传输率也只接近于普通拨号接入的水平，更赶不上 xDSL 等。相对于 3G 而言，下一代广域网技术在技术和应用上将有质的飞跃，有专家认为，第四代 WAN 技术就是无线互联网技术。下一代广域网技术中最关键的 OFDM 技术还有一些缺点，在实现 OFDM 系统时必须慎重考虑以下几点。

(1) OFDM 系统是利用子信道的正交特性保证系统不存在子信道干扰。如果收发段载波不匹配，其所需要的子信道的峰值频率与其他频率的零点不能完全一致，则子载波之间的正交性容易受到破坏，就会产生载波间干扰，限制了 OFDM 在高信噪比下的性能，因此 OFDM 系统对载波频率偏移和相位噪声很敏感。

(2) 高峰均功率比(PAPR)问题。由于 OFDM 信号是由各个子载波调制信号的和构成的，这样就会出现峰值功率远远大于平均功率的情况，这将使信号的动态范围变化较大，这种大的动态范围使得变换器的选择更困难，因此必须使用高线性和低效率的射频放大器。

(3) 现代通信技术中，频谱资源非常宝贵，而 OFDM 为了消除符号间干扰，同时避免 ICI 而使用循环前缀(CP)，这样就会使频谱利用率降低 20%以上，于是就造成了系统频谱资源的严重浪费。

选择 OFDM 作为第四代移动通信的核心技术，其主要理由包括频谱利用率高、抗噪声能力强、适合高速数据传输等因素。对于电信产业而言，下一代广域网技术仍有许多问题待解决，要应用在 WAN 上还需要走很长一段路。尽管下一代广域网技术较之 3G 有很大的提高，但花费巨大精力研制出的 CDMA 系统绝不会在第四代系统中消失，而是成为其应用系统的一部分。因此，未来以 OFDM 为核心技术的第四代移动通信系统，应该会与 CDMA 技术相结合，双方取长补短，共同构成下一代 WAN 技术。

5.8.2　无线接入广域网连接拓扑结构

广域网的无线接入包括了多种接入方式，典型的有 WLL(Wireless Local Loop，无线本地环路)、LMDS(Local Multipoint Distribution Service，本地多点分配业务)和 MMDS (Multichannel Multipoint Distribution Service，多路多点分配业务)三种。

1. WLL 广域网接入拓扑结构

无线本地环路(WLL)是通过无线信号取代电缆线，连接用户和公共交换电话网络(PSTN)的一种技术。WLL 系统包括无线接入系统、专用固定无线接入以及固定蜂窝系统。在某些情况下，WLL 又称之为环内无线(RITL)接入或固定无线接入(FRA)。对于不具备线路架构条件的地方，如某些偏远地区或发展中国家而言，WLL 提供了一种既实用又经济的“最后一公里”(Last Mile)解决方案。

WLL 系统基于全双工(Full-Duplex)的无线网络，为用户组提供一种类似电话的本地业务。WLL 单元由无线电收发器和 WLL 接口组成，由一个实体安装。出口处提供两根电缆和一个电话连接器，其中一根电缆连接定向天线(Directional Antenna)和电话插座，另一根

连接通用电话装置，如果是传真或计算机通信业务，就连接传真机或调制解调器。

典型的 WLL 无线接入基本网络拓扑结构如图 5.31 所示，来自中心局的用户线连到网络接口设备(如本地交换机)上，网络接口设备将用户线路信号转换为数字传输的中继线路信号。这种数字传输线路可以是电缆、光纤、无线、微波，线路信号经无线基站转换为无线空间接口标准信号发送出去。用户终端接收到基站来的无线信号后，再将其转换为话机或手机上的信号。

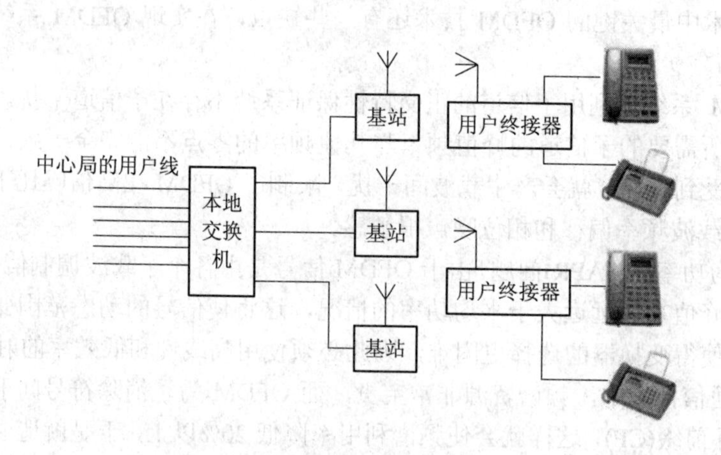

图 5.31 WLL 无线接入基本网络拓扑结构

2. LMDS 广域网接入拓扑结构

本地多点分配业务(LMDS)除了可以为用户提供双向话音、数据、视频图像业务外，还可以提供承载业务，如蜂窝系统或 PCS(个人通信系统)/PCN(个人通信网)基站之间的传输等，能够实现从 $n \times 64$ kb/s 到 2 Mb/s，甚至高达 155 Mb/s 的用户接入速率，具有很高的可靠性，被称为“无线光纤”技术，是解决“最后一公里”的一个不容忽视的理想方案。

LMDS 接入方式属于宽带无线接入方式，相对于其他窄带的接入技术来说，宽带无线接入技术具有初期投资少、网络建设周期短、提供业务迅速、资源可重复利用等独特优势和广泛的应用前景。LMDS 广泛应用于中小企业、宾馆酒店、高档写字楼以及 SOHO 的综合业务接入。另外，对移动通信运营商而言，LMDS 还可以用来实现移动基站与基站控制器的互连。LMDS 系统在网络中则一般通过 ATM 或者 E1 线路与骨干网相连，空中接口大多采用基于 ATM 的信元结构进行无线传输；在用户端提供丰富的业务接口用于各类电信终端用户的接入。

LMDS 可提供高质量的话音服务，即 POTS(Plain Old Telephone Service，旧式电话服务)，可实现 PSTN 主干无线接入和数据业务。数据业务包括低、中、高速三挡：低速数据业务速率为 1.2 kb/s～9.6 kb/s，能处理开放协议的数据，网络允许从本地接入点接到增值业务网；中速数据业务速率为 9.6 kb/s～2 Mb/s，通常是增值网络本地节点；高速数据业务速率为 2 Mb/s～155 Mb/s，误码率(BER)低于 1×10^{-9}，提供这样的数据业务必须要有以太网和光纤分布数据接口。另外，LMDS 还能提供模拟和数字视频业务，如远程医疗、远程教育、高速会议电视、电子商务、VOD 等。

一个完整的 LMDS 系统包括网络运行中心(NOC)、骨干网络、基站、远端站四大部分，

如图 5.32 所示。通常，LMDS 设备厂商提供服务区的设备，包括基站、远端站以及网络运行中心的软件，而骨干网络作为基础设施，需由电信服务商建设。其中基站和远端站均可分为室内单元(IDU)和室外单元(ODU)两部分。室内单元是与提供业务相关的部分，如业务的适配和汇聚；室外单元提供基站和远端站之间的射频传输功能，一般安置在建筑物的屋顶上。

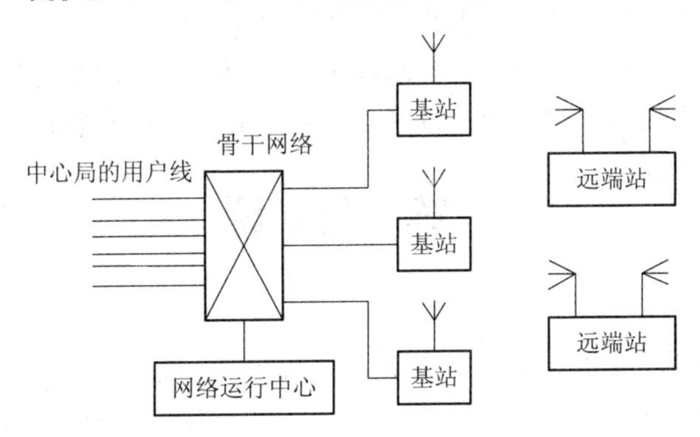

图 5.32　LMDS 接入系统的基本结构

3. MMDS 广域网接入拓扑结构

MMDS 与 LMDS 一样，也是一种以视距传输为基础的图像分配传输技术，只是它的传输距离比较短，不适宜远距离传输。MMDS 主要用于电视信号的无线传输，使用这一技术不需要安装太多的屋顶设备就能覆盖一大片区域，可以在反射天线周围 50 km 范围内将 100 多路数字电视信号直接传送至用户。如图 5.33 所示的是模拟电视信号无线传输的基本网络结构图，而如图 5.34 所示的是模拟电视信号以数字形式无线传输的基本网络结构图。

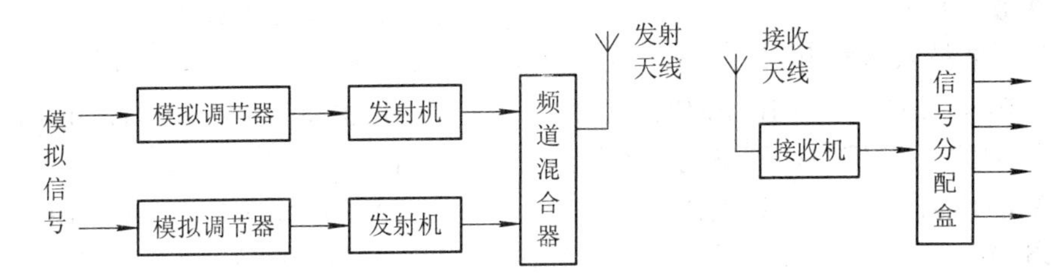

图 5.33　模拟电视信号无线传输的基本网络结构图

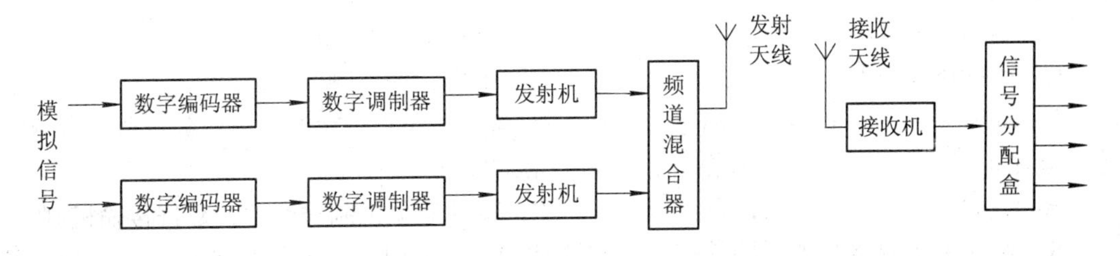

图 5.34　模拟电视信号以数字形式无线传输的基本网络结构图

数字 MMDS 系统中包括信号传输设备和 CA(条件接收)系统两大部分。数字 MMDS 传输前端设备包括数字编码器、数字调制器、节目复用器(可选)、发射机、频道混合器和发射天线等。在接收端有接收天线、接收机和信号分配盒等。数字编码器是将模拟的信号或 SDI 的数字信号进行编码压缩的设备，输出 TS 码流信号(可以通过 CA 系统在码流当中添加干扰/加密信息)。TS 码流输入到数字调制器，调制出适合信道传送的中频信号，再送往发射机。

CA 系统是数字电视收费的技术保障系统，用于解压接收由 CATV 网或 MMDS 网传来的有线数字电视信号。条件接收系统对数字电视节目内容进行数字加扰(或称数字加密)以建立有效的收费体系，保障节目提供商和网络运营商的利益。

除了无线电视信号传输应用外，MMDS 同时还是一种新的宽带数据接入业务，在移动用户和数据网络之间提供一种连接，给移动用户提供高速无线宽带接入服务。

练　习　题

一、单选题

1．下列物联网相关标准中哪一个是由中国提出的？(　　)

A．IEEE 802.15.4a　　B．IEEE 802.15.4b

C．IEEE 802.15.4c　　D．IEEE 802.15.4n

2．ZigBee(　　)：无需人工干预，网络节点能够感知其他节点的存在，并确定连接关系，组成结构化的网络。

A．自愈功能　　B．自组织功能

C．碰撞避免机制　　D．数据传输机制

3．下列哪项不属于无线通信技术？(　　)

A．数字化技术　　B．点对点的通信技术

C．多媒体技术　　D．频率复用技术

4．蓝牙的技术标准为(　　)。

A．IEEE 802.15　　B．IEEE 802.2　　C．IEEE 802.3　　D．IEEE 802.16

5．下列哪项不属于 3G 网络的技术体制？(　　)

A．WCDMA　　B．CDMA2000　　C．TD-SCDMA　　D．IP

6．ZigBee(　　)：增加或者删除一个节点，节点位置发生变动、节点发生故障等，网络都能够自我修复，并对网络拓扑结构进行相应的调整，无需人工干预，保证整个系统仍然能正常工作。

A．自愈功能　　B．自组织功能

C．碰撞避免机制　　D．数据传输机制

7．ZigBee 采用了 CSMA-CA(　　)，同时为需要固定带宽的通信业务预留了专用时隙，避免了发送数据时的竞争和冲突；明晰的信道检测。

A．自愈功能　　B．自组织功能　　C．碰撞避免机制　　D．数据传输机制

8．通过无线网络与互联网的融合，将物体的信息实时、准确地传递给用户，指的是(　　)。

A．可靠传递　　B．全面感知　　C．智能处理　　D．互联网

9．ZigBee 网络设备(　　)，只能传送信息给 FFD 或从 FFD 接收信息。

A．网络协调器　　B．全功能设备(FFD)

C．精简功能设备(RFD)　　　　D．交换机

10．ZigBee 堆栈是在(　　)标准基础上建立的。

A．IEEE 802.15.4　　　　B．IEEE 802.11.4

C．IEEE 802.12.4　　　　D．IEEE 802.13.4

11．ZigBee(　　)是协议的最底层，承付着和外界直接作用的任务。

A．物理层　　B．MAC 层　　C．网络/安全层　　D．支持/应用层

12．ZigBee(　　)负责设备间无线数据链路的建立、维护和结束。

A．物理层　　B．MAC 层　　C．网络/安全层　　D．支持/应用层

13．ZigBee(　　)建立新网络，保证数据的传输。

A．物理层　　B．MAC 层　　C．网络/安全层　　D．支持/应用层

14．ZigBee(　　)根据服务和需求使多个器件之间进行通信。

A．物理层　　B．MAC 层　　C．网络/安全层　　D．支持/应用层

15．ZigBee 的频带，(　　)传输速率为 20 kb/s，适用于欧洲。

A．868 MHz　　B．915 MHz　　C．2.4 GHz　　D．2.5 GHz

16．ZigBee 的频带，(　　)传输速率为 40 kb/s 适用于美国。

A．868 MHz　　B．915 MHz　　C．2.4 GHz　　D．2.5 GHz

17．ZigBee 的频带，(　　)传输速率为 250 kb/s 全球通用。

A．868 MHz　　B．915 MHz　　C．2.4 GHz　　D．2.5 GHz

18．ZigBee 网络设备(　　)发送网络信标、建立一个网络、管理网络节点、存储网络节点信息、寻找一对节点间的路由消息、不断地接收信息。

A．网络协调器　　　　B．全功能设备(FFD)

C．精简功能设备(RFD)　　　　D．路由器

二、判断题(在正确的后面打√，错误的后面打×)

1．物联网是互联网的应用拓展，与其说物联网是网络，不如说物联网是业务和应用。(　　)

2．GPS 属于网络层。(　　)

3．Zigbee 是 IEEE 802.15.4 协议的代名词。ZigBee 就是一种便宜的、低功耗的近距离无线组网通信技术。(　　)

4．物联网、泛在网、传感网等概念基本没有交集。(　　)

5．在物联网节点之间做通信的时候，通信频率越高，意味着传输距离越远。(　　)

三、简答题

1．简述无线网与物联网的区别。

2．蓝牙核心协议有哪些？蓝牙网关的主要功能是什么？

3．WLAN 无线网技术的安全性定义了哪几级？

第6章 无线传感器网络技术

读完本章，读者将了解以下内容：

※ 无线传感器网络的基本组成及特点；
※ 无线传感器网络的体系结构及协议系统结构；
※ 无线传感器网络 MAC 协议和无线传感器网络路由协议；
※ 无线传感器网络的关键技术；
※ 无线传感器网络的系统设计与开发。

6.1 无线传感器网络简介

6.1.1 无线传感器网络概述

无线传感器网络(Wireless Sensor Network)是新一代的传感器网络，具有非常广泛的应用前景，其发展和应用将会给人类的生活和生产的各个领域带来深远影响。2001 年 1 月《MIT 技术评论》将无线传感器列于十种改变未来世界的新兴技术之首。2003 年 8 月，《商业周刊》预测：无线传感器网络将会在不远的将来掀起新的产业浪潮。2004 年《IEEE Spectrum》杂志发表一期专集：传感器的国度，论述无线传感器网络的发展和可能的广泛应用。在我国未来 20 年预见技术的调查报告中，信息领域 157 项技术课题有七项与无线传感器网络直接相关。2006 年初发布的《国家中长期科学与技术发展规划纲要》为信息技术确定了三个前沿方向，其中两个与无线传感器的研究直接相关，即智能感知技术和自组织网络技术。可以预计，无线传感器网络的研究与应用是一种必然趋势，它的出现将会给人类社会带来极大的变革。

无线传感器网络综合了微电子技术、嵌入式计算技术、现代网络及无线通信技术、分布式信息处理技术等先进技术，能够协同地实时监测、感知和采集网络覆盖区域中各种环境或监测对象的信息，并对其进行处理，处理后的信息通过无线方式发送，并以自组多跳的网络方式传送给观察者。

无线传感器网络可以定义为：由部署在监测区域内大量的廉价微型传感器节点组成，通过无线通信方式形成的一个多跳自组织网络的网络系统，其目的是协作感知、采集和处理网络覆盖区域中感知对象的信息，并发送给观察者。

可以看出，传感器、感知对象和观察者是无线传感器网络的三个基本要素。这三个要素之间通过无线网络建立通信路径，协作地感知、采集、处理、发布感知信息。

6.1.2　无线传感器网络的特点

目前常见的无线网络包括移动通信网、无线局域网、蓝牙网络、Ad-Hoc 网络等，无线传感器网络在通信方式、动态组网以及多跳通信等方面有许多相似之处，但同时也存在很大的差别。

无线传感器网络具有许多鲜明的特点：

(1) 电源能量有限。传感器节点体积微小，通常携带能量十分有限的电池。由于传感器节点数目庞大，成本要求低廉，分布区域广，而且部署区域环境复杂，有些区域甚至人员不能到达，所以传感器节点通过更换电池的方式来补充能源是不现实的。如何在使用过程中节省能源，最大化网络的生命周期，是无线传感器网络面临的首要挑战。

(2) 通信能量有限。无线传感器网络的通信带宽窄而且经常变化，通信覆盖范围只有几十到几百米。由于无线传感器网络更多地受到高山、建筑物、障碍物等地势、地貌以及风雨雷电等自然环境的影响，传感器可能会长时间脱离网络，离线工作。如何在有限通信能力的条件下高质量地完成感知信息的处理与传输，是无线传感器网络面临的挑战之一。

(3) 传感器节点的能量、计算能力和存储能力有限。传感器节点是一种微型嵌入式设备，要求它价格低、功耗小，这些限制必然导致其携带的处理器能力比较弱，存储器容量比较小。为了完成各种任务，传感器节点需要完成监测数据的采集和转换、数据的管理和处理、应答汇聚节点的任务请求和节点控制等多种工作。如何利用有限的计算和存储资源完成诸多协同任务已成为无线传感器网络设计的挑战。

(4) 网络规模大，分布广。无线传感器网络中的节点分布密集，数量巨大，可能达到几百、几千万，甚至更多。此外，无线传感器网络可以分布在很广泛的地理区域。无线传感器网络的这一特点使得网络的维护十分困难甚至不可维护，因此无线传感器网络的软、硬件必须具有高强壮性和容错性，以满足无线传感器网络的功能要求。

(5) 自组织、动态性网络。在无线传感器网络应用中，节点通常被放置在没有基础结构的地方。传感器节点的位置不能预先精确设定，节点之间的相互邻居关系预先也不知道，而是通过随机布撒的方式。这就要求传感器节点具有自组织能力，能够自动进行配置和管理，通过拓扑控制机制和网络协议自动形成转发监控数据的多跳无线网络系统。同时，由于部分传感器节点能量耗尽或环境因素造成失效，以及经常有新的节点加入，或是网络中的传感器、感知对象和观察者这三要素都可能具有移动性，这就要求无线传感器网络必须具有很强的动态性，以适应网络拓扑结构的动态变化。

(6) 传感器节点具有数据融合能力。与 Mesh 网络相比，无线传感器网络数据少、可移动、重能源；与无线 Ad-Hoc 网络相比，无线传感器网络数量多、密度大、易受损、拓扑结构频繁、广播式点对多通信、节点能量和计算能力受限。

(7) 应用相关的网络。无线传感器网络用来感知客观物理世界，获取物理世界的信息量。不同的无线传感器网络应用关心不同的物理量，因此对传感器的应用系统也有多种多样的要求。不同的应用背景对无线传感器网络的要求不同，其硬件平台、软件系统和网络协议必然有很大差别，在开发无线传感器网络的应用中，更关心传感器网络的差异。针对每个具体应用来研究传感器网络技术，是传感器网络设计不同于传统网络的显著特征。

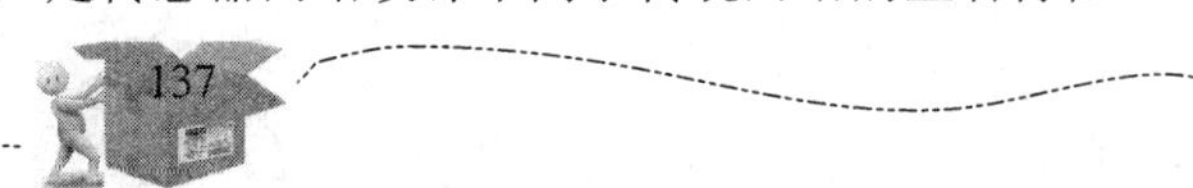

6.2 无线传感器网络的体系结构及协议系统结构

6.2.1 无线传感器网络的体系结构

1. 无线传感器网络的组成

无线传感器网络的组成如图 6.1 所示。监测区域中随机分布着大量的传感器节点，这些节点以自组织的方式构成网络结构。每个节点既有数据采集又有路由功能，采集数据经过多跳传递给汇聚节点，连接到互联网。在网络的任务管理节点对信息进行管理、分类、处理，最后供用户进行集中处理。

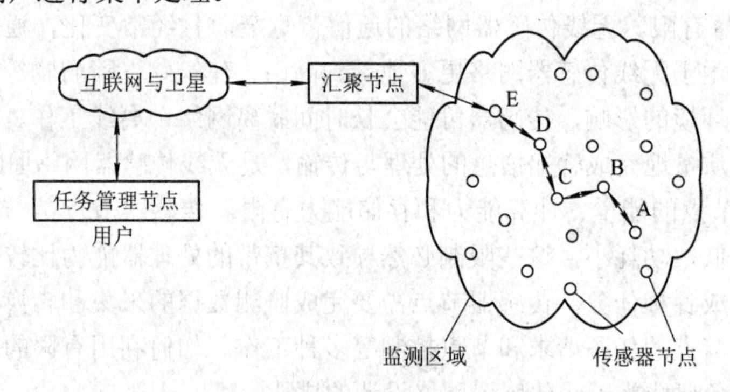

图 6.1 无线传感器网络的组成

2. 无线传感器网络的节点结构

节点同时具有传感、信息处理和进行无线通信及路由的功能。对于不同的应用环境，节点的结构也可能不一样，但它们的基本组成部分是一致的。一个节点通常包含传感器、微处理器、存储器、A/D 转换接口、无线发射以及接收装置和电源等。概括之，可分为传感器模块、处理器模块、无线通信模块和能量供应模块四个部分。无线传感器网络的节点结构如图 6.2 所示。传感器模块负责信息采集和数据转换；处理器模块控制整个传感器节点的操作，处理本身采集的数据和其他节点发来的数据，运行高层网络协议；无线通信模块负责与其他传感器节点进行通信；能量供应模块为传感器节点提供运行所需的能量，通常是微型蓄电池。

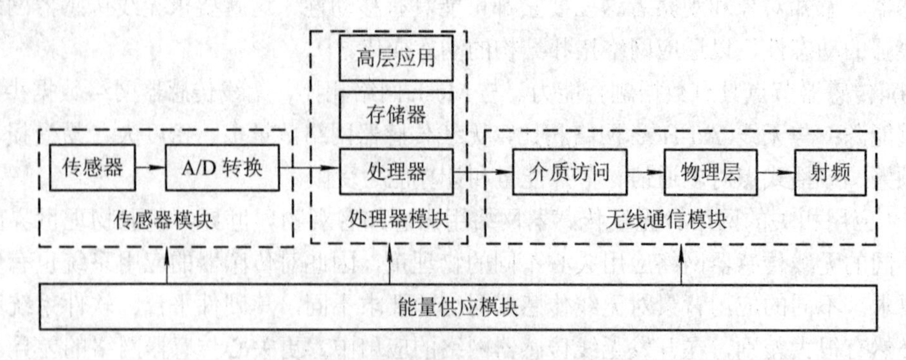

图 6.2 无线传感器网络的节点结构

3. 无线传感器网络应用系统结构

无线传感器网络应用系统结构如图 6.3 所示。无线传感器网络的应用支撑层、无线传感器网络的基础设施和基于无线传感器网络的应用业务层的一部分共性功能以及管理、信息安全等部分组成了无线传感器网络的中间件和平台软件。其中：应用支撑层支持应用业务层为各个应用领域服务，提供所需的各种通用服务，在这一层中核心的是中间件软件；管理和信息安全是贯穿各个层次的保障。无线传感器网络的中间件和平台软件主要分为四个层次：网络适配层、基础软件层、应用开发层和应用业务适配层，其中网络适配层和基础软件层组成无线传感器网络节点嵌入式软件(部署在无线传感器网络节点中)的体系结构，应用开发层和基础软件层组成无线传感器网络应用支撑结构(支持应用业务的开发与实现)。在网络适配层中，网络适配器是对无线传感器网络底层(无线传感器网络的基础设施、无线传感器操作系统)的封装。基础软件层包含无线传感器网络的各种中间件。这些中间件构成无线传感器网络平台软件的公共基础，并提供了高度的灵活性、模块性和可移植性。

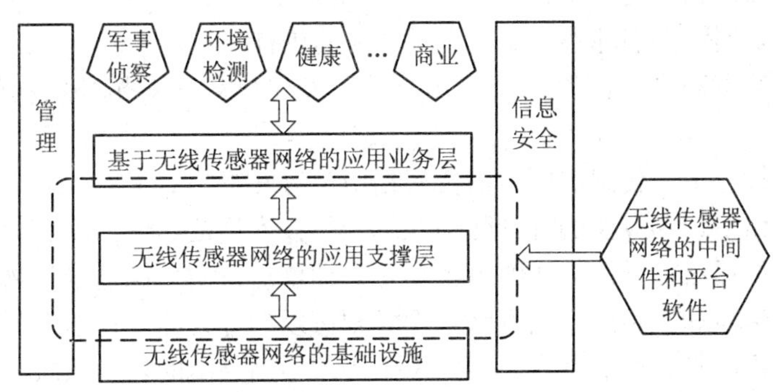

图 6.3　无线传感器网络应用系统结构

无线传感器网络的中间件有如下几种：

(1) 网络中间件：完成无线传感器网络接入服务、网络生成服务、网络自愈合服务、网络连通服务等。

(2) 配置中间件：完成无线传感器网络的各种配置工作，例如路由配置、拓扑结构的调整等。

(3) 功能中间件：完成无线传感器网络各种应用业务的共性功能，提供各种功能框架接口。

(4) 管理中间件：为无线传感器网络应用业务实现各种管理功能，例如目录服务、资源管理、能量管理和生命周期管理。

(5) 安全中间件：为无线传感器网络应用业务实现各种安全功能，例如安全管理、安全监控和安全审计。

无线传感器网络的中间件和平台软件采用层次化、模块化的体系结构，使其更加适应无线传感器网络应用系统的要求，并用自身的复杂换取应用开发的简单，而中间件技术能够更简单、明了地满足应用的需要。一方面，中间件提供满足无线传感器网络个性化应用的解决方案，形成一种特别适用的支撑环境；另一方面，中间件通过整合，使无线传感器网络应用只需面对一个可以解决问题的软件平台，因而以无线传感器网络的中间件和平台软件的灵活性、可扩展性保证了无线传感器网络的安全性，提高了无线传感器网络的数据管理能力和能量效率，降低了应用开发的复杂性。

4. 无线传感器网络的通信体系结构

无线传感器网络的实现需要自组织网络技术，相对于一般意义上的自组织网络，无线传感器网络有以下一些特色，需要在体系结构的设计中特殊考虑。

(1) 无线传感器网络中的节点数目众多，这就对传感器网络的可扩展性提出了要求，由于传感器节点的数目多、开销大，传感器网络通常不具备全球唯一的地址标识，这使得传感器网络的网络层和传输层相对于一般网络而言有很大的简化。

(2) 自组织传感器网络最大的特点就是能量受限，传感器节点受环境的限制，通常由电量有限且不可更换的电池供电，所以在传感器网络体系结构以及各层协议设计时，节能是设计时的主要考虑目标之一。

(3) 由于传感器网络应用的环境的特殊性，无线信道不稳定以及能源受限的特点，传感器网络节点受损的概率远大于传统网络节点，因此自组织网络的健壮性保障是必须的，以保证部分传感器网络的损坏不会影响全局任务的进行。

(4) 传感器节点高密度部署，网络拓扑结构变化快。这对拓扑结构的维护也提出了挑战。

根据以上特性分析，传感器网络需要根据用户对网络的需求设计适应自身特点的网络体系结构，为网络协议和算法的标准化提供统一的技术规范，使其能够满足用户的需求。无线传感器网络的通信体系结构如图 6.4 所示。通信协议层可以划分为物理层、数据链路层、网络层、传输层和应用层。而网络管理面则可以划分为能耗管理面、移动性管理面以及任务管理面，网络管理面的存在主要是用于协调不同层次的功能以求在能耗管理、移动性管理和任务管理方面获得综合考虑的最优设计。

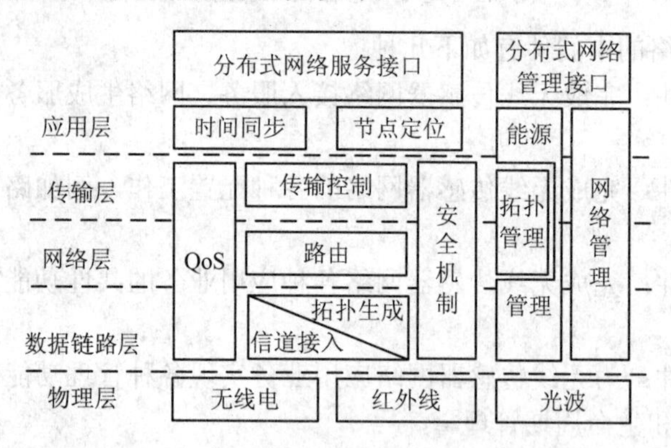

图 6.4 无线传感器网络的通信体系结构

6.2.2 无线传感器网络的通信协议栈

与互联网的协议框架类似，无线传感器网络的协议框架也包括五层，如图 6.5 所示。各网络协议层功能如下：

(1) 物理层：物理层负责数据的调制、发送与接收。该层的设计将直接影响到电路的复杂度和能耗。对于距离较远的无线通信来说，从实现的复杂性和能量的消耗来考虑，代价都是很高的。物理层的研究目标是设计低成本、低功耗、小体积的传感器节点。在物理层面上，无线传感器网络遵从的主要是 IEEE 802.15.4 标准(ZigBee)。

(2) 数据链路层：数据链路层负责数据成帧、帧检测、差错控制以及无线信道的使用控制，减少因邻居节点广播所引起的冲突，解决信道的多路传输问题。数据链路层的工作集中在数据流的多路技术、数据帧的监测、介质的访问和错误控制，它保证了无线传感器网络中点到点或一点到多点的可靠连接。

(3) 路由层(又称网络层)：路由层实现数据融合，负责路由生成和路由选择。它关心的是对传输层提供的数据进行路由。大量的传感器节点散布在监测区域中，需要设计一套路由协议来供采集数据的传感器节点和基站节点之间的通信使用。

(4) 传输控制层：传输控制层负责数据流的传输控制，协作维护数据流，是保障通信质量的重要部分。TCP 协议是 Internet 上通用的传输层协议。但无线传感器网络的资源受限、错误率高、拓扑结构动态变化的特点将严重影响 TCP 协议的性能。

(5) 应用层：基于检测任务，在应用层上开发和使用不同的应用层软件。

无线传感器网络的应用支撑服务包括时间同步和节点定位。其中，时间同步服务为协同工作的节点同步本地时钟；节点定位服务依靠有限的位置已知节点(信标)，确定其他节点的位置，在系统中建立起一定的空间关系。

图 6.5 中右侧部分不是独立的模块，它们的功能渗透到各层中，如能量、安全、移动，在各层设计实现中都要考虑；而拓扑管理主要是为了节约能量，制定节点的休眠策略，保持网络畅通；网络管理主要是实现在传感器网络环境下对各种资源的管理，为上层应用服务的执行提供一个集成的网络环境；QoS 支持是指为用户提供高质量的服务。通信协议中的各层都需要提供 QoS 支持。

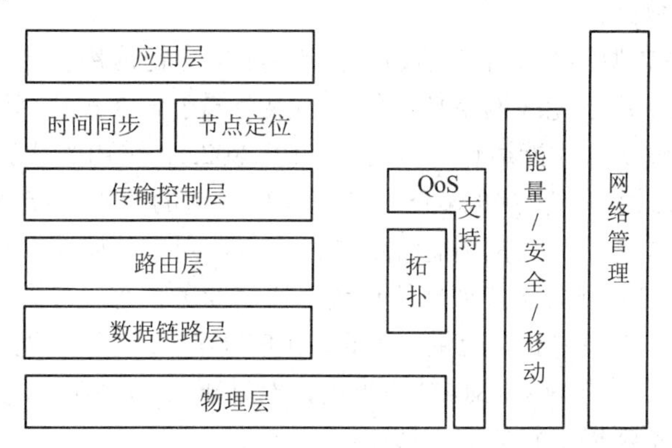

图 6.5　无线传感器网络的通信协议栈

6.3　无线传感器网络 MAC 协议

媒体访问控制协议简称 MAC(Medium Access Control)协议，处于无线传感器网络协议的底层部分，以解决无线传感器网络中节点以怎样的规则共享媒体才能保证满意的网络性能问题。MAC 协议对传感器网络的性能有较大影响，是保证无线传感器网络高效通信的关键网络协议之一。传感器网络的性能(如吞吐量、延迟性能等)完全取决于所采用的 MAC

协议。

蜂窝电话网络和 Ad-Hoc 是当前主流的无线网络技术，但它们各自的 MAC 协议不适合无线传感器网络。GSM 和 CDMA 中的介质访问控制主要关心如何满足用户的 QoS 要求和节省带宽资源，功耗则是第二位要考虑的；Ad-Hoc 网络则考虑如何在节点具有高度移动性的环境中建立彼此间的链接，同时兼顾一定的 QoS 要求，功耗也不是其首要关心的。而无线传感器网络的 MAC 协议首要考虑的因素就是节省能量。这意味着传统网络的 MAC 协议不适用于传感器网络，需要提出新的适用于传感器网络的 MAC 协议。

目前的 MAC 协议主要有如下三类：

(1) 无线信道随机竞争接入方式(CSMA)：节点需要发送数据时采用随机方式使用无线信道，典型的如采用载波监听多路访问(CSMA)的 MAC 协议，需要注意隐藏终端和暴露终端问题，尽量减少节点间的干扰。

(2) 无线信道时分复用无竞争接入方式(TDMA)：采用时分复用(TDMA)方式给每个节点分配了一个固定的无线信道使用时段，可以有效避免节点间的干扰。

(3) 无线信道时分/频分/码分等混合复用接入方式(TDMA/FDMA/CDMA)：通过混合采用时分和频分或码分等复用方式，实现节点间的无冲突信道分配策略。

6.3.1 基于竞争的无线传感器网络 MAC 协议

基于竞争的无线传感器网络 MAC 协议的基本思想是当节点需要发送数据时，通过竞争方式使用无线信道，如果发送的数据产生了碰撞，就按照某种策略(如 IEEE 802.11 MAC 协议的分布式协调工作模式 DCF 采用的是二进制退避重传机制)重发数据，直到数据发送成功或彻底放弃发送数据。

IEEE 802.11 作为典型的竞争型介质访问控制协议，广泛应用在无线网络环境以作为无线节点的 MAC 协议。由于无线网络使用的传输媒介属于开放式共享资源，移动节点要传输时必须完全占用传输媒介才能运作，因此，IEEE 802.11 采用了载波监听多路访问/冲突检测(CSMA/CA)的方式来争夺传输媒介，只有获得信道的节点才能进行数据传输。但是 CSMA/CA 的运作方式需要节点长期监听信道，显然，对于传感器节点来说会消耗相当多的能源，另外 CSMA/CA 倾向支持独立的点到点通信业务，容易导致临近网关的节点获得更多的通信机会，而抑制多跳业务流量，因此，IEEE 802.11 协议不能直接应用于无线传感器网络领域。在各种类型的 WSN MAC 协议中，对基于 IEEE 802.11 竞争型协议的研究和改进居多，各学者也不断提出新的改进思路。

基于竞争的 MAC 协议具有良好的扩展性，且不要求严格的时钟同步，但它们对接收节点的考虑相对较少。在节省节点能量和增大消息延迟之间需要权衡。基于竞争的 MAC 协议在保证一定的节能性的前提下，在各种性能指标之间进行折中。竞争型的 WSN MAC 协议很多，研究人员从不同的应用环境和不同的性能需求角度提出了许多竞争型 MAC 协议，如 S-MAC、T-MAC、WiseMAC、AC-MAC/DPM、CB-MAC、PMAC (Pattern MAC)、PCS-MAC、TEEM(Traffic aware Energy Efficient MAC)和 PAMAS(Power Aware Multiple Access protocol with Signaling)协议等。下面介绍几种常用的基于竞争的 MAC 协议。

1．带冲突避免的载波监听多路访问 MAC 层协议——CSMA/CA 协议

为尽量减少数据的传输碰撞和重试发送，防止各节点无序地争用无线信道，提出了 CSMA/CA 协议，它主要是应用于无线局域网 IEEE 802.11 MAC 协议的分布式协调工作模式下的一种协议。在节点监听到无线信道忙之后，采用 CSMA/CA 机制和随机退避时间，实现无线信道的共享。

为了使各种 MAC 操作互相配合，IEEE 802.11 推荐使用三种帧间隔(IFS)，以便提供基于优先级的访问控制。这三种帧间隔如下：

(1) DIFS(分布式协调 IFS)：最长的 IFS，优先级最低，用于异步帧竞争访问的时延。

(2) PIFS(点协调 IFS)：中等长度的 IFS，优先级居中，在 PCF 操作中使用。

(3) SIFS(短 IFS)：最短的 IFS，优先级最高，用于需要立即响应的操作。

传统的载波监听多路访问(CSMA)协议不适合传感器，当一个节点要传输一个分组时，它首先监听信道状态。如果信道空闲，而且经过一个帧间隔 DIFS 后，信道仍然空闲，则站点开始发送信息。如果信道忙，要一直监听到信道的空闲时间超过 DIFS。当信道最终空闲下来时，节点进一步使用二进制退避算法，来避免发生碰撞。节点进入退避状态时，启动一个退避计时器，当计时到达退避时间后结束退避状态。IEEE 802.11 MAC 协议中通过立即主动确认机制和预留机制来提高性能。

2．S-MAC 协议

S-MAC(Self-organizing MAC)协议是由 Wei Ye 和 Heidemann 于 2003 年在 IEEE 802.11 MAC 协议基础上，采纳了其 DCF 节能模式的设计思想，针对传感器网络的节省能量需求而提出的传感器网络 MAC 协议。S-MAC 以多跳网络环境为应用平台，节点周期性地在监听状态和休眠状态之间转换。

S-MAC 协议的主要设计目标是提供良好的扩展性，减少能量的消耗。

S-MAC 协议的工作原理如图 6.6 所示，图中 Normal 标识一般情况(IEEE 802.11 MAC 协议下)的数据交换，S-MAC 标识 S-MAC 的数据间歇交换过程。

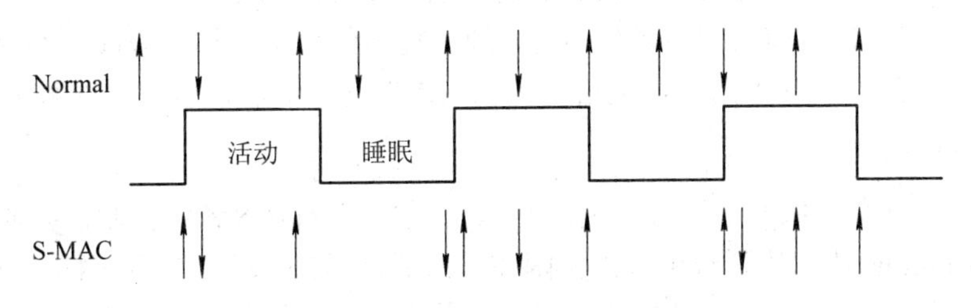

图 6.6　S-MAC 协议的工作原理

对碰撞重传、串音、空闲监听和控制消息等可能造成传感器网络的消耗更多能量的主要因素，S-MAC 协议采用以下机制：周期性监听/睡眠的低占空比工作方式，控制节点尽可能处于睡眠状态来降低节点的能量消耗；邻居节点通过协商一致性睡眠调度机制形成虚拟簇，减少节点的空闲监听时间；通过流量自适应的监听机制，减少消息在网络中的传输延迟；采用带内信令来减少重传和避免监听不必要的数据；通过消息分割和突发传递机制来减少控制消息的开销和消息的传递延迟。

S-MAC 协议的优点是形成了一个使相邻节点都能彼此自由通信的平面拓扑结构，同步

节点形成了一个簇内无冲突的虚拟簇，很容易适应拓扑结构的改变。但节点周期性休眠增加了通信时延，而且时延会在每跳中积累；各节点的休眠时长固定，不能动态改变，当传感/转发事件的发生间隔较长时，会导致不必要的能量消耗。

3．T-MAC 协议

T-MAC(Timeout MAC)协议的工作原理如图 6.7 所示。T-MAC 协议是在 S-MAC 协议的基础上提出来的。S-MAC 协议通过采用周期性监听/睡眠工作方式来减少空闲监听，周期长度是固定不变的，节点的监听活动时间也是固定的。而周期长度受限于延迟要求和缓存大小，活动时间主要依赖于消息速率。这样就存在一个问题：延迟要求和缓存大小是固定的，而消息速率通常是变化的。如果要保证可靠、及时的消息传输，节点的活动时间必须适应最高通信负载。当负载动态较小时，节点处于空闲监听的时间相对增加。针对这个问题，T-MAC 协议在保持周期长度不变的基础上，根据通信流量动态地调整活动时间，用突发方式发送消息，减少空闲监听时间。T-MAC 协议相对 S-MAC 协议减少了处于活动状态的时间。

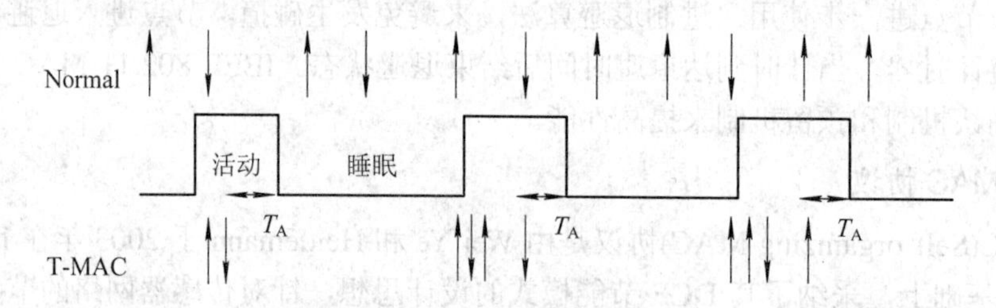

图 6.7　T-MAC 协议的基本机制

在 T-MAC 协议中，发送数据时仍采用 RTS/CTS/DATA/ACK 的通信过程，节点周期性被唤醒进行监听，如果在一个给定时间 T_A 内没有发生下面任何一个激活事件，则活动结束：周期时间定时器溢出；在无线信道上收到数据；通过接收信号强度指示 RSSI 感知存在无线通信；通过监听 RTS/CTS 分组，确认邻居的数据交换已经结束。

T-MAC 协议根据当前的网络通信情况，通过提前结束活动周期来减少空闲监听，但带来了早睡问题。为解决这个问题，提出了未来请求发送和满缓冲区优先两种方法。

4．WiseMAC 协议

WiseMAC 协议是基于竞争的 MAC 协议，采用了 np-CSMA 机制，并通过先序采样(Preamble Sampling)技术达到减少节点空闲监听时间的目的。所谓先序采样，即节点发送数据包之前先发送一个先序(Preamble)，网络中的节点周期性地对媒介进行采样。如果发现媒介忙(即监听到此先序数据)，则继续监听并接收可能的数据。B-MAC 协议采用的先序数据的长度与采样的周期相同，而 WiseMAC 协议则根据接收者的采样调度动态地调整先序数据的长度。当节点要传送数据至其邻居时，先检查该邻居的采样调度，并在该邻居采样之前发送一个较短的先序，则邻居活动后将检测到此先序并很快进入接收数据状态。因此，适中长度的先序不仅节约了发送方的能量，也缩短了接收方等待接收数据的时间。

WiseMAC 协议获得了比 S-MAC 更好的性能，其动态的先序长度调整能适应网络负载的变化，在协议的内部可以处理时钟的漂移。

但由于节点的睡眠调度是相互独立的，节点邻居的睡眠、活动时间各不相同，这对消息的广播非常不利。广播的数据包将在每个邻居苏醒时发送，因此广播数据包需要进行缓存并要发送多次，这些冗余的传送将带来较高的延迟和能量消耗；此外，WiseMAC 协议不能处理隐藏终端问题。

6.3.2　基于时分复用的无线传感器网络 MAC 协议

基于时分复用的无线传感器网络 MAC 协议主要指 TDMA 时间调度型的协议。时分复用 TDMA 是实现信道分配的简单、成熟的机制。TDMA 机制具有下列特点：没有竞争机制的碰撞重传问题；数据传输时不需要过多的控制信息；节点在空闲时隙能够及时进入睡眠状态。但是 TDMA 机制需要节点之间比较严格的时间同步。基于 TDMA 的 MAC 协议将时间区分为连续的时隙，每个时隙分配给某个特定的节点，每个节点只能在分配的时隙内发送消息。这样，节点可以在非发送或接收的时隙内及时进入睡眠状态，从而有效地减少能量消耗。下面介绍几种基于时分复用的 MAC 协议。

1．DMAC 协议

S-MAC 和 T-MAC 协议采用周期性监听/睡眠策略减少能量消耗，但是存在数据通信停顿问题，从而引起数据的传输延迟。而在无线传感器网络中，经常采用的通信模式是数据采集树，针对这种结构，为减少网络的能量消耗和数据的传输延迟，提出了 DMAC 协议。

DMAC 协议采用不同深度节点之间的活动/睡眠的交错调度机制，数据能够沿着多跳路径连续传播，减少睡眠带来的通信延迟。该协议通过自适应占空比机制，根据网络流量变化动态调整整条路径上节点的活动时间，通过数据预测机制解决相同父节点的不同子节点间的相互干扰问题，通过 MTS 机制解决不同父节点的邻居节点之间干扰带来的睡眠延迟问题。但是，该协议实现复杂。

2．DEANA 协议

分布式能量感知节点活动(Distributed Energy-Aware Node Activation，DEANA)协议将时间帧分为周期性的调度访问阶段和随机访问阶段。调度访问阶段由多个连续的数据传输时隙组成，某个时隙分配给特定节点，用来发送数据。除相应的接收节点外，其他节点在此时隙处于睡眠状态。随机访问阶段由多个连续的信令交换时隙组成，用于处理节点的添加、删除以及时间同步等。

与传统的 TDMA 协议相比，DEANA 协议在数据传输时隙前加入了一个控制时隙，使节点在得知不需要接收数据时进入睡眠状态，从而能够部分解决串音问题。但是，DEANA 协议对时隙分配考虑较少。

3．TRAMA 协议

流量自适应介质访问(TRAMA)协议将时间划分为连续时隙，根据局部两跳内的邻居节点信息，采用分布选举机制确定每个时隙的无冲突发送者。同时，通过避免把时隙分配给无流量的节点，并让非发送和接收节点处于睡眠状态达到节省能量的目的。为适应因节点失败或节点增加等所引起的网络拓扑结构变化，将时间划分为交替的随机访问周期和调度访问周期。随机访问周期和调度访问周期的时隙个数根据具体应用情况而定。随机访问周期主要用于网络维护。

TRAMA 协议根据两跳范围内的邻居节点信息，由节点独立确定自己发送消息的时隙，同时避免把时隙分配给没有信息发送的节点，由此提高了网络吞吐量，克服了基于 TDMA 的 MAC 协议扩展性差的不足。但是 TRAMA 协议相对比较复杂，为了建立节点间一致的调度消息，计算和通信开销都比较大。

6.3.3 混合型的无线传感器网络 MAC 协议

采用单纯的竞争型或调度型机制很难在各种指标中获得较平衡的优良性能，它们往往用较大的某些性能损失代价去换取另一种性能的提高，如 S-MAC 用较大的时延代价来获取可接受的节能效率。而竞争性 MAC 机制与 TDMA 调度机制的有机结合可以平衡两者的优势和不足，取得较好的性能。下面介绍几种常用的“混合型”的 MAC 协议。

1. SMACS/EAR 协议

SMACS/EAR(Self-organizing Medium Access Control/for Sensor networks/Eavesdrop and Register)协议是一种结合时分复用和频分复用的基于固定信道分配的 MAC 协议。其主要思想是为每一对邻居节点分配一个特有频率进行数据传输，不同节点对时间的频率互不干扰，从而避免同时传输的数据之间产生碰撞。SMACS 协议主要用于静止节点间链路的建立，而 EAR 协议则用于建立少量运动节点与静止节点之间的通信链路。SMACS/EAR 协议不要求所有节点之间进行时间同步，只需要两个通信节点间保持相对的帧同步。它不能完全避免碰撞，因为多个节点在协商过程中可能同时发出“邀请”消息或“应答”消息。由于每个节点要支持多种通信频率，这对节点硬件提出了很高的要求，同时，由于每个节点需要建立的通信链路数无法事先预计，使得整个网络的利用率不高。

2. Z-MAC

综合 CSMA 和 TDMA 二者各自的优点，由 Rhee 等提出了一种混合机制的 Z-MAC(Zebra MAC)协议。Z-MAC 协议将信道使用划分为时间帧的同时，使用 CSMA 作为基本机制，时隙的占有者只有数据发送的优先权，其他节点也可以在该时隙发送信息帧，当节点之间产生碰撞之后，时隙占有者的回退时间短，从而真正获得时隙的信道使用权。Z-MAC 使用竞争状态标示来转换 MAC 机制，节点在 ACK 重复丢失和碰撞回退频繁的情况下，将由低竞争状态转为高竞争状态，由 CSMA 机制转为 TDMA 机制。可以说，Z-MAC 在低网络负载下类似 CSMA，在网络进入高竞争的信道状态之后类似 TDMA。

Z-MAC 并不需要精确的时间同步，有着较好的信道利用率和网络扩展性。协议达到即时适应网络负载变化的同时，TDMA 和 CSMA 机制的互换会产生大量的能耗，对于网络负载的突发波动会造成网络延迟问题。

总体而言，Z-MAC 在较低竞争情况下性能像 CSMA，在较高竞争情况下性能像 TDMA。Z-MAC 的优点是比较好地结合了 CSMA 和 TDMA 的优点，节点在任何时隙都可以发送数据，信道利用率得到了提高；缺点是网络开始的时候，花费大量的开销来初始化网络，造成网络能量大量消耗，且协议实现过于复杂，虽然设计思想非常新颖和有效，但实用性不高。

3. TRAMA

流量自适应介质访问(TRaffic Adaptive Medium Access，TRAMA)协议在某些文献中归

为TDMA型的MAC协议，TRAMA已经在协议运行过程中使用了关键的竞争策略来动态地建立网络拓扑、选举节点、分配时隙，且将时间划分为交替的随机访问周期和调度访问周期，有别于一般的TDMA型协议，属于典型的混合型的MAC协议。

TRAMA包含两种接入模式：随机接入(采用分时段CSMA)和定期接入(采用TDMA方式)。TRAMA的主要应用场合为周期性数据采集和监控。它将时间划分为连续时槽，根据局部两跳内的邻居节点信息，采用分布式选举机制确定每个时槽的无冲突发送者。同时，通过避免把时槽分配给无流量的节点，并让非发送和接收节点处于睡眠状态达到节省能量的目的。TRAMA协议包括邻居协议(Neighbor Protocol，NP)、调度交换协议(Schedule Exchange Protocol，SEP)和自适应时槽选择算法(Adaptive Election Algorithm，AEA)。

TRAMA协议中，节点间通过NP协议获得一致的两跳内的拓扑信息，通过SEP协议建立和维护发送者和接收者的调度信息，通过AEA算法决定节点在当前时槽的活动策略。TRAMA通过分布式协商保证节点无冲突地发送数据，无数据收发的节点处于睡眠状态，同时避免把时槽分配给没有信息发送的节点，在节省能量消耗的同时，保证网络的高数据传输率。但该协议要求节点有较大的存储空间来保存拓扑信息和邻居调度信息，需要计算两跳内邻居的所有节点的优先级，运行AEA算法。TRAMA将时间分成时槽，用基于各节点流量信息的分布式选举算法来决定哪个节点可以在某个特定的时槽传输，以此来达到一定的吞吐量和公平性，并能有效地避免隐藏终端引起的竞争。但TRAMA的缺点是实现太复杂，而且AEA算法要经常运行，算法复杂，运行代价大。TRAMA的延迟较大，更适用于对延迟要求不高的应用。

6.4 无线传感器网络路由协议

1. 路由协议的衡量标准

针对无线传感器网络的特点与通信需求，网络层需要解决通过局部信息来决策并优化全局行为(路由生成与路由选择)的问题。无线传感器网络的路由协议不同于传统路由协议，它具有能量优先、基于局部的拓扑信息、以数据为中心和应用相关四个特点，因而，根据具体的应用设计路由机制时，应从以下四个方面衡量路由协议的优劣。

(1) 能量高效。传统路由协议在选择最优路径时，很少考虑节点的能量问题。由于无线传感器网络中节点的能量有限，传感器网络路由协议不仅要选择能量消耗小的信息传输路径，更要能量均衡消耗，实现简单且高效的传输，尽可能地延长整个网络的生存期。

(2) 可扩展性。无线传感器网络的应用决定了它的网络规模不是一成不变的，而且很容易造成拓扑结构动态发生变化，因而要求路由协议有可扩展性，能够适应结构的变化。具体体现在传感器的数量、网络覆盖区域、网络生命周期、网络时间延迟和网络感知精度等方面。

(3) 鲁棒性。无线传感器网络中，由于环境和节点的能量耗尽造成传感器的失效、通信质量的降低使网络变得不可靠，所以在路由协议的设计过程中必须考虑软硬件的高容错性，保障网络的鲁棒性。

(4) 快速收敛性。由于网络拓扑结构的动态变化，要求路由协议能够快速收敛，以适

应拓扑的动态变化，提高带宽和节点能量等有限资源的利用率和消息传输效率。

2．路由协议的分类

针对不同传感器网络的应用，研究人员提出了不同的路由协议，目前已有的分类方式主要包括按网络结构划分和按协议的应用特征划分。按网络结构可以分为基于平面的路由协议、基于位置的路由协议和基于分级的路由协议；按协议的应用特征可以分为基于多径的路由协议、基于可靠性的路由协议、基于协商的路由协议、基于查询的路由协议、基于位置的路由协议和基于 QoS 的路由协议。基于平面的路由协议，其所有节点通常都具有相同的功能和对等的角色。基于分级的路由协议，其网络节点通常扮演不同的角色。基于位置的路由协议，其网络节点利用传感器节点的位置来路由数据。但这种分类方式太过分散，没有整体概念，本书就各个协议的不同侧重点提出一种新的分类方法，把现有的代表性路由协议按节点的传播方式划分为广播式路由协议、坐标式路由协议和分簇式路由协议。下面进行详细介绍和分析。

6.4.1 广播式路由协议

1．扩散法(Flooding)

扩散法是一种传统的网络通信路由协议。它实现简单，不需要为保持网络拓扑信息和实现复杂的路由算法消耗计算资源，适用于健壮性要求高的场合。但是，扩散法存在信息爆炸问题，即会出现一个节点可能得到数据的多个副本的情况，而且也会出现部分重叠的现象，此外，扩散法没有考虑各节点的能量，无法作出相应的自适应路由选择，当一个节点能量耗尽后，网络就会瘫痪。

具体实现：节点 A 希望发送数据给节点 B，节点 A 首先通过网络将数据的副本传给其每一个邻居节点，每一个邻居节点又将其传给除 A 外的其他的邻居节点，直到将数据传到 B 为止或者为该数据设定的生命期限变为零为止或者所有节点拥有此副本为止。

2．定向路由扩散(Directed Diffusion)

C. Intanagonwiwat 等人为传感器网络提出了一种数据采集模型，即定向路由扩散。它通过泛洪方式广播兴趣消息给所有的传感器节点，随着兴趣消息在整个网络中传播，协议逐跳地在每个传感器节点上建立反向的从数据源节点到基站或者汇聚节点的传输梯度。该协议通过将来自不同源节点的数据聚集起来再重新路由来达到消除冗余和最大程度降低数据传输量的目的，因而可以节约网络能量，延长系统生存期。然而，路径建立时的兴趣消息扩散要执行一个泛洪广播操作，时间和能量开销大。

具体实现：首先是兴趣消息扩散，每个节点都在本地保存一个兴趣列表，其中专门存在一个表项用来记录发送该兴趣消息的邻居节点、数据发送速率和时间戳等相关信息；之后建立传输梯度，数据沿着建立好的梯度路径传输。

3．谣传路由(Rumor Routing)

D. Braginsky 等人提出了适用于数据传输量较小的无线传感器网络高效路由协议。其基本思想是时间监测区域的感应节点产生代理消息，代理消息沿着随机路径向邻居节点扩散传播。同时，基站或汇聚节点发送的查询消息也沿着随机路径在网络中传播。当查询消息

和代理消息的传播路径交叉在一起时就会形成一条基站或汇聚节点到时间监测区域的完整路径。

具体实现：每个传感器节点维护一个邻居列表和一个事件列表，当传感器节点监测到一个事件发生时，在事件列表中增加一个表项并根据概率产生一个代理消息。代理消息是一个包含事件相关信息的分组，将事件传给经过的节点。收到代理消息的节点检查表项，进行更新和增加表项的操作。节点随机选择邻居转发查询消息。

4. SPIN(Sensor Protocols for Information via Negotiation)

W. Heinzelman 等人提出了一种自适应的 SPIN 路由协议。该协议假定网络中所有节点都是 Sink 节点，每一个节点都有用户需要的信息，而且相邻的节点拥有类似的数据，所以只需发送其他节点没有的数据。SPIN 协议通过协商完成资源自适应算法，即在发送真正数据之前，通过协商压缩重复的信息，避免了冗余数据的发送；此外，SPIN 协议有权访问每个节点的当前能量水平，根据节点剩余能量水平调整协议，所以可以在一定程度上延长网络的生存期。

SPIN 采用了三种数据包来通信：ADV 用于新数据的广播，当节点有数据要发送时，利用该数据包向外广播；REQ 用于请求发送数据，当节点希望接收数据时，发送该报文；DATA 包含带有 Meta-data 头部数据的数据报文。

具体实现：当一个传感器节点在发送一个 DATA 数据包之前，首先向其邻居节点广播式地发送 ADV 数据包，如果一个邻居节点希望接收该 DATA 数据包，则向该节点发送 REQ 数据包，接着节点向其邻居节点发送 DATA 数据包。

5. GEAR(Geographical and Energy Aware Routing)

Y.Yu 等人提出了 GEAR 路由协议，即根据时间区域的地址位置，建立基站或者汇聚节点到时间区域的优化路径。把 GEAR 划分为广播式路由协议有点牵强，但是由于它是在利用地理信息的基础上将数据发送到合适区域，而且又是基于定向路由扩散提出，这里仍然作为广播式的一种。

具体实现：首先向目标区域传递数据包，当节点收到数据包时，先检查是否有邻居节点比它更接近目标区域。如有就选择离目标区域最近的节点作数据传递的下一跳节点。如果数据包已经到达目标区域，则利用递归的地理传递方式和受限的扩散方式发布该数据。

6.4.2　坐标式路由协议

1. GEM(Graph Embedding)

J. Newsome 和 D.Song 提出了建立一个虚拟极坐标系统(Virtual Polar Coordinate System，VPCS)GEM 路由协议，用来代表实际的网络拓扑结构。整个网络节点形成一个以基站或汇聚节点为根的带环树(Ringed Tree)。每个节点用距离树根的跳数距离和角度范围两个参数表示。

具体实现：首先建立虚拟极坐标系统，主要有三个阶段，即先由跳数建立路由并扩展到整个网络形成树型结构，再从叶节点开始反馈子树的大小，即树中包含的节点数目，最后确定每个子节点的虚拟角度范围；建立好系统之后，利用虚拟极坐标算法发送消息，即节点收到消息，检查是否在自己的角度范围内，不在就向父节点传递，直到消息到达包含目的位置角度的节点。另外，当实际网络拓扑结构发生变化时，需要及时更新，比如节点加入和节点失效。

2．GRWLI(Geographic Routing Without Location Information)

A.Rao 等人提出了建立全局坐标系的路由协议，其前提是需要少数节点精确位置信息。首先确定节点在坐标系中的位置，根据位置进行数据路由。关键是利用某些知道自己位置信息的信标节点确定全局坐标系及其他节点在坐标系中的位置。

具体实现：A. Rao 等人提出了三种策略确定信标节点：一是确定边界节点都为信标节点，则非边界节点通过边界节点确定自己的位置信息，在平面情况下，节点通过邻居节点位置的平均值计算；二是使用两个信标节点，则边界节点只知道自己处于网络边界而不知道自己的精确位置信息，引入两个信标节点，并通过边界节点交换信息，建立全局坐标系；三是使用一个信标节点，到信标节点最大的节点标记自己为边界节点。

6.4.3　分簇式路由协议

1．LEACH(Low Energy Adaptive Clustering Hierarchy)

MIT 的 Chandrakasan 等人为无线传感器设计了一种分簇路由算法，其基本思想是以循环的方式随机选择簇头节点，平均分配整个网络的能量到每个传感器节点，从而可以降低网络能源消耗，延长网络生存时间。簇头的产生是簇形成的基础，簇头的选取一般基于节点的剩余能量、簇头到基站或汇聚节点的距离、簇头的位置和簇内的通信代价。簇头的产生算法可分为分布式和集中式两种，这里不予介绍。

具体实现：LEACH 不断地循环执行簇的重构过程，可以分为两个阶段：一是簇的建立，即包括簇头节点的选择、簇头节点的广播、簇头节点的建立和调度机制的生成；二是传输数据的稳定阶段。每个节点随机选一个值，小于某阈值的节点就成为簇头节点，之后广播告知整个网络，完成簇的建立。在稳定阶段中，节点将采集的数据送到簇头节点，簇头节点将信息融合后送给汇聚点。一段时间后，重新建立簇，不断循环。

2．GAF(Geographic Adaptive Fidelity)

Y.Xu 等人提出了一种利用分簇进行通信的路由算法。它最初是为移动 Ad-Hoc 网络应用设计的，也可适用于无线传感器网络。其基本思想是网络区被分成固定区域，形成虚拟网格，每个网格里选出一个簇头节点在某段时间内保持清醒，其他节点都进入睡眠状态，但是簇头节点并不做任何数据汇聚或融合工作。GAF 算法既关掉网络中不必要的节点节省能量，又可以达到延长网络生存期的目的。

具体实现：当划分好固定的虚拟网格之后，网络中的每个节点利用 GPS 接受卡指示的位置信息将节点本身与虚拟网格中某个点关联映射起来。网格上同一个点关联的节点对分组路由的代价是等价的，因而可以使某个特定网格区域的一些节点睡眠，且随着网络节点数目的增加可以极大地提高网络的寿命，在可扩展性上有很好的表现。

总之，通过对广播式路由协议、坐标式路由协议和分簇式路由协议等三类协议的分析，每个协议在其设计的时候都有各自的侧重点和最优的方面，按照衡量标准可以将以上协议做简略的比较并找出相对较好的一类协议。其中，如何提供有效的节能，即能量有效性是无线传感器网络路由协议最关注的方面，可扩展性和鲁棒性是路由协议应该满足的基本要求，而快速收敛性和网络存在的时间有紧密的联系。依据上述四个标准，可见，广播式路由协议总是存在一种矛盾，当具有好的扩展性时势必以差的鲁棒性和能量高效为代价，即以牺牲鲁棒性换取扩展性和高能量，这同时也严重影响了节点的快速收敛性。而坐标式路由协议弥补了广播式路由协议的不足，可以同时达到四个衡量标准。分簇式路由协议相对于前两种方式来说，具备了较好的性能，可以满足人们对传感器网络的一般要求。所以，以能量高效、可扩展性、鲁棒性和快速收敛性四个基本标准来衡量路由协议，分簇式路由协议是最佳的选择。

6.5 无线传感器网络的关键技术

无线传感器网络目前研究的难点涉及通信、组网、管理、分布式信息处理等多个方面。无线传感器网络有相当广泛的应用前景，但是也面临很多的关键技术需要解决。下面列出部分关键技术。

1. 网络拓扑管理

无线传感器网络是自组织网络(无网络中心，在不同条件下可自行组成不同的网络)，如果有一个很好的网络拓扑控制管理机制，对于提高路由协议和 MAC 协议效率是很有帮助的，而且有利于延长网络寿命。目前这个方面主要的研究方向是在满足网络覆盖度和连通度的情况下，通过选择路由路径，生成一个能高效地转发数据的网络拓扑结构。拓扑控制分为节点功率控制和层次型拓扑控制。节点功率控制是控制每个节点的发射功率，均衡节点单跳可达的邻居数目。而层次型拓扑控制采用分簇机制，有一些节点作为簇头，它将作为一个簇的中心，簇内每个节点的数据都要通过它来转发。

2. 网络协议

因为传感器节点的计算能力、存储能力、通信能力和携带的能量有限，每个节点都只能获得局部网络拓扑信息，在节点上运行的网络协议也要尽可能的简单。目前研究的重点主要集中在网络层和 MAC 层上。网络层的路由协议主要控制信息的传输路径。好的路由协议不但能考虑到每个节点的能耗，还要能够关心整个网络的能耗均衡，使得网络的寿命尽可能地保持的长一些。目前已经提出了一些比较好的路由机制。MAC 层协议主要控制介质访问，控制节点通信过程和工作模式。设计无线传感器网络的 MAC 层协议首先要考虑的是节省能量和可扩展性，其次要考虑的是公平性和带宽利用率。由于能量消耗主要发生在空闲监听、碰撞重传和接收到不需要的数据等方面，MAC 层协议的研究也主要体现在如何减少上述三种情况，从而降低能量消耗，以延长网络和节点寿命。

3. 网络安全

无线传感器网络除了考虑上面提出的两个方面的问题外，还要考虑到数据的安全性，这主要从两个方面考虑。一个方面是从维护路由安全的角度出发，寻找尽可能安全的路由，以保证网络的安全。如果路由协议被破坏导致传送的消息被篡改，那么对于应用层上的数

据包来说没有任何的安全性可言。有人已提出了一种叫“有安全意识的路由”的方法，其思想是找出真实值和节点之间的关系，然后利用这些真实值来生成安全的路由。另一方面是把重点放在安全协议方面，在此领域也出现了大量研究成果。在具体的技术实现上，先假定基站总是正常工作的，并且总是安全的，满足必要的计算速度、存储器容量，基站功率满足加密和路由的要求；通信模式是点到点，通过端到端的加密保证了数据传输的安全性；射频层正常工作。基于以上前提，典型的安全问题可以总结为：信息被非法用户截获、一个节点遭破坏、识别伪节点和如何向已有传感器网络添加合法的节点等四个方面。

4．定位技术

位置信息是传感器节点采集数据中不可或缺的一部分，没有位置信息的监测消息可能毫无意义。节点定位就是确定传感器的每个节点的相对位置或绝对位置。节点定位在军事侦察、环境检测、紧急救援等应用中尤其重要。节点定位分为集中定位方式和分布定位方式。定位机制也必须要满足自组织性、鲁棒性、能量高效和分布式计算等要求。定位技术主要有基于距离的定位和与距离无关的定位两种方式。其中基于距离的定位对硬件要求比较高，通常精度也比较高。与距离无关的定位对硬件要求较小，受环境因素的影响也较小，虽然误差较大，但是其精度已经足够满足大多数传感器网络应用的要求，所以这种定位技术是研究的重点。

5．时间同步技术

传感器网络中的通信协议和应用，比如基于 TDMA 的 MAC 协议和敏感时间的监测任务等，要求节点间的时钟必须保持同步。J.Elson 和 D.Estrin 曾提出了一种简单、实用的同步策略。其基本思想是，节点以自己的时钟记录事件，随后用第三方广播的基准时间加以校正，精度依赖于对这段间隔时间的测量。这种同步机制应用在确定来自不同节点的监测事件的先后关系时有足够的精度。设计高精度的时钟同步机制是传感网络设计和应用中的一个技术难点。普遍认为，考虑精简 NTP(Network Time Protocol)协议的实现复杂度，将其移植到传感器网络中来应该是一个有价值的研究课题。

6．数据融合

传感器网络为了有效地节省能量，可以在传感器节点收集数据的过程中，利用本地计算和存储能力将数据进行融合，取出冗余信息，从而达到节省能量的目的。数据融合可以在多个层次中进行。在应用层中，可以应用分布式数据库技术，对数据进行筛选，达到融合效果。在网络层中，很多路由协议结合了数据融合技术，以减少数据的传输量。MAC 层也能通过减少发送冲突和头部开销来达到节省能量的目的。当然，数据融合是以牺牲延时等代价来换取能量的节约的。

6.6 无线传感器网络系统设计与开发

6.6.1 无线传感器网络系统设计的基本要求

1．系统总体设计原则

无线传感器网络的载波媒体可能的选择包括红外线、激光和无线电波。为了提高网络的环境适应性，所选择的传输媒体应该是在多数地区内都可以使用的。红外线的使用不需要申请频段，不会受到电磁信号干扰，而且红外线收发器价格便宜。激光通信保密性强、速度快。但是红外线和激光通信的一个共同问题是要求发送器和接收器在视线范围之内，这对于节点随机分布的无线传感器网络来说，难以实现，因而使用受到了限制。在国外已经建立起来的无线传感器网络中，多数传感器节点的硬件设计基于射频电路。由于使用 9.2 MHz、2.4 GHz 及 5.8 GHz 的 ISM 频段不需要向无线电管理部门申请，所以很多系统采用 ISM 频段作为载波频率。

节点的设计方法主要有两种：一种是利用市场上可以获得的商业元器件构建传感器节点，如围绕 TinyOS 项目所设计的系列硬件平台；另一种是采用 MEMS(微机电与微系统)和集成电路技术，设计包含微处理器、通信电路、传感器等模块的高度集成化传感器节点，如智能尘埃(Smart Dust)、无线集成网络传感器(WINS)等。下面通过对无线传感器网络节点的制作工艺及各种不同场合下的应用分析，总结了几个方面的基本设计原则。

(1) 节能是传感器网络节点设计最主要的问题。无线传感器网络要部署在人们无法接近的场所，而且不常更换供电设备，对节点功耗要求就非常严格。在设计过程中，应采用合理的能量监测与控制机制，功耗要限制在几十毫瓦甚至更低数量级。

(2) 成本的高低是衡量传感器网络节点设计好坏的重要指标。传感器网络节点通常大量散布，只有低成本才能保证节点广泛使用。这就要求无线传感器节点的各个模块的设计不能特别复杂，否则不利于降低成本。

(3) 微型化是传感器网络追求的终极目标。只有节点本身足够小，才能保证不影响目标系统环境；另外，在战争侦查等特定用途的环境下，微型化更是首先考虑的问题之一。

(4) 可扩展性也是设计中必须考虑的问题。节点应当在具备通用处理器和通信模块的基础上拥有完整、规范的外部接口，以适应不同的组件。

2．WSN 路由协议设计要求

对于传感器网络的特点与通信需求，网络层需要解决通过局部信息来决策并优化全局行为(路由生成与路由选择)的问题，其协议设计非常具有挑战性。在设计过程中需主要考虑的因素有节能(Energy Efficiency)、可扩展性(Scalability)、传输延迟(Latency)、容错性(Fault Tolerance)、精确度(Accuracy)和服务质量(QoS)等。由于 WSN 资源有限且与应用紧密相关，应该采用多种策略来设计路由协议。根据上述因素的考虑和对当前的各种路由协议的分析，在 WSN 路由协议设计时一般应遵循以下一些设计原则：

(1) 健壮性：是路由协议应具备的基本特征。在 WSN 中，由于能量限制、拓扑结构频繁变化和环境等因素的干扰，WSN 节点易发生故障，因此应尽量利用节点易获得的网络信息计算路由，以确保在路由出现故障时能够尽快得到恢复，还可以采用多路径传输来提高数据传输的可靠性。路由协议具有健壮性可以保证部分传感器节点的损坏不会影响到全局任务。

(2) 减少通信量来降低能耗：由于 WSN 中数据通信最为耗能，因此应在协议中尽量减少数据通信量。例如，可在数据查询或数据上报中采用某种过滤机制，抑制节点传输不必要的数据；采用数据融合机制，在数据传输到 Sink 点前就完成可能的数据计算。

(3) 保持通信量负载平衡：通过更加灵活地使用路由策略让各个节点分担数据传输，平衡节点的剩余能量，提高整个网络的生命周期。例如，可在层次路由中采用动态簇头；在路由选择中采用随机路由而非稳定路由；在路径选择中考虑节点的剩余能量等。

(4) 路由协议应具有安全机制：由于 WSN 的固有特性，路由协议通过广播多跳的方式实现数据交换，其路由协议极易受到安全威胁，攻击者对未受到保护的路由信息可进行各种形式的攻击。传统 Ad-Hoc 网络的安全通信大多是基于公钥密码，但公钥密码的通信开销较大，不适合在资源受限的 WSN 中使用。

(5) 可扩展性：随着节点数量的增加，网络的存活时间和处理能力增强，路由协议的可扩展性可以有效地融合新增节点，使它们参与到全局的应用中。

3．评价指标体系

在系统一级，主要的评价指标包括采样效率和寿命、应用空间覆盖性、响应时间和时间精度、易实施性和成本、安全性等。节点一级主要评价指标包括功耗、灵活性、鲁棒性、安全性、计算和通信能力、同步性能，以及成本和体积等，其中功耗和通信能力是决定性的指标。下面对几个主要的无线传感器网络性能的评价标准作简要说明。

(1) 能源有效性：指该网络在有限的能源条件下能够处理的请求数量。能源有效性是无线传感器网络的重要性能指标。

(2) 生命周期：指从网络启动到不能为观察者提供需要的信息为止所持续的时间。

(3) 时间延迟：指当观察者发出请求到其接收到回答信息所需要的时间。

(4) 感知精度：指观察者接收到的感知信息的精度。传感器的精度、信息处理方法和网络通信协议等都对感知精度有所影响。

(5) 容错性：由于环境或其他原因，维护或替换失效节点是十分困难的，因此 WSN 的软、硬件必须具有很强的容错性，以保证系统具有高强壮性。

(6) 可扩展性：表现在节点数量、网络覆盖区域、生命周期、时间延迟、感知精度等方面的可扩展极限。给定可扩展性级别，传感器网络必须提供支持该可扩展性级别的机制和方法。

6.6.2 无线传感器网络的实现方法

无线传感器节点一般通过电池供电，硬件结构简单，通信带宽小，点到点的通信距离短，所以工作时间有限及通信距离短成为无线传感器网络的两个主要瓶颈。下面详细介绍无线传感器网络的实现方法。

1．系统总体方案

系统由基站节点、传感器节点和上位机组成。节点硬件主要包括七部分：处理器(MSP430F149)、Si4432 射频收发模块、电源管理模块、串口通信模块、JITAG 下载模块、传感器接口模块和 EEPROM 存储模块。基站节点没有传感器模块，传感器节点没有串口通信模块。基站节点由上位机 USB 接口供电。传感器节点使用 2 节 5 号电池供电。采用 TPS61200 作为电源管理器，只要电池电压在 0.2 V～5 V 范围内，系统即可以正常工作，大大地延长了电池的使用时间。为了调试方便，在节点上增加了拨码开关和 LED 信号指示灯。整个系统软件由上位机处理软件、基站节点软件、传感器节点软件三部分组成。在传感器节点软件设计上充分考虑了低功耗节能问题，因为它的能量主要消耗于无线射频模块，因此在组网时尽量使 Si4432 的输出能量设定为最小，且在没有收发信息时工作在睡眠模式，即等待唤醒模式。

2. 自组织协议设计

在协议中，通过定义数据包的格式和关键字来实现节点的自组织。

1) 协议格式

自组织协议格式如图 6.8 所示。其中：Pre 表示前导码，这些字符杂波不容易产生，通过测试和试验发现，噪声中不容易产生 0x55 和 0xAA 等非常有规律的信号，因此前导码采用 0x55AA；Sync 表示同步字，在前导码之后，本系统设定的同步字为 2B，同步字内容为 0x2DD4，接收端在检测到同步字后才开始接收数据；Key 表示关键字，高 6 位用来表示目标地址的级别，接收节点会根据高 6 位决定数据的去向(比本级节点大则向下级节点传，小则反之，如果相等则判断目标地址是否为本节点地址，是则直接向目标表地址发送，否则向上级发送节点回复重发应答)，低 2 位用来区分各种情况下的数据(命令信号、组网信息、采集信息、广播信息)，接收节点会根据这些关键字低 2 位分别进入不同的数据处理单元；From 表示源地址，是发送数据的节点地址；Mid 表示接收信息的中转节点地址；Fina 表示数据的目标地址，除广播信息外，每个信息都有唯一的源地址和目标地址；Data 表示有效数据，这些数据随着关键字(Key)的不同而采用不同的格式，可携带不同的信息；Che 表示检验位，说明采用何种校验方式(校验和还是 CRC 校验)，可避免接收错误的数据包；Flag 表示数据包的结束标志位。Si4432 内部集成有调制/解调、编码/解码等功能，Pre、Sync 和 Che 都是硬件自动加上去的，用户只需设定数据包的组成结构和部分结构的具体内容(如前导码和同步字)。

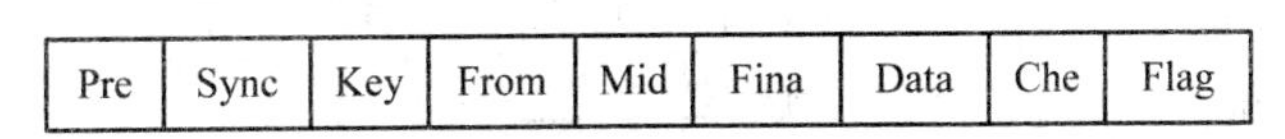

Pre	Sync	Key	From	Mid	Fina	Data	Che	Flag

图 6.8　自组织协议格式

2) 自组织算法

网络由一个基站和若干个传感器节点组成，基站上电初始化后就马上进入低功耗状态(Si4432 射频模块处于睡眠状态)；传感器节点随机地部署在需要采集信息的区域内，上电初始化后开始组网。首先发送请求基站分配级别命令，若收到基站应答，则定义为一级并把自身信息(包括地址、级别等)发给基站；反之，若发送次数达到设定值，则向周围节点发送广播信号，通过周围节点应答信息整理得出自身的网络级别，并向周围节点及基站发送自身信息。如果还是未能分配到级别，则延时等待其他节点分配好级别后重新请求入网。每个入网的传感器节点都保存有周围节点(上级、同级、下级节点)信息(级别及对应的地址)，最后就形成了网络拓扑结构。自组织算法流程图如图 6.9 所示。

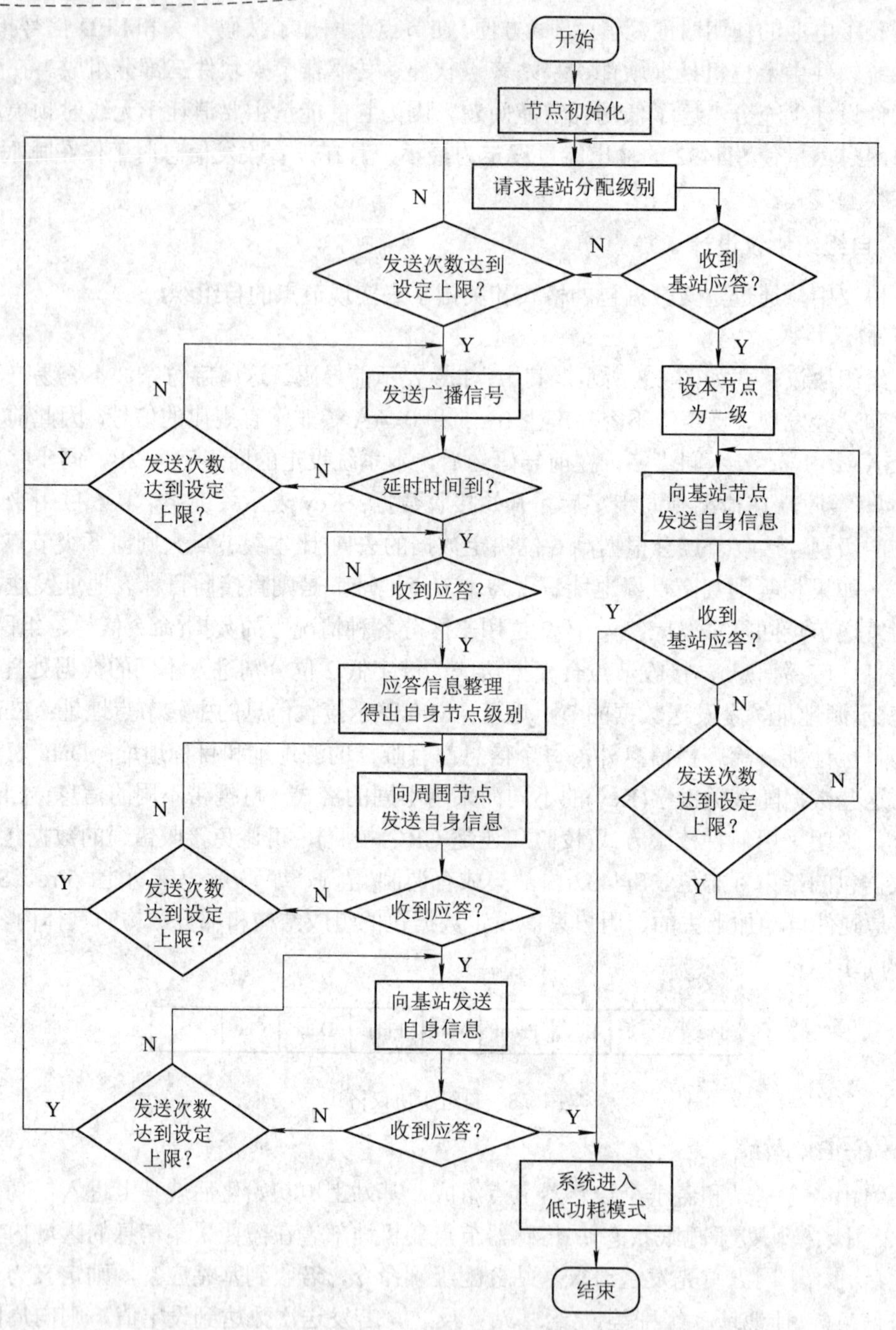

图 6.9　自组织算法流程图

3. 节点硬件设计

传感器节点要求低功耗、体积小，因此选用的芯片都是集成度高、功耗低、体积小的芯片，其他器件基本上采用贴片封装。节点硬件框图如图 6.10 所示。

本设计中 MCU 采用 TI 公司生产的一种混合信号处理器 MSP430F149，其内部资源丰富，具有两个 16 位定时器、一个 14 路的 12 bit 的模/数转换器、六组 I/O、一个看门狗、两路 USART 通信端口等，因此节点的外部电路非常简单，并且还具有功耗超低的突出特点，当工作频率为 1 MHz、电压为 2.2 V 时全速工作电流仅为 280 μA，待机状态下电流低至 1.6 μA。它的工作电压范围为 1.8 V～3.6 V，非常适合用于电池供电的节能系统中。

Si4432 芯片是 Silicon Labs 公司推出的一款高集成度、低功耗、宽频带 EZRadioPRO 系列无线收发芯片。其工作电压为 1.8 V～3.6 V，工作频率范围为 240 MHz～930 MHz；内部集成分集式天线、功率放大器、唤醒定时器、数字调制解调器、64 B 的发送和接收数据 FIFO，以及可配置的 GPIO 等。Si4432 在使用时所需的外部元件很少，一个 30 MHz 的晶振、几个电容和电感就可组成一个高可靠性的收发系统，设计简单，成本低，而且预留了大量外接传感器接口，外接传感器的信号能以中断方式唤醒节点。

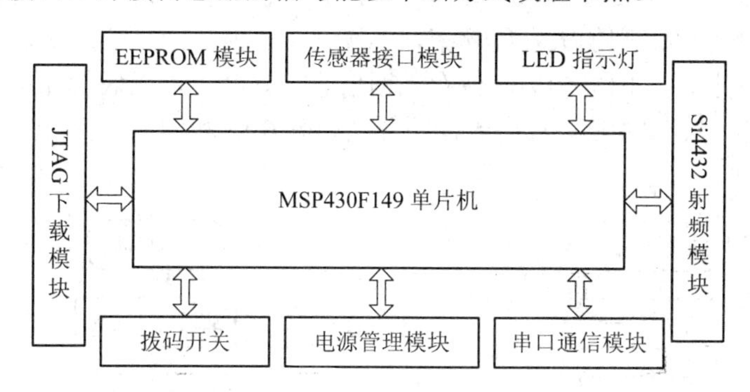

图 6.10　节点硬件框图

4. 系统软件设计

本系统软件设计注重低功耗、数据采集实时性、系统稳健性及可靠性。在低功耗设计中采用智能控制策略，让系统需要工作时处于全速工作模式，其他时刻处于低功耗模式。在数据采集实时性设计中关键是路由的选择，主要依据跳数最少路径最短原则(兼顾能量优先原则)。在系统稳健性设计中，当传感器节点因能量耗尽或其他原因不能工作或者有新的传感器节点请求加入网络时，整个网络会马上重新组网，形成新的网络拓扑结构。在系统可靠性设计中采用看门狗等技术增强系统抗干扰能力。系统软件结构如图 6.11 所示。

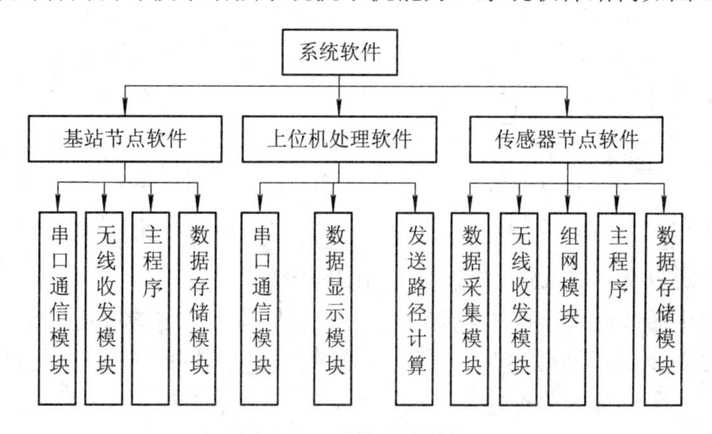

图 6.11　系统软件结构

1) 基站节点软件

基站节点通过上位机 USB 供电，所以一直工作在全速状态，加快了对外部的响应速度。

上电初始化后，根据中断程序中的标志位值对获得的信息进行相应处理，处理完后把标志位置 0，循环执行此操作。基站节点通过串口与上位机相连，因此外部事件包括串口中断事件和接收到数据中断事件。

为了防止串口通信过程中丢失数据，软件设计上加了握手协议。当基站节点每发送一个数据包给上位机时，上位机就会向基站节点发送应答信号，直到数据包发送给上位机。上位机接收到数据包后，马上进入中断处理，处理完后把相应标志位置 1，通过主程序做进一步处理。

2) 传感器节点软件

传感器节点主程序主要是实现组网，当节点上电初始化后设定发射功率为最小，请求入网。如果入网不成功，则加大发射功率，继续请求入网。经试验证实，发射功率越小，电池的使用寿命越长。入网成功后，保存入网信息，并马上进入低功耗状态，同时使用外部接收数据中断和定时器中断。程序流程图分别如图 6.12 和图 6.13 所示。数据发送放在定时中断程序里完成。

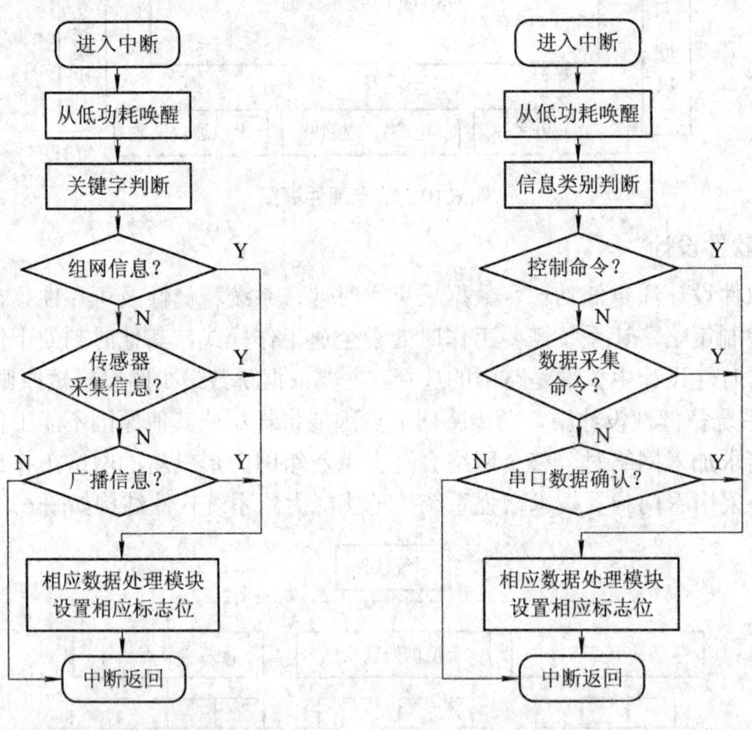

图 6.12　接收数据中断　　　　图 6.13　定时器中断流程

当多个传感器节点同时发送数据时，会出现争抢信道的现象。为了避免多个传感器节点同时与某个传感器节点通信造成数据丢失，软件上采用一定的退避机制。一方面，利用射频芯片 Si4432 的载波监听信号来产生随机延时，以避免同时发送信号；另一方面，当一个传感器节点与某个传感器节点建立了通信通道时，其他发送数据的节点会增加发射数据的次数。

3) 上位机软件

上位机的主要功能有发送重组网命令、向任意传感器节点发送采集信息命令、建立良

好的人机界面用于观察传感器采集来的信息、帮助基站节点处理数据以减轻基站的负担等。

采用 MSP430F149 作为处理器，Si4432 作为无线收发器，利用它们的高集成度、超低功耗等优势设计了一种无线传感器网络系统。该系统节点上电后会自行组网，即当向网络加入新节点或移除某个节点时，系统会重新组网，并且不会对系统通信产生毁坏性影响。系统节点最多可达 256 个，覆盖范围广。Si4432 的缓冲寄存器为 64 KB，一次性可发送/接收信息量为 62 KB。基站节点通过串口跟上位机相连，在上位机建立良好的人机界面可以观察每个传感器采集来的信息，并且可以控制每个节点的工作状态。本系统已在实际中成功应用。

6.6.3　车载无线传感器网络监测系统

1. 系统设计方案

本系统在现有的车载系统上，将数据传输的方式扩展为无线传输方式，实现一个星形网络的数据采集系统。本系统能分别将各个数据采集节点所获得的数据传输到网关，网关通过串口将数据上传到主机上，在主机中实现数据的实时波形显示，并以数据库的方式加以保存，供后续数据处理。该采集系统的应用对象由温度传感器、油压传感器、转速传感器、速度传感器、电流传感器、压力传感器等传感器子系统所组成。这样设计的目的是用一个监控主机端来检测多个待测目标环境，考虑到接入的数据吞吐量和软件系统的复杂程度，采用时分复用的方式，逐个对网内的终端采集点进行控制采集。

如图 6.14 所示，该车载系统分三个部分：车载监控中心、车载网关和车载传感器节点。车载网关是整个车载系统的核心，可以和所有的车载传感器节点通信。车载监控中心可以向车载网关发出控制命令，由车载网关将控制命令转换为射频信号后发送给车载传感器节点。当车载传感器节点发送数据时，车载网关进入数据接收状态，并将数据上传到车载监控中心做进一步处理。此外，车载传感器节点之间不能互相通信。车载监控中心的监控软件与车载网关之间以 RS-232 的接口标准进行通信。

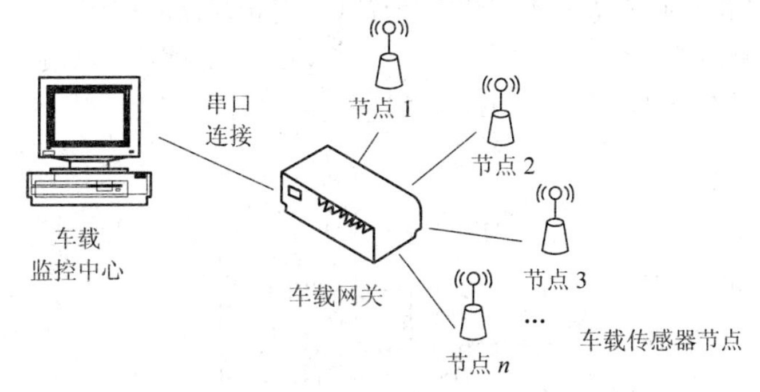

图 6.14　系统总体结构图

车载传感器节点的生命周期由活跃期和休眠期构成。节点在活跃期完成数据采集，向车载网关发送数据，接收并执行车载网关命令；在休眠期关闭无线射频模块以节省能量，直到下一个活跃期来临。系统通过这种休眠机制来减少系统的能量消耗，延长系统整体寿命。本系统用 PC 作为监控中心，PC 上的监控软件在 VB 环境下开发，是一个基于对话框的应用软件。为了提高通信传输模块的智能化水平，在设计中，它的功能不限于数据的实时显示，所有的数据采集由监控软件通过发送请求信号的方式触发。考虑到原始数据需要进行后续的处理与深入的分析，才能对车载系统的状况进行准确的判定，软件中还添加了数据文件形式的保存与数据文件回显功能。

总体上来讲，整个网络的所有节点都受控于主机监控软件，工作过程中网络的每一个节点都不需要人为参与。

2．系统硬件设计

1) 应用芯片介绍

Freescale 公司的 MC13192 符合 IEEE 802.15.4 标准，工作频率是 2.405 GHz～2.480 GHz，数据传输速率为 250 kb/s，采用 0-QPSK 调试方式。这种功能丰富的双向 2.4 GHz 收发器带有一个数据调制解调器，可以在 ZigBee 技术应用中使用。它还具有一个优化的数字核心，有助于降低 MCU 处理功率，缩短执行周期。

主控 MCU 选用 Freescale 公司 HCS08 系列的低功耗、高性能微处理器 MC9S08GB60。该处理器具有 60 KB 的应用可编程 Flash、4 KB 的 RAM、8 通道的 10 位 ADC、2 个异步串行通信接口(SCI)、1 个同步串行外部接口(SPI)以及 I^2C 总线模块，完全能够满足车载网关和节点对处理器的要求。

2) MC13192 与 MC9S08GB60 的硬件连接

MC13192 与 MC9S08GB60 的硬件连接如图 6.15 所示。MC13192 的控制和数据传送依靠四线串行外设接口(SPI)完成，其四个接口信号分别是 MOSI、MISO、$\overline{\text{CE}}$、SPICLK。主控 MCU 通过控制信号 $\overline{\text{ATTN}}$ 退出睡眠模式或休眠模式，通过 $\overline{\text{RST}}$ 来复位收发器，通过 RXTXEN 来控制数据的发送和接收，或者强制收发器进入空闲模式。由传感器输出的模拟信号经过 MCU 的 8 通道 10 位 ADC 转换后输入到 MCU。MCU 通过 SPI 口进行 MC13192 的读写操作，并把传感器采集的信号经过处理后通过 MC13192 发射出去。MC13192 的中断通过 $\overline{\text{IRQ}}$ 引脚和中断寄存器来判断中断类型。MC9S08GB60 通过 $\overline{\text{ATTN}}$、RXTXEN、$\overline{\text{RST}}$ 引脚来控制 MC13192 进入不同的工作模式。对传感器的控制信号可以从 MC13192 的天线接收进来，通过 SPI 传送到 MCU 上，经过 MCU 的判断处理后通过 GPIO 口传送到传感器上，完成对传感器的控制。同时，MCU 完成 MC13192 收发控制和所需要的 MAC 层操作。

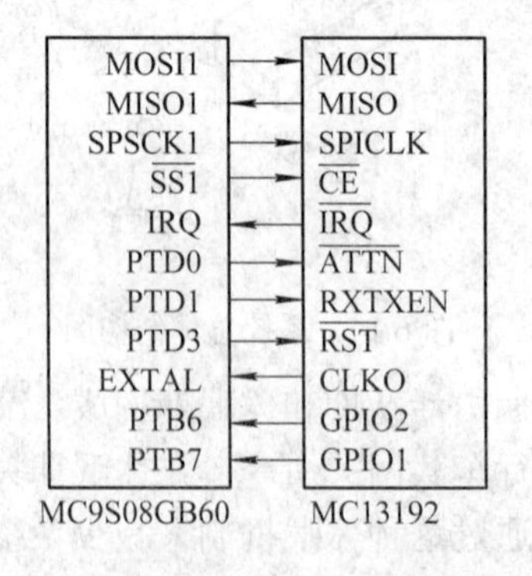

图 6.15　MC13192 与 MC9S08GB60 的硬件连接

3. 系统软件设计

1) 软件整体设计

软件设计是本设计的核心，关键在于软件的总体架构和数据结构的设计。着重要考虑的因素是效率和设计的清晰性。

车载系统软件由网关节点与传感器节点两大部分组成，这两部分都需要完成 SMAC 协议的移植，并根据不同需要为上层通信应用提供 API 接口函数。因为 SMAC 协议栈编程模型采用层次设计，只有底层的 PHY 和 MAC 程序层与硬件相关，而网络层和应用层程序则不受硬件影响。SMAC 在不同硬件平台的移植只需修改 PHY 和 MAC 层，其上各层可以屏蔽硬件差异直接运行。

如图 6.16 所示，本设计把软件分为系统平台层、协议层和应用层三层；同时，定义了三个 API 接口：系统层接口、协议层接口和应用层接口。系统层接口定义了硬件的寄存器映射，这样 C 语言就能直接访问硬件寄存器来控制硬件。系统平台层建立在 μC/OS-Ⅱ实时操作系统上，为协议层提供系统服务。硬件驱动模块提供硬件驱动程序，所有对硬件的控制都通过该模块提供的服务。系统平台层通过协议层接口为协议层提供服务。协议层则实现了基于 IEEE 802.15.4 的物理层和链路层以及基于 ZigBee 的网络层协议。应用层通过应用层接口来调用协议层提供的服务，实现网络的管理和数据传输等任务。应用层配置模块既会调用协议层提供的网络服务，也会直接对系统进行配置和查询，这主要是通过 AT 指令来实现的，因此该模块会调用应用层接口和协议层接口提供的服务。

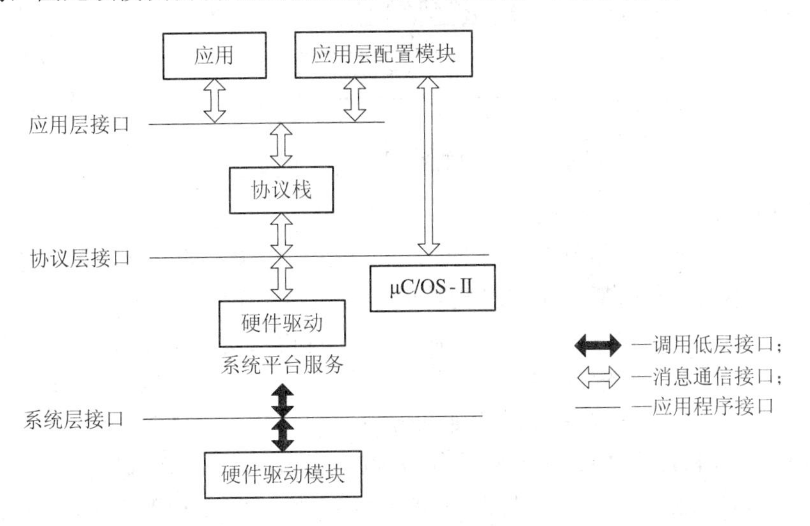

图 6.16　软件总体结构

2) 传感器节点软件设计

基于系统长期使用的功能需求，传感器节点中软件设计的关键是既能实现所需的功能，又能最大限度地减少传感器节点的能耗。

通过测试发现，ZigBee 模块的能耗要远远大于中央处理器和传感模块的能耗。因此，传感器节点应用软件的设计既要尽量使各模块处于休眠状态，又要尽量减少唤醒 ZigBee 模块的次数。传感器节点上电、各功能模块初始化完成并加入了网络后，即进入休眠状态，中央处理器周期地被定时唤醒向网关发送数据，并接收网关的命令。传感器节点主程序工作流程图如图 6.17 所示。

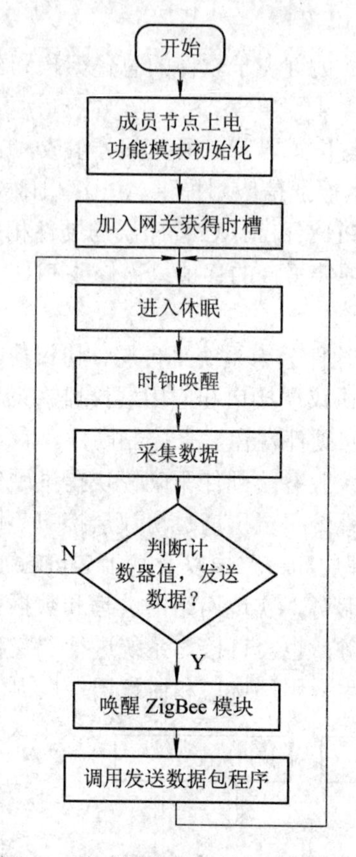

图 6.17　传感器节点主程序工作流程图

3) 网关节点软件设计

车载网关向下管理传感器节点，向上完成和 PC 监控中心的交互，需要进行复杂的任务管理和调度，因此，采用基于 uC/OS 内核的嵌入式操作系统管理整个网关，为应用任务的高效运行提供了良好的软件平台支撑。根据网关的功能需求，将 μC/OS-Ⅱ、SMAC 协议有机地结合起来，构成一个网络化的操作环境，用户可以方便地在其基础上开发应用程序。基于 μC/OS-Ⅱ扩展的网关软件平台结构如图 6.18 所示。基于 μC/OS-Ⅱ操作系统，分别构建系统任务 SYS_task()、SMAC 星形组网任务 START_task()、网关和传感器节点交互任务 COMM_task()、PC 监控中心端口监听任务 SER_task()等一系列应用任务，从而实现网关软件的应用功能。

4) 主机监控软件的设计

本系统最终目的是将采集到的车载传感器数据实时地传送到主机，并在主机中得到显示和保存。显示的目的是获得被车载传感器节点所监控环境的初步情况，保存的目的是作为深入分析的数据样本。除此以外，作为整个系统的主控方和数据采集请求的发起者，需要能够按照要求发送数据请求信号。根据以上要求，在 VB 环境下开发了一个基于对话框的应用程序。这个应用程序包括了以下四个模块：

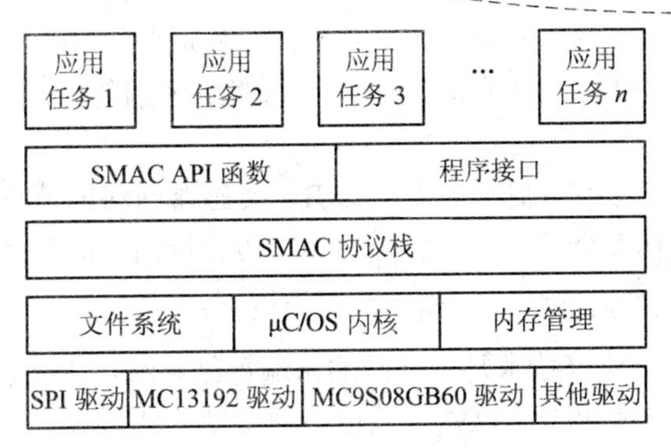

图 6.18　网关软件平台结构

(1) 实时数据显示波形模块。该模块的作用是将节点的数据以波形的形式实时地进行显示，实现的方式是利用 MSChart 和 Timer 控件。

(2) 拓扑显示模块。当用户希望了解无线传感器网络的拓扑构建情况时，可以查看拓扑信息栏，了解网络中节点的加入和丢失情况。

(3) 历史数据显示模块。在车载网络系统运行到一定时期，可能需要对过去某一段时间的原始数据进行后续的处理与深入的分析，以便对车载系统的状况进行准确的判定。借助历史数据显示模块，可以将监控中心从车载网关中得到的数据，按照不同节点的属性、地址和时间分别保存到数据库的相应字段中，并可以通过波形图的方式将历史数据显示出来，供用户分析。

(4) 控制模块。在车载系统运行过程中可能关心某一个车载传感器节点的数值，或者需要对某一个传感器进行阈值设置，以便待监测的环境出现异常情况时可以及时地报告给系统。这些都可以通过控制模块对系统进行相应的设置，控制模块还可以对系统中的某个不需要的节点进行删除操作。

总之，通过主机监控软件，用户可以直观且多方面地对通用无线传感器网络系统进行了解和使用。

练　习　题

一、单选题

1. 工信部明确提出我国的物联网技术的发展必须把传感系统与(　　　)结合起来。

A. TD-SCDMA　　B. GSM　　C. CDMA2000　　D. WCDMA

2. 物联网节点之间的无线通信一般不会受到下列哪个因素的影响？(　　　)

A. 节点能量　　B. 障碍物　　C. 天气　　D. 时间

3. 物联网产业链可以细分为标识、感知、处理和信息传送四个环节，四个环节中核心环节是(　　　)。

A. 标识　　B. 感知　　C. 处理　　D. 信息传送

4. 下面哪一部分不属于物联网系统？(　　　)

A. 传感器模块　　B. 处理器模块　　C. 总线　　D. 无线通信模块

5. 在我们的现实生活中，下列公共服务有哪一项还没有用到物联网？(　　　)

A．公交卡　　　　B．安全门禁　　　C．手机通信　　　　D．水电费缴费卡

6．下列有关传感器网络与现有的无线自组织网络区别的论述中，哪一个是错误的？(　　)

A．传感器网络的节点数目更加庞大　　B．传感器网络的节点容易出现故障

C．传感器网络的节点处理能力更强　　D．传感器网络的节点的存储能力有限

二、判断题(在正确的后面打√，错误的后面打×)

1．WSN、OSN、BSN 等技术是物联网的末端神经系统，主要解决“最后 100 米”连接问题，传感网末端一般是指比 M2M 末端更小的微型传感系统。(　　)

2．无线传感网(物联网)由传感器、感知对象和观察者三个要素构成。(　　)

3．传感器网络通常包括传感器节点、汇聚节点和管理节点。(　　)

4．中科院早在 1999 年就启动了传感网的研发和标准制定，与其他国家相比，我国的技术研发水平处于世界前列，具有同发优势和重大影响力。(　　)

5．低成本是传感器节点的基本要求。只有低成本，才能大量地布置在目标区域中，表现出传感网的各种优点。(　　)

6．“物联网”的概念是在 1999 年提出的，它的定义很简单：把所有物品通过射频识别等信息传感设备相互连接起来，实现智能化识别和管理。(　　)

7．物联网和传感网是一样的。(　　)

8．传感器网络规模控制起来非常容易。(　　)

9．物联网的单个节点可以做得很大，这样就可以感知更多的信息。(　　)

10．传感器不是感知延伸层获取数据的一种设备。(　　)

第 7 章　物联网安全技术

读完本章，读者将了解以下内容：

※ 信息安全的定义和信息安全的基本属性；

※ 物联网安全特点和物联网安全机制；

※ RFID 系统面临的安全攻击、RFID 系统的安全风险分类及 RFID 系统的安全缺陷；

※ 传感器网络的安全性目标和传感器网络的安全策略。

7.1　信息安全基础知识

7.1.1　信息安全概述

1．信息安全的定义

信息是一种资产，同其他重要的商业资产一样，它对其所有者而言具有一定的价值。信息可以以多种形式存在，它能被打印或者写在纸上，能够数字化存储；也可以由邮局或者用电子方式发送；还可以在电影中展示或者在交谈中提到。无论以任何形式存在，或者以何种方式共享或存储，信息都应当得到恰当的保护。

国际标准化组织和国际电工委员会在 ISO/IEC 17799:2005 标准中对信息安全的定义的描述是："保持信息的保密性、完整性、可用性；另外，也可能包含其他的特性，例如真实性、可核查性、抗抵赖和可靠性等。"

对信息安全的描述大致可以分成两类：一类是指具体的信息技术系统的安全；另一类则是指某一特定的信息体系(如银行信息系统、证券行情与交易系统等)的安全。但也有人认为这两种定义都不全面，而应把信息安全定义为：一个国家的社会信息化状态与信息技术体系不受外来的威胁与侵害。作为信息的安全问题，首先是一个国家宏观的社会信息化状态是否处于自主控制之下和是否稳定的问题，其次才是信息技术安全的问题。因此，信息安全的作用是保护信息不受到大范围的威胁和干扰，能保证信息流的顺畅，减少信息的损失。

计算机信息安全涉及物理安全(实体安全)、运行安全和信息安全三个方面。

(1) 物理安全(Physical Security)：保护计算机设备、设施(含网络)以及其他媒体免遭地震、水灾、火灾、有害气体和其他环境事故(如电磁污染等)破坏的措施、过程。特别是避免由于电磁泄漏产生信息泄露，从而干扰他人或受他人干扰。物理安全包括环境安全、设备安全和媒体安全三个方面。

(2) 运行安全(Operation Security)：为保障系统功能的安全实现，提供一套安全措施(如风险分析、审计跟踪、备份与恢复、应急等)来保护信息处理过程的安全。它侧重于保证系

统正常运行，避免因为系统的崩溃和损坏而对系统存储、处理和传输的信息造成破坏和损失。运行安全包括风险分析、审计跟踪、备份与恢复和应急四个方面。

(3) 信息安全(Information Security)：防止信息财产被故意的或偶然的非授权泄露、更改、破坏或使信息被非法的系统辨识、控制。即确保信息的完整性、保密性、可用性和可控性，避免攻击者利用系统的安全漏洞进行窃听、冒充、诈骗等有损于合法用户的行为。其本质是保护用户的利益和隐私。信息安全包括计算机系统安全、数据库安全、网络安全、病毒防护安全、访问控制安全、加密安全六个方面。

2．信息安全的特征

无论入侵者使用何种方法和手段，最终目的都是要破坏信息的安全属性。信息安全在技术层次上的含义就是要杜绝入侵者对信息安全属性的攻击，使信息的所有者能放心地使用信息。国际标准化组织将信息安全归纳为保密性、完整性、可用性和可控性四个特征。

(1) 保密性是指保证信息只让合法用户访问，信息不泄露给非授权的个人和实体。信息的保密性可以具有不同的保密程度或层次。所有人员都可以访问的信息为公开信息，需要限制访问的信息一般为敏感信息。敏感信息又可以根据信息的重要性及保密要求分为不同的密级。例如，国家根据秘密泄露对国家经济、安全利益产生的影响，将国家秘密分为"秘密"、"机密"和"绝密"三个等级。可根据信息安全要求的实际，在符合《国家保密法》的前提下将信息划分为不同的密级。

(2) 完整性是指保障信息及其处理方法的准确性、完全性。它一方面是指信息在利用、传输、存储等过程中不被篡改、丢失、缺损等，另一方面是指信息处理的方法的正确性。不正当的操作，有可能造成重要信息的丢失。

(3) 可用性是指有权使用信息的人在需要的时候可以立即获取。例如，有线电视线路被中断就是对信息可用性的破坏。

(4) 可控性是指对信息的传播及内容具有控制能力。实现信息安全需要一套合适的控制机制，如策略、惯例、程序、组织结构或软件功能，这些都是用来保证信息的安全目标能够最终实现的机制。例如，美国制定和倡导的"密钥托管"、"密钥恢复"措施就是实现信息安全可控性的有效方法。

不同类型的信息在保密性、完整性、可用性及可控性等方面的侧重点会有所不同，如专利技术、军事情报、市场营销计划的保密性尤其重要，而对于工业自动控制系统，控制信息的完整性相对其保密性则重要得多。确保信息的完整性、保密性、可用性和可控性是信息安全的最终目标。

3．信息安全的内容

信息安全的内容包括了实体安全与运行安全两方面的含义。实体安全是保护设备、设施以及其他硬件设施免遭地震、水灾、火灾、有害气体和其他环境事故以及人为因素破坏的措施和过程。运行安全是指为保障系统功能的安全实现，提供一套安全措施来保护信息处理过程的安全。信息安全的内容可以分为计算机系统安全、数据库安全、网络安全、病毒防护安全、访问控制安全、加密安全六个方面。

(1) 计算机系统安全是指计算机系统的硬件和软件资源能够得到有效的控制，保证其资源能够正常使用，避免各种运行错误与硬件损坏，为进一步的系统构建工作提供一个可

靠安全的平台。

(2) 数据库安全是为对数据库系统所管理的数据和资源提供有效的安全保护。一般采用多种安全机制与操作系统相结合，实现数据库的安全保护。

(3) 网络安全是指对访问网络资源或使用网络服务的安全保护，为网络的使用提供一套安全管理机制。例如，跟踪并记录网络的使用，监测系统状态的变化，对各种网络安全事故进行定位，提供某种程度的对紧急事件或安全事故的故障排除能力。

(4) 病毒防护安全是指对计算机病毒的防护能力，包括单机系统和网络系统资源的防护。这种安全主要依赖病毒防护产品来保证，病毒防护产品通过建立系统保护机制，达到预防、检测和消除病毒的目的。

(5) 访问控制安全是指保证系统的外部用户或内部用户对系统资源的访问以及对敏感信息的访问方式符合事先制定的安全策略，主要包括出入控制和存取控制。出入控制主要是阻止非授权用户进入系统；存取控制主要是对授权用户进行安全性检查，以实现存取权限的控制。

(6) 加密安全是为了保证数据的保密性和完整性，通过特定算法完成明文与密文的转换。例如，数字签名是为了确保数据不被篡改，虚拟专用网是为了实现数据在传输过程中的保密性和完整性而在双方之间建立唯一的安全通道。

4. OSI 信息安全体系结构

为了适应网络技术的发展，国际标准化组织的计算机专业委员会根据开放系统互联 OSI 参考模型制定了一个网络安全体系结构——《信息处理系统　开放系统互联　基本参考模型　第二部分：安全体系结构》，即 ISO 7498-2，它主要解决网络信息系统中的安全与保密问题，我国将其作为 GB/T 9387-2 标准，并予以执行。该模型结构中包括五类安全服务以及提供这些服务所需要的八类安全机制。

安全服务是由参与通信的开放系统的某一层所提供的服务，是针对网络信息系统安全的基本要求而提出的，旨在加强系统的安全性以及对抗安全攻击。ISO 7498-2 标准中确定了五大类安全服务，即鉴别服务、访问控制服务、数据保密性服务、数据完整性服务和禁止否认服务。

(1) 鉴别服务用于保证双方通信的真实性，证实通信数据的来源和去向是我方或他方所要求和认同的，包括对等实体鉴别和数据源鉴别。

(2) 访问控制服务用于防止未经授权的用户非法使用系统中的资源，保证系统的可控性。访问控制不仅可以提供给单个用户，也可以提供给用户组。

(3) 数据保密性服务的目的是保护网络中各系统之间交换的数据，防止因数据被截获而造成泄密。

(4) 数据完整性服务用于防止非法用户的主动攻击(如对正在交换的数据进行修改、插入，使数据延时以及丢失数据等)，以保证数据接收方收到的信息与发送方发送的信息完全一致。它包括可恢复的连接完整性、无恢复的连接完整性、选择字段的连接完整性、无连接完整性、选择字段无连接完整性。

(5) 禁止否认服务用来防止发送数据方发送数据后否认自己发送过数据，或接收方接收数据后否认自己收到过数据。它包括不得否认发送和不得否认接收。

7.1.2 信息安全的基本属性

在美国国家信息基础设施(NII)的文献中，给出了安全的五个属性：可用性、可靠性、完整性、保密性和不可抵赖性。这五个属性适用于国家信息基础设施的教育、娱乐、医疗、运输、国家安全、电力供给及分配、通信等领域。这五个属性分别定义如下：

(1) 可用性(Availability)：得到授权的实体在需要时可访问资源和服务。可用性是指无论何时，只要用户需要，信息系统必须是可用的，也就是说，信息系统不能拒绝服务。网络最基本的功能是向用户提供所需的信息和通信服务，而用户的通信要求是随机的，多方面的(话音、数据、文字和图像等)，有时还要求时效性。

(2) 可靠性(Reliability)：指系统在规定条件下和规定时间内完成规定功能的概率。可靠性是网络安全最基本的要求之一，网络不可靠，事故不断，也就谈不上网络的安全。

(3) 完整性(Integrity)：指信息在存储或传输时不被偶然或蓄意地删除、修改、伪造、乱序、重放、插入等破坏的特性。只有得到允许的人才能修改实体或进程，并且能够判别出实体或进程是否已被篡改，即信息的内容不能被未授权的第三方修改。

(4) 保密性(Confidentiality)：指确保信息不暴露给未授权的实体或进程，即信息的内容不会被未授权的第三方所知。这里所指的信息包括国家秘密、各种社会团体、企业组织的工作秘密及商业秘密、个人的秘密和个人私密(如浏览习惯、购物习惯)。防止信息失窃和泄露的保障技术称为保密技术。

(5) 不可抵赖性(Non-Repudiation)：也称做不可否认性。不可抵赖性是面向通信双方(人、实体或进程)信息真实同一的安全要求，它包括收、发双方均不可抵赖。一是源发证明，它提供给信息接收者以证据，这将使发送者谎称未发送过这些信息或者否认它的内容的企图不能得逞；二是交付证明，它提供给信息发送者以证明，这将使接收者谎称未接收过这些信息或者否认它的内容的企图不能得逞。

除此之外，计算机网络信息系统的安全属性还包括以下几个方面：

(1) 可控性：就是对信息及信息系统实施安全监控。管理机构对危害国家信息的来往、使用加密手段从事非法的通信活动等进行监视、审计，对信息的传播及内容具有控制能力。

(2) 可审查性：使用审计、监控、防抵赖等安全机制，使得使用者(包括合法用户、攻击者、破坏者、抵赖者)的行为有证可查，并能够对网络出现的安全问题提供调查依据和手段。审计是通过对网络上发生的各种访问情况记录日志，并对日志进行统计分析，是对资源使用情况进行事后分析的有效手段，也是发现和追踪事件的常用措施。审计的主要对象为用户、主机和节点，主要内容为访问的主体、客体、时间和成败情况等。

(3) 认证：保证信息使用者和信息服务者都是真实声称者，防止冒充和重演的攻击。

(4) 访问控制：保证信息资源不被非授权地使用。访问控制根据主体和客体之间的访问授权关系，对访问过程做出限制。

总之，信息安全的宗旨是，不论信息处于动态还是静态，均应该向合法的服务对象提供准确、及时、可靠的信息服务，而对其他任何人员或组织，包括内部、外部以至于敌方，都要保持最大限度的信息的不可接触性、不可获取性、不可干扰性和不可破坏性。

7.2　物联网的安全

7.2.1　物联网的安全特点

传统的网络中，网络层的安全和业务层的安全是相互独立的，而物联网的特殊安全问题很大一部分是在现有移动网络基础上由于集成了感知网络和应用平台产生的，移动网络中的大部分机制仍然可以适用于物联网并能够提供一定的安全性，如认证机制、加密机制等，但需要根据物联网的特征对安全机制进行调整和补充。这使得物联网除了面对移动通信网络的传统网络安全问题之外，还存在着一些与已有移动网络安全不同的特殊安全问题，这些问题主要表现在以下几个方面：

(1) 物联网设备的本地安全问题。由于物联网在很多场合都需要无线传输，对这种暴露在公开场所之中的信号如果未做适当保护，就很容易被窃取，也更容易被干扰，这将直接影响到物联网体系的安全。同时，由于物联网的应用可以取代人来完成一些复杂、危险和机械的工作，所以物联网设备多数部署在无人监控的场景中，攻击者可以轻易地接触到这些设备，从而对它们造成破坏，甚至通过本地操作更换设备的软、硬件，因而物联网设备的本地安全问题也就显得日趋重要。

(2) 核心网络的传输与信息安全问题。核心网络具有相对完整的安全保护能力，但由于物联网中节点数量庞大，且以集群方式存在，因此会导致在数据传播时由于大量机器的数据发送使网络拥塞而产生拒绝服务攻击。此外，现有通信网络的安全架构都是从人的通信角度设计的，并不适用于机器的通信。使用现有安全机制会割裂物联网机器间的逻辑关系。

(3) 物联网业务的安全问题。由于物联网节点无人值守，并且有可能是动态的，所以如何对物联网设备进行远程签约信息和业务信息配置就成了难题。另外，现有通信网络的安全架构都是从人与人之间的通信需求出发的，不一定适合以设备与设备之间的通信为需求的物联网络。使用现有的网络安全机制会割裂物联网设备间的逻辑关系。

(4) RFID 系统的安全问题。由于集成的 RFID 系统实际上是一个计算机网络应用系统，因此安全问题类似于网络和计算机安全。而安全的主要目的则是保证存储数据和在各子系统/模块之间传输的数据的安全。但是 RFID 系统的安全仍然有两个特殊的特点：首先，RFID 标签和后端系统之间的通信是非接触和无线的，使它们很容易受到窃听；其次，标签本身的计算能力和可编程性直接受到成本要求的限制。更准确地说，标签越便宜，其计算能力越弱，难以实现对安全威胁的防护。

物联网存在上述安全问题，其在信息安全方面出现了一些新的特点，具体归纳如下：

(1) 设备、节点等无人看管，容易受到物理操纵；

(2) 信息传输主要靠无线通信方式，信号容易被窃取和干扰；

(3) 出于低成本的考虑，传感器节点通常是资源受限的；

(4) 物联网中物品的信息能够被自动地获取和传送。

7.2.2 物联网安全机制

物联网快速发展的同时，其背后隐藏的信息安全问题也逐渐显现出来，信息安全将成为制约物联网发展的一个重要障碍。本节主要从法律规范、管理机制、技术三个层面提出物联网的安全措施。

1．构建和完善我国信息安全的监管体系

目前监管体系存在着执法主体不集中，多重多头管理，对重要程度不同的信息网络的管理要求没有差异、没有标准，缺乏针对性等问题，对应该重点保护的单位和信息系统无从入手实施管控。因此，我国需要加强网络和信息安全监管体系，并建立评测体系。

2．物联网中的业务认证机制

传统的认证是区分不同层次的，网络层的认证负责网络层的身份鉴别，业务层的认证负责业务层的身份鉴别，两者独立存在。但是在物联网中，大多数情况下，机器都是拥有专门的用途，因此其业务应用与网络通信紧紧地绑在一起。由于网络层的认证是不可缺少的，其业务层的认证机制就不再是必须的，而是可以根据业务由谁来提供和业务的安全敏感程度来设计。

例如，当物联网的业务由运营商提供时，就可以充分利用网络层认证的结果而不需要进行业务层的认证；当物联网的业务由第三方提供也无法从网络运营商处获得密钥等安全参数时，它就可以发起独立的业务认证而不用考虑网络层的认证。或者当业务是敏感业务时，如金融类业务，一般业务提供者会不信任网络层的安全级别，而使用更高级别的安全保护，这个时候就需要进行业务层的认证；而当业务是普通业务时，如气温采集业务等，业务提供者认为网络认证已经足够，就不再需要进行业务层的认证了。

3．物联网中的加密机制

传统的网络层加密机制是逐跳加密，即信息在发送过程中，虽然在传输过程中是加密的，但是需要不断地在每个经过的节点上解密和加密，即在每个节点上都是明文的。而业务层加密机制则是端到端的，即信息只在发送端和接收端才是明文，而在传输的过程和转发节点上都是密文。由于物联网中网络连接和业务使用紧密结合，这就面临着到底使用逐跳加密还是端到端加密的选择。

对于逐跳加密方式来说，它可以只对有必要受保护的链接进行加密，并且由于逐跳加密在网络层进行，所以可以适用于所有业务，即不同的业务可以在统一的物联网业务平台上实施安全管理，从而做到安全机制对业务的透明，这就保证了逐跳加密的时延低、效率高、成本低、可扩展性好的特点。但是，逐跳加密需要在各传送节点上对数据进行解密，各节点都有可能解读被加密消息的明文，因此逐跳加密对传输路径中的各传送节点的可信任度要求很高。

对于端到端加密方式来说，它可以根据业务类型选择不同的安全策略，从而为高安全要求的业务提供高安全等级的保护。不过端到端的加密不能对消息的目的地址进行保护，因为每一个消息所经过的节点都要以此目的地址来确定如何传输消息，这就导致端到端加密方式不能掩盖被传输消息的源点与终点，并容易受到对通信业务进行分析而发起的恶意

攻击。另外，从国家政策角度来说，端到端加密方式也无法满足国家合法监听政策的需求。

对一些安全要求不是很高的业务，在网络能够提供逐跳加密保护的前提下，业务层端到端的加密需求就显得并不重要。但是对于高安全需求的业务，端到端的加密仍然是首选。因而，由于不同物联网业务对安全级别的要求不同，可以将业务层的端到端安全作为可选项。

由于物联网的发展已经开始加速，对物联网安全的需求日益迫切，因此需要明确物联网中的特殊安全需求，考虑如何为物联网提供端到端的安全保护以及这些安全保护功能应用哪些现有机制来解决。此外，随着物联网的发展，机器间集群概念的引入，还需要重点考虑如何用群组概念解决群组认证的问题。

7.2.3　物联网的安全层次模型及体系结构

物联网安全的总体需求就是物理安全、信息采集安全、信息传输安全和信息处理安全的综合，安全的最终目标是确保信息的保密性、完整性、真实性和网络的容错性。本节结合物联网分布式连接、管理(DCM)模式以及每层安全特点等对物联网相应的安全层次涉及的关键技术进行系统阐述。物联网相应的安全层次模型如图7.1所示。

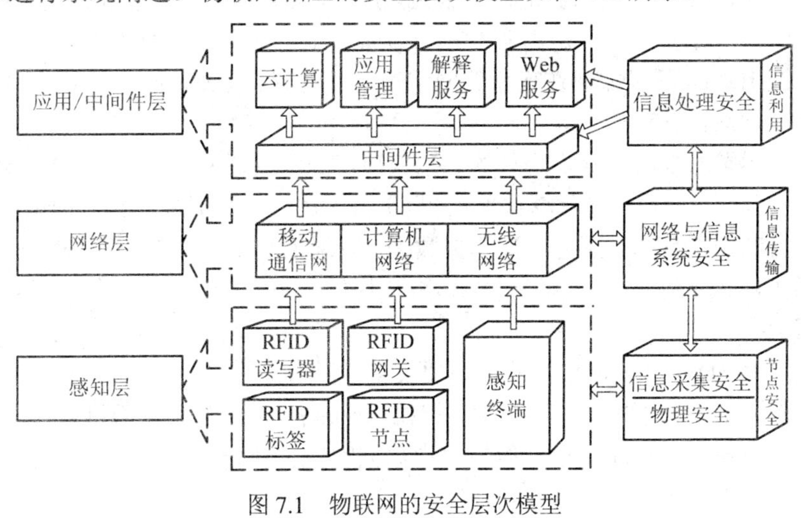

图7.1　物联网的安全层次模型

1. 感知层安全

物联网感知层的任务是实现智能感知外界信息功能，包括信息采集、捕获和物体识别，该层的典型设备包括RFID装置、各类传感器(如红外、超声、温度、湿度、速度等)、图像捕捉装置(摄像头)、全球定位系统(GPS)、激光扫描仪等，其涉及的关键技术包括传感器、RFID、自组织网络、短距离无线通信、低功耗路由等。

1) 传感技术及其联网安全

作为物联网的基础单元，传感器在物联网信息采集层面能否如愿以偿完成它的使命，是物联网感知任务成败的关键。传感器技术是物联网技术的支撑、应用的支撑和未来泛在网的支撑。传感器感知了物体的信息，RFID赋予它电子编码。传感器网络到物联网的演变是信息技术发展的阶段表征。传感技术利用传感器和多跳自组织网，协作地感知、采集网络覆盖区域中感知对象的信息，并发布给向上层。由于传感器网络本身具有无线链路比较脆弱，网络拓扑动态变化，节点计算能力、存储能力和能源有限，无线通信过程中易受到干扰等特点，使得传统的安全机制无法应用到传感器网络中。传感技术的安全问题如表7.1所示。

表7.1　传感技术的安全问题

层次	受到的攻击
物理层	物理破坏、信息阻塞
数据链路层	制造碰壁攻击、反馈伪造攻击、耗尽攻击，链路层阻塞
网络层	路由攻击、Sybil 攻击、Sinkhole 攻击、Wormhole 攻击、Hello 泛洪攻击
应用层	去同步、拒绝服务流等

目前传感器网络的安全技术主要包括基本安全框架、密钥分配、安全路由和入侵检测技术等。安全框架主要有SPIN(包含SNEP和μTESLA两个安全协议)、Tiny Sec、参数化跳频、Lisp、LEAP协议等。传感器网络的密钥分配主要倾向于采用随机预分配模型的密钥分配方案。安全路由技术常采用的方法包括加入容侵策略。入侵检测技术常常作为信息安全的第二道防线，其主要包括被动监听检测和主动检测两大类。除了上述安全保护技术外，由于物联网节点资源受限，且是高密度冗余撒布，不可能在每个节点上运行一个全功能的入侵检测系统(IDS)，所以如何在传感器网络中合理地分布IDS，有待于进一步研究。

2) RFID相关安全问题

如果说传感技术是用来标识物体的动态属性，那么物联网中采用RFID标签则是对物体静态属性的标识，即构成物体感知的前提。RFID是一种非接触式的自动识别技术，它通过射频信号自动识别目标对象并获取相关数据，识别工作无需人工干预。RFID也是一种简单的无线系统，该系统用于控制、检测和跟踪物体，由一个询问器(或读写器)和很多应答器(或标签)组成。

通常采用RFID技术的网络涉及的主要安全问题有：

(1) 标签本身的访问缺陷。任何用户(授权以及未授权的)都可以通过合法的读写器读取RFID标签，而且标签的可重写性使得标签中数据的安全性、有效性和完整性都得不到保证。

(2) 通信链路的安全。

(3) 移动RFID的安全，即主要存在假冒和非授权服务访问问题。

目前，实现RFID安全性机制所采用的方法主要有物理方法、密码机制以及二者结合的方法。

2. 网络层安全

物联网的网络层主要实现信息的转发和传送，它将感知层获取的信息传送到远端，为数据在远端进行智能处理和分析决策提供强有力的支持。考虑到物联网本身具有专业性的特征，其基础网络可以是互联网，也可以是具体的某个行业网络。物联网的网络层按功能可以大致分为接入层和核心层，因此物联网的网络层安全主要体现在以下两个方面。

(1) 来自物联网本身的架构、接入方式和各种设备的安全问题。物联网的接入层将采用如移动互联网、有线网、Wi-Fi、WiMAX等各种无线接入技术。接入层的异构性使得如何为终端提供移动性管理以保证异构网络间节点漫游和服务的无缝移动成为研究的重点，其中安全问题的解决将得益于切换技术和位置管理技术的进一步研究。另外，物联网接入方式主要依靠移动通信网络，移动通信网络中移动站与固定网络端之间的所有通信都是通过无线接口来传输的，然而无线接口是开放的，任何使用无线设备的个体均可以通过窃听无线信道而获得其中传输的信息，甚至可以修改、插入、删除或重传无线接口中传输的信息，达到假冒移动用户身份以欺骗网络端的目的。因此移动通信网络存在无线窃听、身份假冒和数据篡改等不安全的因素。

(2) 进行数据传输的网络相关安全问题。物联网的网络核心层主要依赖于传统网络技术，其面临的最大问题是现有的网络地址空间短缺。主要的解决方法是 IPv6 技术。IPv6 采纳 IPSec 协议，在 IP 层上对数据包进行了高强度的安全处理，提供数据源地址验证、无连接数据完整性、数据保密性、抗重播和有限业务流加密等安全服务。但任何技术都不是完美的，实际上 IPv4 网络环境中大部分安全风险在 IPv6 网络环境中仍存在，而且某些安全风险随着 IPv6 新特性的引入会变得更加严重：首先，拒绝服务 DoS(攻击)等异常流量攻击仍然猖獗，甚至更为严重，主要包括 TCP-flood、UDP-flood 等现有 DoS 攻击，以及 IPv6 协议本身机制的缺陷所引起的攻击；其次，针对域名服务器(DNS)的攻击仍会继续存在，而且在 IPv6 网络中提供域名服务的 DNS 更容易成为黑客攻击的目标；第三，IPv6 协议作为网络层的协议，仅对网络层安全有影响，其他(包括物理层、数据链路层、传输层、应用层等)各层的安全风险在 IPv6 网络中仍会保持不变。此外，采用 IPv6 替换 IPv4 协议需要一段时间，向 IPv6 过渡只能采用逐步演进的办法，为解决两者间互通所采取的各种措施将带来新的安全风险。

3．应用层安全

物联网应用是信息技术与行业专业技术紧密结合的产物。物联网的应用层充分体现了物联网智能处理的特点，其涉及业务管理、中间件、数据挖掘等技术。考虑到物联网涉及多领域、多行业，因此广域范围的海量数据信息处理和业务控制策略将在安全性和可靠性方面面临巨大挑战，特别是业务控制和管理、中间件以及隐私保护等安全问题显得尤为突出。

(1) 业务控制和管理：由于物联网设备可能是先部署后连接网络，而物联网节点又无人值守，所以如何对物联网设备远程签约，如何对业务信息进行配置就成了难题。另外，庞大且多样化的物联网必然需要一个强大而统一的安全管理平台，否则单独的平台会被各式各样的物联网应用所淹没，但这样将使如何对物联网机器的日志等安全信息进行管理成为新的问题，并且可能割裂网络与业务平台之间的信任关系，导致新一轮安全问题的产生。

(2) 中间件：如果把物联网系统和人体做比较，感知层好比人体的四肢，传输层好比人的身体和内脏，那么应用层就好比人的大脑，软件和中间件是物联网系统的灵魂和中枢神经。目前，使用最多的几种中间件系统是 CORBA、DCOM、J2EE/EJB 以及被视为下一代分布式系统核心技术的 Web Services。在物联网中，中间件处于物联网的集成服务器端和感知层、传输层的嵌入式设备中。服务器端中间件称为物联网业务基础中间件，一般都是基于传统的中间件(应用服务器、ESB/MQ 等)，加入设备连接和图形化组态展示模块构建而成；嵌入式中间件是一些支持不同通信协议的模块和运行环境。中间件的特点是其固化了很多通用功能，但在具体应用中多半需要二次开发来实现个性化的行业业务需求，因此所有物联网中间件都要提供快速开发(RAD)工具。

(3) 隐私保护：在物联网发展过程中，大量的数据涉及个体隐私问题(如个人出行路线、消费习惯、个体位置信息、健康状况、企业产品信息等)，因此隐私保护是必须考虑的一个问题。如何设计不同场景、不同等级的隐私保护技术将成为物联网安全技术研究的热点问题。当前隐私保护方法主要有两个发展方向：一是对等计算(P2P)，通过直接交换共享计算机资源和服务；二是语义 Web，通过规范定义和组织信息内容，使之具有语义信息，能被计算机理解，从而实现与人的相互沟通。

另外，物联网安全还有一些非技术因素，如目前物联网发展在中国表现为行业性太强，公众性和公用性不足，重数据收集、轻数据挖掘与智能处理，产业链长但每一环节规模效益不够，商业模式不清晰。物联网是一种全新的应用，要想得以快速发展一定要建立一个社会各方共同参与和协作的组织模式，集中优势资源，这样物联网应用才会朝着规模化、智能化和协同化方向发展。物联网的普及，需要各方的协调配合及各种力量的整合，这就需要国家的政策以及相关立法走在前面，以便引导物联网朝着健康、稳定、快速的方向发展。人们的安全意识教育也将是影响物联网安全的一个重要因素。

7.3 RFID 系统的安全

随着 RFID 技术应用的不断普及，目前在供应链中 RFID 已经得到了广泛应用。由于信息安全问题的存在，RFID 应用尚未普及到至为重要的关键任务中。没有可靠的信息安全机制，就无法有效保护整个 RFID 系统中的数据信息，如果信息被窃取或者恶意更改，将会给使用 RFID 技术的企业、个人和政府机关带来无法估量的损失。特别是对于没有可靠安全机制的电子标签，会被邻近的读写器泄露敏感信息，存在被干扰、被跟踪等安全隐患。

由于目前 RFID 的主要应用领域对隐私性要求不高，对于安全、隐私问题的注意力太少，很多用户对 RFID 的安全问题尚未给予足够重视。到目前为止，还没有人抱怨部署 RFID 可能带来的安全隐患，尽管企业和供应商都意识到了安全问题，但他们并没有把这个问题放到首要议程上，仍然把重心放在了 RFID 的实施效果和采用 RFID 所带来的投资回报上。然而，像 RFID 这种应用面很广的技术，具有巨大的潜在破坏能力，如果不能很好地解决 RFID 系统的安全问题，随着物联网应用的扩展，未来遍布全球各地的 RFID 系统安全可能会像现在的网络安全难题一样考验人们的智慧。

7.3.1 RFID 系统面临的安全攻击

目前，RFID 安全问题主要集中在对个人用户信息的隐私保护、对企业用户的商业秘密保护、防范对 RFID 系统的攻击以及利用 RFID 技术进行安全防范等方面。

RFID 系统中的安全问题在很多方面与计算机体系和网络中的安全问题类似。从根本上说，这两类系统的目的都是为了保护存储的数据及在系统的不同组件之间互相传送的数据。然而，由于以下两点原因，处理 RFID 系统中的安全问题更具有挑战性。首先，RFID 系统中的传输基于无线通信方式，这使得传送的数据容易被“偷听”；其次，在 RFID 系统中，特别是在电子标签上，计算能力和可编程能力都被标签本身的成本要求所约束，更准确地讲，在一个特定的应用中，标签的成本越低，它的计算能力也就越弱，安全的可编程能力也越弱。一般地，常见的安全攻击有以下四种类型。

1．电子标签数据的获取攻击

每个电子标签通常都包含一个集成电路，其本质是一个带内存的微芯片。电子标签上数据的安全和计算机中数据的安全都同样会受到威胁。当未授权方进入一个授权的读写器时仍然设置一个读写器与某一特定的电子标签通信，电子标签的数据就会受到攻击。在这种情况下，未授权方可以像一个合法的读写器一样去读取电子标签上的数据。在可写标签上，数据甚至可能被非法使用者修改或删除。

2．电子标签和读写器之间的通信侵入

当电子标签向读写器传送数据，或者读写器从电子标签上查询数据时，数据是通过无线电波在空中传播的。在这个通信过程中，数据容易受到攻击，这类无线通信易受攻击的特性包括以下几个方面：

(1) 非法读写器截获数据：非法读写器中途截取标签传输的数据。

(2) 第三方堵塞数据传输：非法用户可以利用某种方式阻塞数据和读写器之间的正常传输。最常用的方法是欺骗，通过很多假的标签响应让读写器不能区分出正确的标签响应，从而使读写器负载制造电磁干扰，这种方法也叫做拒绝服务攻击。

(3) 伪造标签发送数据：伪造的标签向读写器提供无用信息或者错误数据，可以有效地欺骗RFID系统接收、处理并且执行错误的电子标签数据。

3．侵犯读写器内部的数据

当电子标签向读写器发送数据、清空数据或是将数据发送给主机系统之前，都会先将信息存储在内存中，并用它来执行一些功能。在这些处理过程中，读写器功能就像其他计算机一样存在传统的安全侵入问题。目前，市场上大部分读写器都是私有的，一般不提供相应的扩展接口让用户自行增强读写器安全性。因此挑选可二次开发、具备可扩展开发接口的读写器将变得非常重要。

4．主机系统侵入

电子标签传出的数据经过读写器到达主机系统后，将面临现存主机系统的RFID数据安全侵入。这些侵入已超出本书讨论的范围，有兴趣的读者可参考计算机或网络安全方面相关的文献资料。

7.3.2　RFID系统的安全风险分类

RFID数据安全可能遭受的风险取决于不同的应用类型。在此将RFID应用分为消费者应用和企业应用两类，并讨论每种类型的安全风险。

1．消费者应用的风险

RFID应用包括收集和管理有关消费者的数据。在消费者应用方面，安全性破坏风险不仅会对配置RFID系统的商家造成损害，也会对消费者造成损害。即使是在那些RFID系统没有直接收集或维护消费者数据的情况下，如果消费者携带具备电子标签的物体，也存在

创建一个消费者和电子标签之间联系的可能性。由于这种关系承载消费者的私人数据，所以存在隐私方面的风险。

2．企业应用的风险

企业 RFID 应用基于单个商务的内部数据或者很多商务数据的收集。典型的企业应用包括任意数量供应链管理的处理增强应用(例如：财产清单控制或后勤事务处理)，另外一个应用是工业自动化领域，RFID 系统可用来追踪工厂场地内的生产制造过程。这些安全隐患可能使商业交易和运行变得混乱，或危及到公司的机密信息。

举例来说，计算机黑客可以通过欺诈和实施拒绝服务攻击来中断商业合作伙伴之间基于 RFID 技术的供应链处理。此外，商业竞争对手可以窃取机密的存货数据或者获取专门的工业自动化技术。其他情况下，黑客还可以获取并公开类似的企业机密数据，这将危及到公司的竞争优势。如果几家企业共同使用一个 RFID 系统，即在供应商和生产商之间创建一个更有效的供应链，电子标签数据安全方面受到的破坏很可能对所有关联的商家都造成危害。

7.3.3 RFID 系统的安全缺陷

实际上，尽管与计算机和网络的安全问题类似，但 RFID 所面临的安全问题要严峻得多。这不仅仅表现在 RFID 产品的成本极大地限制了 RFID 的处理能力和安全加密措施，而且 RFID 技术本身就包含了比计算机和网络更多、更容易泄密的不安全因素。一般地，RFID 在安全缺陷方面除了与计算机网络有相同之处外，还包括以下三种不同的安全缺陷类型。

1．标签本身的访问缺陷

由于标签本身的成本所限，标签本身很难具备保证安全的能力。这样，就面临着许多问题。非法用户可以利用合法的读写器或者自构一个读写器与标签进行通信，很容易地就获取了标签内的所存数据。而对于读写式标签，还面临数据被改写的风险。

2．通信链路上的安全问题

RFID 的数据通信链路是无线通信链路，与有线连接不同的是，无线传输的信号本身是开放的，这就给非法用户的监听带来了方便。实现非法监听的常用方法包括以下三种。

(1) 黑客非法截取通信数据。

(2) 业务拒绝式攻击，即非法用户通过发射干扰信号来堵塞通信链路，使得读写器过载，无法接收正常的标签数据。

(3) 利用冒名顶替的标签来向读写器发送数据，使得读写器处理的都是虚假数据，而真实的数据则被隐藏。

3．读写器内部的安全风险

在读写器中，除了中间件被用来完成数据的传输选择、时间过滤和管理之外，只能提供用户业务接口，而不能提供让用户自行提升安全性能的接口。

由此可见，RFID 所遇到的安全问题要比通常计算机网络的安全问题复杂得多，如何应对 RFID 的安全威胁，一直是尚待研究解决的焦点问题。虽然在 ISO 和 EPC Gen2 中都规定了严格的数据加密格式和用户定义位，RFID 技术也具有比较强大的安全信息处理能力，但

仍然有一些人认为RFID的安全性很差。美国的密码学研究专家Adi Shamir表示，目前RFID毫无安全可言，简直是畅通无阻。他声称已经破解了目前大多数主流电子标签的密码口令，并可以对目前几乎所有的RFID芯片进行无障碍攻击。当前，安全仍被认为是阻碍RFID技术推广的一个重要原因之一。

7.3.4　RFID安全需求及研究进展

1．RFID系统的安全需求

一种比较完善的RFID系统解决方案应当具备保密性、完整性、可用性和真实性等基本特征。在RFID系统应用中，这些特性都涉及密码技术。

(1) 保密性。一个RFID电子标签不应当向未授权读写器泄露任何敏感的信息，在许多应用中，RFID电子标签中所包含的信息关系到消费者的隐私，这些数据一旦被攻击者获取，消费者的隐私权将无法得到保障，因而一个完备的RFID安全方案必须能够保证电子标签中所包含的信息仅能被授权读写器访问。

(2) 完整性。在通信过程中，数据完整性能够保证接收者收到的信息在传输过程中没有被攻击者篡改或替换。在RFID系统中，通常使用消息认证来进行数据完整性的检验。它使用的是一种带有共享密钥的散列算法，即将共享密钥和待测的消息连接在一起进行散列运算，对数据的任何细微改动都会对消息认证码的值产生极大的影响。

(3) 可用性。RFID系统的安全解决方案所提供的各种服务能够被授权用户使用，并能够有效防止非法攻击者企图中断RFID系统服务的恶意攻击。一个合理的安全方案应当具有节能的特点，各种安全协议和算法的设计不应当太复杂，并尽可能地减少用户密钥计算开销，存储容量和通信能力也应当充分考虑RFID系统资源有限的特点，从而使得能量消耗最小化。同时，安全性设计方案不应当限制RFID系统的可用性，并能够有效防止攻击者对电子标签资源的恶意消耗。

(4) 真实性。电子标签的身份认证在RFID系统的许多应用中是非常重要的。攻击者可以伪造电子标签，也可以通过某种方式隐藏标签，使读写器无法发现该标签，从而成功地实施物品转移，读写器通过身份认证才能确信正确的电子标签。

2．RFID系统的安全研究进展

为实现上述安全需求，RFID系统必须在电子标签资源有限的情况下实现具有一定安全强度的安全机制。受低成本RFID电子标签中资源有限的影响，一些高强度的公钥加密机制和认证算法难以在RFID系统中实现。目前，国内外针对低成本RFID安全技术进行了一系列研究，并取得了一些有意义的成果。

(1) 访问控制。为防止RFID电子标签内容的泄露，保证仅有授权实体才可以读取和处理相关标签上的信息，必须建立相应的访问控制机制。

(2) 标签认证。为防止对电子标签的依靠和标签内容的滥用，必须在通信之前对电子标签的身份进行认证。目前，学术界提出了多种标签认证方案，这些方案也充分考虑了电子标签资源有限的特点。

(3) 消息加密。现有读写器和标签之间的无线通信在多数情况下是以明文方式进行的，由于未采用任何加密机制，因而攻击者能够获取并利用RFID电子标签上的内容。国内外

学者为此提出了多种解决方案，旨在解决 RFID 系统的保密性问题。

7.4 传感器网络的安全

7.4.1 传感器网络的安全分析

无线传感器网络(WSN)是一种自组织网络，通过大量低成本、资源受限的传感器节点设备协同工作实现某一特定任务。

传感器网络为在复杂的环境中部署大规模的网络，进行实时数据采集与处理带来了希望。但同时 WSN 通常部署在无人维护、不可控制的环境中，除了具有一般无线网络所面临的信息泄露、信息篡改、重放攻击、拒绝服务攻击等多种威胁外，WSN 还面临传感器节点容易被攻击者物理操纵，并获取存储在传感器节点中的所有信息，从而控制部分网络的威胁。用户不可能接受并部署一个没有解决好安全和隐私问题的传感器网络，因此在进行 WSN 协议和软件设计时，必须充分考虑 WSN 可能面临的安全问题，并把安全机制集成到系统设计中去。

1. 传感器网络的特点

传感器网络的特点主要体现在以下几个方面：

(1) 能量有限：能量是限制传感器节点能力、寿命的最主要的约束性条件，现有的传感器节点都是通过标准的 AAA 或 AA 电池进行供电，并且不能重新充电。

(2) 计算能力有限：传感器节点 CPU 一般只具有 8 bit、4 MHz～8 MHz 的处理能力。

(3) 存储能力有限：传感器节点一般包括三种形式的存储器，即 RAM、程序存储器、工作存储器。RAM 用于存放工作时的临时数据，一般不超过 2 KB；程序存储器用于存储操作系统、应用程序以及安全函数等；工作存储器用于存放获取的传感信息。程序存储器和工作存储器一般也只有几十千字节。

(4) 通信范围有限：为了节约信号传输时的能量消耗，传感器节点的 RF 模块的传输能量一般为 10 mW～100 mW，传输的范围也局限于 100 m～1 km。

(5) 防篡改性：传感器节点是一种价格低廉、结构松散、开放的网络设备，攻击者一旦获取传感器节点就很容易获得和修改存储在传感器节点中的密钥信息以及程序代码等。

另外，大多数传感器网络在进行部署前，其网络拓扑是无法预知的，同时部署后，整个网络拓扑、传感器节点在网络中的角色也是经常变化的，因而不像有线网、大部分无线网络那样对网络设备进行完全配置，对传感器节点进行预配置的范围是有限的，很多网络参数、密钥等都是传感器节点在部署后进行协商形成的。

2. 无线传感器网络的安全特点

根据无线传感器网络(WSN)的特点分析可知，WSN 与安全相关的主要特点如下：

(1) 资源受限，通信环境恶劣。WSN 单个节点能量有限，存储空间和计算能力差，直接导致了许多成熟、有效的安全协议和算法无法顺利应用。另外，节点之间采用无线通信方式，信道不稳定，信号不仅容易被窃听，而且容易被干扰或篡改。

(2) 部署区域的安全无法保证，节点易失效。传感器节点一般部署在无人值守的恶劣环境中，其工作空间本身就存在不安全因素，节点很容易受到破坏或被俘，一般无法对节点进行维护，节点很容易失效。

(3) 网络无基础框架。在 WSN 中，各节点以自组织的方式形成网络，以单跳或多跳的方式进行通信，由节点相互配合实现路由功能，没有专门的传输设备，传统的端到端的安全机制无法直接应用。

(4) 部署前地理位置具有不确定性。在 WSN 中，节点通常随机部署在目标区域，任何节点之间是否存在直接连接在部署前是未知的。

7.4.2　传感器网络的安全性目标

1. WSN 的主要安全目标及实现基础

虽然 WSN 的主要安全目标和一般网络没有多大区别，包括保密性、完整性、可用性等，但考虑到 WSN 是典型的分布式系统，并以消息传递来完成任务的特点，可以将其安全问题归结为消息安全和节点安全。所谓消息安全是指在节点之间传输的各种报文的安全性。节点安全是指针对传感器节点被俘获并改造而变为恶意节点时，网络能够迅速地发现异常节点，并能有效地防止其产生更大的危害。与传统网络相比，由于 WSN 根深蒂固的微型化和低价位大规模应用的思想，导致借助硬件实现安全的策略一直没有得到重视。考虑到传感器节点的资源限制，几乎所有的安全研究都必然存在算法计算强度和安全强度之间的权衡问题。简单地提供能够保证消息安全的加密算法是不够的。事实上，当节点被攻破，密钥等重要信息被窃取时，攻击者很容易控制被俘节点或复制恶意节点以危害消息安全。因此，节点安全高于消息安全，确保传感器节点安全尤为重要。

维护传感器节点安全的首要问题是建立节点信任机制。在传统网络中，健壮的端到端信任机制常需借助可信第三方，通过公钥密码体制实现网络实体的认证，如 PKI 系统。然而，研究者们发现，由于无线信道的脆弱性，即便对于静止的传感器节点，其间的通信信道并不稳定，导致网络拓扑容易变化。因此，对于任何基于可信第三方的安全协议，传感器节点和可信第三方之间的通信开销很大，并且不稳定的信道和通信延迟足以危及安全协议的能力和效率。另外，鉴于传感器节点计算能力的约束，公钥密码体制也不适合用于 WSN。

根据近代密码学的观点，密码系统的安全应该只取决于密钥的安全，而不取决于对算法的保密。因此，密钥管理是安全管理中最重要、最基础的环节。历史经验表明，从密钥管理途径进行攻击要比单纯破译密码算法代价小得多。高度重视密钥管理，引入密钥管理机制进行有效控制，对增加网络的安全性和抗攻击性是非常重要的。

一般而言，基于密钥预分配方式，WSN 通过共享密钥建立节点信任关系。因此，基于密钥预分配方式的共享密钥管理问题是 WSN 节点安全和消息安全功能的实现基础。目前，WSN 密钥预分配管理主要分为确定型密钥预分配和随机型密钥预分配。确定型密钥预分配借助组合论、多项式、矩阵等数学方法，其共同的缺点是当被攻破节点数超过某一门限时，整个网络被攻破的概率急剧升高。随机型密钥预分配则可避免这样的缺点，即当被攻破节点数超过某一门限时，整个网络被攻破的概率温和升高，而代价是增加了共享密钥的发现

难度。同时，由于随机型密钥预分配是基于随机图连通理论，所以在某些特殊场合，如节点分布稀疏或者密度不均匀的场合，随机型密钥预分配不能保证网络的连通性。

2. WSN的安全需求

WSN的安全需求主要有以下几个方面。

(1) 保密性。保密性要求对WSN节点间传输的信息进行加密，让任何人在截获节点间的物理通信信号后不能直接获得其所携带的消息内容。

(2) 完整性。WSN的无线通信环境为恶意节点实施破坏提供了方便，完整性要求节点收到的数据在传输过程中未被插入、删除或篡改，即保证接收到的消息与发送的消息是一致的。

(3) 健壮性。WSN一般被部署在恶劣环境、无人区域或敌方阵地中，外部环境条件具有不确定性，另外，随着旧节点的失效或新节点的加入，网络的拓扑结构不断发生变化。因此，WSN必须具有很强的适应性，使得单个节点或者少量节点的变化不会威胁整个网络的安全。

(4) 真实性。WSN的真实性主要体现在两个方面：点到点的消息认证和广播认证。点到点的消息认证使得某一节点在收到另一节点发送来的消息时，能够确认这个消息确实是从该节点发送过来的，而不是别人冒充的；广播认证主要解决单个节点向一组节点发送统一通告时的认证安全问题。

(5) 新鲜性。在WSN中，网络多路径传输延时的不确定性和恶意节点的重放攻击使得接收方可能收到延后的相同数据包，新鲜性要求接收方收到的数据包都是最新的、非重放的，即体现消息的时效性。

(6) 可用性。可用性要求WSN能够按预先设定的工作方式向合法的用户提供信息访问服务，然而，攻击者可以通过信号干扰、伪造或者复制等方式使WSN处于部分或全部瘫痪状态，从而破坏系统的可用性。

(7) 访问控制。WSN不能通过设置防火墙进行访问过滤，由于硬件受限，也不能采用非对称加密体制的数字签名和公钥证书机制。WSN必须建立一套符合自身特点，综合考虑性能、效率和安全性的访问控制机制。

3. WSN安全的研究现状

下面从密钥管理和攻防技术两个方面阐述无线传感器网络安全研究现状。

1) 密钥管理

密钥管理是数据加密技术中的重要环节，它处理密钥从生成到销毁的整个生命周期，涉及密钥的生成、分发、存储、更新及销毁等各方面，密钥的丢失将直接导致明文的泄露。有效的密钥管理方案是实现WSN安全的基础。下面是几种先进的密钥管理方案。

(1) 动态分簇密钥管理方案(Key Management for Dynamically Clustering WSN，KMDC)。该方案能够与现有的层簇式路由协议相结合，具有计算量小、能耗低的特点。任何节点在运行状态时只需要保存一个主密钥、一个簇密钥以及用于管理簇密钥的管理密钥，簇头不需要保存与成员节点之间的对密钥。同时，该方案采用EBS(组合最优组密钥管理)算法，减少了管理簇密钥带来的存储负担，降低了更新簇密钥时网络的通信负载。在网络运行后，EBS算法等较大规模的运算又由基站负责完成，所以簇头不需要具有较大存储空

间，不必进行大规模的运算，任何传感器节点都可以担任。另外，该方案还具有较好的扩展性。

(2) 基于对称矩阵LU分解的对密钥分配方案。该方案在实际应用中存在密钥信息分配不均、U矩阵信息完全公开等缺点。

(3) 基于LU矩阵空间的随机对密钥预分配方案。该方案解决了普通对称矩阵方案在实际应用中的局限性。

(4) 基于多项式和分组的密钥管理方案。该方案假定基站绝对安全，且传感器节点部署好以后就基本处于静止状态。为了在确保网络安全性的同时，达到较好的网络节点密钥连通概率，该方案首先通过多项式计算节点间链路共享密钥，然后通过分组的方法，弥补基于多项式方案的不足，提高网络密钥连通性。节点的标志符ID划分为组标志符(GID)和组内节点标志符(NID)两部分，节省了一定的节点开销。通过NID的扩展能够支持网络中节点的动态加入。

(5) 利用基于身份的密码体制(Identity-Based Cryptography，IBC)提出一种基于部署信息的密钥管理方案。该方案将节点身份和部署信息应用到椭圆曲线密钥算法中，与以前的方案相比安全性更高。在节点部署后不需要一个初始信任时间，节点被捕获之后不会泄露其他节点的秘密，可以抵挡克隆攻击和Sybil攻击，具有良好的可扩展性。该方案仅在节点部署时执行一次椭圆曲线密钥算法，在随后的整个通信过程中都采用对称密钥算法，能较好地应用到WSN中。

(6) 基于多密钥空间的密钥管理方案。该方案通过引入地理位置信息在离线阶段利用尚未使用的存储空间存储多个密钥空间。在节点部署以后，利用定位算法得到自己在网络中的坐标，对所存储的密钥空间进行优化，删除一些无效的密钥空间，释放原先利用的存储空间，增大两个邻居节点拥有相同密钥空间的概率，从而实现在不增加节点存储空间的情况下大幅提高被俘节点的阈值的目的，增强了网络安全性。

2) 攻防技术

WSN受到的攻击类型主要有Sybil攻击、Sinkhole攻击、Wormhole攻击、Hello泛洪攻击、选择性转发等。

(1) Sybil攻击。Sybil攻击的目标是破坏依赖多节点合作和多路径路由的分布式解决方案。在Sybil攻击中，恶意节点通过扮演其他节点或者通过声明虚假身份，对网络中的其他节点表现出多重身份。Sybil攻击能够明显降低路由方案对于诸如分布式存储、分散和多路径路由、拓扑结构保持的容错能力，对于基于位置信息的路由协议也构成很大的威胁。

(2) Sinkhole攻击。攻击者为一个被妥协的节点篡改路由信息，尽可能地引诱附近的流量通过该恶意节点，一旦数据都经过该恶意节点，该恶意节点就可以对正常数据进行篡改或选择性转发，从而引发其他类型的攻击。

(3) Wormhole攻击。Wormhole攻击对WSN有很大威胁，因为这类攻击不需捕获合法节点，而且在节点部署后进行组网的过程中就可以实施攻击。恶意节点通过声明低延迟链路骗取网络的部分消息并开凿隧道，以一种不同的方式来重传收到的消息，这也可以引发其他类似于Sinkhole的攻击。

(4) Hello泛洪攻击。在WSN中，许多协议要求节点广播Hello数据包发现其邻居节点，收到该包的节点将确信它的发送者在传输范围内，攻击者通过发送大功率的信号来广

播路由或其他信息，使网络中的每一个节点都认为攻击者是其邻居，这些节点就会通过“该邻居”转发信息，从而达到欺骗的目的，最终引起网络的混乱。防御 Hello 泛洪攻击最简单的方法就是通信双方采取有效措施进行相互身份认证。

(5) 选择性转发。恶意节点可以概率性地转发或者丢弃特定消息，而使网络陷入混乱状态。如果恶意节点抛弃所有收到的信息将形成黑洞攻击，但是这种做法会使邻居节点认为该恶意节点已失效，从而不再经由它转发信息包，因此选择性转发更具欺骗性。其有效的解决方法是采用多径路由，节点也可以通过概率否决投票并由基站或簇头对恶意节点进行撤销。

(6) DoS 攻击。DoS 攻击是指任何能够削弱或消除 WSN 正常工作能力的行为或事件，对网络的可用性危害极大，攻击者可以通过拥塞、冲突碰撞、资源耗尽、方向误导、去同步等多种方法在 WSN 协议栈的各个层次上进行攻击。

4．WSN 安全研究的重点

WSN 安全问题已经成为 WSN 研究的热点与难点，随着对 WSN 安全研究的不断深入，下面几个方向将成为研究的重点。

1) 密钥管理

(1) 密钥的动态管理问题。WSN 的节点随时都可能变化(死亡、捕获、增加等)，其密钥管理方案要具有良好的可扩展性，能够通过密钥的更新或撤销适应这种频繁的变化。

(2) 丢包率的问题。WSN 无线的通信方式必然存在一定的丢包率，目前绝大多数的密钥管理方案都是建立在不存在丢包的基础上的，这与实际是不相符的，因此需要设计一种允许一定丢包率的密钥管理方案。

(3) 分层、分簇或分组密钥管理方案的研究。WSN 一般节点数目较多，整个网络的安全性与节点资源的有限性之间的矛盾通过传统的密钥管理方式很难解决，而通过对节点进行合理的分层、分簇或分组管理，可以在提高网络安全性的同时，降低节点的通信、存储开销。因此，密钥管理方案的分层、分簇或分组研究是 WSN 安全研究的一个重点。

(4) 椭圆曲线密码算法在 WSN 中的应用研究。

2) 安全路由

WSN 没有专门的路由设备，传感器节点既要完成信息的感应和处理，又要实现路由功能。另外，传感器节点的资源受限，网络拓扑结构也会不断发生变化。这些特点使得传统的路由算法无法应用到 WSN 中。设计具有良好的扩展性，且适应 WSN 安全需求的安全路由算法是 WSN 安全研究的重要内容。

3) 安全数据融合

在 WSN 中，传感器节点一般部署较为密集，相邻节点感知的信息有很多都是相同的，为了节省带宽、提高效率，信息传输路径上的中间节点一般会对转发的数据进行融合，减少数据冗余。但是数据融合会导致中间节点获知传输信息的内容，降低了传输内容的安全性。在确保安全的基础上，提高数据融合技术的效率是 WSN 实际应用中需要解决的问题。

4) 入侵检测

(1) 针对不同的应用环境与攻击手段，误检率与漏检率之间的平衡问题。

(2) 结合集中式和分布式检测方法的优点，更高效的入侵检测机制的研究。

5) 安全强度与网络寿命的平衡

WSN 的应用很广泛，针对不同的应用环境，如何在网络的安全强度和使用寿命之间取得平衡，在安全的基础上充分发挥 WSN 的效能，也是一个急需解决的问题。

7.4.3　传感器网络的安全策略

根据以上无线传感器网络的安全分析可知，无线传感器网络易于遭受传感器节点的物理操纵、传感信息的窃听、私有信息的泄露、拒绝服务攻击等多种威胁和攻击。下面将根据 WSN 的特点，对 WSN 所面临的潜在安全威胁进行分类描述与对策探讨。

1. 传感器节点的物理操纵

未来的传感器网络一般有成百上千个传感器节点，很难对每个节点进行监控和保护，因而每个节点都是一个潜在的攻击点，都能被攻击者进行物理和逻辑攻击。另外，传感器通常部署在无人维护的环境当中，这更加方便了攻击者捕获传感器节点。当捕获了传感器节点后，攻击者就可以通过编程接口(JTAG 接口)，修改或获取传感器节点中的信息或代码，根据文献分析，攻击者可利用简单的工具(计算机、UISP 自由软件)在不到一分钟的时间内就可以把 EEPROM、Flash 和 SRAM 中的所有信息传输到计算机中，通过汇编软件，可很方便地把获取的信息转换成汇编文件格式，从而分析出传感器节点所存储的程序代码、路由协议及密钥等机密信息，同时还可以修改程序代码，并加载到传感器节点中。

目前通用的传感器节点具有很大的安全漏洞，攻击者通过此漏洞，可方便地获取传感器节点中的机密信息、修改传感器节点中的程序代码，如使得传感器节点具有多个身份 ID，从而以多个身份在传感器网络中进行通信，另外，攻击还可以通过获取存储在传感节点中的密钥、代码等信息进行，从而伪造或伪装成合法节点加入到传感器网络中。一旦控制了传感器网络中的一部分节点后，攻击者就可以发动多种攻击，如监听传感器网络中传输的信息，向传感器网络中发布假的路由信息或传送假的传感信息、进行拒绝服务攻击等。

安全策略：由于传感器节点容易被物理操纵是传感器网络不可回避的安全问题，必须通过其他的技术方案来提高传感器网络的安全性能。如在通信前进行节点与节点的身份认证；设计新的密钥协商方案，使得即使有一小部分节点被操纵后，攻击者也不能或很难从获取的节点信息推导出其他节点的密钥信息等。另外，还可以通过对传感器节点软件的合法性进行认证等措施来提高节点本身的安全性能。

2. 信息窃听

根据无线传播和网络部署特点，攻击者很容易通过节点间的传输而获得敏感或者私有的信息，如：在通过无线传感器网络监控室内温度和灯光的场景中，部署在室外的无线接收器可以获取室内传感器发送过来的温度和灯光信息；同样攻击者通过监听室内和室外节点间信息的传输，也可以获知室内信息，从而揭露出房屋主人的生活习性。

安全策略：对传输信息加密可以解决窃听问题，但需要一个灵活、强健的密钥交换和管理方案。密钥管理方案必须容易部署而且适合传感器节点资源有限的特点，另外，密钥管理方案还必须保证当部分节点被操纵后(如攻击者获取了存储在这个节点中的生成会话密钥的信息)，不会破坏整个网络的安全性。由于传感器节点的内存资源有限，因此在传感

器网络中实现大多数节点间端到端安全不切实际。然而在传感器网络中可以实现跳-跳之间的信息的加密，这样传感器节点只要与邻居节点共享密钥就可以了。在这种情况下，即使攻击者捕获了一个通信节点，也只是影响相邻节点间的安全。但当攻击者通过操纵节点发送虚假路由消息，就会影响整个网络的路由拓扑。解决这种问题的办法是具有鲁棒性的路由协议，另一种方法是多路径路由，通过多个路径传输部分信息，并在目的地进行重组。

3. 私有性问题

传感器网络是以收集信息作为主要目的的，攻击者可以通过窃听、加入伪造的非法节点等方式获取这些敏感信息。如果攻击者知道怎样从多路信息中获取有限信息的相关算法，那么攻击者就可以通过大量获取的信息导出有效信息。一般传感器中的私有性问题，并不是通过传感器网络去获取不大可能收集到的信息，而是攻击者通过远程监听 WSN，从而获得大量的信息，并根据特定算法分析出其中的私有性问题。因此，攻击者并不需要物理接触传感器节点，远程监听是一种低风险、匿名的获得私有信息方式。远程监听还可以使单个攻击者同时获取多个节点的传输的信息。

安全策略：保证网络中的传感信息只有可信实体才可以访问是保证私有性问题的最好方法，这可通过数据加密和访问控制来实现；另外一种方法是限制网络所发送信息的粒度，因为信息越详细，越有可能泄露私有性，比如，一个簇节点可以通过对从相邻节点接收到的大量信息进行汇集处理，并只传送处理结果，从而达到数据匿名化。

4. 拒绝服务(DoS)攻击

DoS 攻击主要用于破坏网络的可用性，减少、降低执行网络或系统执行某一期望功能能力的任何事件。如试图中断、颠覆或毁坏传感器网络，另外还包括硬件失败、软件 bug、资源耗尽、环境条件等。这里主要考虑协议和设计层面的漏洞。确定一个错误或一系列错误是否是有意 DoS 攻击造成的，是很困难的，特别是在大规模的网络中，因为此时传感器网络本身就具有比较高的单个节点失效率。

DoS 攻击可以发生在物理层，如信道阻塞，这可能包括恶意干扰网络中协议的传送或者物理损害传感器节点。攻击者还可以发起快速消耗传感器节点能量的攻击，比如，向目标节点连续发送大量无用信息，目标节点就会消耗能量处理这些信息，并把这些信息传送给其他节点。如果攻击者捕获了传感器节点，那么他还可以伪造或伪装成合法节点发起这些 DoS 攻击，比如，他可以产生循环路由，从而耗尽这个循环中节点的能量。没有一个固定的方法可以防御 DoS 攻击，它随着攻击者攻击方法的不同而不同。一些跳频和扩频技术可以用来减轻网络堵塞问题。恰当的认证可以防止在网络中插入无用信息，然而，这些协议必须十分有效，否则它也会被用来当做 DoS 攻击的手段。比如，可以使用基于非对称密码机制的数字签名进行信息认证，但是创建和验证签名是一个计算速度慢、能量消耗大的计算，攻击者可以在网络中引入大量的这种信息，这样他们就可有效地实施 DoS 攻击。

练 习 题

1. RFID 技术存在哪些安全问题？
2. 计算机信息安全涉及哪几方面的安全？

3．信息安全有哪些主要特征？
4．信息安全包括哪些基本属性？
5．简述物联网安全的特点。
6．简述物联网的安全层次模型及体系结构。
7．简述传感器网络的特点。
8．简述无线传感器网络的安全性目标。

第8章　物联网M2M

读完本章，读者将了解以下内容：

※ M2M的基本概念、M2M的系统架构和通信协议、M2M的支撑技术；

※ M2M业务应用和M2M的发展现状；

※ M2M的应用举例——基于嵌入式ARM处理器的M2M终端总体设计。

8.1　M2M概述

8.1.1　M2M的基本概念

M2M是Machine-to-Machine/Man的简称，是一种以机器终端智能交互为核心的、网络化的应用与服务。它通过在机器内部嵌入无线通信模块，以无线通信等为接入手段，为客户提供综合的信息化解决方案，以满足客户对监控、指挥调度、数据采集和测量等方面的信息化需求。M2M根据其应用服务对象可以分为个人、家庭、行业三大类。

到底什么是M2M？从广义上说，M2M代表机器对机器(Machine to Machine)、人对机器(Man to Machine)、机器对人(Machine to Man)以及移动网络对机器(Mobile to Machine)之间的连接与通信，它涵盖了所有可以实现在人、机、系统之间建立通信连接的技术和手段，而更多的情况下是指非IT机器设备通过移动通信网络与其他设备或IT系统的通信。从狭义上说，M2M就是机器与机器之间通过GSM/GPRS、UMTS/HSDPA和CDMA/EVDO模块实现数据的交换。简单来说，M2M就是把所有的机器都纳入到一张通信网中，使所有的机器都智能起来。

M2M不是简单的数据在机器和机器之间的传输，更重要的是，它是机器和机器之间的一种智能化、交互式的通信。也就是说，即使人们没有实时发出信号，机器也会根据既定程序主动进行通信，并根据所得到的数据智能化地做出选择，对相关设备发出正确的指令。可以说，智能化、交互式成为了M2M有别于其他应用的典型特征，这一特征下的机器也被赋予了更多的“思想”和“智慧”。

完整的M2M产业链包括通信芯片提供商、通信模块提供商、外部硬件提供商、应用设备和软件提供商、系统集成商、M2M服务提供商、电信运营商、原始设备制造商、消费者、管理咨询提供商和测试认证提供商等。整个产业链的核心是通信芯片提供商、通信模块提供商、系统集成商、电信运营商、原始设备制造商这几个环节。

通信芯片提供商、通信模块提供商、外部硬件提供商、原始设备制造提供商组成了M2M终端——M2M应用中的最基础设备。

通信芯片提供商：提供最底层的通信芯片的厂商。这类芯片往往并不是专门针对M2M应用而开发的，任何希望通过无线方式连入通信网络的机器，比如手机、笔记本，都需要

这种芯片。可以说，通信芯片是整个通信设备的核心。

通信模块提供商：使用通信芯片提供商提供的通信芯片，设计生产出能够嵌入在各种机器和设备上的通信模块的厂商。通信模块是 M2M 业务应用终端的基础，除了通信芯片以外，还包括数据端口、数据存储、微处理器、电源管理等功能。通信模块提供商往往是针对 M2M 业务应用而开发，因此要求通信模块能够和要安装的机器拥有一致的接口和控制协议。

外部硬件提供商：提供 M2M 终端除通信模块外的其他硬件设备的厂商。外部硬件包括可以进行数据转换和处理的 I/O 端口设备、提供网络连接的外部服务器和调制解调器、可以操控远程设备的自动控制器、在局域网内传输数据的路由器和接入点以及外部的天线、电缆、通信电源、RFID、二维码等。外部硬件虽然不是 M2M 终端的核心，但却是终端正常工作所必需的。

原始设备制造商：M2M 业务要实现机器的联网必须需要机器设备制造商的支持，因此 M2M 业务面向的客户首先是原始设备制造商。而通信模块与设备的接口和协议也需要模块提供商和设备制造商之间进行协商。

M2M 是现阶段物联网最普遍的应用形式，是实现物联网的第一步。未来的物联网将是由无数个 M2M 系统构成，不同的 M2M 系统会负责不同的功能处理，通过中央处理单元协同运作，最终组成智能化的社会系统。

8.1.2　M2M 的系统架构和通信协议

1．M2M 的系统架构

M2M 产品主要由三部分构成：第一，无线终端，即特殊的行业应用终端，而不是通常的手机或笔记本电脑；第二，传输通道，从无线终端到用户端的行业应用中心之间的通道；第三，行业应用中心，也就是终端上传数据的汇聚点，对分散的行业终端进行监控。其特点是行业特征强，用户自行管理，而且可位于企业端或者托管。

M2M 的系统包括 M2M 终端、M2M 平台和应用业务。M2M 的系统结构如图 8.1 所示。

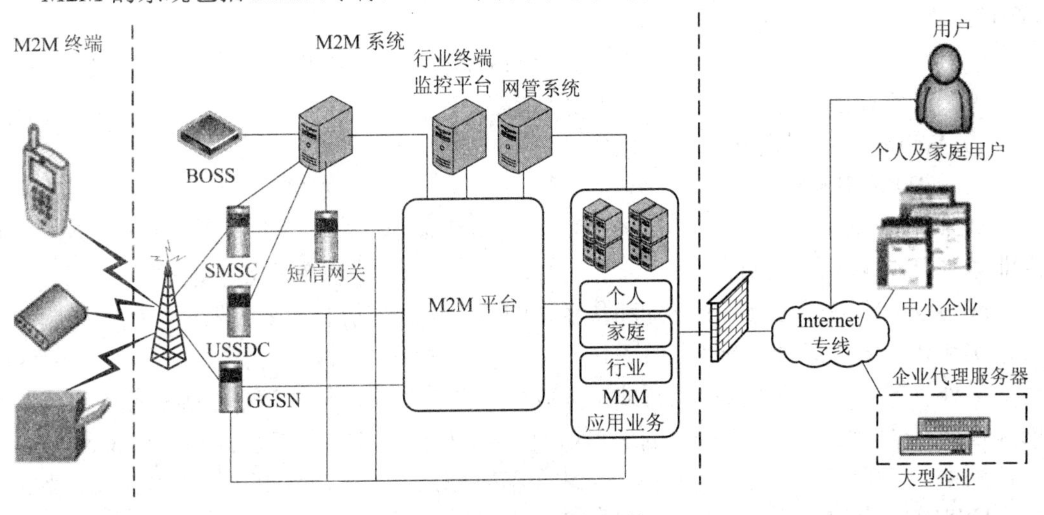

图 8.1　M2M 的系统结构

图中各部分说明如下：

1) M2M终端

(1) M2M终端的功能：M2M终端基于WMMP协议，并具有接收远程M2M平台激活指令、本地故障报警、数据通信、远程升级、数据统计以及端到端的通信交互功能。

(2) M2M终端的类型：主要有行业专用终端、无线调制解调器和手持设备。

行业专用终端包括终端设备(TE)和无线模块(MT，移动终端)。终端设备(TE) 主要完成行业数字模拟量的采集和转化，无线模块主要完成数据传输、终端状态检测、链路检测及系统通信功能。无线调制解调器具有终端管理模块功能和无线接入能力，用于在行业终端监控平台与网管系统间无线收发数据。手持设备通常具有查询 M2M 终端设备状态、远程监控行业作业现场和处理办公文件等功能。

(3) 终端管理模块：为软件模块，可以位于TE或MT设备中，主要负责维护和管理通信及应用功能，为应用层提供安全可靠和可管理的通信服务。

2) M2M平台

(1) M2M平台的功能：为客户提供统一的M2M终端管理、终端设备鉴权；支持多种网络接入方式，提供标准化的接口使得数据传输简单直接；提供数据路由、监控、用户鉴权、内容计费等管理功能。

(2) M2M平台的类型：按照功能划分为通信接入模块、终端接入模块、应用接入模块、业务处理模块、数据库模块和Web模块。

① 通信接入模块：可分为行业网关接入模块和GPRS接入模块。行业网关接入模块负责完成行业网关的接入，通过行业网关完成与短信网关、彩信网关的接入，最终完成与M2M终端的通信；GPRS接入模块使用GPRS方式与M2M终端传送数据。

② 终端接入模块：负责M2M平台通过行业网关或GGSN与M2M终端收发协议消息的解析和处理。

③ 应用接入模块：实现M2M应用业务到M2M平台的接入。

④ 业务处理模块：是M2M平台的核心业务处理引擎，实现M2M平台系统的业务消息的集中处理和控制。

⑤ 数据库模块：保存各类配置数据、终端信息、集团客户(EC)信息、签约信息和黑/白名单、业务数据、信息安全信息、业务故障信息等。

⑥ Web模块：提供Web方式操作维护与配置功能。

3) M2M应用业务

M2M应用业务为M2M应用服务客户提供各类M2M应用服务业务，由多个M2M应用业务平台构成，主要包括个人、家庭、行业三大类M2M应用业务平台。

应用业务的主要功能是把感知和传输来的信息进行分析和处理，做出正确的控制和决策，实现智能化的管理、应用和服务。

另外，图中的短信网关：由行业网关或梦网网关组成，与短信中心等业务中心或业务网关连接，提供通信能力，负责短信等通信接续过程中的业务鉴权、黑/白名单设置、EC/SI签约关系、黑/白名单导入。行业网关产生短信等通信原始使用话单，送给BOSS计费。

USSDC：负责建立M2M终端与M2M平台的USSD通信。

GGSN：负责建立M2M终端与M2M平台的GPRS通信，提供数据路由、地址分配及必要的网间安全机制。

BOSS：与短信网关、M2M 平台相连，完成客户管理、业务受理、计费结算和收费功能，对 EC/SI 提供的业务进行数据配置和管理，支持签约关系受理功能，支持通过 HTTP/FTP 接口与行业网关、M2M 平台、EC/SI 进行签约关系以及黑/白名单等同步的功能。

行业终端监控平台：M2M 平台提供 FTP 目录，将每月统计文件存放在 FTP 目录，供行业终端监控平台下载，以同步 M2M 平台的终端管理数据。

2. M2M 的通信协议

M2M 终端可通过 GSM、WCDMA、TD-SCDMA 等不同的移动通信网络接入，通信方式包括短信、彩信等。

为了屏蔽不同的通信网络、不同的通信方式的差异性，便于 M2M 终端设备快速接入 M2M 系统，需要对 M2M 终端与 M2M 平台之间的通信协议进行规范。

M2M 的典型通信协议使用中国移动提出的无线机器管理协议(Wireless Machine Management Protocol，WMMP)。WMMP 是为实现行业终端与 M2M 平台数据通信过程而设计的，属于与具体通信网络及通信接入方式无关的应用层协议，建立在 UDP 之上。WMMP 协议栈结构如图 8.2 所示。

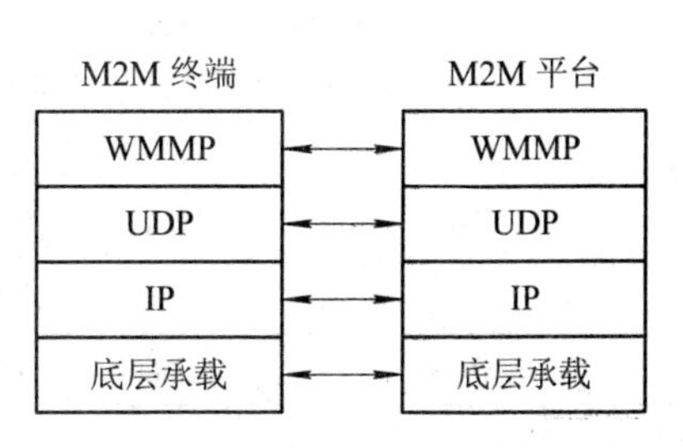

图 8.2　WMMP 协议栈结构

由于 GPRS 网络带宽较窄，延迟较大，M2M 不适于采用 TCP 进行通信。

采用 UDP 无连接方式传输，其优点是效率高、流量小、节省网络带宽资源，缺点是没有确认机制，有可能引起丢包。

根据实际经验发现，通过在 UDP 的上层应用层协议实现类似 TCP 的包确认和重传机制，采用 UDP 方式传输，丢包率能控制在 1%以下，从而可提高通信效率及可靠性。

WMMP 协议通信方式有长连接和短连接两种。

长连接是指在一个过程中可以连续发送多个数据包，如果没有数据包发送，需要行业终端发送心跳包以维持此连接。

短连接是指通信双方有数据交互时，就建立一个 WMMP 过程，数据发送完成后，则断开此 WMMP 过程。

长连接和短连接的比较如表 8-1 所示。

WMMP 的流程如下：

① M2M 终端序列号的注册和分配；

② M2M 终端登录系统；

③ M2M 终端退出系统；

④ M2M 连接检查；

⑤ 终端上线失败错误状态上报；

⑥ M2M 终端按照 M2M 平台的要求上报采集数据、告警数据或统计数据，以及向 M2M 平台请求配置数据；

⑦ M2M 平台从 M2M 终端提取所需的数据，或向终端下发控制命令和配置信息；

⑧ M2M终端软件的远程升级。

表8-1　长连接和短连接的比较

项　目	长连接	短连接
维持、监测链路的手段	心跳包	不需要心跳包来维持链路，但M2M终端仍然需要通过心跳包告知M2M平台它的运行状态，以便进行监控和故障报警
操作流程	通信双方以客户/服务器方式建立WMMP过程，用于双方信息的相互提交。当信道上没有数据传输时，M2M终端应每隔时间 C 发送心跳包以维持此连接，当心跳包发出且超过时间 T 后未收到响应，应立即再发送心跳包，再连续发送 $N-1$ 次后仍未得到响应，则结束此过程	唯一的区别在于平台并非通过心跳包来判断终端链路的存在，而是判断终端是否处于工作状态。 M2M终端平时处于下线状态，当本地由于数据需要传输或达到定时上线时间等类似策略时，行业终端作为客户端以客户/服务器方式建立WMMP过程
参数配置	参数 C、T、N 原则上应可配置	参数 T、N 原则上应可配置
应用范围	长时间一直在线的企业	不需要一直在线的企业

WMMP是为实现M2M业务中M2M终端与M2M平台之间、M2M终端之间、M2M平台与M2M应用业务之间的数据通信过程而设计的应用层协议，其体系如图8.3所示。

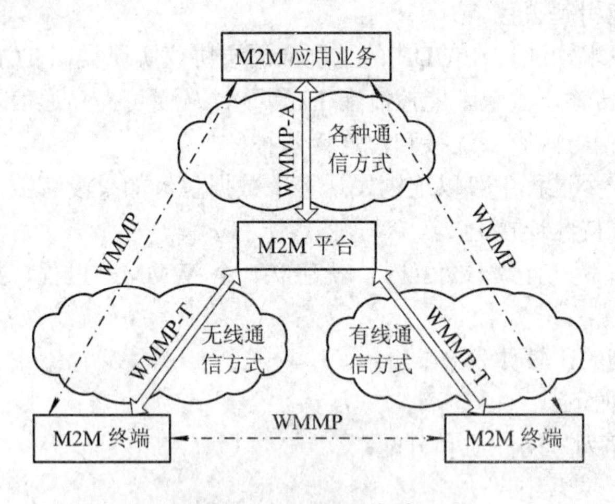

图8.3　WMMP体系

WMMP由M2M平台与M2M终端接口协议(WMMP-T)和M2M平台与M2M应用接口协议(WMMP-A)两部分组成。WMMP-T完成M2M平台与M2M终端之间的数据通信，以及M2M终端之间借助M2M平台转发、路由所实现的端到端数据通信。WMMP-A完成M2M平台与M2M应用业务之间的数据通信，以及M2M终端与M2M应用业务之间借助M2M平台转发、路由所实现的端到端数据通信。

WMMP的核心是其可扩展的协议栈及报文结构，而在其外层是由WMMP核心衍生的接入方式无关的通信机制和安全机制。在此基础之上，由内向外依次为 WMMP 的 M2M 终端管理功能和 WMMP 的 M2M 应用扩展功能。

8.1.3　M2M 的支撑技术

1. M2M 系统的关键支撑技术

M2M 系统结构中涉及五个重要的支撑技术：机器、M2M 硬件、通信网络、中间件和应用，如图 8.4 所示。

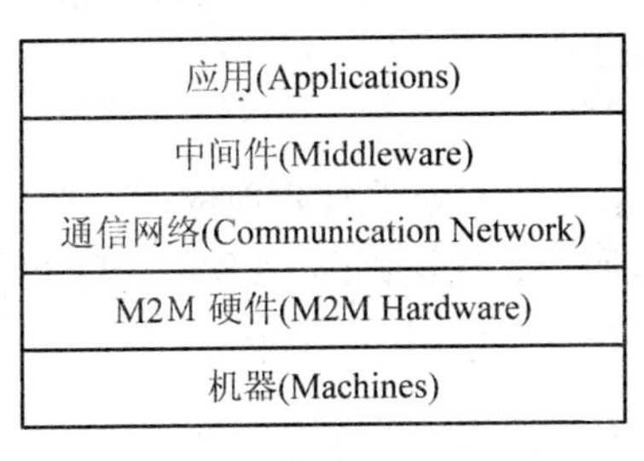

图 8.4　M2M 系统的关键支撑技术

1) 机器

实现 M2M 的第一步就是从机器/设备中获得数据，然后把它们通过网络发送出去。不同于传统通信网络中的终端，M2M 系统中的机器应该是高度智能化的机器。

“人、机器、系统的联合体”是 M2M 的有机结合体。可以说，机器是为人服务的，而系统则是为了机器更好地服务于人而存在的。机器高度智能化即机器具有“开口说话”的能力、信息感知、信息加工(计算能力)和无线通信能力。机器的智能化实现方法是在生产设备的时候嵌入 M2M 硬件或对已有机器进行改装，使其具备与其他 M2M 终端通信/组网的能力。

2) M2M 硬件

M2M 硬件是使机器获得远程通信和联网能力的部件。一般来说，M2M 硬件产品可分为以下五类。

(1) 嵌入式硬件。嵌入式硬件是嵌入到机器里面，使其具备网络通信的能力。常见的产品是支持 GSM/GPRS 或 CDMA 无线移动通信网络的无线嵌入式数据模块。典型产品有诺基亚的 12 GSM；索尼爱立信的 GR 48 和 GT 48；摩托罗拉的 G18/G20 for GSM、C18 for CDMA；西门子的 TC45、TC35i、MC35i 等。

(2) 可改装硬件。在 M2M 的工业应用中，厂商拥有大量不具备 M2M 通信和联网能力的机器设备，可改装硬件就是为满足这些机器的网络通信能力而设计的。其实现形式各不相同，包括从传感器收集数据的输入/输出(I/O)部件；完成协议转换功能，将数据发送到通信网络的连接终端(Connectivity Terminals)设备；有些 M2M 硬件还具备回控功能。典型产品有诺基亚的 30/31 for GSM 连接终端等。

(3) 调制解调器。嵌入式模块将数据传送到移动通信网络上时，起的就是调制解调器(Modem)的作用。而如果要将数据通过有线电话网络或者以太网送出去，则需要相应的调制解调器。典型产品有 BT-Series CDMA、GSM 无线数据 Modem 等。

(4) 传感器。经由传感器，让机器具备信息感知的能力。传感器可分为普通传感器和智能传感器两种。智能传感器(Smart Sensor)是指具有感知能力、计算能力和通信能力的微型传感器。由智能传感器组成的传感器网络是 M2M 技术的重要组成部分。一组具备通信能力的智能传感器以 Ad-Hoc 方式构成无线网络，协作感知、采集和处理网络所覆盖的地理区域中感知对象的信息，并发布给用户。也可以通过 GSM 网络或卫星通信网络将信息传给远方的 IT 系统。典型产品如英特尔的基于微型传感器网络的"智能微尘(Smart Dust)"等。

(5) 识别标识。识别标识(Location Tags)如同每台机器设备的"身份证"，使机器之间可以相互识别和区分。常用的技术如条形码技术、射频标签(RFID)技术等。标识技术已被广泛应用于商业库存和供应链的管理。

3) 通信网络

通信网络在整个 M2M 技术框架中处于核心地位，包括广域网(无线移动通信网络、卫星通信网络、Internet、公众电话网)、局域网(以太网、无线局域网、蓝牙)、个域网(ZigBee、传感器网络)。

4) 中间件

中间件在通信网络和 IT 系统间起桥接作用。中间件包括两部分：M2M 网关、数据收集/集成部件。

网关是 M2M 系统中的"翻译员"，它获取来自通信网络的数据，并将数据传送给信息处理系统。网关主要的功能是完成不同通信协议之间的转换。典型产品如 Nokia 的 M2M 网关。

数据收集/集成部件是为了将数据变成有价值的信息，对原始数据进行不同加工和处理，并将结果呈现给需要这些信息的观察者和决策者。这些中间件包括数据分析和商业智能部件、异常情况报告和工作流程部件、数据仓库和存储部件等。

5) 应用

在 M2M 系统中，应用的主要功能是通过数据融合、数据挖掘等技术把感知和传输来的信息进行分析和处理，为决策和控制提供依据，实现智能化的 M2M 业务应用和服务。

2. M2M 业务的关键技术

一个典型的 M2M 系统由传感器(或监控设备)、M2M 终端、蜂窝移动通信网络、终端管理平台与终端软件升级服务器、运营支撑系统、行业应用系统等环节构成。M2M 业务涉及一系列关键技术，包括系统架构设计，终端管理平台，专用芯片、模块、终端技术，服务质量(QoS)与流量控制，传感器网络技术等。

1) 系统架构设计

M2M 业务的系统架构设计中要兼顾宽带和窄带无线接入应用、实时和非实时应用，要能支持系统的开放性以便于接入和二次运营。

2) 终端管理平台

终端管理平台实现对全网 M2M 终端的统一的鉴权认证，并可以支持终端远程诊断功能和终端软件的远程自动升级功能(此时与终端软件升级服务器配合使用)。终端管理平台可根据不同行业和客户的需要选择承担或者不承担客户数据的传输功能；终端管理平台可以全网部署一套，也可以分区域部署，分区域部署时可采用云计算结构。

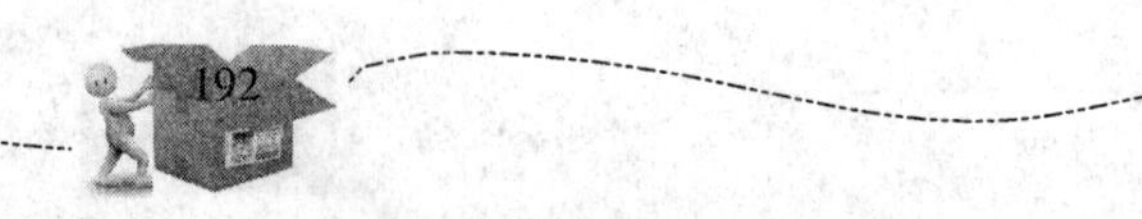

3) 专用芯片、模块、终端技术

M2M 模块与终端之间的接口与 AT(Attention)指令集需要进行标准化设计，并可将标准化后的管理协议栈从终端内置迁移到模块内置，以利于降低终端成本；由于许多行业应用终端一旦部署后不便实施经常性的维护，或者对运行的可靠性有较高的要求，因此 M2M 终端和模块都迫切需要研发低功耗、高可靠性、长寿命的解决方案，在另一些用量大、成本敏感的行业中则需要研发低成本的 M2M 终端方案，另外在部分应用场合中采用“机卡合一”方案可能更为适合；由于物联网和 M2M 业务成熟后的终端数量巨大，目前就有必要引入独立的 13 位终端号段，并且要求终端逐步实现对 IPv6 的支持。

4) QoS 与流量控制

M2M 业务使用无线网络传输数据信息，实现一定程度的 QoS 和保障无线网络资源的利用率是需要平衡的两个重要目标，因此，需要引入流量控制和终端休眠机制。针对部分行业应用过程中可能出现的空口资源过度占用或大批量终端同时接入的情况尤其要采用适合的处理机制，否则可能导致业务质量的急剧恶化甚至业务中断。

5) 传感网技术

传感器和传感器网络与 M2M 终端的接口标准化，也是 M2M 业务发展的一项基础性工作。

8.2　M2M 的应用

8.2.1　M2M 业务应用

1. M2M 应用模式

M2M 应用分为管理流-业务流并行模式和管理流-业务流分离模式。管理流是指承载 M2M 终端管理相关信息的数据流，业务流是指承载 M2M 应用相关的数据流。对于终端管理流，两种模式都由终端发送给 M2M 平台，或再由 M2M 平台转发给应用业务平台。对于业务流，在管理流-业务流并行模式下，业务流通过终端传递到 M2M 平台，再由 M2M 平台转发给 M2M 应用业务平台或者对端的 M2M 终端；在管理流-业务流分离模式下，业务流直接从终端送到 M2M 应用业务平台或者对端的 M2M 终端，不通过 M2M 平台转发。

网管系统与平台网络管理模块通信，完成配置管理、性能管理、故障管理、安全管理及系统自身管理等功能。

业务数据从 M2M 终端传送到 M2M 平台，再由 M2M 平台转发给 M2M 应用业务平台或者对端的 M2M 终端。这种模式下，管理数据和业务数据均由 M2M 平台统一接收，再根据不同的消息类型和目标地址进行分发或处理。

2. M2M 业务的应用

从狭义上说，M2M 只代表机器和机器之间的通信。M2M 的范围不应拘泥于此，而是应该扩展到人对机器、机器对人、移动网络对机器之间的连接与通信。

现在，M2M 应用遍及电力、交通、工业控制、零售、公共事业管理、医疗、水利、石油等多个行业，以及车辆防盗、安全监测、自动售货、机械维修、公共交通管理等日常生活当中。

8.2.2 M2M 的发展现状

1. M2M 产业发展现状

在国内，M2M 的应用领域涉及电力、水利、交通、金融、气象等行业。在国外，沃达丰(Vodafone)现为世界上最大的流动通信网络公司之一，在全球 27 个国家有投资，目前在 M2M 市场是全球第一，提供 M2M 全球服务平台以及应用业务，为企业客户的 M2M 智能服务部署提供托管，能够集中控制和管理许多国家推出的 M2M 设备，企业客户还可通过广泛的无线智能设备收集有用的客户数据。M2M 产业链如图 8.5 所示。

M2M产业链分析

最终用户	服务提供商	网络运营商	应用开发及系统集成商	终端制造商	模块提供商
■初期投资太大，一些中小规模的行业用户无法承担初期投入，影响 M2M 业务的拓展 ■技术标准不统一，用户一旦选择某一厂商的产品，便很难更换 ■用户必须自行维护 M2M 系统	■很少服务提供商，导致只有 M2M 应用，而无 M2M 业务 ■因缺少服务提供商，用户必须自行维护 M2M 应用系统，用户使用成本增加 ■无法有效利用资源，整合产业链	■以提供基于通信流量传输的服务为主，未把附加的信息服务作为主要收入，陷入价格战 ■只能提供依据流量收费的简单模式，产品形式单一，层次较低 ■未充分发挥资金、技术以及市场优势，以推动产业链发展	■虽掌握大量客户资源，但因未标准化，为减少开发，往往只能绑定某一上游厂商，缺乏竞争机制，无法充分发挥其优势 ■受上游供应商限制，产品单一，无法满足客户多样的需求	■单纯的终端制造，M2M 应用耦合度低，附加值低 ■客户化修改量大，产品通用性差，部署、维护、支持工作量大，但价值提升有限	■终端附加值低，带来必然的模块附加值低 ■终端未能上规模导致模块成本高，反过来影响终端的价格 ■模块非标准化也导致终端厂家依赖模块厂家，成本高

图 8.5　M2M 产业链

随着科学技术的发展，越来越多的设备具有了通信和联网能力，网络一切(Network Everything)逐步变为现实。人与人之间的通信需要更加直观、精美的界面和更丰富的多媒体内容，而 M2M 的通信更需要建立一个统一规范的通信接口和标准化的传输内容。

目前 M2M 业务发展中存在的主要问题是标准不尽统一，行业终端厂商和集成商面向不同的 M2M 应用，每次都需进行重新开发和集成，大大增加了人力和时间成本，而开放性强、兼容性好的 M2M 技术并不多见。

2. M2M 标准化现状

国际上各大标准化组织中 M2M 的相关研究和标准制定工作也在不断推进。几大主要标准化组织按照各自的工作职能范围，从不同角度开展了针对性研究。ETSI 从典型物联网业务用例(例如智能医疗、电子商务、自动化城市、智能抄表和智能电网)的相关研究入手，完成对物联网业务需求的分析、支持物联网业务的概要层体系结构设计以及相关数据模型、

接口和过程的定义。3GPP/3GPP2 以移动通信技术为工作核心，重点研究 3G，LTE/CDMA 网络针对物联网业务提供所需要实施的网络优化相关技术，研究涉及业务需求、核心网和无线网优化、安全等领域。CCSA 早在 2009 年就完成了 M2M 的业务研究报告，与 M2M 相关的其他研究工作也已展开。

M2M 技术标准制定的标准化组织包括欧洲电信标准协会(European Telecommunication Standards Institute，ETSI)、3GPP 和中国通信标准化协会(CCSA)的泛在网技术委员会(TC10)。

1) ETSI 的 M2M 标准化进展

ETSI 是国际上较早的系统展开 M2M 相关研究的标准化组织。2009 年初，ETSI 成立了专门的 TC 来负责统筹 M2M 的研究，旨在制定一个水平化的、不针对特定 M2M 应用的端到端解决方案的标准。其研究范围可以分为两个层面：第一个层面是针对 M2M 应用用例的收集和分析；第二个层面是在用例研究的基础上，开展应用无关的统一 M2M 解决方案的业务需求分析，网络体系架构定义和数据模型、接口和过程设计等工作。

ETSI M2M TC 的主要职责如下：

(1) 从利益相关方收集和制定 M2M 业务及运营需求。

(2) 建立一个端到端的 M2M 高层体系架构(如果需要会制定详细的体系结构)。

(3) 找出现有标准不能满足需求的地方并制定相应的具体标准。

(4) 将现有的组件或子系统映射到 M2M 体系结构中。

(5) M2M 解决方案间的互操作性(制定测试标准)。

(6) 硬件接口标准化方面的考虑。

(7) 与其他标准化组织进行交流及合作。

ETSI M2M TC 目前的研究工作如下：

(1) M2M 业务需求(TS 102 689)：定义 M2M 业务应用对通信系统的需求，以及 M2M 的典型应用场景。

(2) M2M 功能架构(TS 102 690)：定义 M2M 业务应用的功能架构以及相关的呼叫会话流程。

(3) 智能电表(Smart Metering)的应用场景(TS 102 691)：智能电表的应用场景和相关技术问题。

(4) 电子卫生保健(eHealth)的应用场景(TS 102 732)：电子医疗的应用场景和相关技术问题。

(5) 消费者连接(Connected Consumers)的应用场景(TS 102 857)：消费者连接的应用场景和相关技术问题。

(6) M2M 定义(TS 102 725)：M2M 相关的定义和名词术语。

2) 3GPP 的 M2M 标准化进展

3GPP 在标准制定过程中，也将 M2M 称做机器类通信(Machine Type Communications，MTC)。3GPP 早在 2005 年 9 月就开展了移动通信系统支持物联网应用的可行性研究，正式研究于 R10 阶段启动。在 2008 年 5 月，3GPP 制定了研究项目——针对机器类通信的网络优化(Network Improvement for Machine Type Communications，NIMTC)。3GPP 于 2009 年 11 月制定的技术报告 TS 22.368 中定义 MTC 的一般需求，以及有别于人与人间通信的一些独特的业务需求，并详述了为满足 MTC 的业务、网络优化需要做的一些工作。

3GPP 支持机器类型通信的网络增强研究课题在 R10 阶段的核心工作为 SA2 工作组对 MTC 体系结构增强的研究，其中重点述及支持 MTC 通信的网络优化技术包括以下几点：

(1) 体系架构：提出了对 NIMTC 体系结构的修改，包括增加 MTC IWF 功能实体以实现运营商网络与位于专网或公网上的物联网服务器进行数据和控制信令的交互，同时要求修改后的体系结构需要提供 MTC 终端漫游场景的支持。

(2) 拥塞和过载控制：研究多种的拥塞和过载场景要求网络能够精确定位拥塞发生的位置和造成拥塞的物联网应用，针对不同的拥塞场景和类型，给出了接入层阻止广播、低接入优先级指示、重置周期性位置更新时间等多种解决方案。

(3) 签约控制：研究 MTC 签约控制的相关问题，提出 SGSN/MME 具备根据 MTC 设备能力、网络能力、运营商策略和 MTC 签约信息来决定启用或禁用某些 MTC 特性的能力；同时也指出了需要进一步研究的问题，例如网络获取 MTC 设备能力的方法、MTC 设备的漫游场景等。

(4) 标识和寻址：MTC 通信的标识问题已经另外立项进行详细研究。本报告主要研究了 MT 过程中 MTC 终端的寻址方法，按照 MTC 服务器部署位置的不同，报告详细分析了寻址功能的需求，给出了 NATTT 和微端口转发技术寻址两种解决方案。

(5) 时间控制特性：适用于那些可以在预设时间段内完成数据收发的物联网应用。报告指出，归属网络运营商应分别预设 MTC 终端的许可时间段和服务禁止时间段。服务网络运营商可以根据本地策略修改许可时间段，设置 MTC 终端的通信窗口等。

(6) MTC 监控特性：MTC 监控是运营商网络为物联网签约用户提供的针对 MTC 终端行为的监控服务，包括监控事件签约、监控事件侦测、事件报告和后续行动触发等完整的解决方案。

3) 3GPP2 的 M2M 标准化进展

为推动 CDAM 系统 M2M 支撑技术的研究，3GPP2 在 2010 年 1 月曼谷会议上通过了 M2M 的立项。建议从以下几个方面加快 M2M 的研究进程。

(1) 当运营商部署 M2M 应用时，应给运营商带来较低的运营复杂度。

(2) 降低处理大量 M2M 设备群组对网络的影响和处理工作量。

(3) 优化网络工作模式，以降低对 M2M 终端功耗的影响等研究领域。

(4) 通过运营商提供满足 M2M 需要的业务，鼓励部署更多的 M2M 应用。

3GPP2 中 M2M 的研究参考了 3GPP 中定义的业务需求，研究的重点在于 CDMA2000 网络如何支持 M2M 通信，具体内容包括 3GPP2 体系结构增强、无线网络增强和分组数据核心网络增强。

4) CCSA 的 M2M 标准化进展

中国通信标准化协会(CCSA)的泛在网技术工作委员会(TC10)包括总体组、感知延伸组、应用组和网络组。CCSA 的 M2M 标准化工作的主要内容如下：

(1) IC5 WG7 完成了移动 M2M 业务研究报告，描述了 M2M 的典型应用、分析了 M2M 的商业模式、业务特征以及流量模型，给出了 M2M 业务标准化的建议。

(2) TC5 WG9 于 2010 年立项的支持 M2M 通信的移动网络技术研究，任务是跟踪 3GPP 的研究进展，结合国内需求，研究 M2M 通信对 RAN 和核心网络的影响及其优化方案等。

(3) TC10 WG2 M2M 业务总体技术要求，定义 M2M 业务概念、描述 M2M 场景和业务需求、系统架构、接口以及计费认证等要求。

(4) TC10 WG2 M2M 通信应用协议技术要求，规定 M2M 通信系统中端到端的协议技术要求。

3. M2M 业务面临的挑战和发展趋势

M2M 业务具有广阔的发展前景，但现阶段还面临不少现实的难点和挑战：

(1) 需要制定国家层面的标准(即使中国三大移动业务运营商正在制定的 M2M 标准也不一致)。只有在标准化的基础上，才能产生具有规模化成本效应的一系列模块和终端，才有可能产生与 M2M 的发展潜力相配套的产业格局。

(2) 商业模式问题。要想通过引入 M2M 业务真正有效地实现对客户的价值，需要对特定行业的业务流程进行深入的研究、创新和试验，而不同行业的应用方案可能差异很大、前期成本较高、资费单价较低，如何实现 M2M 产业链的共赢模式还有待探索。

(3) 关键技术的挑战。传感器技术，低功耗、高可靠性、长寿命的终端技术，具有 QoS 的无线网络数据传输质量等均是 M2M 业务面临的重大技术问题。

(4) 许多行业还存在着不同形式的行业壁垒，政策环境有待完善。

综上所述，现阶段各种形式的物联网业务中最主要、最现实的形态是 M2M 业务，M2M 业务在许多国家受到高度的重视，在一些行业中已经或将率先得到规模化的应用，并逐渐地影响到更多的行业。

未来几年间，M2M 业务将快速地进入很多行业，其用户数也将快速成长，预计至 2012 年底，中国国内基于移动蜂窝通信技术的 M2M 用户数将可能达到三千万至四千万，M2M 也会在若干年后成为 LTE 的核心应用之一。同时，M2M 业务终端在形态和业务支持上将呈现高度的创新性和融合性，在一些行业应用中将日益支持无线接入带宽与业务的灵活调度管理，也可能与一些相邻业务实现一定程度的融合(如支持更灵活的、移动性的、机动性的视频监控及数据协同等业务)，在另一些行业应用中 M2M 终端将可能与一系列的传感器和监测、控制设备深度融合。

据工业和信息化部的资料显示，M2M 的发展将呈现 5 大趋势：技术的改进将使 M2M 的产品成本快速降低；随着通信网络的融合和升级，M2M 的通信费用将大大降低；用户将更关注与业务密切融合的应用解决方案，以及 M2M 带来的创新服务；M2M 产业的专业化分工将快速形成，产业链的协同将更紧密；M2M 不但是“两化”融合的一个重要推动力，而且其应用领域将从企业向个人和家庭用户的方向延伸。

8.3　M2M 的应用举例——基于嵌入式 ARM 处理器的 M2M 终端总体设计

本节主要介绍一种基于嵌入式 ARM 处理器的 M2M 终端总体设计方法。该 M2M 终端可用于对输油管道、电力装置、油井等进行远程监控。

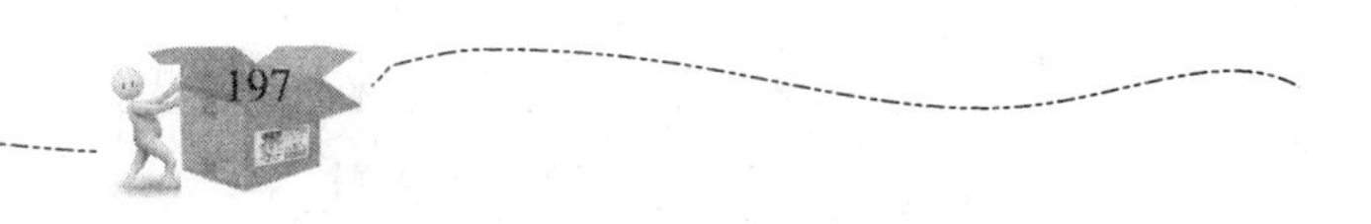

1. 系统硬件组成

M2M 终端的硬件核心为 GPRS 通信模块 MC35i 和 ARM 处理器 AT91SAM7S64，它们的接口设计如图 8.6 所示。M2M 终端对外留有两个 RS-232 串口，通过发送预先定义好的数字指令，可以实现 M2M 终端的启动、关闭等。当 M2M 终端与 Internet 建立连接后，只需把封装好的数据通过串口发送到 M2M 终端，由其完成向监控中心发送数据的功能。

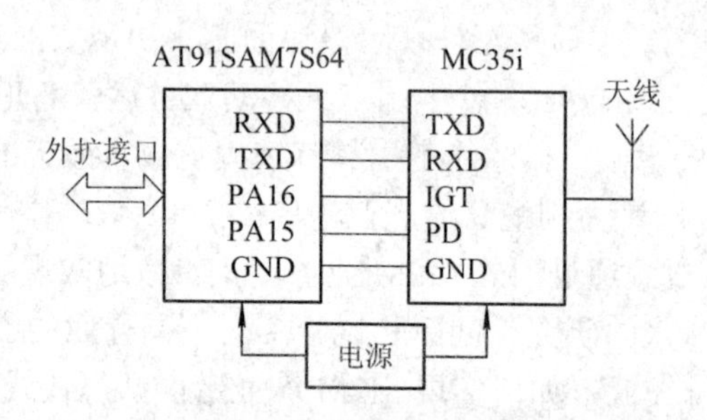

图 8.6 嵌入式 M2M 终端的硬件组成

1) GPRS 模块

GPRS 模块是实现 M2M 终端平台的核心部分，设计中采用西门子公司的 GPRS 通信模块 MC35i。本模块包括 CPU 接口电路、SIM 卡接口电路和 MC35i 外围电路。MC35i 支持 GPRS 的四种编码协议：CS-1、CS-2、CS-3 和 CS-4，理论上最高传输速率可达 172 kb/s。它具备完整的 GSM 和 GPRS 功能，可以广泛应用在相关的 M2M 数据传输平台上。MC35i 提供了标准 AT 命令界面和一个 RS-232 接口，用于与外部应用系统连接。

2) ARM 处理器

本数据传输平台处理器采用 ATMEL 公司生产的 32 位 ARM7TDMI 体系结构处理器 AT91SAM7S64。该芯片采用 3.3 V 电压进行供电，支持低功耗模式。它具有 64 KB 的 FLASH 和 16 KB 的 SRAM，具备丰富的外围设备资源，其中包括 3 个 UART 通信串口和 1 个 USB2.0 全速设备。利用本芯片完成系统功能的同时可以实现系统的高性价比。CPU 模块硬件电路包括时钟电路、JTAG 接口电路和 RS-232 接口电路等。

3) 电源设计

系统采用 9 V 电源进行供电，经过 TI 公司 LDO 降压芯片 UA7805 进行一次降压，使电压降至 5 V。GPRS 模块 MC35i 要求的电源电压为 3.3 V～4.8 V，而且要求电源必须能够提供 2 A 的尖峰电流，因此需要将 5 V 电源通过一个 0.7 V 压降的肖特基二极管 1N5819 后输入 MC35i，同时需要接入耐压 25 V、1000 μF 的电解电容，以为 MC35i 提供足够的尖峰电流。将 5 V 电源经过 TI 公司电源模块 REG1117-3.3 将电压降至 3.3 V，为微处理器及其他芯片提供电源。

2. 嵌入式软件设计

采用嵌入式实时操作系统可以更合适、有效地利用 CPU 的资源，简化应用软件的设计，缩短系统开发时间，更好地保证系统的实时性和可靠性。FreeRTOS 是在 Sourceforge 网站上发布的微内核嵌入式实时操作系统，它是完全免费的操作系统，具有源码公开、可移植、可裁减、调度策略灵活的特点。作为一个轻量级的操作系统，FreeRTOS 提供的功能包括任务管理、时间管理、信号量、消息队列、内存管理等。

FreeRTOS 支持优先级和轮换时间片两种调度算法，可根据用户需要设置为可剥夺型内核或不可剥夺型内核。下面基于 FreeRTOS 给出了 M2M 终端实现 PPP 协商以及数据封装传输的软件设计方案。

1) 基于状态机设计 GPRS 连接任务

由于网络和信号较弱等原因，可能导致节点与 GPRS 网络连接的失败，采用基于状态机的结构设计方法对各个阶段产生的错误进行处理，能保障模块与 GPRS 网络建立可靠连接。状态机设计流程如图 8.7 所示。

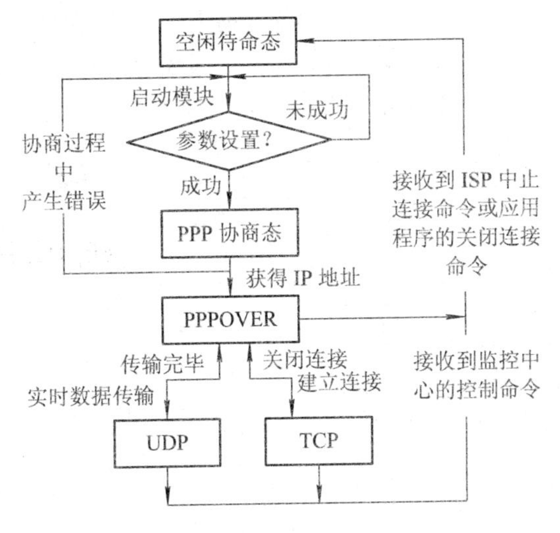

图 8.7　GPRS 网络连接任务的状态机设计流程

空闲待命态：此时 MC35i 处在离线关闭状态，节点处在低功耗模式下，系统复位后处于此状态。

GPRS 参数设置态：处理器控制启动 MC35i 模块后进入此状态，通过发送 AT 命令对模块及必要的网络参数进行设置，为使各个参数均设置成功，软件设计中增加了容错重试机制。

PPP 协商态：GPRS 参数设置完成后，通过发送 AT*99***1#命令，开始 MC35i 模块与 GPRS 网络 ISP(网络服务提供商)的 PPP 协商。软件设计中采用 LCPHandler()函数完成 LCP 协商，PAPHandler()完成认证，由 IPCPHandler()完成 IPCP 协商，如果最后获得 ISP 和本节点的 IP 地址，则进入 PPPOVER 态，此后就能进行数据的传输了。由于 GPRS 网络等原因，PPP 协商有时会失败，此时应重启 MC35i 模块，再按照状态机流程重新连接。

UDP 数据传输态：当程序采用 UDP 方式进行数据传输时，程序进入此状态，通过 xDataTrsmtTask()任务进行数据的 UDP/IP 封装和解析。

TCP 数据传输态：当节点调用 uip_cionnect()函数与监控中心建立连接后，程序进入 TCP 数据传输态，进行基于 TCP 的数据传输。

2) 数据的封装和传输

通过 GPRS 进行数据的传输需要经过 Internet 网络进行中转，因而传输的数据封装必须

进行 TCP/IP 协议。此处利用软件进行数据封装，需要传输的数据经过传输层 UDP 协议头封装，然后是 IP 协议头的封装，最后进行 PPP 协议的封装。

MC35i 将接收到的数据透明地传输到 Internet 网络中，通过 Internet 网络路由器中转，最终将数据传输到监控中心。接收端对接收到的数据按照相应的层次进行解析，从而确定数据的目标程序。

系统软件设计采用分层的结构，从底到上分别为串口驱动层(物理层)、PPP 协议层(链路层)、IP 协议层(网络层)、UDP 协议和 ICMP 层(传输层)以及应用层。在移植好的 LwIP 协议栈中，通过在各层中建立相应功能的线程，实现数据的封装。底层软件为上层软件提供函数支持，上层软件利用底层软件完成应用程序的编写和实现。软件采用自底向上的设计方法逐步实现系统中各个函数的功能，各部分函数实现均采用模块化的设计方法。每个任务对应一个模块。对每个任务单独进行设计后，最终由 FreeRTOS 操作系统统一管理，通过采用信号量和邮箱的方式实现多个任务之间的通信。软件各部分主要函数之间的关系如图 8.8 所示。

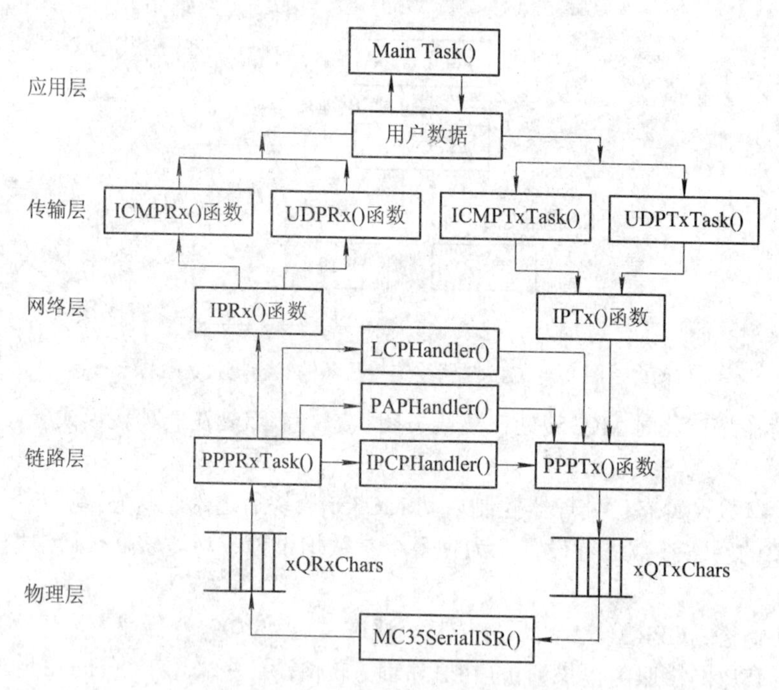

图 8.8 软件各部分主要函数之间的关系

在 MC35SerialISR()中将接收的数据存放到 xQRxChars 队列中后，发送 SemMC35Rx 信号量来激活 PPPRxTask()任务。通过对接收数据的解析，确定数据包的类型，然后由相应的函数对接收的数据进行处理。

如果接收的数据是应用程序的数据，将由 IPRx()函数判断目标主机是否正确，再经过传输层解析数据从而判定对数据处理的应用程序。最后由应用程序解析数据并执行相应的功能，如将数据通过串口发送到主机、向数据采集系统发送控制命令、接收数据采集系统的数据并发送等。当接收队列中所有数据均处理完毕后，延时 250 ms，如果还没有接收到数据，则任务通过等待信号量 SemMC35Rx 将自己挂起。数据的发送是一个相反的过程。

应用程序根据需要的功能建立 UDPTxTask()或 ICMPTxTask()任务，并将数据发送到 xAPPTxQ 队列中。相应的任务再调用 IPTx()和 PPPTx()函数进行数据的封装并将数据发送到 xQTxChars 队列中，从而唤醒 MC35SerialISR()中断程序将数据通过串口发送到 MC35i 中进行传输。为提高系统的实时性，FreeRTOS 采用可剥夺内核方式进行调度。采用 FreeRTOS 操作系统对任务进行管理简化了软件的编写难度，同时提高了程序的可读性和可移植性。

3．总结

基于 GPRS 的 M2M 产品的无线数据传输以及远程监控系统是目前国内外研究的热点。本节采用完全免费的操作系统和 TCP/IP 协议栈给出的系统设计方案具备成本低、性能好、可升级等优点，为远程监控系统相关领域的数据传输提供了一个可行的设计方案。

练　习　题

一、判断题(在正确的后面打√，错误的后面打×)

1．M2M 是指机器与机器之间的通信。　(　　)

2．中国移动在重庆设立了全国 M2M 业务运营中心，推出了无线抄表、车辆位置监控、移动 POS 等业务。　(　　)

3．物联网的核心是“物物互联、协同感知”。　(　　)

4．物联网就是“物物相连的网络”，实现了人与物、物与物的信息交换和通讯，它的核心和基础是互联网。　(　　)

5．在物联网中，系统可以自动、实时地对物体进行识别、追踪和监控，但不可以触发相应的事件。　(　　)

6．我们通常说物联网的大规模性指的是两个方面：一方面是物联网节点分布在很大的地理区域；另一方面是传感器节点部署很密集。　(　　)

7．物联网不过是给互联网接上一个终端，没什么新的东西。　(　　)

8．物联网的单个节点应该具有比通用计算机更强大的信息处理能力。　(　　)

9．互联网是连接的虚拟世界网络，物联网是连接物理的、真实的世界网络。　(　　)

二、简答题

1．M2M 终端主要完成哪些功能？

2．M2M 平台主要完成哪些功能？

3．M2M 平台的类型按照功能划分有哪些模块？

第9章 物联网数据融合技术

读完本章，读者将了解以下内容：

※ 物联网中的数据融合的基本原理、数据融合的层次结构、基于信息抽象层次的数据融合模型；

※ 传感器网络的数据传输及融合技术、多传感器数据融合算法、传感器网络的数据融合路由算法；

※ 传感器网络的数据管理系统、数据模型及存储查询、数据融合及管理技术研究与发展。

9.1 数据融合概述

9.1.1 数据融合简介

数据融合(Data Fusion)一词最早出现在20世纪70年代，并于20世纪80年代发展成一项专门技术。数据融合技术最早被应用于军事领域，1973年美国研究机构就在国防部的资助下，开展了声呐信号解释系统的研究。现在数据融合的主要应用领域有多源影像复合、机器人和智能仪器系统、战场和无人驾驶飞机、图像分析与理解、目标检测与跟踪、自动目标识别、工业控制、海洋监视和管理等。在遥感中，数据融合属于一种属性融合，它是将同一地区的多源遥感影像数据加以智能化合成，产生比单一信息源更精确、更完全、更可靠的估计和判断等。

相对于单源遥感影像数据，多源遥感影像数据所提供的信息具有以下特点：

(1) 冗余性：指多源遥感影像数据对环境或目标的表示、描述或解译结果相同。

(2) 互补性：指信息来自不同的自由度且相互独立。

(3) 合作性：不同传感器在观测和处理信息时对其他信息有依赖关系。

(4) 信息分层的结构特性：数据融合所处理的多源遥感信息可以在不同的信息层次上出现，这些信息抽象层次包括像素层、特征层和决策层，分层结构和并行处理机制还可保证系统的实时性。

多源遥感影像的实质是在统一地理坐标系中将对同一目标检测的多幅遥感图像数据采用一定的算法，生成一幅新的、更能有效表示该目标的图像信息。

多源遥感影像的目的是将单一传感器的多波段信息或不同类别传感器所提供的信息加以综合，消除多传感器信息之间可能存在的冗余和矛盾，加以互补，改善遥感信息提取的及时性和可靠性，提高数据的使用效率。

9.1.2　物联网中的数据融合

数据融合是针对多传感器系统而提出的。在多传感器系统中，由于信息表现形式的多样性、数据量的巨大性、数据关系的复杂性以及要求数据处理的实时性、准确性和可靠性，都已大大超出了人脑的信息综合处理能力，在这种情况下，多传感器数据融合技术应运而生。多传感器数据融合(Multi-Sensor Data Fusion，MSDF)，简称数据融合，也被称为多传感器信息融合(Multi-Sensor Information Fusion，MSIF)。它由美国国防部在20世纪70年代最先提出，之后英、法、日、俄等国也做了大量的研究。近40年来数据融合技术得到了巨大的发展，同时伴随着电子技术、信号检测与处理技术、计算机技术、网络通信技术以及控制技术的飞速发展，数据融合已被应用在多个领域，在现代科学技术中的地位也日渐突出。

1．数据融合的定义

数据融合的定义简洁地表述为：数据融合是利用计算机技术对时序获得的若干感知数据，在一定准则下加以分析、综合，以完成所需决策和评估任务而进行的数据处理过程。

数据融合有三层含义：

(1) 数据的全空间，即数据包括确定的和模糊的、全空间的和子空间的、同步的和异步的、数字的和非数字的，它是复杂的、多维多源的，覆盖全频段。

(2) 数据的融合不同于组合，组合指的是外部特性，融合指的是内部特性，它是系统动态过程中的一种数据综合加工处理。

(3) 数据的互补过程，数据表达方式的互补、结构上的互补、功能上的互补、不同层次的互补，是数据融合的核心，只有互补数据的融合才可以使系统发生质的飞跃。数据融合示意图如图9.1所示。

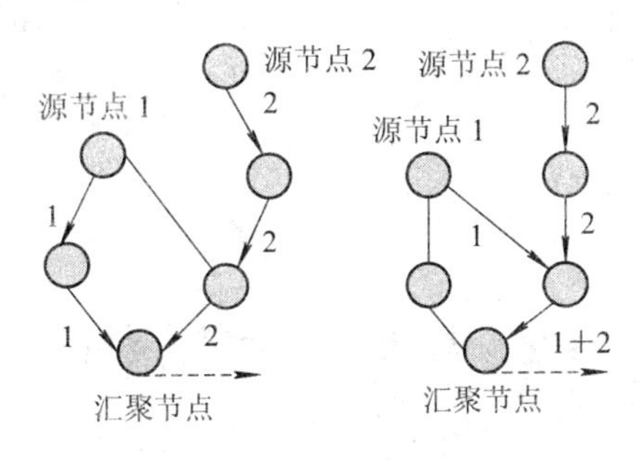

图9.1　数据融合示意图

数据融合的实质是针对多维数据进行关联或综合分析，进而选取适当的融合模式和处理算法，用以提高数据的质量，为知识提取奠定基础。

2．数据融合研究的主要内容

数据融合是针对一个网络感知系统中使用多个和多类感知节点(如多传感器)展开的一种数据处理方法，研究的内容主要包含以下几个方面。

(1) 数据对准。

(2) 数据相关。

(3) 数据识别，即估计目标的类别和类型。

(4) 感知数据的不确定性。

(5) 不完整、不一致和虚假数据。

(6) 数据库。

(7) 性能评估。

3．物联网数据融合的意义和作用

物联网是利用射频识别(RFID)装置、各种传感器、全球定位系统(GPS)、激光扫描器等各种不同装置、嵌入式软硬件系统，以及现代网络及无线通信、分布式数据处理等诸多技术，能够协作地实时监测、感知、采集网络分布区域内的各种环境或监测对象的信息，实现包括物与物、人与物之间的互相连接，并且与互联网结合起来而形成的一个巨大的信息网络系统。这个巨大的信息网络系统是一个物联网系统，在这个物联网系统中，有大量感知数据需要选取适当的融合模式、处理算法进行综合分析，才能提高数据的质量，获得最佳决策和完成评估任务。这就是物联网数据融合的意义和作用。

4．物联网数据融合所要解决的关键问题和要求

1) 物联网数据融合所要解决的关键问题

物联网数据融合所要解决的关键问题有以下几个：

(1) 数据融合节点的选择。融合节点的选择与网络层的路由协议有密切关系，需要依靠路由协议建立路由回路数据，并且使用路由结构中的某些节点作为数据融合的节点。

(2) 数据融合时机。

(3) 数据融合算法。

2) 物联网数据融合技术要求

与以往的多传感器数据融合有所不同，物联网具有它自己独特的融合技术要求：

(1) 稳定性。

(2) 数据关联。

(3) 能量约束。

(4) 协议的可扩展性。

9.2 数据融合的原理

9.2.1 数据融合的基本原理

1．数据融合的原理

数据融合中心对来自多个传感器的信息进行融合，也可以将来自多个传感器的信息和人机界面的观测事实进行信息融合(这种融合通常是决策级融合)，提取征兆信息，在推理机作用下，将征兆与知识库中的知识匹配，做出故障诊断决策，提供给用户。在基于信息融合的故障诊断系统中可以加入自学习模块，故障决策经自学习模块反馈给知识库，并对相应的置信度因子进行修改，更新知识库。同时，自学习模块能根据知识库中的知识和用

户对系统提问的动态应答进行推理，以获得新知识、总结新经验，不断扩充知识库，实现专家系统的自学习功能。

一般来说，遥感影像的数据融合分为预处理和数据融合两步。

1) 预处理

预处理主要包括遥感影像的几何纠正、大气订正、辐射校正及空间配准。

(1) 几何纠正、大气订正及辐射校正的目的在于去除透视收缩、叠掩、阴影等地形因素以及卫星扰动、天气变化、大气散射等随机因素对成像结果一致性的影响。

(2) 影像空间配准的目的在于消除由不同传感器得到的影像在拍摄角度、时相及分辨率等方面的差异。

影像空间配准时遥感影像数据融合的前提空间配准一般可分为以下步骤：

① 特征选择：在欲配准的两幅影像上，选择如边界、线状物交叉点、区域轮廓线等明显的特征。

② 特征匹配：采用一定配准算法，找出两幅影像上对应的明显地物点，作为控制点。

③ 空间变化：根据控制点，建立影像间的映射关系。

④ 插值：根据映射关系，对非参考影像进行重采样，获得同参考影像配准的影像。

空间配准的精度一般要求在 1 至 2 个像元内。空间配准中最关键、最困难的一步就是通过特征匹配寻找对应的明显地物点作为控制点。

2) 数据融合

根据融合目的和融合层次智能地选择合适的融合算法，将空间配准的遥感影像数据(或提取的图像特征或模式识别的属性说明)进行有机合成(如“匹配处理”和“类型变换”等)，以便得到目标的更准确表示或估计。

2. 数据融合的分类及方法

1) 数据融合的分类

遥感影像的数据融合有三类：像元(pixel)级融合、特征(feature)级融合、决策(decision)级融合，融合的水平依次从低到高。

(1) 像元级融合：是一种低水平的融合。

像元级融合的流程：经过预处理的遥感影像数据——数据融合——特征提取——融合属性说明。

像元级融合模型如图 9.2 所示。

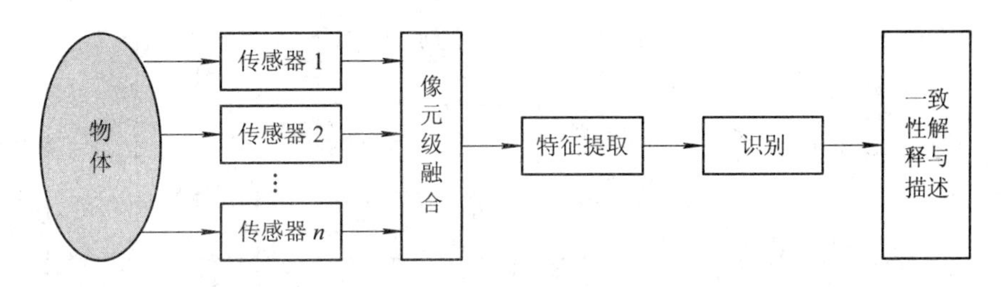

图 9.2　像元级融合模型

像元级融合的优点：保留了尽可能多的信息，具有最高精度。

像元级融合的局限性：

① 效率低下。由于处理的传感器数据量大，所以处理时间较长，实时性差。

② 分析数据受限。为了便于像元比较，对传感器信息的配准精度要求很高，而且要求影像来源于一组同质传感器或同单位的。

③ 分析能力差。不能实现对影像的有效理解和分析。

④ 纠错要求。由于底层传感器信息存在不确定性、不完全性或不稳定性，所以对融合过程中的纠错能力有较高要求。

⑤ 抗干扰性差。

像元级融合所包含的具体融合方法有代数法、IHS变换、小波变换、主成分变换(PCT)、K-T变换等。

(2) 特征级融合：是一种中等水平的融合。在这一级别中，先是将各遥感影像数据进行特征提取，提取的特征信息应是原始信息的充分表示量或充分统计量，然后按特征信息对多源数据进行分类、聚集和综合，产生特征矢量，而后采用一些基于特征级的融合方法融合这些特征矢量，作出基于融合特征矢量的属性说明。

特征级融合的流程：经过预处理的遥感影像数据——特征提取——特征级融合——融合属性说明。

特征级融合模型如图9.3所示。

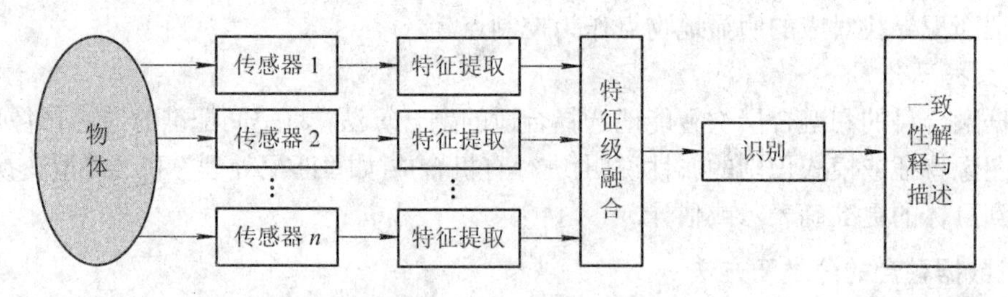

图9.3　特征级融合模型

(3) 决策级融合：是最高水平的融合。融合的结果为指挥、控制、决策提供了依据。在这一级别中，首先对每一数据进行属性说明，然后对其结果加以融合，得到目标或环境的融合属性说明。

决策级融合的流程：经过预处理的遥感影像数据——特征提取——属性说明——属性融合——融合属性说明。

决策级融合模型如图9.4所示。

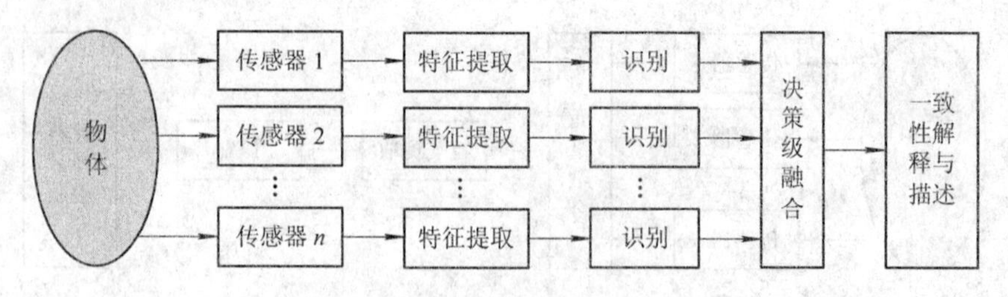

图9.4　决策级融合模型

决策级融合的优点：容错性强、开放性好、处理时间短、数据要求低、分析能力强。而由于对预处理及特征提取有较高要求，所以决策级融合的代价较高。

2) 数据融合的方法

数据融合的方法主要有以下几种：

(1) 代数法：包括加权融合法、单变量图像差值法、图像比值法等。

(2) 图像回归法(Image Regression)：首先假定影像的像元值是另一影像的一个线性函数，通过最小二乘法来进行回归，然后再用回归方程计算出的预测值减去影像的原始像元值，从而获得二影像的回归残差图像。经过回归处理后的遥感数据在一定程度上类似于进行了相对辐射校正，因而能减弱多时相影像中由于大气条件和太阳高度角的不同所带来的影响。

(3) 主成分变换(PCT)：也称为 W-L 变换，数学上称为主成分分析(PCA)。PCT 是应用于遥感诸多领域的一种方法，包括高光谱数据压缩、信息提取与融合及变化监测等。PCT 的本质是通过去除冗余，将其余信息转入少数几幅影像(即主成分)的方法，对大量影像进行概括和消除相关性。PCT 使用相关系数阵或协方差阵来消除原始影像数据的相关性，以达到去除冗余的目的。对于融合后的新图像来说各波段的信息所作出的贡献能最大限度地表现出来。PCT 的优点是能够分离信息，减少相关，从而突出不同的地物目标。另外，它对辐射差异具有自动校正的功能，因此无须再做相对辐射校正处理。

(4) K-T 变换：即 Kauth-Thomas 变换，又形象地称为“缨帽变换”。它是线性变换的一种，它能使坐标空间发生旋转，但旋转后的坐标轴不是指向主成分的方向，而是指向另外的方向，这些方向与地面景物有密切的关系，特别是与植物生长过程和土壤有关。因此，这种变换着眼于农作物生长过程而区别于其他植被覆盖，力争抓住地面景物在多光谱空间的特征。通过 K-T 变换，既可以实现信息压缩，又可以帮助解译分析农业特征，因此，有很大的实际应用意义。目前 K-T 变换在多源遥感数据融合方面的研究应用主要集中在 MSS 与 TM 两种遥感数据的应用分析上。

(5) 小波变换：是一种新兴的数学分析方法，已经受到了广泛的重视。小波变换是一种全局变换，在时间域和频率域同时具有良好的定位能力，对高频分量采用逐渐精细的时域和空域步长，可以聚焦到被处理图像的任何细节，从而被誉为“数学显微镜”。小波变换常用于雷达影像(SAR)与 TM 影像的融合。它具有在提高影像空间分辨率的同时又保持色调和饱和度不变的优越性。

(6) IHS 变换：三个波段合成的 RGB 颜色空间是一个对物体颜色属性描述的系统，而 IHS 色度空间提取出物体的亮度 I、色度 H、饱和度 S 分别对应三个波段的平均辐射强度、三个波段的数据向量和的方向及三个波段等量数据的大小。RGB 颜色空间和 IHS 色度空间有着精确的转换关系。

以 TM 和 SAR 为例，变换思路是把 TM 图像的三个波段合成的 RGB 假彩色图像变换到 IHS 色度空间，然后用 SAR 图像代替其中的 I 值，再变换到 RGB 颜色空间，形成新的影像。

数据融合的方法还包括多贝叶斯估计法、D-S(Dempster-Shafer)证据推理法和人工神经网络法等，具体内容将在后面章节中进行介绍。

遥感影像数据融合还是一门很不成熟的技术，有待于进一步解决的关键问题包括空间配准模型、建立统一的数学融合模型、提高数据预处理过程的精度、提高精确度与可信度等。

随着计算机技术、通信技术的发展，新的理论和方法的不断出现，遥感影像数据融合技术将日趋成熟，从理论研究转入到实际更广泛的应用，最终必将向智能化、实时化方向发展，并同 GIS 结合，实现实时动态融合，用于更新和监测。

9.2.2 物联网中数据融合的层次结构

通过对多感知节点信息的协调优化，数据融合技术可以有效地减少整个网络中不必要的通信开销，提高数据的准确度和收集效率。因此，传送已融合的数据要比未经处理的数据节省能量，延长网络的生存周期。但对物联网而言，数据融合技术将面临更多挑战，例如，感知节点能源有限、多数据流的同步、数据的时间敏感特性、网络带宽的限制、无线通信的不可靠性和网络的动态特性等。因此，物联网中的数据融合需要有其独特的层次性结构体系。

1．传感网感知节点的部署

在传感网数据融合结构中，比较重要的问题是如何部署感知节点。目前，传感网感知节点的部署方式一般有三种类型：并行拓扑、串行拓扑和混合拓扑。最常用的拓扑结构是并行拓扑，在这种部署方式中，各种类型的感知节点同时工作；串行拓扑，其感知节点检测数据信息具有暂时性，实际上 SAR(Synthetic Aperture Radar)图像就属于此结构；混合拓扑，即树状拓扑。

2．数据融合的层次划分

数据融合大部分是根据具体问题及其特定对象来建立自己的融合层次。例如，有些应用将数据融合划分为检测层、位置层、属性层、态势评估和威胁评估；有的根据输入/输出数据的特征提出了基于输入/输出特征的融合层次化描述。数据融合层次的划分目前还没有统一标准。

根据多传感器数据融合模型定义和传感网的自身特点，通常按照节点处理层次、融合前后的数据量变化、信息抽象的层次，来划分传感网数据融合的层次结构。数据融合的一般模型如图 9.5 所示。

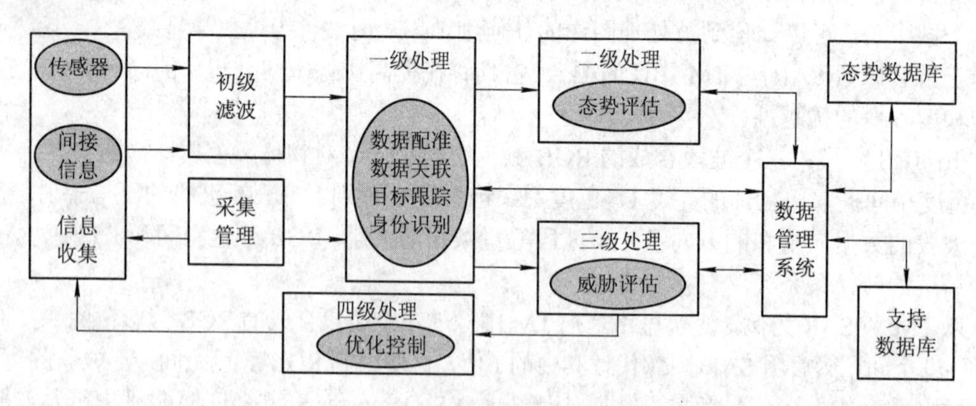

图 9.5 数据融合的一般模型

9.3 数据融合技术与算法

数据融合技术涉及复杂的融合算法、实时图像数据库技术和高速、大吞吐量数据处理

等支撑技术。数据融合算法是融合处理的基本内容，它是将多维输入数据在不同融合层次上运用不同的数学方法，对数据进行聚类处理的方法。就多传感器数据融合而言，虽然还未形成完整的理论体系和有效的融合算法，但有不少应用领域根据各自的具体应用背景，已经提出了许多成熟并且有效的融合算法。针对传感网的具体应用，也有许多具有实用价值的数据融合技术与算法。

9.3.1　传感器网络数据传输及融合技术

如今无线传感器网络已经成为一种极具潜力的测量工具。它是一个由微型、廉价、能量受限的传感器节点所组成，通过无线方式进行通信的多跳网络，其目的是对所覆盖区域内的信息进行采集、处理和传递。然而，传感器节点体积小，依靠电池供电，且更换电池不便，如何高效使用能量，提高节点生命周期，是传感器网络面临的首要问题。

1．传统的无线传感器网络数据传输

1) 直接传输模型

直接传输模型是指传感器节点将采集到的数据通过较大的功率直接一跳传输到Sink节点上，进行集中式处理，如图 9.6 所示。这种方法的缺点在于：距离 Sink 节点较远的传感器节点需要很大的发送功率才可以达到与 Sink 节点通信的目的，而传感器节点的通信距离有限，因此距离 Sink 较远的节点往往无法与 Sink 节点进行可靠的通信，这是不能被接受的；且在较大通信距离上的节点需耗费很大的能量才能完成与 Sink 节点的通信，容易造成有关节点的能量很快耗尽，这样的传感器网络在实际中难以得到应用。

2) 多跳传输模型

多跳传输模型类似于 Ad-Hoc 网络模型，如图 9.7 所示。每个节点自身不对数据进行任何处理，而是调整发送功率，以较小功率经过多跳将测量数据传输到 Sink 节点中再进行集中处理。多跳传输模型很好地改善了直接传输模型的缺陷，使得能量得到了有效的利用，这是传感器网络得到广泛利用的前提。

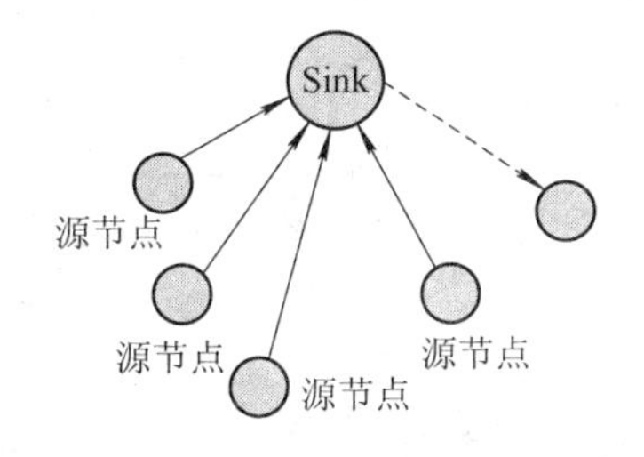

图 9.6　直接传输模型

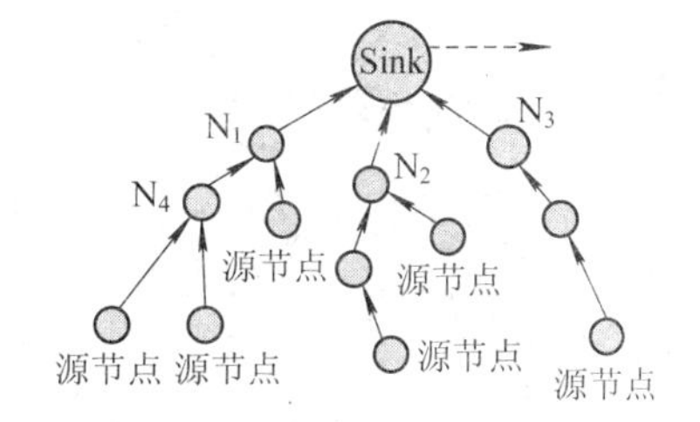

图 9.7　多跳传输模型

该方法的缺点在于：当网络规模较大时，会出现热点问题，即位于两条或多条路径交叉处的节点，以及距离 Sink 节点一跳的节点(将它称之为瓶颈节点)，如图 9.7 中的 N_1、N_2、N_3、N_4，它们除了自身的传输之外，还要在多跳传递中充当中介。在这种情况下，这些节点的能量将会很快耗尽。对于以节能为前提的传感器网络而言，这显然不是一种很有效的方式。

2．无线传感器网络的数据融合技术

在大规模的无线传感器网络中，由于每个传感器的监测范围以及可靠性都是有限的，在放置传感器节点时，有时要使传感器节点的监测范围互相交叠，以增强整个网络所采集的信息的鲁棒性和准确性。那么，在无线传感器网络中的感测数据就会具有一定的空间相关性，即距离相近的节点所传输的数据具有一定的冗余度。在传统的数据传输模式下，每个节点都将传输全部的感测信息，这其中就包含了大量的冗余信息，即有相当一部分的能量用于不必要的数据传输。而传感器网络中传输数据的能耗远大于处理数据的能耗。因此，在大规模无线传感器网络中，使各个节点多跳传输感测数据到 Sink 节点前，先对数据进行融合处理是非常有必要的，数据融合技术应运而生。

1) 集中式数据融合算法

(1) 分簇模型的 LEACH 算法。为了改善热点问题，Wendi Rabiner Heinzelman 等提出了在无线传感器网络中使用分簇概念，其将网络分为不同层次的 LEACH 算法：通过某种方式周期性随机选举簇头，簇头在无线信道中广播信息，其余节点检测信号并选择信号最强的簇头加入，从而形成不同的簇。簇头之间的连接构成上层骨干网，所有簇间通信都通过骨干网进行转发。簇内成员将数据传输给簇头节点，簇头节点再向上一级簇头传输，直至 Sink 节点。图 9.8 所示为两层分簇结构。这种方式可降低节点发送功率，减少不必要的链路和节点间干扰，达到保持网络内部能量消耗的均衡，延长网络寿命的目的。该算法的缺点在于：分簇的实现以及簇头的选择都需要相当一部分的开销，且簇内成员过多地依赖簇头进行数据传输与处理，使得簇头的能量消耗很快。为避免簇头能量耗尽，需频繁选择簇头。同时，簇头与簇内成员为点对多点的一跳通信，可扩展性差，不适用于大规模网络。

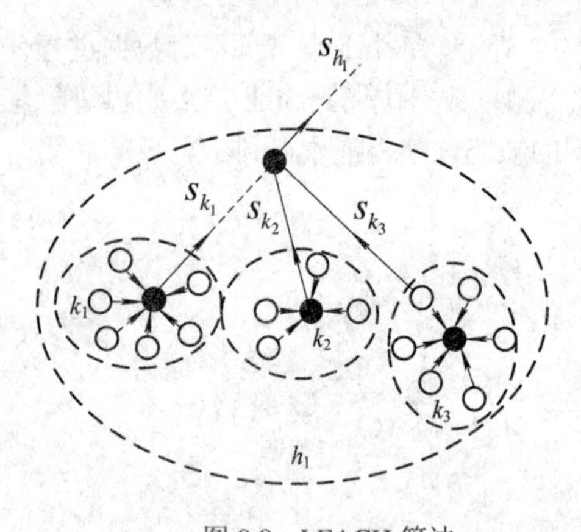

图 9.8 LEACH 算法

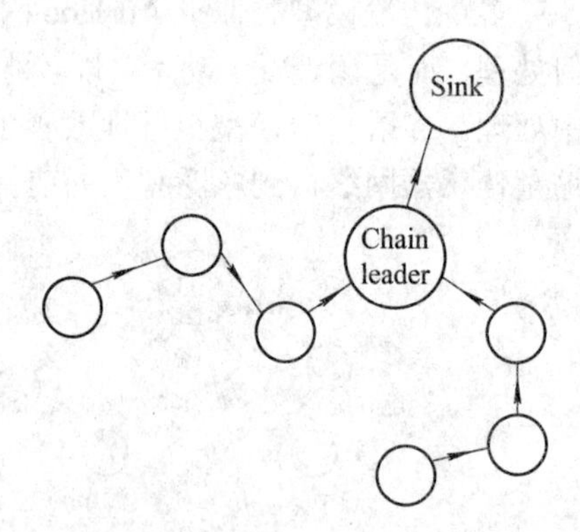

图 9.9 PEGASIS 算法

(2) PEGASIS 算法。Stephanie Lindsey 等人在 LEACH 的基础上提出了 PEGASIS 算法。此算法假定网络中的每个节点都是同构的且静止不动，节点通过通信来获得与其他节点之间的位置关系。每个节点通过贪婪算法找到与其最近的相邻节点，并作为自己的下一节点，依次遍历网络中的所有节点，最终形成一条链(Chain)，同时设定一个距离 Sink 最近的节点为链头节点，它与 Sink 进行一跳通信。数据总是在某个节点与其邻居之间传输，节点通过多跳方式轮流传输数据到 Sink 处，如图 9.9 所示。

PEGASIS 算法的缺点也很明显：首先每个节点必须知道网络中其他各节点的位置信息；其次，链头节点为瓶颈节点，它的存在至关重要，若它的能量耗尽，则有关路由将会失效；再次，较长的链会造成较大的传输时延。

2) 分布式数据融合算法

可以将一个规则的传感器网络拓扑图等效为一幅图像，获得一种将小波变换应用到无线传感器网络中的分布式数据融合技术。这方面的研究已取得了一些阶段性成果，下面就对其进行介绍。

(1) 规则网络情况。Servetto 首先研究了小波变换的分布式实现，并将其用于解决无线传感器网络中的广播问题。南加州大学的 A.Ciancio 进一步研究了无线传感器网络中的分布式数据融合算法，引入 lifting 变换，提出了一种基于 lifting 的规则网络中分布式小波变换数据融合算法(DWT_RE)，并将其应用于规则网络中。如图 9.10 所示，网络中节点规则分布，每个节点只与其相邻的左右两个邻居进行通信，对数据进行去相关计算。

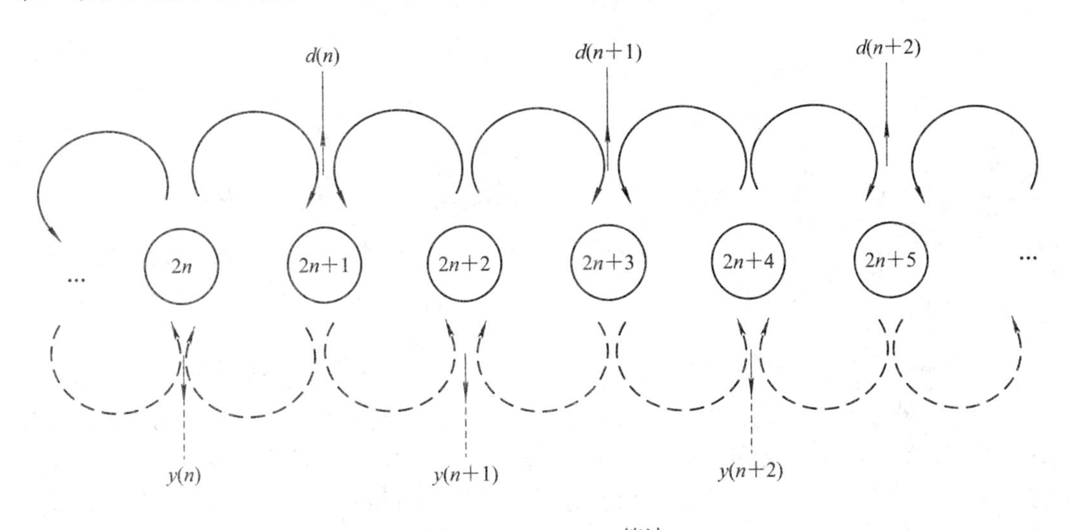

图 9.10　DWT_RE 算法

DWT_RE 算法的实现分为两步：第一步，奇数节点接收到来自它们偶数邻居节点的感测数据，并经过计算得出细节小波系数；第二步，奇数节点把这些系数送至它们的偶数邻居节点以及 Sink 节点中，偶数邻居节点利用这些信息计算出近似小波系数，也将这些系数送至 Sink 节点中。

小波变换在规则分布网络中的应用是数据融合算法的重要突破，但是实际应用中节点分布是不规则的，因此需要找到一种算法解决不规则网络的数据融合问题。

(2) 不规则网络情况。莱斯大学的 R Wagner 在其博士论文中首次提出了一种不规则网络环境下的分布式小波变换方案，即 Distributed Wavelet Transform_IRR(DWT_IRR)，并将其扩展到三维情况。莱斯大学的 COMPASS 项目组已经对此算法进行了检验，下面对其进行介绍。DWT_IRR 算法建立在 lifting 算法的基础上，它的具体思想如图 9.11～图 9.13 所示，分成三步：分裂、预测和更新。

首先根据节点之间的不同距离(数据相关性不同)按一定算法将节点分为偶数集合 E_j 和奇数集合 O_j。以 O_j 中的数据进行预测，根据 O_j 节点与其相邻的 E_j 节点进行通信后，用 E_j

节点信息预测出 O_j 节点信息，将该信息与原来 O_j 中的信息相减，从而得到细节分量 d_j。然后，O_j 发送 d_j 至参与预测的 E_j 中，E_j 节点将原来信息与 d_j 相加，从而得到近似分量 S_j，该分量将参与下一轮的迭代。以此类推，直到 $j=0$ 为止。

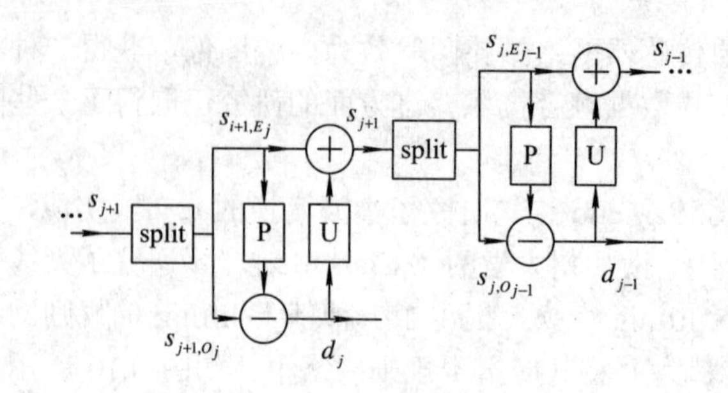

图 9.11　总体思想图

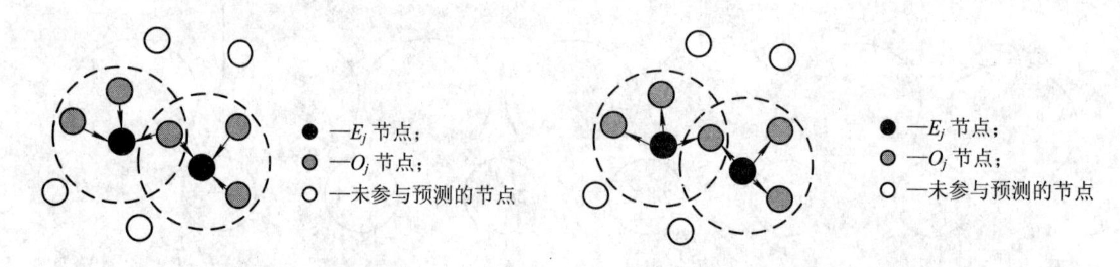

图 9.12　预测过程

图 9.13　更新过程

该算法依靠节点与一定范围内的邻居节点进行通信。经过多次迭代后，节点之间的距离进一步扩大，小波也由精细尺度变换到了粗糙尺度，近似信息被集中在了少数节点中，细节信息被集中在了多数节点中，从而实现了网络数据的稀疏变换。通过对小波系数进行筛选，将所需信息进行 lifting 逆变换，可以应用于有损压缩处理。它的优点是：充分利用感测数据的相关性，进行有效的压缩变换；分布式计算，无中心节点，避免热点问题；将原来网络中的瓶颈节点以及簇头节点的能量平均到整个网络中，充分起到了节能作用，延长了整个网络的寿命。

然而，该算法也有其自身的一些设计缺陷：首先，节点必须知道全网位置信息；其次，虽然最终与 Sink 节点的通信数据量是减少了，但是有很多额外开销用于了邻居节点之间的局部信号处理上，即很多能量消耗在了局部通信上。对于越密集、相关性越强的网络，该算法的效果越好。

在此基础上，南加州大学的 Godwin Shen 考虑到 DWT_IRR 算法中没有讨论的关于计算反向链路所需的开销，从而对该算法进行了优化。由于反向链路加重了不必要的通信开销，Godwin Shen 提出预先为整个网络建立一棵最优路由树，使节点记录通信路由，从而消除反向链路开销。

基于应用领域的不同，以上算法各有其优缺点，如表 9-1 所示。

表 9-1　各类算法比较

算法	分布式	无需预知位置信息	可扩展性良好	传输时延较短	消除反向链接	是否节能
一跳直接传输	√	√			√	
多跳传输		√			√	
LEACH		√			√	√
PEGASIS		√			√	√
DWT_RE	√	√	√	√		√
DWT_IRR	√		√	√		√
优化的DWT_IRR	√		√	√	√	√

9.3.2　多传感器数据融合算法

多传感器数据融合技术是近几年发展起来的一门实践性较强的应用技术，是多学科交叉的新技术，涉及信号处理、概率统计、信息论、模式识别、人工智能、模糊数学等理论。多传感器融合技术已成为军事、工业和高技术开发等多方面关心的问题。这一技术广泛应用于 C3I(Command，Control，Communication and Intelligence)系统、复杂工业过程控制、机器人、自动目标识别、交通管制、惯性导航、海洋监视和管理、农业、遥感、医疗诊断、图像处理、模式识别等领域。

1．多传感器数据融合原理

数据融合又称做信息融合或多传感器数据融合。多传感器数据融合比较确切的定义可概括为：充分利用不同时间与空间的多传感器数据资源，采用计算机技术对按时间序列获得的多传感器观测数据，在一定准则下进行分析、综合、支配和使用，获得对被测对象的一致性解释与描述，进而实现相应的决策和估计，使系统获得比它的各组成部分更充分的信息。

多传感器数据融合技术的基本原理就像人脑综合处理信息一样，充分利用多个传感器资源，通过对多传感器及其观测信息的合理支配和使用，把多传感器在空间或时间上冗余或互补的信息依据某种准则来进行组合，以获得对被测对象的一致性解释与描述。具体地说，多传感器数据融合原理如下：

(1) N 个不同类型的传感器(有源或无源的)收集观测目标的数据。

(2) 对传感器的输出数据(离散的或连续的时间函数数据、输出矢量、成像数据或一个直接的属性说明)进行特征提取变换，提取代表观测数据的特征矢量 $\boldsymbol{Y}_i$。

(3) 对特征矢量 $\boldsymbol{Y}_i$ 进行模式识别处理(如聚类算法、自适应神经网络或其他能将特征矢量 $\boldsymbol{Y}_i$ 变换成目标属性判决的统计模式识别法等)，完成各传感器关于目标的说明。

(4) 将各传感器关于目标的说明数据按同一目标进行分组，即关联。

(5) 利用融合算法将每一目标各传感器数据进行合成，得到该目标的一致性解释与描述。

2. 多传感器数据融合方法

利用多个传感器所获取的关于对象和环境全面、完整的信息，主要体现在融合算法上。因此，多传感器系统的核心问题是选择合适的融合算法。对于多传感器系统来说，信息具有多样性和复杂性，因此，对信息融合方法的基本要求是具有鲁棒性和并行处理能力。此外，还有方法的运算速度和精度；与前续预处理系统和后续信息识别系统的接口性能；与不同技术和方法的协调能力；对信息样本的要求等。一般情况下，基于非线性的数学方法，如果它具有容错性、自适应性、联想记忆和并行处理能力，则都可以用来作为融合方法。

多传感器数据融合虽然未形成完整的理论体系和有效的融合算法，但在不少应用领域根据各自的具体应用背景，已经提出了许多成熟并且有效的融合方法。多传感器数据融合的常用方法基本上可概括为随机和人工智能两大类。随机类方法有加权平均法、卡尔曼滤波法、多贝叶斯估计法、Dempster-Shafer(D-S)证据推理、产生式规则等；而人工智能类方法则有模糊逻辑推理、人工神经网络法、粗集理论、专家系统等。

1) 随机类方法

(1) 加权平均法。加权平均法是最简单、最直观的方法。该方法将一组传感器提供的冗余信息进行加权平均，其结果作为融合值。该方法是一种直接对数据源进行操作的方法。

(2) 卡尔曼滤波法。卡尔曼滤波法主要用于融合低层次实时动态多传感器冗余数据。该方法用测量模型的统计特性递推，决定统计意义下的最优融合和数据估计。如果系统具有线性动力学模型，且系统与传感器的误差符合高斯白噪声模型，则卡尔曼滤波法将为融合数据提供唯一统计意义下的最优估计。卡尔曼滤波的递推特性使系统处理不需要大量的数据存储和计算。

(3) 多贝叶斯估计法。贝叶斯估计为数据融合提供了一种手段，是融合静态环境中多传感器高层信息的常用方法。它使传感器信息依据概率原则进行组合，测量不确定性以条件概率表示。当传感器组的观测坐标一致时，可以直接对传感器的数据进行融合，但大多数情况下，传感器测量数据要以间接方式采用贝叶斯估计进行数据融合。

多贝叶斯估计将每一个传感器作为一个贝叶斯估计，将各个单独物体的关联概率分布合成一个联合的后验的概率分布函数，通过使用联合分布函数的似然函数为最小，提供多传感器信息的最终融合值，融合信息与环境的一个先验模型提供整个环境的一个特征描述。

(4) D-S 证据推理。D-S 证据推理是贝叶斯推理的扩充，其三个基本要点是：基本概率赋值函数、信任函数和似然函数。D-S 方法的推理结构是自上而下的，分三级。第一级为目标合成，其作用是把来自独立传感器的观测结果合成为一个总的输出结果(ID)。第二级为推断，其作用是获得传感器的观测结果并进行推断，将传感器观测结果扩展成目标报告。这种推断的基础是：一定的传感器报告以某种可信度在逻辑上会产生可信的某些目标报告。第三级为更新，各种传感器一般都存在随机误差，所以，在时间上充分独立地来自同一传感器的一组连续报告比任何单一报告可靠。因此，在推理和多传感器合成之前，要先组合(更新)传感器的观测数据。

(5) 产生式规则。产生式规则采用符号表示目标特征和相应传感器信息之间的联系，与每一个规则相联系的置信因子表示它的不确定性程度。当在同一个逻辑推理过程中，两个或多个规则形成一个联合规则时，可以产生融合。应用产生式规则进行融合的主要问题是每个规则的置信因子的定义与系统中其他规则的置信因子相关，如果系统中引入新的传感器，则需要加入相应的附加规则。

2) 人工智能类方法

(1) 模糊逻辑推理。模糊逻辑是多值逻辑，通过指定一个 0 到 1 之间的实数表示真实度，相当于隐含算子的前提，允许将多个传感器信息融合过程中的不确定性直接表示在推理过程中。如果采用某种系统化的方法对融合过程中的不确定性进行推理建模，则可以产生一致性模糊推理。与概率统计方法相比，逻辑推理存在许多优点，它在一定程度上克服了概率论所面临的问题，对信息的表示和处理更加接近人类的思维方式，一般比较适合于在高层次上的应用(如决策)，但是，模糊逻辑推理本身还不够成熟和系统化。此外，由于模糊逻辑推理对信息的描述存在很大的主观因素，所以，信息的表示和处理缺乏客观性。

模糊集合理论对于数据融合的实际价值在于它外延到模糊逻辑，模糊逻辑是一种多值逻辑，隶属度可视为一个数据真值的不精确表示。在 MSF(Microsoft Solution Framwork)过程中，存在的不确定性可以直接用模糊逻辑表示，然后，使用多值逻辑推理，根据模糊集合理论的各种演算对各种命题进行合并，进而实现数据融合。

(2) 人工神经网络法。神经网络具有很强的容错性以及自学习、自组织及自适应能力，能够模拟复杂的非线性映射。神经网络的这些特性和强大的非线性处理能力，恰好满足了多传感器数据融合技术处理的要求。在多传感器系统中，各信息源所提供的环境信息都具有一定程度的不确定性，对这些不确定信息的融合过程实际上是一个不确定性推理过程。神经网络根据当前系统所接受的样本相似性确定分类标准，这种确定方法主要表现在网络的权值分布上，同时，可以采用神经网络特定的学习算法来获取知识，得到不确定性推理机制。利用神经网络的信号处理能力和自动推理功能，即实现了多传感器数据融合。

常用的数据融合方法及特性如表 9-2 所示。通常使用的方法依具体的应用而定，并且，由于各种方法之间的互补性，实际上，常将两种或两种以上的方法组合进行多传感器数据融合。

表 9-2　常用的数据融合方法比较

融合方法	运行环境	信息类型	信息表示	不确定性	融合技术	适用范围
加权平均法	动态	冗余	原始读数值		加权平均	低层数据融合
卡尔曼滤波法	动态	冗余	概率分布	高斯噪声	系统模型滤波	低层数据融合
多贝叶斯估计法	静态	冗余	概率分布	高斯噪声	贝叶斯估计	高层数据融合
产生式规则	动/静态	冗余/互补	命题	置信因子	逻辑推理	高层数据融合
D-S 证据推理	静态	冗余/互补	命题		逻辑推理	高层数据融合
模糊逻辑推理	静态	冗余/互补	命题	隶属度	逻辑推理	高层数据融合
人工神经网络法	动/静态	冗余/互补	神经元输入	学习误差	神经网络	低/高层

3. 数据融合存在的问题及发展趋势

数据融合技术方兴未艾，几乎一切信息处理方法都可以应用于数据融合系统。随着传感器技术、数据处理技术、计算机技术、网络通信技术、人工智能技术、并行计算软件和硬件技术等相关技术的发展，尤其是人工智能技术的进步，新的、更有效的数据融合方法将不断推出，多传感器数据融合必将成为未来复杂工业系统智能检测与数据处理的重要技术，其应用领域将不断扩大。多传感器数据融合不是一门单一的技术，而是一门跨学科的综合理论和方法，并且，是一个不很成熟的新研究领域，尚处在不断变化和发展过程中。

1) 数据融合存在的问题

(1) 尚未建立统一的融合理论和有效的广义融合模型及算法。

(2) 对数据融合的具体方法的研究尚处于初级阶段。

(3) 还没有很好解决融合系统中的容错性或鲁棒性问题。

(4) 关联的二义性是数据融合中的主要障碍。

(5) 数据融合系统的设计还存在许多实际问题。

2) 数据融合的发展趋势

数据融合的发展趋势如下：

(1) 建立统一的融合理论、数据融合的体系结构和广义融合模型。

(2) 解决数据配准、数据预处理、数据库构建、数据库管理、人机接口、通用软件包开发问题，利用成熟的辅助技术，建立面向具体应用需求的数据融合系统。

(3) 将人工智能技术(如神经网络、遗传算法、模糊逻辑推理、专家理论等)引入到数据融合领域，利用集成的计算智能方法(如模糊逻辑推理+神经网络，遗传算法+模糊逻辑推理+神经网络等)提高多传感器融合的性能。

(4) 解决不确定性因素的表达和推理演算，例如引入灰数的概念。

(5) 利用有关的先验数据提高数据融合的性能，研究更加先进、复杂的融合算法(未知和动态环境中，采用并行计算机结构多传感器集成与融合方法的研究等)。

(6) 在多平台/单平台、异类/同类多传感器的应用背景下，建立计算复杂程度低，同时，又能满足任务要求的数据处理模型和算法。

(7) 构建数据融合测试评估平台和多传感器管理体系。

(8) 将已有的融合方法工程化与商品化，开发能够提供多种复杂融合算法的处理硬件，以便在数据获取的同时就实时地完成融合。

总之，与单传感器系统相比，运用多传感器数据融合技术在解决探测、跟踪和目标识别等问题方面，能够增强系统的生存能力，提高整个系统的可靠性和鲁棒性，增强数据的可信度，并提高精度，扩展整个系统的时间、空间覆盖率，增加系统的实时性和信息利用率等。

9.3.3 传感器网络的数据融合路由算法

1. 无线传感器网络中的路由协议

无线传感器网络因为其与正常通信网络和 Ad-Hoc 网络有较大不同，所以对网络协议提出了许多新的挑战。

(1) 由于无线传感器网络中节点众多，无法为每一个节点建立一个能在网络中唯一区别的身份，所以典型的基于 IP 的协议无法应用于无线传感器网络。

(2) 与典型通信网络的区别是：无线传感器网络需要从多个源节点向一个汇聚节点传送数据。

(3) 在传输过程中，很多节点发送的数据具有相似部分，所以需要过滤掉这些冗余信息，从而保证能量和带宽的有效利用。

(4) 传感器节点的传输能力、能量、处理能力和内存都非常有限，而同时网络又具有节点数量众多、动态性强、感知数据量大等特点，所以需要很好地对网络资源进行管理。

根据这些区别，产生了很多新的无线传感器网络路由算法，这些算法都是针对网络的应用与构成进行研究的。几乎所有的路由协议都以数据为中心进行工作。

传统的路由协议通常以地址作为节点标志和路由的依据，而在无线传感器网络中，大量节点随机部署，我们所关注的是监测区域的感知数据，而不是具体哪个节点获取的信息，不依赖于全网唯一的标识。当有事件发生时，在特定感知范围内的节点就会检测到并开始收集数据，这些数据将被发送到汇聚节点做进一步处理，以上描述称为事件驱动的应用，在这种应用当中，传感器用来检测特定的事件。当特定事件发生时，收集原始数据，并在发送之前对其进一步处理。首先把本地的原始数据融合在一起，然后把融合后的数据发送给汇聚节点。在反向组播树里，每个非叶子节点都具有数据融合的功能。这个过程称为以数据为中心的路由。

在以数据为中心的路由里，数据融合技术利用抑制冗余、最小、最大和平均计算等操作，将来自不同源节点的相似数据结合起来，通过数据的简化实现传输数量的减少，从而节约能源、延长传感器网络的生存时间。在数据融合中，节点不仅能使数据简化，还可以针对特定的应用环境，将多个传感器节点所产生的数据按照数据的特点综合成有意义的信息，从而提高了感知信息的准确性，增强了系统的鲁棒性。

2. 几种基于数据融合的路由算法

下面对近几年比较新型的、基于数据融合的路由算法——MLR、GRAN、MFST 和 GROUP 进行详细分析。

1) MLR

MLR(Maximum Lifetime Routing)是基于地理位置的路由协议。每个节点将自己的邻居节点分为上游邻居节点(离 Sink 节点较远的邻居节点)和下游邻居节点(离 Sink 节点较近的邻居节点)。节点的下跳路由只能是其下游邻居节点。

在此模型中，节点 i 对上游邻居节点 j 传送的信息进行两种处理：如果是上游产生的源信息，则用本地信息对其进行融合处理；如果是已经融合处理过的信息，则选择直接发送到下一跳。即每个节点产生的信息只经过其下游邻居节点的一次融合处理。

MLR 中将数据融合与最优化路由算法结合到一起，减少了数据通信量，一定程度上改善了传感器网络的有效性。其不足之处为：在传感器网络中，每个节点均具有数据融合功能，但数据融合仅存在于邻居节点的一跳路由中，而且不能对数据进行重复融合，当传感器网络中的数据量增大时，其融合效率不高。

2) GRAN

GRAN(Geographical Routing with Aggregation Nodes)算法也将数据融合应用到地理位置路由协议中，而且假设每个节点都具有数据融合功能，不同之处在于数据融合方法的实现。MLR 中的数据融合在下一跳中进行，而 GRAN 算法另外运行一个选取融合节点的算法 DDAP(Distributed Data Aggregation Protocol)，随机选取融合节点。GRAN 算法通过在路

由协议中另外运行选取数据融合节点的算法，兼顾了数据量的减少和能耗的均匀分布，较好地达到了延长传感器网络生存时间的目的，但其DDAP算法的运行，一定程度上影响了路由算法的收敛速度，不适合实时性要求较高的传感器网络。

3) MFST

MFST(Minimum Fusion Steiner Tree)路由算法将数据融合与树状路由结合起来，数据融合仅在父节点处进行，并且可以对数据重复融合。由于子节点可能在不同时间向父节点发送数据，如父节点在时刻1收到子节点*A*发送的数据，用本地数据对其进行数据融合处理，在时刻2收到子节点*B*发送的数据，对其进行再次融合。MFST算法有效地减少了数据通信量。

4) GROUP

GROUP(Gird-clustering ROUting Protocol)是一种网格状的虚拟分层路由协议。其实现过程为：由汇聚节点(假设居于网络中间)发起，周期性地动态选举产生呈网格状分布的簇，并逐步在网络中扩散，直到覆盖到整个网络。在此路由协议基础上设计了一种基于神经网络的数据融合算法NNBA。该数据融合模型是以火灾实时监控网为实例进行设计的。由于是在分簇网络中，数据融合模型被设计成三层神经网络模型，其中输入层和第一隐层位于簇成员节点，输出层和第二隐层位于簇头节点。

根据这样一种三层感知器神经网络模型，NNBA数据融合算法首先在每个传感器节点对所有采集到的数据按照第一隐层神经元函数进行初步处理，然后将处理结果发送给其所在簇的簇头节点；簇头节点再根据第二隐层神经元函数和输出层神经元函数进行进一步的处理；最后，由簇头节点将处理结果发送给汇聚节点。

4种路由协议的性能比较如表9-3所示。

表9-3　4种路由协议的性能比较

算法	路由分类	数据融合点	是否可重复融合	算法收敛点	能耗均匀性	应用范围
MLR	平面型	每个节点	否	较快	中	数据相似度和密度较高的中小型网络
GRAN	平面型	随机选取	是	中	中	分布密度不高的大中型网络
MFST	层次型	父节点处	是	中	好	分布较稳定的中型网络
GROUP	层次型	每个节点及簇头节点	是	较慢	较好	大型网络、森林防火监测

在数据融合的模型中，平面型路由协议中的数据融合方法可以概括为两种：一种是在传感器节点对其产生的原数据进行压缩；另一种是在路由中通过中间节点进行压缩，或者二者的结合。此类路由协议由于路径中传感器节点距离较远，空间相似性不是很明显，所以数据融合的效果一般情况下没有层次型路由效果好，而且层次型路由可以更好地依据实际数据情况对融合算法模型进行调整。如GROUP中，对应用于火灾监测的无线传感器采用了三层神经网络模型，根据需要，可对第一隐层和第二隐层采用不同的数据融合模型，从而取得良好的效果。

9.4　物联网数据管理技术

在物联网实现中，分布式动态实时数据管理是其以数据中心为特征的重要技术之一。该技术通过部署或者指定一些节点作为代理节点，代理节点根据感知任务收集兴趣数据。感知任务通过分布式数据库的查询语言下达给目标区域的感知节点。在整个物联网体系中，传感器网络可作为分布式数据库独立存在，实现对客观物理世界的实时、动态的感知与管理。这样做的目的是，将物联网数据处理方法与网络的具体实现方法分离开来，使得用户和应用程序只需要查询数据的逻辑结构，而无需关心物联网具体如何获取信息的细节。

9.4.1　传感器网络的数据管理系统

1．物联网数据管理系统的特点

数据管理主要包括对感知数据的获取、存储、查询、挖掘和操作，目的就是把物联网上数据的逻辑视图和网络的物理实现分离开来，使用户和应用程序只需关心查询的逻辑结构，而无需关心物联网的实现细节。

物联网数据管理系统的特点如下：

(1) 与传感器网络支撑环境直接相关。

(2) 数据需在传感器网络内处理。

(3) 能够处理感知数据的误差。

(4) 查询策略需适应最小化能量消耗与网络拓扑结构的变化。

2．传感器网络的数据管理系统结构

目前，传感器网络的数据管理系统结构主要有集中式结构、半分布式结构、分布式结构和层次式结构四种类型。

(1) 集中式结构：节点将感知数据按事先指定的方式传送到中心节点，统一由中心节点处理。这种方法简单，但中心节点会成为系统性能的瓶颈，而且容错性较差。

(2) 半分布式结构：利用节点自身具有的计算和存储能力，对原始数据进行一定的处理，然后再传送到中心节点。

(3) 分布式结构：每个节点独立处理数据查询命令。显然，分布式结构是建立在所有感知节点都具有较强的通信、存储与计算能力基础之上的。

(4) 层次式结构：无线传感器网络的中间件和平台软件体系结构主要分为四个层次，即网络适配层、基础软件层、应用开发层和应用业务适配层，其中网络适配层和基础软件层组成无线传感器网络节点嵌入式软件(部署在无线传感器网络节点中)的体系结构，应用开发层和基础软件层组成无线传感器网络应用支撑结构(支持应用业务的开发与实现)。在网络适配层中，网络适配器是对无线传感器网络底层(无线传感器网络基础设施、无线传感器操作系统)的封装。基础软件层包含无线传感器网络各种中间件。这些中间件构成无线传感器网络平台软件的公共基础，并提供了高度的灵活性、模块性和可移植性。

3．典型的传感器网络数据管理系统

传感器网络数据管理系统是一个提取、存储、管理传感器网络数据的系统，核心是传感器网络数据查询的优化与处理。目前具有代表性的传感器网络数据管理系统主要包括TinyDB、Cougar和Dimension系统。

1) TinyDB系统

TinyDB系统是由加州伯克利分校开发的，它为用户提供了一个类似于SQL的应用程序接口。TinyDB系统主要由TinyDB客户端、TinyDB服务器和传感器网络三部分组成，如图9.14所示。TinyDB系统的软件主要分为两大部分：第一部分是传感器网络软件，运行在每个传感器节点上；第二部分是客户端软件，运行在TinyDB客户端和TinyDB服务器上。

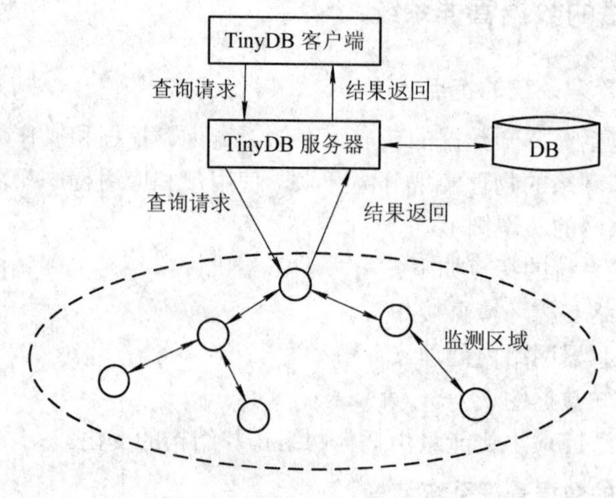

图9.14　TinyDB系统的结构

TinyDB系统的客户端软件主要包括两个部分：第一部分实现类似于SQL语言的TinySQL查询语言；第二部分提供基于Java的应用程序组成，能够支持用户在TinyDB系统的基础上开发应用程序。

TinyDB系统的传感器网络软件包括四个组件，分别为网络拓扑管理器、存储管理器、查询管理器、节点目录和模式管理器。

(1) 网络拓扑管理器管理所有节点之间的拓扑结构和路由信息。

(2) 存储管理器使用了一种小型的、基于句柄的动态内存管理方式。它负责分配存储单元和压缩存储数据。

(3) 查询管理器负责处理查询请求。它使用节点目录中的信息获得节点的测量数据的属性，负责接收邻居节点的测量数据，过滤并且聚集数据，然后将部分处理结果传送给父节点。

(4) 节点目录和模式管理器负责管理传感器节点目录和数据模式。节点目录记录每个节点的属性，例如测量数据的类型(声、光、电压等)和节点ID等。传感器网络中的异构节点具有不同的节点目录。模式管理器负责管理TinyDB的数据模式，而TinyDB系统采用虚拟的关系表作为传感器网络的数据模式。

2) Cougar 系统

Cougar 系统是由康奈尔大学开发的。它将传感器网络的节点划分为簇，每个簇包含多个节点，其中一个作为簇头。Cougar 系统使用定向扩散路由算法在传感器网络中传输数据，信息交换的格式为 XML。

Cougar 系统由三个部分组成：第一部分是用户计算机 GUI 界面，运行在用户计算机上；第二部分是查询代理，运行在每个传感器节点上；第三部分是客户前端，运行在选定的传感器节点上。图 9.15 显示了 Cougar 系统的结构。

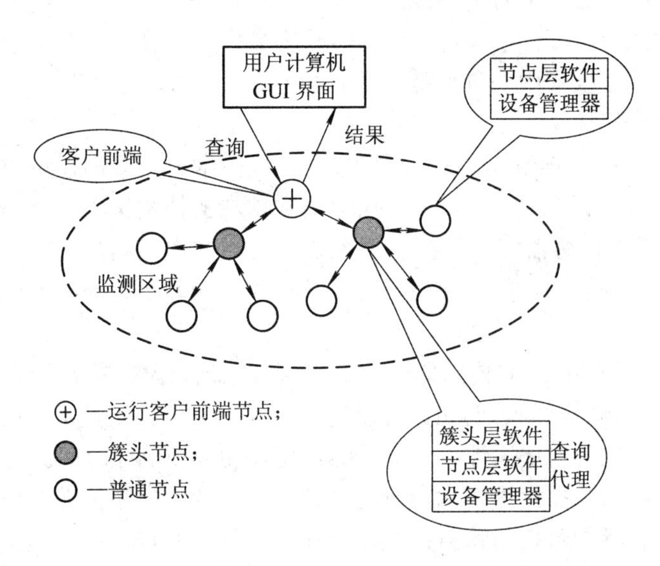

图 9.15　Cougar 系统的结构

客户前端负责与用户计算机和簇头通信，它是 GUI 和查询代理之间的界面，相当于传感器网络和用户计算机之间的网关。客户前端和 GUI 之间使用 TCP/IP 协议通信，将从 GUI 获取的查询请求发给簇头上运行的查询代理，并从簇头接收查询结果，还对查询结果进行相关处理(如过滤或聚集数据)，然后将处理结果发给 GUI。客户前端也可以把查询结果传输到远程 MySQL 数据库中。

用户计算机 GUI 界面是基于 Java 开发的，它允许用户通过可视化方式或输入 SQL 语言发出查询请求，也允许用户以可视化方式观察查询结果。GUI 中的 Map 组件可以使用户浏览传感器网络的拓扑结构。

查询代理由设备管理器、节点层软件和簇头层软件三部分组成。簇头层软件只在簇头中运行；设备管理器负责执行感知测量任务；节点层软件负责执行查询任务。当收到查询请求时，节点层软件从设备管理器获得需要的测量数据，然后对这些数据进行处理，最后将结果传送到簇头。在簇头中运行的簇头层软件负责接收来自簇内成员的数据，然后进行相关的处理，例如过滤或聚集数据，最后把结果传送到发出查询的客户前端。

3) Dimension 系统

Dimension 系统是由加州大学洛杉矶分校开发的。它的设计目标是提供灵活的时域和空域结合的查询。这种查询的灵活性表现在，用户可以对传感器网络中的数据进行时域和空

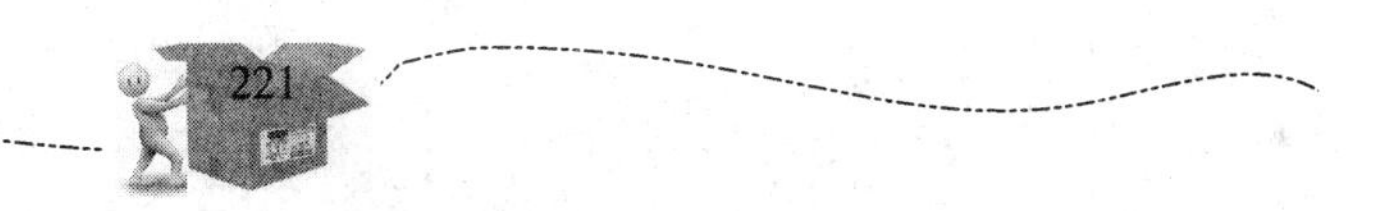

域的多分辨率查询。用户可以指定在时域和空域内的查询精度，Dimension 系统可以按照指定精度进行查询。这种查询提供了一种针对细节的数据挖掘功能。

为了实现以上设计目标，Dimension 系统主要采用了层次索引和基于小波变换的关键技术。这种关键技术能够使传感器网络合理地使用能量、计算和存储资源。

4. 无线传感器网络数据管理的主要技术挑战

尽管无线传感器网络的数据管理技术取得了很大的进展，但还有一些问题尚未完全解决。总的说来，还面临着以下若干挑战：

(1) 需要研究能够降低响应时间的传感器网络数据管理技术。目前的传感器网络数据管理系统的优化目标主要集中在降低能量消耗，然而，对于某些实时监测要求，缩短响应时间也是重要的优化目标。

(2) 需要研究可靠、安全的传感器网络数据管理技术。一方面，可以采用数据传输层技术保护可靠的传输；另一方面，可以考虑运用数据加密技术保障安全的查询。

(3) 需要研究用于传感器网络数据管理系统的协同技术。用户提交的查询往往需要由多个传感器节点的数据协调计算得出。针对具体应用需求，可以充分利用信息的冗余性的协同技术。

(4) 需要进一步优化目前的传感器网络数据管理系统，从而提高可扩展性、容错性，并且降低能量消耗和响应时间。例如，可以进一步优化数据聚集技术，或者提高传感器在采集数据时对环境变化的自适用性，以降低能量消耗和缩短响应时间。

无线传感器网络的数据管理技术的研究尚待深入，数据模型的研究成果无法表达感知数据的语意，不适合感知数据的特点；数据操作算法的研究仅考虑了聚集操作，大量的数据操作算法无人问津；WSN 应用中，经常使用的实时查询的优化与处理没有被考虑；支持数据管理的通信协议至今很少见，等等。总之，大量问题亟待解决。

9.4.2 数据模型、存储及查询

目前关于物联网数据模型、存储、查询技术的研究成果很少，比较有代表性的是针对传感器网络数据管理的 Cougar 和 TinyDB 两个查询系统。

在传感器网络中进行数据管理，有以下几个方面的问题：

(1) 感知数据如何真实反映物理世界。

(2) 节点产生的大量感知数据如何存放。

(3) 查询请求如何通过路由到达目标节点。

(4) 查询结果存在大量冗余数据，如何进行数据融合。

(5) 如何表示查询，并进行优化。

因而，传感器网络中的数据管理需研究的内容主要包括数据获取技术、数据存储技术、数据查询处理技术、数据分析挖掘技术以及数据管理系统的研究。

数据获取技术主要涉及传感器网络和感知数据模型、元数据管理技术、传感器数据处理策略、面向应用的感知数据管理技术。

数据存储技术主要涉及数据存储策略、存取方法和索引技术。

数据查询技术主要包括查询语言、数据融合方法、查询优化技术和数据查询分布式处理技术。

数据分析挖掘技术主要包括 OLAP 分析处理技术、统计分析技术、相关规则等传统类型知识挖掘、与感知数据相关的新知识模型及其挖掘技术、数据分布式挖掘技术。

数据管理系统主要包括数据管理系统的体系结构和数据管理系统的实现技术。

1. 基于感知数据模型的数据获取技术

在传感器网络中对数据进行建模，主要用于解决以下四个问题：

(1) 感知数据的不确定性。节点产生的测量值由于存在误差并不能真实反映物理世界，而是分布在真值附近的某个范围内，这种分布可用连续概率分布函数来描述。

(2) 利用感知数据的空间相关性进行数据融合，减少冗余数据的发送，从而延长网络生命周期。同时，当节点损坏或数据丢失时，可以利用周围邻居节点的数据相关性特点，在一定概率范围内正确发送查询结果。

(3) 节点能量受限，必须提高能量利用效率。根据建立的数据模型，可以调节传感器节点工作模式，降低节点采样频率和通信量，达到延长网络生命周期的目的。

(4) 方便查询和数据分布管理。

2. 数据存储与索引技术

数据存储策略按数据存储的分布情况可分为以下三类。

(1) 集中式存储：节点产生的感知数据都发送到基站节点，在基站处进行集中存储和处理。这种策略获得的数据比较详细、完整，可以进行复杂的查询和处理，但是节点通信开销大，只适合于节点数目比较小的应用场合。美国加州大学伯克利分校在大鸭岛上建立的海鸟监测试验平台就是采用这种策略。

(2) 分布式存储和索引：感知数据按数据名分布存储在传感器网络中，通过提取数据索引进行高效查询，相应的存储机制有 DIMENSIONS、DIFS、DIM 等。

① DIMENSIONS 采用小波编码技术处理大规模数据集上的近似查询，有效地以分布式方式计算和存储感知数据的小波系数，但是存在单一树根的通信瓶颈问题。

② DIFS 使用感知数据的键属性，采用散列函数和空间分解技术构造多根层次结构树，同时数据沿结构树向上传播，防止了不必要的树遍历。DIFS 是一维分布式索引。

③ DIM(Distributed Index for Multidimensional data)是多维查询处理的分布式索引结构，使用地理散列函数实现数据存储的局域性，把属性值相近的感知数据存储在邻近节点上，减少计算开销，提高查询效率。

(3) 本地化存储：数据完全保存在本地节点，数据存储的通信开销最小，但查询效率低下，一般采用泛洪式查询，当查询频繁时，网络的通信开销极大，并且存在热点问题。

3. 数据查询处理

传感器网络中的数据查询主要分为快照查询和连续查询。快照查询是对传感器网络某一时间点状况的查询；连续查询则主要关注某段时间间隔内网络数据的变化情况。查询处理与路由策略、感知数据模型和数据存储策略紧密相关，不可分割。当前的研究方向主要集中在以下几个方面：

(1) 查询语言研究。这方面的研究目前比较少，主要是基于 SQL 语言的扩展和改进。TinyDB 系统的查询语言是基于 SQL 的，康乃尔大学的 Cougar 系统提供了一种类似于 SQL 的查询语言，但是其信息交换采用 XML 格式。

(2) 连续查询技术。在传感器网络中，用户的查询对象是大量的无限实时数据流，连续查询被分解为一系列子查询提交到局部节点进行执行。子查询也是连续查询，需要扫描、过滤、综合数据流，产生部分的查询结果流，经过全局综合处理后返回给用户。局部查询是连续查询技术的关键，由于节点数据和环境情况动态变化，局部查询必须具有自适应性。

(3) 近似查询技术。感知数据本身存在不确定性，用户对查询的结果的要求也是在一定精度范围内的。采用基于概率的近似查询技术，充分利用已有信息和模型信息，在满足用户查询精度要求下减少不必要的数据采集和数据传输，将会提高查询效率，减少数据传输开销。

(4) 多查询优化技术。在传感器网络中一段时间间隔内可能进行着多个连续查询，多查询优化就是对各个查询结果进行判别，减少重叠部分的传输次数，以减少数据传输量。

9.4.3 数据融合及管理技术的研究与发展

数据融合及管理技术的研究与发展如下：

(1) 确立数据融合理论标准和系统结构标准。

(2) 改进融合算法，提高系统性能。

(3) 数据融合时机确定。由于物联网中感知节点具有随机性部署的特点，且感知节点能量、计算及存储空间等能力有限，不可能维护动态变化的全局信息，因而需要汇聚节点选择恰当的时机，尽可能多地对数据进行汇聚融合。

(4) 传感器资源管理优化。针对具体应用问题，建立数据融合中的数据库和知识库，研究高速并行推理机制，是数据融合及管理技术工程化及实际应用中的关键问题。

(5) 建立系统设计的工程指导方针，研究数据融合及管理系统的工程实现。数据融合及管理系统是一个具有不确定性的复杂系统，如何提高现有理论、技术、设备，保证融合系统及管理的精确性、实时性以及低成本也是未来研究的重点。

(6) 建立测试平台，研究系统性能评估方法。如何建立评价机制，对数据融合及管理系统进行综合分析和评价，以衡量融合算法的性能，也是亟待解决的问题。

练　习　题

1. 简述数据融合的定义及特点。
2. 简述数据融合的分类及方法。
3. 简述数据融合的一般模型结构。
4. 简述基于信息抽象层次的数据融合方法。
5. 常用的多传感器数据融合方法有哪几种？
6. 简述传感器网络数据管理系统的结构。

第10章 云 计 算

读完本章，读者将了解以下内容：

※ 云计算的定义、云计算的类型及云计算与物联网的关系；

※ 云计算系统组成、云计算系统的服务层次及云计算的关键技术；

※ Amazon云计算基础架构平台、Google云计算应用平台、Microsoft云计算服务和IBM蓝云计算平台；

※ 云计算的应用示范。

10.1 云计算概述

当今社会，PC依然是日常工作生活中的核心工具——我们用PC处理文档、存储资料，通过电子邮件或U盘与他人分享信息。如果PC硬盘坏了，我们会因为资料丢失而束手无策。而在“云计算”时代，“云”会替我们做存储和计算的工作。“云”就是计算机群，每一群包括了几十万台、甚至上百万台计算机。“云”的好处还在于，其中的计算机可以随时更新，保证“云”长生不老。

大约在2007年，包括IBM、Google、亚马逊等在内的知名企业纷纷提出云计算的概念。在“2009 云计算中国论坛”上，成都信息工程学院副教授王鹏(《走进云计算》的作者)指出，这些企业在提出云计算概念的时候，往往依据自己已有的技术基础和自己商业的利益，从不同的角度提出了云计算模型。尽管如此，这些知名企业的推动，促使了整个云计算的概念明确和出现。

在云计算市场，Google的应用引擎(Google App Engine)和微软的Live Mesh为开发云计算应用提供了截然不同的平台。

Live Mesh是微软推出的基于云计算的数据同步和设备管理平台。Live Mesh把用户数据的原版拷贝保留在自己的服务器上，这样用户就能从与互联网相连的任何设备访问最新版本的文件。

在传统的计算模式中，使用应用程序来创建文档(无论是打字稿、电子表格、数据库还是其他文档)，当需要保存文档时，应用程序就把它交给操作系统，操作系统会在本地存储设备中以文件的形式保留一份文档拷贝。

Google的模式却截然不同。在这种模式中，云计算是多计算机环境下的计算。用户不需要维护任何磁盘，也不需要“文件”或者用来保存文件的文件系统这种人工概念。

Google的云计算还有其他优势，Google免费提供应用程序。由于这些应用程序存在于云计算环境中，所以用户不需要安装软件，也不需要管理程序升级或者安全补丁。实际上，用户完全摆脱了与操作系统之间的所有日常交互。当然，服务器底层运行着某种操作系统，负责运行 Google 的诸多应用程序；还有某种有组织的存储系统。但这些仅仅是技术细节，不需要用户操心。

虽然 Google 基于互联网的应用程序确实给人留下了深刻印象，但其中缺乏像微软 Office 这类桌面软件的高级功能。正由于如此，这种方式很难让习惯于 Office 的忠实用户改变立场，转身投向 Google。另外，在云计算环境中，而不是在本地驱动器上保存及管理文档这种方式也可能让企业客户心生疑虑。

比较而言，Google 的云计算方案是革命性的，微软的云计算方案却是演进性的。Live Mesh 迎合的是现有用户，这比较容易打动人心。不过，Google 的发展势头又是不可阻挡的。

10.1.1 云计算的定义

云计算(Cloud Computing)是一种新提出的计算模式。维基百科给云计算下的定义为：云计算将 IT 相关的能力以服务的方式提供给用户，允许用户在不了解提供服务的技术、没有相关知识以及设备操作能力的情况下，通过 Internet 获取需要服务。

中国云计算网将云计算定义为：云计算是分布式计算(Distributed Computing)、并行计算(Parallel Computing)和网格计算(Grid Computing)的发展，或者说是这些科学概念的商业实现。

Forrester Research 的分析师 James Staten 将云计算定义为：云计算是一个具备高度扩展性和管理性并能够胜任终端用户应用软件计算基础架构的系统池。

1．狭义云计算

狭义云计算是指 IT 基础设施的交付和使用模式，即通过网络以按需、易扩展的方式获得所需的资源(硬件、平台、软件)。提供资源的网络被称为“云”。“云”中的资源在使用者看来是可以无限扩展的，并且可以随时获取，按需使用，随时扩展，按使用付费。日常生活的供水、供电系统就具有这样的特性，故狭义云计算也就意味着像使用水电一样使用 IT 基础设施。

2．广义云计算

广义云计算是指服务的交付和使用模式，即通过网络以按需、易扩展的方式获得所需的服务。这种服务可以是 IT 和软件、互联网相关的，也可以是任意其他的服务。

在广义云计算意义上，“云”是一些可以自我维护和管理的虚拟计算资源，通常为一些大型服务器集群，包括计算服务器、存储服务器、宽带资源等。云计算将所有的计算资源集中起来，并由软件实现自动管理，无需人为参与。这使得应用提供者无需为繁琐的细节而烦恼，能够更加专注于自己的业务，有利于创新和降低成本。

有人打了个比方：这就好比是从古老的单台发电机模式转向了电厂集中供电的模式。它意味着计算能力也可以作为一种商品进行流通，就像煤气、水电一样，取用方便，费用低廉。最大的不同在于，它是通过互联网进行传输的。

云计算是并行计算(Parallel Computing)、分布式计算(Distributed Computing)和网格计算(Grid Computing)的发展，或者说是这些计算机科学概念的商业实现。云计算是虚拟化

(Virtualization)、效用计算(Utility Computing)、IaaS(基础设施即服务)、PaaS(平台即服务)、SaaS(软件即服务)等概念混合演进并跃升的结果。

虽然目前云计算没有统一的定义，但结合上述定义，可以总结出云计算的一些本质特征，即分布式计算和存储特性、高扩展性、用户友好性和良好的管理性。

云计算具有以下特点：

(1) 超大规模。“云”具有相当的规模，Google 云计算已经拥有 100 多万台服务器，Amazon、IBM、Microsoft、Yahoo 等的“云”均拥有几十万台服务器。企业私有云一般拥有数百上千台服务器。“云”能赋予用户前所未有的计算能力。

(2) 虚拟化。云计算支持用户在任意位置、使用各种终端获取应用服务。所请求的资源来自“云”，而不是固定的有形的实体。应用在“云”中某处运行，但实际上用户无需了解、也不用担心应用运行的具体位置。只需要一台笔记本或者一部手机，就可以通过网络服务来实现我们需要的一切，甚至包括超级计算这样的任务。

(3) 高可靠性。“云”使用了数据多副本容错、计算节点同构可互换等措施来保障服务的高可靠性，使用云计算比使用本地计算机可靠。

(4) 通用性。云计算不针对特定的应用，在“云”的支撑下可以构造出千变万化的应用，同一个“云”可以同时支撑不同的应用运行。

(5) 高可扩展性。“云”的规模可以动态伸缩，满足应用和用户规模增长的需要。

(6) 按需服务。“云”是一个庞大的资源池，可按需购买；“云”可以像自来水、电、煤气那样计费。

(7) 极其廉价。由于“云”的特殊容错措施可以采用极其廉价的节点来构成云，“云”的自动化集中式管理使大量企业无需负担日益高昂的数据中心管理成本，“云”的通用性使资源的利用率较之传统系统大幅提升，用户可以充分享受“云”的低成本优势，经常只要花费几百美元、几天时间就能完成以前需要数万美元、数月时间才能完成的任务。

10.1.2　云计算的类型

谷歌和雅虎提供的基于 Web 的电子邮件服务，Carbonite 或 MozyHome 提供的备份服务，Salesforce.com 提供的客户资源管理应用软件，以及美国在线(AOL)、谷歌、Skype、Vonage 及其他公司提供的即时通信和 VoIP 服务，这些都是云计算服务。云计算服务隐藏在另一个抽象层后面，可使最终用户原本需要复杂计算架构才能提供的那种功能变得更为简单。下面主要从服务类型和服务方式的角度介绍云计算的类型。

1. 按服务类型分类

从服务类型方面可把云计算分为基础设施云、平台云和应用云。

(1) 基础设施云：基础架构服务(Infrastructure as a Service)，提供网格或集群形式的虚拟化服务器、网络、存储和系统软件，旨在补充或更换整个数据中心的功能。这些云为用户提供底层的接近于直接操作硬件资源的服务。这方面最显著的例子有亚马逊的弹性计算云(EC2)和简单存储服务(Simple Storage Service)。

(2) 平台云：亦称平台即服务(Platform as a Service)，提供虚拟化服务器，用户可以在虚拟化服务器上运行现有的应用程序，或者开发新的应用程序，不必为维护操作系统、服

务器硬件、负载均衡或计算容量而操心。平台可为开发人员提供应用程序的托管，一旦开发人员开发出满足平台运行的应用程序且成功部署后，运行过程中的资源分配和其他的管理工作等将由平台云自行管理。这方面最显著的例子有微软的 Azure 和 Salesforce 的 Force.com。

(3) 应用云：又称软件即服务(Software as a Service)，作为知名度最高、应用最广泛的一种云计算，SaaS 提供了复杂的传统应用程序的所有功能，这些功能通过 Web 浏览器而不是安装在本地的应用程序来使用。SaaS 消除了应用服务器、存储、应用程序开发及相关的常见 IT 问题方面的担忧。这方面最显著的例子是 Salesforce.com、谷歌的 Gmail 和 Apps、美国在线、雅虎和谷歌的即时通信，以及 Vonage 和 Skype 的 VoIP。

2. 按服务方式分类

从服务方式方面可把云计算分为公有云、私有云和混合云。

(1) 公有云：就是有若干企业和若干客户使用的形式。在公有云中，用户使用的服务都是由第三方云服务提供商提供的，该提供商也为其他的客户提供服务，所有的用户共享云服务提供商提供的所有资源。

(2) 私有云：就是只在某个企业内部独立建立的云环境。私有云是专门为企业提供服务的专有云计算服务，企业内部的员工都可以访问这个私有云内部的所有服务资源，当然这也类似我们平时构建的管理系统，可以设置相应的权限，公司或者组织以外的用户无法访问这个云环境中的资源。

(3) 混合云：就是公有云和私有云相结合的形式。

10.1.3 云计算与物联网

每当人们谈及互联网，联想到的不只是物理设备构成的网，还有一个巨大的信息系统。物联网的情况也与之类似。物联网多被看做是互联网通过各种信息感应、探测、识别、定位、跟踪和监控等手段和设备向物理世界的延伸。对客观世界的感应、探测、监控等，只是人类社会对物理世界实现“感、知、控”的第一个环节，即为物联网“前端”。基于互联网计算的涌现智能以及对物理世界的反馈和控制是另外两个环节，即为物联网“后端”。当前，无论是学术界还是工业界，目光普遍聚焦在物联网“前端”。本节将从物联网“后端”来说明物联网与云计算的关系。

1. 从“后端”看物联网

如前面所述，物联网可以看做是互联网通过传感器网络向物理世界的延伸，其最终目标是实现对物理世界的智能化管理。在逻辑上，物联网包括如图 10.1 所示的三个层次，其中：

(1) 物理世界感知是物联网的基础，基于传感技术和网络通信技术，实现对物理世界的探测、识别、定位、跟踪和监控，可以看做是物联网的“前端”。

(2) 大量独立建设的单一物联网应用是物联网建设的起点与基本元素，该类应用往往局限于对单一物品的感应与智能管理，每个物联网应用都是物联网上的一个逻辑节点。

(3) 通过对众多单一物联网应用的深度互联和跨域协作，物联网可以形成一个多层嵌套的“网中网”，这是实现物联网智能化管理目标和价值追求的关键所在，可以看做是物联

网的“后端”。

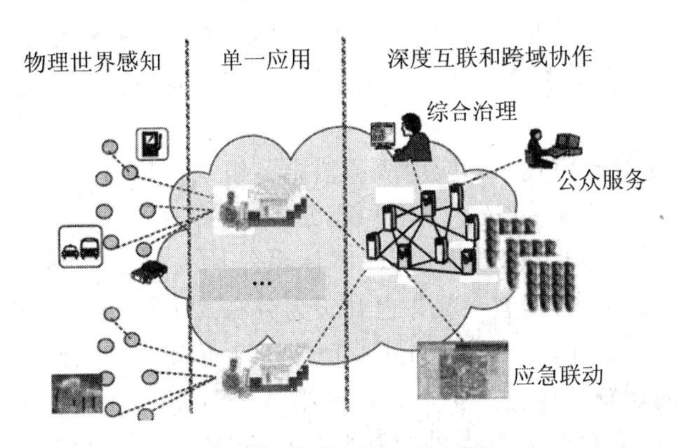

图10.1　物联网的三个层次

从“后端”来看，物联网可以看做是一个基于互联网的，以提高物理世界的运行、管理、资源使用效率等水平为目标的大规模信息系统。由于物联网“前端”在对物理世界感应方面具有高度并发的特性，并将产生大量引发“后端”深度互联和跨域协作需求的事件，从而使得上述大规模信息系统表现出以下性质：

(1) 不可预见性：对物理世界的感知具有实时性，会产生大量不可预见的事件，从而需要应对大量即时协同的需求。

(2) 涌现智能：对诸多单一物联网应用的集成能够提升对物理世界综合管理的水平，物联网“后端”是产生放大效应的源泉。

(3) 多维度动态变化：对物理世界的感知往往具有多个维度，并且是不断动态变化的，从而要求物联网“后端”具有更高的适应能力。

(4) 大数据量、实效性：物联网中涉及的传感信息具有大数据量、实效性等特征，对物联网“后端”的信息处理带来诸多新的挑战。

综上所述，实时感应、高度并发、自主协同和涌现效应等特征要求从新的角度审视物联网“后端”信息基础设施，对当前互联网计算(包括云计算、服务计算、网格等)的研究提出了新的挑战，需要有针对性地研究物联网特定的应用集成问题、体系结构及标准规范，特别是大量高并发事件驱动的应用自动关联和智能协作问题。

2．云与物联网“后端”

认为“云”是支撑物联网“后端”的认识存在着误区。云计算起源于互联网公司对特定的大规模数据处理问题解决方案，由于问题和商业模式明确、产业界大力推动以及已有网格等相关前期研究基础等原因，而迅速被热捧和泛化，但其本身远未成熟。即使在不考虑标准化过渡和互操作性等因素的情况下，基本实现云计算愿景恐怕也还要经过一到数个创新周期。因此，我们不能简单地设想和推断云计算便可应对物联网“后端”的需求。

当前所谓的软件即服务(SaaS)、平台即服务(PaaS)和基础设施即服务(IaaS)三个层次的划分也只是对现有云计算的初级认识，并未全面体现云计算的内涵、外延和发展。

“云”的发展大体分为三个阶段：第一阶段，网格从科学领域需求出发，云计算从互联网特定的大规模数据处理需求出发，Web 2.0从用户参与的角度出发，尽管各自的应用领域、视角和侧重不同，但都取得了明显的进步，出现了一些令人鼓舞的典型应用；第二阶

段，技术体系将互相渗透，会出现统一运营的“行业云”、第三方运营中心等；第三阶段也是互联网计算的愿景：客户通过基于标准的服务交互方式，以极低的成本按需从基础设施获取高质量的计算、存储、数据、平台和应用等服务，客户无需关心服务是由什么“云”提供的。

在早期的客户/服务器模式下，应用服务器由各组织机构自行运营维护，服务体现为紧耦合的对应程序调用结果的消息。随着以CORBA(Common Object Request Broker Architecture，公用对象请求代理(调度)程序体系结构)、J2EE(Java2 Platform, Enterprise Edition)等分布式对象系统的发展，服务也升级为分布式平台为客户端提供价值的纽带；随着互联网的发展，原来属于应用系统的共性功能逐渐下沉至基础设施，越来越多的应用服务器交给“云”上的运营者运营维护，客户端则基于服务中间件(如ESB(Enterprise Service Bus)、Service Registry等)享受云端提供的万维网服务(Web Service)和REST(REpresentational State Transfer，表述性状态转变)服务形式的松耦合的服务。未来，“云”提供的服务将从多个层面、不同视角在“服务空间”中进行一体化管理和组织，服务不再是一维的抽象，将覆盖业务牵引的角度、以用户为中心的角度、层次的角度等各个视角。CSI将云体系结构归纳为用户端和基础设施，服务是其纽带，也是构造基于互联网的应用系统的第一元素(First-Class Entity)。随着以“云”为标识的互联网信息处理基础设施的发展，服务计算的重要性将更加凸显。针对物联网需求特征的优化策略、优化方法和涌现智能也将更多地以服务组合的形式体现，并出现物联网服务新形态，进一步推动服务计算相关学科的发展。

人类基础设施的发展经过上百年还未完善，同样可以断定，物联网“后端”的发展完善也是一个长远的事情。因此，人们不能把云计算的愿景当做现实。我们应在考虑长期战略目标的同时，以价值和典型应用为牵引，先建立特定领域中统一运营的“行业云”和第三方运营中心，以实现资源优化利用以及跨域的资源共享和应用集成。同时，需要充分考虑到物联网上的信息具有多元、多源、多级过滤和分析、动态变化、数据量巨大等特点。

10.2 云计算系统的组成及其技术

10.2.1 云计算系统的组成

云计算的体系结构由五部分组成，分别为资源层、平台层、应用层、用户访问层和管理层，如图10.2所示。云计算的本质是通过网络提供服务，所以其体系结构以服务为核心。

1. 资源层

资源层是指基础架构层面的云计算服务，这些服务可以提供虚拟化的资源，从而隐藏物理资源的复杂性。资源层包括物理资源、服务器服务、网络服务和存储服务。

(1) 物理资源指的是物理设备，如服务器等。

(2) 服务器服务指的是操作系统的环境，如Linux集群等。

(3) 网络服务指的是提供的网络处理能力，如防火墙、VLAN、负载等。

(4) 存储服务为用户提供存储能力。

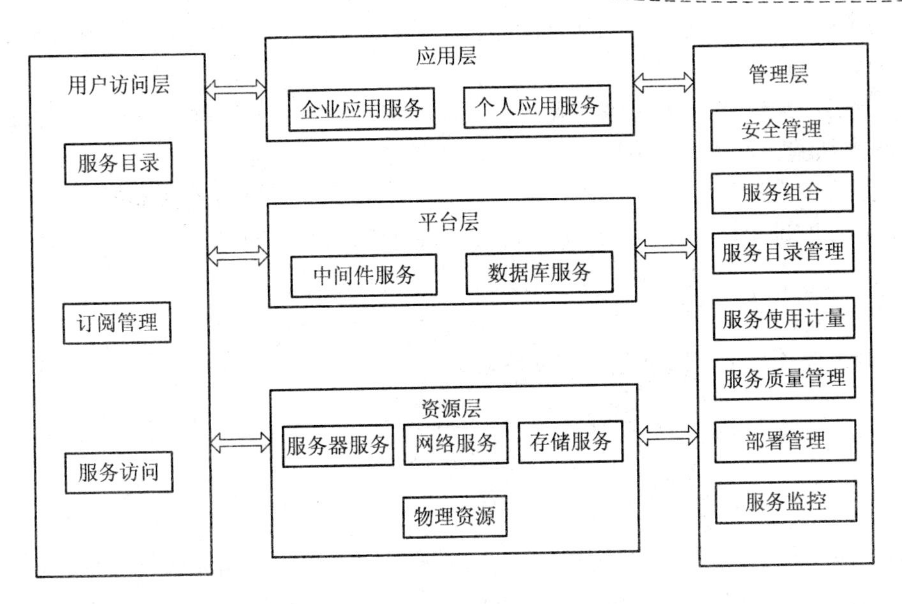

图10.2　云计算的体系结构

2. 平台层

平台层为用户提供对资源层服务的封装，使用户可以构建自己的应用。平台层包括数据库服务和中间件服务。

(1) 数据库服务提供可扩展的数据库处理的能力。

(2) 中间件服务为用户提供可扩展的消息中间件或事务处理中间件等服务。

3. 应用层

应用层提供软件服务，包括企业应用服务和个人应用服务。

(1) 企业应用是指面向企业的用户，如财务管理、客户关系管理、商业智能等。

(2) 个人应用是指面向个人用户的服务，如电子邮件、文本处理、个人信息存储等。

4. 用户访问层

用户访问层是方便用户使用云计算服务所需的各种支撑服务，针对每个层次的云计算服务都需要提供相应的访问接口。它包括服务目录、订阅管理和服务访问。

(1) 服务目录是一个服务列表，用户可以从中选择需要使用的云计算服务。

(2) 订阅管理是提供给用户的管理功能，用户可以查阅自己订阅的服务，或者终止订阅的服务。

(3) 服务访问是针对每种层次的云计算服务提供的访问接口。针对资源层的访问可能是远程桌面或者XWindows；针对应用层的访问，提供的接口可能是Web。

5. 管理层

管理层提供对所有层次云计算服务的管理功能，包括安全管理、服务组合、服务目录管理、服务使用计量、服务质量管理、部署管理和服务监控。

(1) 安全管理：提供对服务的授权控制、用户认证、审计、一致性检查等功能。

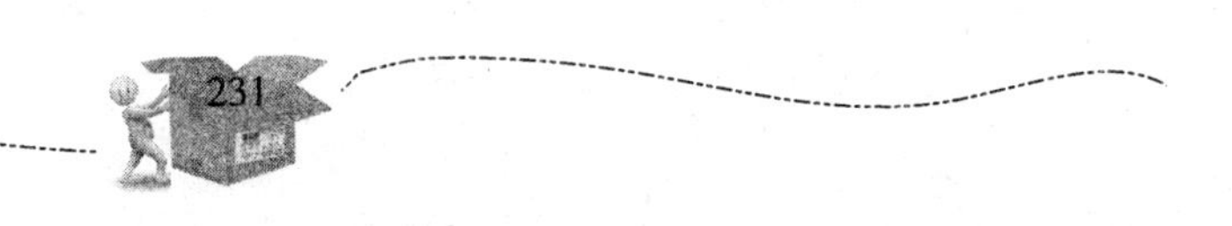

(2) 服务组合：提供对自己有云计算服务进行组合的功能，使得新的服务可以基于已有服务创建时间。

(3) 服务目录管理服务：提供服务目录和服务本身的管理功能，管理员可以增加新的服务，或者从服务目录中除去服务。

(4) 服务使用计量：对用户的使用情况进行统计，并以此为依据对用户进行计费。

(5) 服务质量管理：提供对服务的性能、可靠性、可扩展性进行管理的功能。

(6) 部署管理：提供对服务实例的自动化部署和配置功能。当用户通过订阅管理增加新的服务订阅后，部署管理模块自动为用户准备服务实例。

(7) 服务监控：提供对服务的健康状态的记录功能。

10.2.2 云计算系统的服务层次

1．云计算的服务层次

在云计算中，根据其服务集合所提供的服务类型，整个云计算服务集合被划分成应用层、平台层、基础设施层和虚拟化层四个层次，每一层都对应着一个子服务集合。云计算的服务层次如图 10.3 所示。

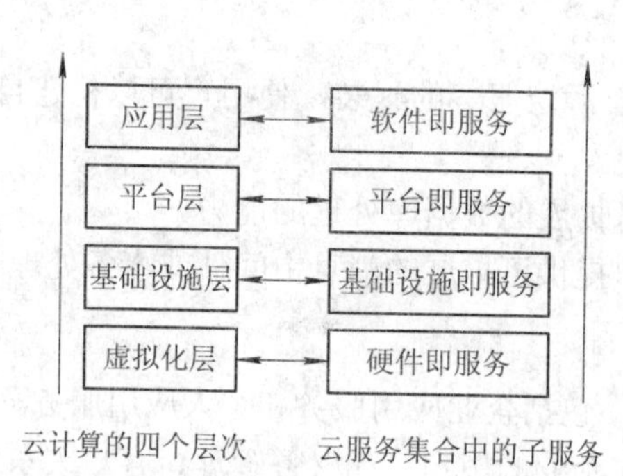

图 10.3 云计算的服务层次

云计算的服务层次是根据服务类型即服务集合来划分的，与大家熟悉的计算机网络体系结构中层次的划分不同。在计算机网络中，每个层次都实现一定的功能，层与层之间有一定关联。而云计算体系结构中的层次是可以分割的，即某一层次可以单独完成一项用户的请求而不需要其他层次为其提供必要的服务和支持。在云计算服务体系结构中，各层次与相关云产品对应如下：

(1) 应用层对应 SaaS(软件即服务)，如 Google APPS、SoftWare+Services。

(2) 平台层对应 PaaS(平台即服务)，如 IBM IT Factory、Google APP Engine、Force.com。

(3) 基础设施层对应 IaaS(基础设施即服务)，如 Amazon Ec2、IBM Blue Cloud、Sun Grid。

(4) 虚拟化层对应硬件即服务结合 Paas 提供硬件服务，包括服务器集群及硬件检测等服务。

2．云计算的技术层次

云计算的技术层次和云计算的服务层次不是一个概念，后者从服务的角度来划分云的层次，主要突出了云服务能给我们带来什么。而云计算的技术层次主要从系统属性和设计思想角度来说明云，是对软、硬件资源在云计算技术中所充当角色的说明。从云计算技术角度来分，云计算大约由服务接口、服务管理中间件、虚拟化资源、物理资源四部分构成，如图10.4所示。

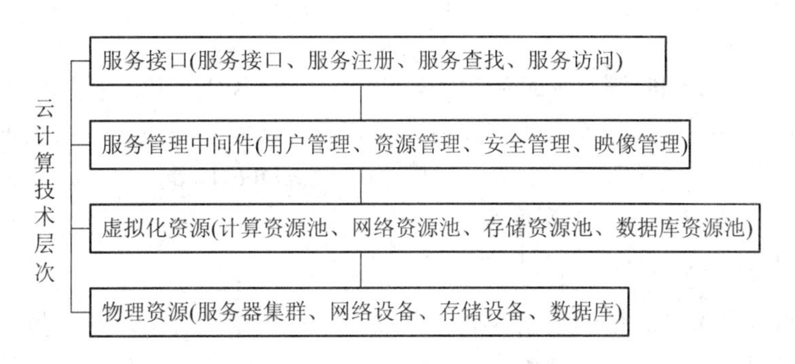

图10.4　云计算技术结构

(1) 服务接口：统一规定了在云计算时代使用计算机的各种规范、云计算服务的各种标准等，用户端与云端交互操作的入口，可完成用户或服务注册，对服务进行定制和使用等。

(2) 服务管理中间件：在云计算技术中，中间件位于服务和服务器集群之间，提供管理和服务即云计算体系结构中的管理系统。对标识、认证、授权、目录、安全性等服务进行标准化和操作，为应用提供统一的标准化程序接口和协议，隐藏底层硬件、操作系统和网络的异构性，统一管理网络资源。其用户管理包括用户身份验证、用户许可、用户定制管理；资源管理包括负载均衡、资源监控、故障检测等；安全管理包括身份验证、访问授权、安全审计、综合防护等；映像管理包括映像创建、部署、管理等。

(3) 虚拟化资源：指一些可以实现一定操作、具有一定功能，但其本身是虚拟而不是真实的资源，如计算池、存储池和网络池、数据库资源等，通过软件技术来实现相关的虚拟化功能，如虚拟环境、虚拟系统、虚拟平台。

(4) 物理资源：主要指能支持计算机正常运行的一些硬件设备及技术，可以是价格低廉的PC，也可以是价格昂贵的服务器及磁盘阵列等设备，可以通过现有网络技术和并行技术、分布式技术将分散的计算机组成一个能提供超强功能的集群用于计算和存储等云计算操作。在云计算时代，本地计算机可能不再像传统计算机那样需要空间足够的硬盘、大功率的处理器和大容量的内存，只需要一些必要的硬件设备，如网络设备和基本的输入/输出设备等。

10.2.3　云计算的关键技术

云计算是分布式处理、并行计算和网格计算等概念的发展和商业实现，其技术实质是计算、存储、服务器、应用软件等IT软、硬件资源的虚拟化。云计算在虚拟化、数据存储、数据管理、编程模式等方面具有自身独特的技术。云计算的关键技术包括以下几个方面。

1. 虚拟机技术

虚拟机即服务器虚拟化，是云计算底层架构的重要基石。在服务器虚拟化中，虚拟化软件需要实现对硬件的抽象，资源的分配、调度和管理，虚拟机与宿主操作系统及多个虚拟机间的隔离等功能，目前典型的实现(基本成为事实标准)有 Citrix Xen、VMware ESX Server 和 Microsoft Hype-V 等。

2．数据存储技术

云计算系统需要同时满足大量用户的需求，并行地为大量用户提供服务。因此，云计算的数据存储技术必须具有分布式、高吞吐率和高传输率的特点。目前数据存储技术主要有 Google 的 GFS(Google File System，非开源)以及 HDFS(Hadoop Distributed File System，开源)，这两种技术已经成为事实标准。

3．数据管理技术

云计算的特点是对海量的数据存储、读取后进行大量的分析，如何提高数据的更新速率以及进一步提高随机读速率是未来数据管理技术必须解决的问题。云计算的数据管理技术最著名的是谷歌的 BigTable 数据管理技术，同时 Hadoop 开发团队已开发出类似 BigTable 的开源数据管理模块。

4．分布式编程与计算

为了使用户能更轻松的享受云计算带来的服务，让用户能利用该编程模型编写简单的程序来实现特定的目的，云计算上的编程模型必须十分简单。必须保证后台复杂的并行执行和任务调度向用户和编程人员透明。当前各 IT 厂商提出的“云”计划的编程工具均基于 Map-Reduce 的编程模型。

10.3　典型云计算系统简介

10.3.1　Amazon 云计算基础架构平台

目前，最受欢迎的云计算平台是 Amazon Web Services(AWS)，在云上最受欢迎的数据库是 MySQL。尽管 Amazon 在 2002 年就已经开始着手 AWS，并从那时已使许多新的计算服务，包括基础架构、电子商务和 Web 信息服务变得可用，然而我们希望继续集中部署这些与 MySQL 最相关的内容，如 Elastic Computing Cloud(EC2，弹性计算云)，Simple Storage Service(S3，简便存储服务)和 Elastic Block Store (EBS，持久存储)。针对这些服务，开发人员可以使用 Web 服务、具体的 REST 和 SOAP 协议访问。

Amazon EC2 和 MySQL，对于一个想减少资金花费和运营成本，同时以最小的成本和投入来动态扩展其应用的机构来说，是相当适合的。亚马逊 Amazon EC2 上订阅一个 MySQL Enterprise，开发人员充分依托 MySQL 数据库专家，可以在云上更具成本效益地交付 Web-scale 数据库应用。

1．Amazon 弹性计算云(EC2)

Amazon EC2 服务开始于 2006 年，在 2008 年变得普遍广泛可用。EC2 使得亚马逊云能够动态扩展计算能力。它使开发人员更容易交付 Web-scale 应用。亚马逊云计算能够忽略硬件，取而代之的是当需求增加时，可以使用(或不使用)额外的虚拟硬件。支撑 EC2 服务

的是 Xen 虚拟技术。Xen 是开源软件，它允许操作系统(如 Linux、Windows 或者 Solaris)作为“虚拟机器”，并同时运行在相同的硬件上。使用 Xen 时，EC2 可以快速提供客户虚拟服务器的规格说明书，定制硬件特性，如 CPU 数、内存和软件容错。

2. Amazon 简单存储服务(S3)

Amazon 也发行了 S3，它可提供在线存储 Web 服务。S3 给开发人员提供一个简单、安全、本质上拥有无限能力的连续在线存储。S3 可以被看成在“云”上的一个很大的磁盘驱动或一个 SAN。和带宽的收费模式一样，Amazon 对最终用户按每 GB 存储收费，并且当存储和检索 S3 数据时要求收费。用 S3 可以存储和获得 Amazon 认为是对象的无组织的数据。亚马逊存储如图 10.5 所示。

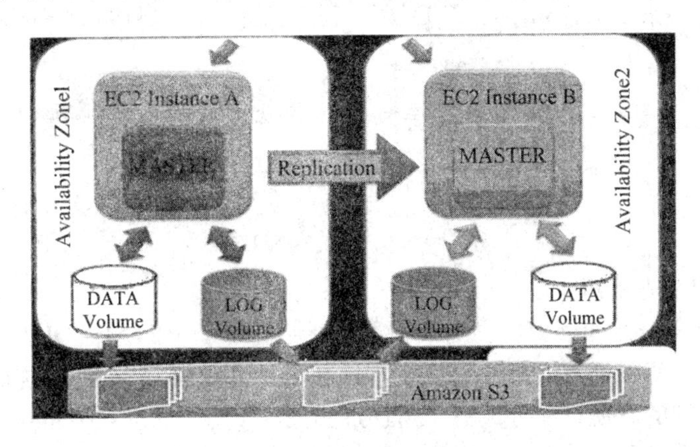

图 10.5 亚马逊存储

这些对象可以是拥有 2 KB 相关元数据，而这些对象又可以存放在 1 B 到 5 GB 范围内的任何地方。S3 里没有目录或文件名，对象存储在“Buckets”当中，并由开发人员通过预设的唯一键进行检索。Buckets 和其内部包含的对象存储在两个不同的物理区域中，但是它们可以从任何地方访问。使用一个 REST 和 SOAP 接口，开发人员可以创建、列出和检索 Buckets 和对象，同时可以通过 GET 接口或者 BitTorrent 协议下载亚马逊 Web MySQL。

3. Amazon 持久存储(EBS)

EBS 在 2008 年开始运营时，是 Amazon EC2 最令人期待的特性之一。在 EBS 之前，EC2 存储是和本地实例联系在一起的，这就意味着如果 EC2 实例被破坏，本地实例上存储的数据就变得不可用了。为了解决该问题，Amazon 创建了 EBS，提供块级水平存储容量，其可以不考虑 EC2 实例的状态。对于开发人员，EBS Volume 的出现作为标准的块机制，其大小从 1 GB 变化到 1 TB。指定机制名称和块机制接口以后，用户可以配置一个他们选择的 EBS Volume 的文件系统。

1) 在 Amazon EC2 上部署 MySQL

在 EC2 上开始 MySQL 是很简单的，亚马逊 Web MySQL 如图 10.6 所示。首先，假定已经设置了 Amazon 账号，可以从 Amazon AMI 目录使用一个已存在的 AMI 预设置 MySQL，或者使用自己的 Amazon SDK 创建。用户还可以从其他的资源获得可用的“模板化”AMI 图形。其次，一旦做了任何配置，为了再次使用和安全保存，应该上传用户的 AMI 到 S3。

最后，选择想部署的EC2实例，配置安全和网络控制。

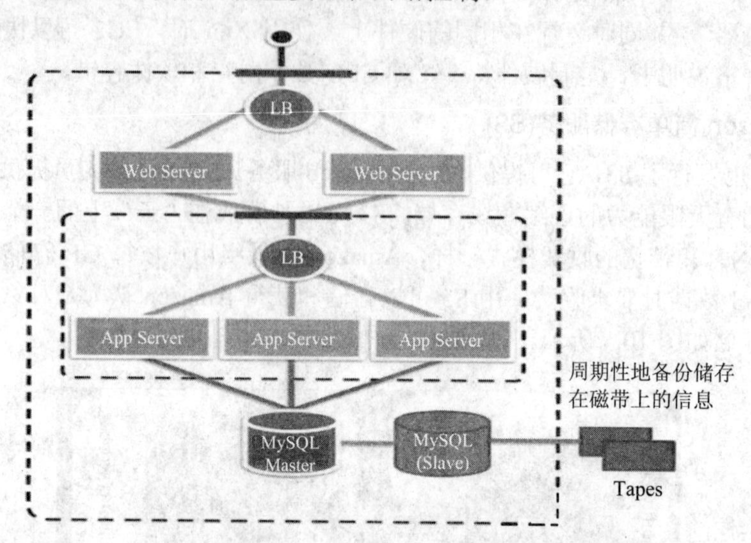

图 10.6　亚马逊 Web MySQL

2) 亚马逊 Web Server

亚马逊 Web Server 如图 10.7 所示。用于 Amazon EC2 上的 MySQL Enterprise 是基于支持而提供的订阅，使得开发人员可以低成本地在云上交付 Web 扩展数据库应用，在云上使用世界上最受欢迎的开源数据库。在 Amazon EC2 上使用 MySQL Enterprise 的好处包括：可利用 MySQL 的可靠性、高性能和易用性，可在云上交付大量的可扩展的 Web 应用；使用 MySQL Replication 进行主从数据库复制、切换和备份，实现高可用性应用。

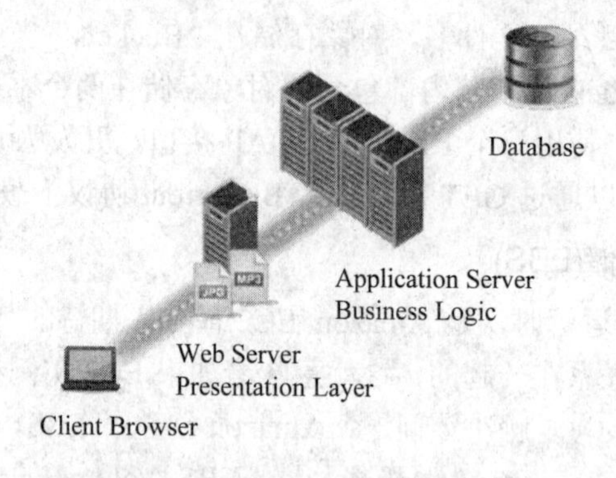

图 10.7　亚马逊 Web Server

10.3.2 Google 云计算应用平台

Google 的云计算技术实际上是针对 Google 特定的网络应用程序而定制的。针对内部网络数据规模超大的特点，Google 提出了一整套基于分布式并行集群方式的基础架构，利用软件的能力来处理集群中经常发生的节点失效问题。

从 2003 年开始，Google 连续几年在计算机系统研究领域的顶级会议与杂志上发表论文，揭示了其内部的分布式数据处理方法，向外界展示其使用的云计算核心技术。从其近几年发表的论文来看，Google使用的云计算基础架构模式包括四个相互独立又紧密结合在一起的系统，即建立在集群之上的Google 文件系统(Google File System，GFS)，针对Google应用程序的特点提出的Map/Reduce分布式编程环境，分布式的锁机制Chubby以及Google开发的模型简化的大规模分布式数据库管理系统BigTable。

1. Google文件系统

为了满足Google迅速增长的数据处理需求，Google设计并实现了Google文件系统(GFS)。GFS与过去的分布式文件系统拥有许多相同的目标，例如高性能、可伸缩性、可靠性以及可用性。然而，它的设计还受到Google应用负载和技术环境的影响，主要体现在以下四个方面：

(1) 集群中的节点失效是一种常态，而不是一种异常。由于参与运算与处理的节点数目非常庞大，通常会使用上千个节点进行共同计算，因此，每时每刻总会有节点处在失效状态。需要通过软件程序模块，监视系统的动态运行状况，侦测错误，并且将容错以及自动恢复系统集成在系统中。

(2) Google系统中的文件大小与通常文件系统中的文件大小的概念不一样，文件大小通常以GB计。另外，文件系统中的文件含义与通常文件的不同，一个大文件可能包含大量数目的通常意义上的小文件。所以，设计预期和参数(例如I/O操作和块尺寸)都要重新考虑。

(3) Google文件系统中的文件读写模式和传统的文件系统不同。在Google应用(如搜索)中对大部分文件的修改，不是覆盖原有数据，而是在文件尾追加新数据，对文件的随机写是几乎不存在的。对于这类巨大文件的访问模式，客户端对数据块缓存失去了意义，追加操作成为性能优化和原子性(把一个事务看做是一个程序，它要么被完整地执行，要么完全不执行)保证的焦点。

(4) 文件系统的某些具体操作不再透明，而且需要应用程序的协助完成，应用程序和文件系统API的协同设计提高了整个系统的灵活性。例如，放松了对GFS一致性模型的要求，这样不用加重应用程序的负担，就大大简化了文件系统的设计。GFS还引入了原子性的追加操作，这样多个客户端同时进行追加的时候，就不需要额外的同步操作了。

总之，GFS是为Google应用程序本身而设计的。

Google File System的系统架构如图10.8所示，一个GFS集群包含一个主服务器和多个块服务器，被多个客户端访问。文件被分割成固定尺寸的块。在每个块创建的时候，服务器分配给它一个不变的、全球唯一的64位块句柄对它进行标识。块服务器把块作为Linux文件保存在本地硬盘上，并根据指定的块句柄和字节范围来读写块数据。为了保证可靠性，每个块都会复制到多个块服务器上，缺省保存三个备份。主服务器管理文件系统所有的元数据，包括名字空间、访问控制信息和文件到块的映射信息，以及块当前所在的位置。GFS客户端代码被嵌入到每个程序里，它实现了Google文件系统API，帮助应用程序与主服务器和块服务器通信，对数据进行读写。客户端跟主服务器交互进行元数据操作，但是所有的数据操作的通信都是直接和块服务器进行的。客户端提供的访问接口类似于POSIX接口，但有一定的修改，并不完全兼容POSIX标准。通过服务器端和客户端的联合设计，Google

File System 能够针对它本身的应用获得最大的性能以及可用性效果。

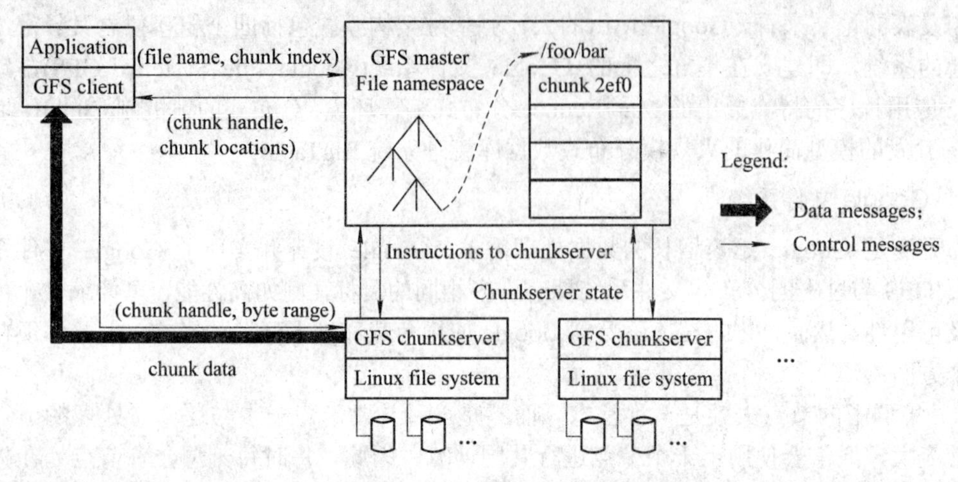

图 10.8 Google File System 的系统架构

2. Map/Reduce 分布式编程环境

为了让内部非分布式系统方向背景的员工能够有机会将应用程序建立在大规模的集群基础之上，Google 还设计并实现了一套大规模数据处理的编程规范 Map/Reduce 系统。这样，非分布式专业的程序编写人员也能够为大规模的集群编写应用程序而不用去顾虑集群的可靠性、可扩展性等问题。应用程序编写人员只需要将精力放在应用程序本身，而关于集群的处理问题则交由平台来处理。

Map/Reduce 通过“Map(映射)”和“Reduce(化简)”这样两个简单的概念来参加运算，用户只需要提供自己的 Map 函数以及 Reduce 函数就可以在集群上进行大规模的分布式数据处理。

Google 的文本索引方法，即搜索引擎的核心部分，已经通过 Map/Reduce 的方法进行了改写，获得了更加清晰的程序架构。在 Google 内部，每天有上千个 Map/Reduce 的应用程序在运行。

3. 大规模分布式数据库管理系统 BigTable

构建于上述两项基础之上的第三个云计算平台就是 Google 将数据库系统扩展到分布式平台上的 BigTable 系统。很多应用程序对于数据的组织都是非常有规则的，一般来说，数据库对格式化数据的处理也是非常方便的，但是由于关系数据库很强的一致性要求，很难将其扩展到很大的规模。为了处理 Google 内部大量的格式化以及半格式化数据，Google 构建了弱一致性要求的大规模数据库系统 BigTable。

图 10.9 给出了在 BigTable 模型中的数据模型。数据模型包括行列以及相应的时间戳，所有的数据都存放在表格中的单元里。BigTable 的内容按照行来划分，将多个行组成一个小表，保存到某一个服务器节点中。这一个小表就被称为 Tablet。

以上是 Google 内部云计算基础平台的三个主要部分，除了这三个部分之外，Google 还建立了分布式的锁服务等一系列相关的云计算服务平台。

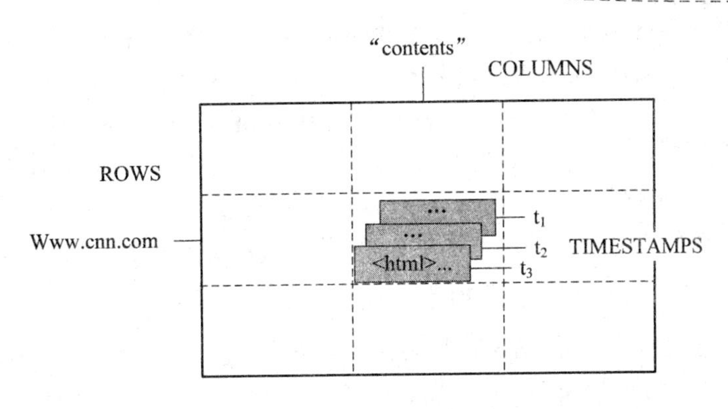

图 10.9 Google BigTable 的数据模型

4. Google 的云应用

除了上述的云计算基础设施之外，Google 还在其云计算基础设施之上建立了一系列新型网络应用程序。由于借鉴了异步网络数据传输的 Web 2.0 技术，这些应用程序给予用户全新的界面感受以及更加强大的多用户交互能力。其中典型的 Google 云计算应用程序就是 Google 推出的 Docs 网络服务程序。Google Docs 是一个基于 Web 的工具，它有跟 Microsoft Office 相近的编辑界面，有一套简单易用的文档权限管理，并能记录下所有用户对文档所做的修改。Google Docs 的这些功能非常适用于网上共享与协作编辑文档。Google Docs 甚至可以用于监控责任清晰、目标明确的项目进度。当前，Google Docs 已经推出了文档编辑、电子表格、幻灯片演示、日程管理等多个功能的编辑模块，能够替代 Microsoft Office 相应的一部分功能。值得注意的是，通过这种云计算方式形成的应用程序非常适合于多个用户进行共享以及协同编辑，为一个小组的人员进行共同创作带来很大的方便性。

虽然 Google 可以说是云计算的最大实践者，但是，Google 的云计算平台是私有的环境，特别是 Google 的云计算基础设施还没有开放。除了开放有限的应用程序接口，例如 GWT(Google Web Toolkit)以及 Google Map API 等，Google 并没有将云计算的内部基础设施共享给外部的用户使用，上述的所有基础设施都是私有的。

幸运的是，Google 公开了其内部集群计算环境的一部分技术，使得全球的技术开发人员能够根据这一部分文档构建开源的大规模数据处理云计算基础设施，其中最有名的项目即 Apache 旗下的 Hadoop 项目。而 IBM 的蓝云计算和亚马逊的弹性计算云的实现则为外部的开发人员以及中小公司提供了云计算的平台环境，使得开发者能够在云计算的基础设施之上构建自己的新型网络应用。IBM 的蓝云计算平台是可供销售的计算平台，用户可以基于这些软硬件产品自己构建云计算平台。亚马逊的弹性计算云则是托管式的云计算平台，用户可以通过远端的操作界面直接使用。

10.3.3 Microsoft 云计算服务

对微软来说，进入云计算的领域不是最早的，但是微软不乏后发制人的先例。在三大类云计算服务(IaaS、PaaS 和 SaaS)上，微软推出了 Windows Server Platform，同时也推出了 Windows Azure Platform 解决方案。本节介绍微软的 Windows Azure Platform 解决方案的核心技术。

Windows Azure Platform 运行在微软数据中心的服务器和网络基础设施上，通过公共互联网对外提供服务。微软对云计算提出一个公式：

云计算 = (数据软件 + 平台 + 基础设施) × 服务

此公式表明了云最重要的是服务。基于云计算服务的三种模式，微软云计算采用了“软件+服务”，“云+端”的策略。Windows Azure Platform 正是这一策略的具体实现，它一方面提供了可靠的软件平台；另一方面通过提供服务或者开放的系统运营企业服务。

1. Windows Azure Platform 的功能

Windows Azure Platform 包括 Windows Azure、SQL Azure、Windows Azure AppFabric(或 Windows Azure Platform AppFabric，以下简称 AppFabric，有的书中把 Windows Server AppFabric 也简称为 AppFabric，除非特别说明，本书中的 AppFabric 都是指 Windows Azure AppFabric)。Windows Azure 可看成是云计算服务的操作系统；SQL Azure 可看成是云端的关系型数据库；AppFabric 是一个基于 Web 的开放服务，可以把现有应用和服务与云平台的连接和互操作变得更为简单，如图 10.10 所示。

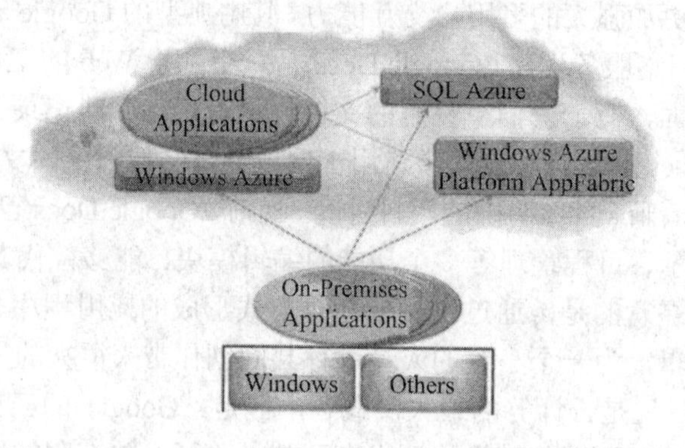

图 10.10　Windows Azure Platform 的组成

1) Windows Azure

Windows Azure 是一个云服务的操作系统，它提供了一个可扩展的开发、托管服务和服务管理环境。Windows Azure 主要包括三个部分：一是运营应用的计算服务；二是数据存储服务；三是基于云平台进行管理和动态分配资源的控制器(Fabric Controller)。

Windows Azure 提供了一个可扩展的开发、托管服务和服务管理环境，这其中包括提供基于虚拟机的计算服务和基于 Blobs、Tables、Queues、Drives 等的存储服务。Windows Azure 是一个开放的平台，支持微软和非微软的语言和环境。开发人员在构建 Windows Azure 应用程序和服务时，不仅可以使用熟悉的 Microsoft Visual Studio、Eclipse 等开发工具，同时 Windows Azure 还支持各种流行的标准与协议，包括 SOAP、REST、XML 和 HTTPS 等。

2) SQL Azure

SQL Azure 帮助用户简化多数据库的创建和部署，开发人员无需安装、设置数据库软件，也不必为数据库打补丁或进行管理；为用户提供了内置的高可用性和容错能力，且无需客户进行实际管理；支持 TDS 和 Transact-SQL(T-SQL)，客户可以使用现有技术在 T-SQL 上进行开发，还可使用与现有的客户自有数据库软件相对应的关系型数据模型。

SQL Azure (之前被称为 SQL Server Data Services)是以 SQL Server 2008 为主，建构在 Windows Azure 之上，运行云计算的关系数据库服务，是一种云存储的实现，并提供网络型的应用程序数据存储的服务，简单地说就是 SQL Server 的云端版本。

SQL Azure 是一个云的关系型数据库，它可以在任何时间提供客户数据应用。SQL Azure 基于 SQL Server 技术构建，但并非简简单单地将 SQL Server 安装在微软的数据中心，而是采用了更先进的架构设计，由微软基于云进行托管，提供的是可扩展、多租户、高可用的数据库服务。SQL Azure 在架构上分成四个层次，即 Client Layer、Services Layer、Platform Layer 和 Infrastructure Layer，如图 10.11 所示。

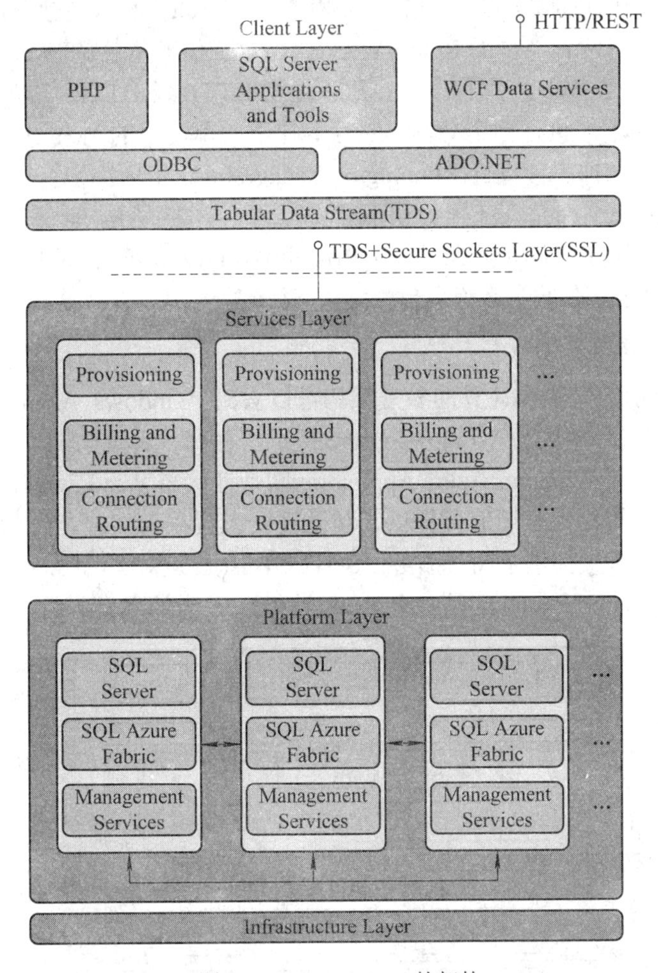

图 10.11 SQL Azure 的架构

3) AppFabric

AppFabric 作为中间件层，起着连接非云端程序与云端程序的桥梁的作用，它让开发人员可以把精力放在他们的应用逻辑上而不是在部署和管理云服务的基础架构上。AppFabric 是基于 Web 的开放服务，它可以把现有应用和服务与云平台的连接和互操作变得更为简单，为本地应用和云中应用提供了分布式的基础架构服务。在云计算中存储数据与运行应用都很重要，但是我们还需要一个基于云的基础架构服务。这个基础架构服务应该既可以被客户自有软件应用，又能被云服务应用，AppFabric 就是这样一个基础架构服务。

需要说明的是，Windows Server AppFabric 和 Windows Azure AppFabric 是不同的，它们之间的关系类似于 SQL Server 和 SQL Azure 之间的关系，即带“Server”的是服务器产品，带 Azure 的是云端产品，我们甚至可以把 Windows Azure AppFabric 理解为一款主要面向私有云计算的系统。

Windows Azure 提供了一个叫做 Role 的概念，每个 Role 可以被认为是一段程序，与普通的应用程序不同的是这段程序可以同时在一台或者多台机器上运行。每个 Role 可以有多个实例(Instance)，每个实例对应一台虚拟机。对同一个 Role 而言，它所有的实例执行的程序都是相同的。现在有两种类型的 Role：Worker Role(工作者角色)和 Web Role(Web 角色)。

Web Role：是一个 Web 应用程序，它可以通过 HTTP 或 HTTPS 与外界通信。一般来说，Web 角色响应请求，执行一个动作，然后等待下一个请求的到来。

Worker Role：是一种后台执行(Running on Background)的应用程序，运行.Net 框架代码的后台进程应用程序。

AppFabric 最常用的一个场景是：Web Role 和 Worker Role 之间的通信。不仅如此，AppFabric 最强大的地方在于能够跨平台。

2．微软云计算参考架构

从图 10.12 所示的微软云计算的参考架构可以看到 Windows Azure Platform 是一个 PaaS 类和 IaaS 类的平台。因为 Windows Azure 提供了存储、管理功能，SQL Azure 提供了关系型数据的存储，而 Windows Azure AppFabric 则是连接了 Windows Azure 和 SQL Azure 的中间件，将安全连接作为一项服务提供，帮助开发人员在云部署、内部部署和托管部署之间架起桥梁，这座桥梁提供了两种服务：Service Bus(服务总线)和 Access Control(访问控制)，所以 Windows Azure Platform 是一个 PaaS 类和 IaaS 类的平台。

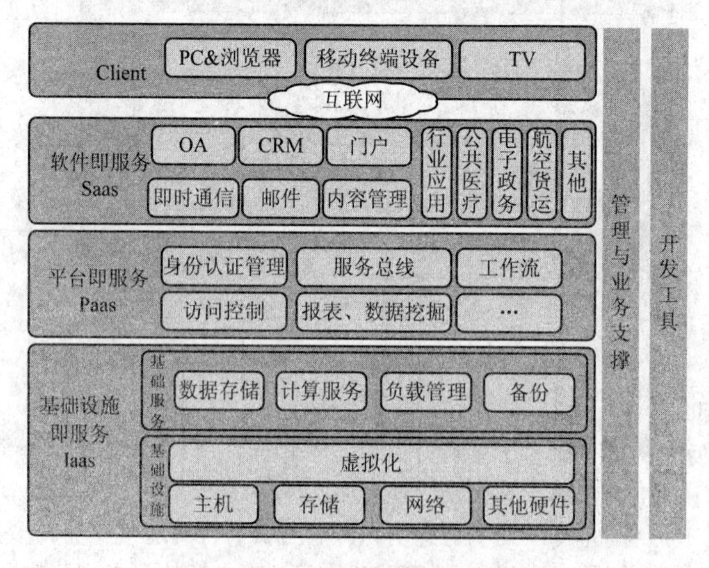

图 10.12　微软云计算的参考架构

Windows Azure Platform 的基础是虚拟化，虚拟化架起了硬件资源(主机、存储、网络、其他硬件)和基础服务之间的桥梁。PaaS 通过基础服务和虚拟化来使用资源层的资源。虚拟化对用户来说是透明的，同时虚拟化也是动态数据中心的基础核心层。可以说，没有虚拟化技术，想要实现动态数据中心几乎是不可能的，但是虚拟化不是云计算。

10.3.4 IBM 蓝云计算平台

IBM 在 2007 年 11 月 15 日推出了蓝云计算平台，为客户带来即买即用的云计算平台。它包括一系列的云计算产品，使得计算不仅仅局限在本地机器或远程服务器农场(即服务器集群)，通过架构一个分布式、可全球访问的资源结构，使得数据中心在类似于互联网的环境下运行计算。

“蓝云”建立在 IBM 大规模计算领域的专业技术基础上，基于由 IBM 软件、系统技术和服务支持的开放标准和开源软件。简单地说，“蓝云”基于 IBM Almaden 研究中心(Almaden Research Center)的云基础架构，包括 Xen 和 PowerVM 虚拟化、Linux 操作系统映像以及 Hadoop 文件系统与并行构建。“蓝云”由 IBM Tivoli 软件支持，通过管理服务器来确保基于需求的最佳性能。这包括通过能够跨越多服务器实时分配资源的软件，为客户带来一种无缝体验，加速性能并确保在最苛刻环境下的稳定性。IBM 发布的“蓝云(Blue Cloud)”计划，能够帮助用户进行云计算环境的搭建。它通过将 Tivoli、DB2、WebSphere 与硬件产品集成，能够为企业架设一个分布式、可全球访问的资源结构。

蓝云计算的高层架构如图 10.13 所示。可以看到，蓝云计算平台的数据中心是由 IBM Tivoli 部署管理软件(Tivoli Provisioning Manager)、IBM Tivoli 监控软件(IBM Tivoli Monitoring)、IBM WebSphere 应用服务器、IBM DB2 数据库以及一些虚拟化的组件共同组成的。图中的架构主要描述了云计算的后台架构，并没有涉及前台的用户界面。

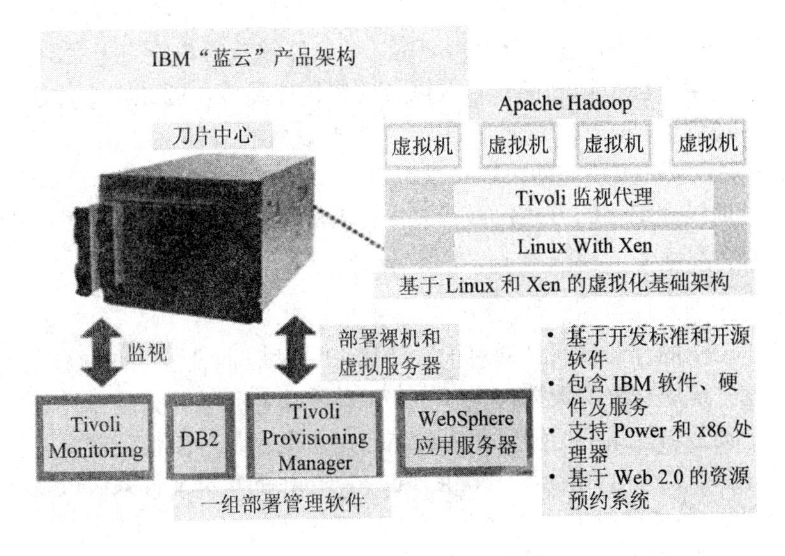

图 10.13 蓝云计算的高层架构

蓝云的硬件平台与相对分布式平台无特殊要求，但是蓝云使用的软件平台与相对分布式平台有所不同，主要体现在虚拟机的使用以及对大规模数据处理软件 Apache Hadoop 的部署。Hadoop是网络开发人员根据Google公司公开的资料开发出来的类似于Google File System的Hadoop File System以及相应的Map/Reduce编程规范。Hadoop是开源的，用户可以直接修改，以适合应用的特殊需求。IBM的蓝云产品则直接将Hadoop软件集成到自己本身的云计算平台之上。

1."蓝云"中的虚拟化

从蓝云的结构上可以看出，在每一个节点上运行的软件栈与传统的软件栈一个很大的不同在于蓝云内部使用了虚拟化技术。虚拟化的方式在云计算中可以在两个级别上实现。一个是在硬件级别上实现虚拟化。硬件级别的虚拟化可以使用IBM P系列的服务器，获得硬件的逻辑分区LPAR。逻辑分区的CPU资源能够通过IBM Enterprise Workload Manager来管理。通过这样的方式加上在实际使用过程中的资源分配策略，能够使得相应的资源合理地分配到各个逻辑分区。P系列系统的逻辑分区最小粒度是1/10颗中央处理器(CPU)。

虚拟化的另外一个级别可以通过软件来获得，即Xen虚拟化软件。Xen也是一个开源的虚拟化软件，能够在现有的Linux基础之上运行另外一个操作系统，并通过虚拟机的方式灵活地进行软件部署和操作。

通过虚拟机的方式进行云计算资源的管理具有特殊的好处。由于虚拟机是一类特殊的软件，能够完全模拟硬件的执行，因此能够在上面运行操作系统，进而能够保留一整套运行环境语义。这样，可以将整个执行环境通过打包的方式传输到其他物理节点上，使得执行环境与物理环境隔离，方便整个应用程序模块的部署。总体上来说，通过将虚拟化的技术应用到云计算的平台，可以获得一些良好的特性。

(1) 云计算的管理平台能够动态地将计算平台定位到所需要的物理平台上，而无需停止运行在虚拟机平台上的应用程序，这比采用虚拟化技术之前的进程迁移方法更加灵活。

(2) 能够更加有效地使用主机资源，将多个负载不是很重的虚拟机计算节点合并到同一个物理节点上，从而能够关闭空闲的物理节点，达到节约电能的目的。

(3) 通过虚拟机在不同物理节点上的动态迁移，能够获得与应用无关的负载平衡性能。由于虚拟机包含了整个虚拟化的操作系统以及应用程序环境，因此在进行迁移的时候带着整个运行环境，达到了与应用无关的目的。

(4) 在部署上也更加灵活，即可以将虚拟机直接部署到物理计算平台当中。

总而言之，通过虚拟化的方式，云计算平台能够达到极其灵活的特性，而如果不使用虚拟化的方式则会有很多的局限。

2."蓝云"中的存储结构

蓝云计算平台中的存储体系结构对于云计算来说也是非常重要的，无论是操作系统、服务程序还是用户应用程序的数据都保存在存储体系中。云计算并不排斥任何一种有用的存储体系结构，而是需要跟应用程序的需求结合起来获得最好的性能提升。总体上来说，云计算的存储体系结构包含类似于Google File System的集群文件系统以及基于块设备方式的存储区域网络SAN两种方式。

在设计云计算平台的存储体系结构的时候，不仅仅需要考虑存储的容量。实际上随着硬盘容量的不断扩充以及硬盘价格的不断下降，使用当前的磁盘技术，就很容易通过使用多个磁盘的方式获得很大的磁盘容量。相较于磁盘的容量，在云计算平台的存储中，磁盘

数据的读写速度是一个更重要的问题。单个磁盘的速度很有可能限制应用程序对于数据的访问，因此在实际使用的过程中，需要将数据分布到多个磁盘之上，并且通过对多个磁盘的同时读写达到提高速度的目的。在云计算平台中，数据如何放置是一个非常重要的问题，在实际使用的过程中，需要将数据分配到多个节点的多个磁盘当中。能够达到这一目的的存储技术趋势当前有两种方式：一种是使用类似于 Google File System 的集群文件系统；另一种是基于块设备的存储区域网络 SAN 系统。

Google 文件系统在前面已经做过一定的描述。在 IBM 的蓝云计算平台中使用的是它的开源实现 HDFS (Hadoop Distributed File System)。这种使用方式将磁盘附着于节点的内部，为外部提供一个共享的分布式文件系统空间，并且在文件系统级别做冗余以提高可靠性。在合适的分布式数据处理模式下，这种方式能够提高总体的数据处理效率。Google 文件系统的这种架构与 SAN 系统有很大的不同。

SAN 系统也是云计算平台的另外一种存储体系结构选择，在蓝云平台上也有一定的体现，IBM 提供的 SAN 的平台也能够接入到蓝云计算平台中。图 10.14 所示的是一个 SAN 系统的结构示意图。图中的 SAN 系统是在存储端构建存储的网络，将多个存储设备构成一个存储区域网络。前端的主机可以通过网络的方式访问后端的存储设备。而且，由于提供了块设备的访问方式，与前端操作系统无关。在 SAN 连接方式上，可以有多种选择。一种选择是使用光纤网络，能够操作快速的光纤磁盘，适合于对性能与可靠性要求比较高的场所；另外一种选择是使用以太网，采取 iSCSI 协议，能够运行在普通的局域网环境下，从而降低了成本。由于存储区域网络中的磁盘设备并没有与某一台主机绑定在一起，而是采用了非常灵活的结构，因此对于主机来说可以访问多个磁盘设备，从而获得性能的提升。在存储区域网络中，使用虚拟化的引擎来进行逻辑设备到物理设备的映射，管理前端主机到后端数据的读写。因此虚拟化引擎是存储区域网络中非常重要的管理模块。

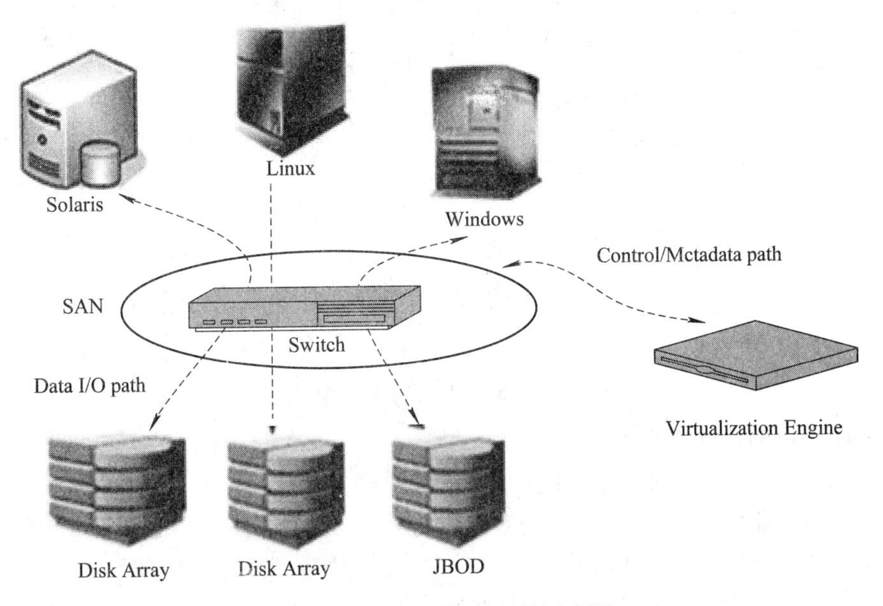

图 10.14 SAN 系统的结构示意图

SAN 系统与分布式文件系统(例如 Google File System)并不是相互对立的系统，而是在构建集群系统的时候可供选择的两种方案。其中，在选择 SAN 系统的时候，为了应用程序的读写，还需要为应用程序提供上层的语义接口，此时就需要在 SAN 之上构建文件系统。而 Google File System 正好是一个分布式的文件系统，因此能够建立在 SAN 系统之上。总体来说，SAN 与分布式文件系统都可以提供类似的功能，例如对于出错的处理等。至于如何使用还是需要由建立在云计算平台之上的应用程序来决定。

与 Google 不同的是，IBM 并没有基于云计算提供外部可访问的网络应用程序。这主要是由于 IBM 并不是一个网络公司，而是一个 IT 的服务公司。当然，IBM 内部以及 IBM 未来为客户提供的软件服务会基于云计算的架构。

10.4　云计算的应用示例

本节以云脑系统为实例，全面剖析云脑系统的设计理念，由此得出整个系统的组织结构，并最终通过多种技术组合的形式，从软件开发和硬件环境搭建等角度阐述云脑的理念和整体设计思路，并全面介绍云脑架构和功能。

10.4.1　云计算机体系

云计算机，即云脑，它是基于传统计算机的设计思想和云计算理念而产生的一个新的体系结构。在云计算机中应该具有六个组成成分：主服务控制机群、存储节点机群、应用节点机群、计算节点机群、输入设备和输出设备，如图 10.15 所示。

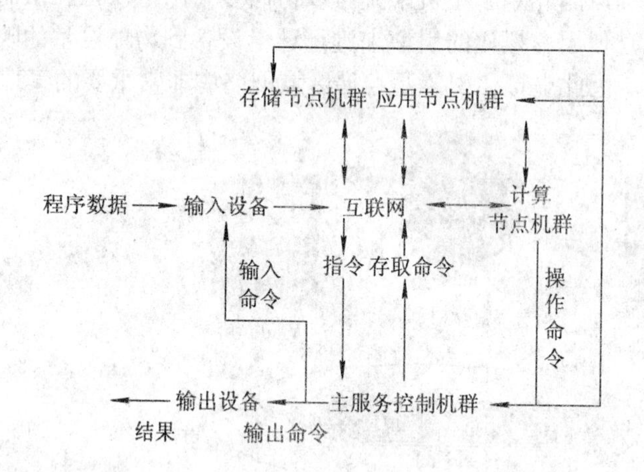

图 10.15　云计算机通用体系

对云计算机的设计思想主要考虑以下几点：

(1) 主服务控制机群对应于传统计算机体系结构中可以看做控制器的部分。它是由一组或多组主引导服务机群和多组分类控制机群所组成的机群系统，主要负责接收用户应用请求、验证用户合法性，并根据应用请求类型进行应用分类和负载均衡。

(2) 存储节点机群和应用节点机群相当于传统计算机体系结构中的存储器部分，但又有所区别。存储节点机群是由庞大的磁盘阵列系统或多组拥有海量存储能力的机群系统所组成的存储系统，它的责任是处理用户数据资源的存取工作，并不关心用户对这些数据要

如何应用，也不会处理存取数据资源和后台安全策略管理以外的任何操作。这里同时提出了一个新的概念——云盘。所谓云盘，就是由云端主服务控制机群为云脑用户所分配的、建立在存储节点机群上的存储空间，它虽不是用户本地硬盘，但完全由用户进行应用和管理，操作感与本地硬盘一致。应用节点机群则是由一组或多组拥有不同业务处理逻辑的机群系统所组成的应用系统，它负责存储应用程序和处理各种逻辑复杂的用户应用。这两个节点机群是完全按照主服务控制机群的任务控制流程运行的，其本身不能拥有系统流程控制权。

(3) 计算节点机群提供类似运算器的功能。计算节点机群由多组架构完善的云计算机群所组成，其主要工作是处理超大运算量要求的计算，并不提供小计算量服务。因为机群运算会在多级交互以及计算分配与组装上花费不少时间，所以小计算量运算如在计算节点机群进行处理不但开销大，而且很有可能效率远不如单机运算，可以说得不偿失。这些小计算量运算服务只需在应用节点机群或计算节点机群的某台机器中完成即可。

10.4.2 云脑系统的设计

本节根据通用体系结构设计一个简单的云脑模型系统，考虑到基于机群系统开发的实际情况，设计了一个由五台服务器组成的微型机群模型，以便引导读者根据后续内容进行实际开发。

1. 云脑系统的整体架构

本云系统采用具有监控管理的主从架构机群，用五台普通计算机完成搭建工作。图10.16所示的是云脑系统的架构图，最左边的是用户终端，即云客户端，不论是什么样的设备，只要拥有浏览器，就可以像使用普通电脑一样的使用云脑，所以浏览器是不可缺少的一个部分。在Internet的右边是用户所看不到的整体云脑架构，采用一台计算机作为带监控的主服务器，用两台计算机作为应用及存储节点机群，再用两台服务器作为计算节点机群。

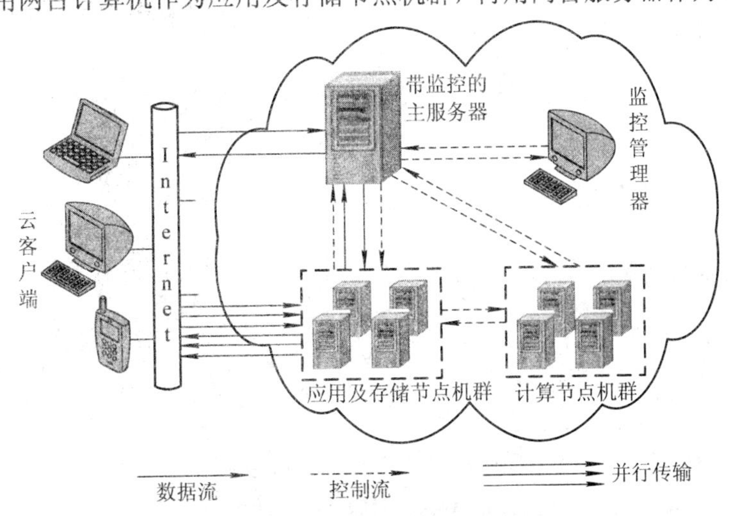

图10.16 云脑系统的架构图

需对图10.15所示的通用云脑系统架构做以下改动。

(1) 在主服务控制机群的地方，将只采用一台服务器进行开发，并加入了监控管理服务器的概念。这样做有助于简化系统的复杂度，方便开发。在负载均衡时，只需取出监控管理服务器对各节点的状态监控信息，便可进行应用或存储策略分配。

(2) 将应用节点机群和存储节点机群合并为一个应用及存储节点机群，这样设计有两个好处：一是在实验中可节省成本和减少硬件资源的浪费；二是由于在实验开发环境中，整个系统架构在局域网中，并且访问量不大，网络带宽还不会成为系统的瓶颈，这样设计可以提高网络负载，更容易暴露系统问题，易于测试。

2．云脑系统的功能

云脑系统的功能如图 10.17 所示，主要包括七个功能模块，即登录模块、注册模块、用户管理模块、业务定制模块、目录管理模块、文件管理模块和应用程序模块。

(1) 登录模块：处理用户登录信息的应用模块。

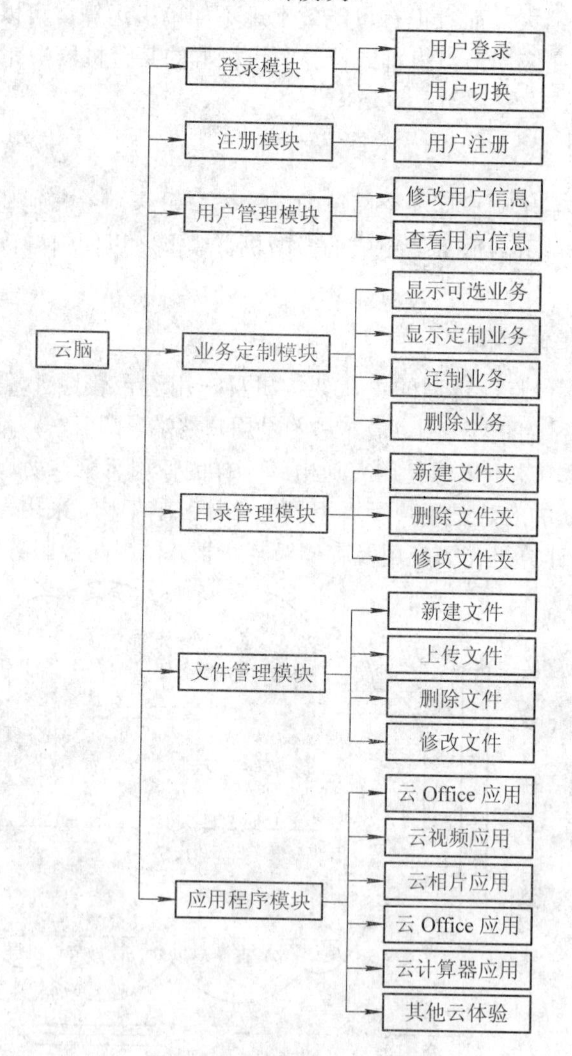

图 10.17　云脑系统的功能

(4) 业务定制模块：是一个动态的业务订制模块，随时为用户提供云脑可支持的服务事项，而用户只需轻松点击选择，就可获得想要的应用，构造专属于自己的个性化云脑。

(5) 目录管理模块：类似于普通计算机操作系统中的资源管理目录，它可以根据用户自己的意愿设计自己的目录结构，让用户方便地管理自己的云盘空间。

(6) 文件管理模块：将提供给用户新建、删除以及应用文件等一系列问题的解决策略。

(7) 应用程序模块：是一个容器，将服务端抽象出来，封装成各个应用的API，然后提供给第三方开发商，使其可以屏蔽底层进行类似于单机软件开发的方式开发用户体验。

以上模块构成了一台带有云操作系统的云脑系统。

3. 云脑系统的工作流程

云脑系统的工作流程如图10.18所示，其说明如下：

(1) 客户可见的，也就是与用户可进行直接交互的部分，称其为云脑客户端应用。

(2) 主服务器逻辑处理指的是主服务器针对于用户在做非应用程序操作时进行的逻辑处理工作。

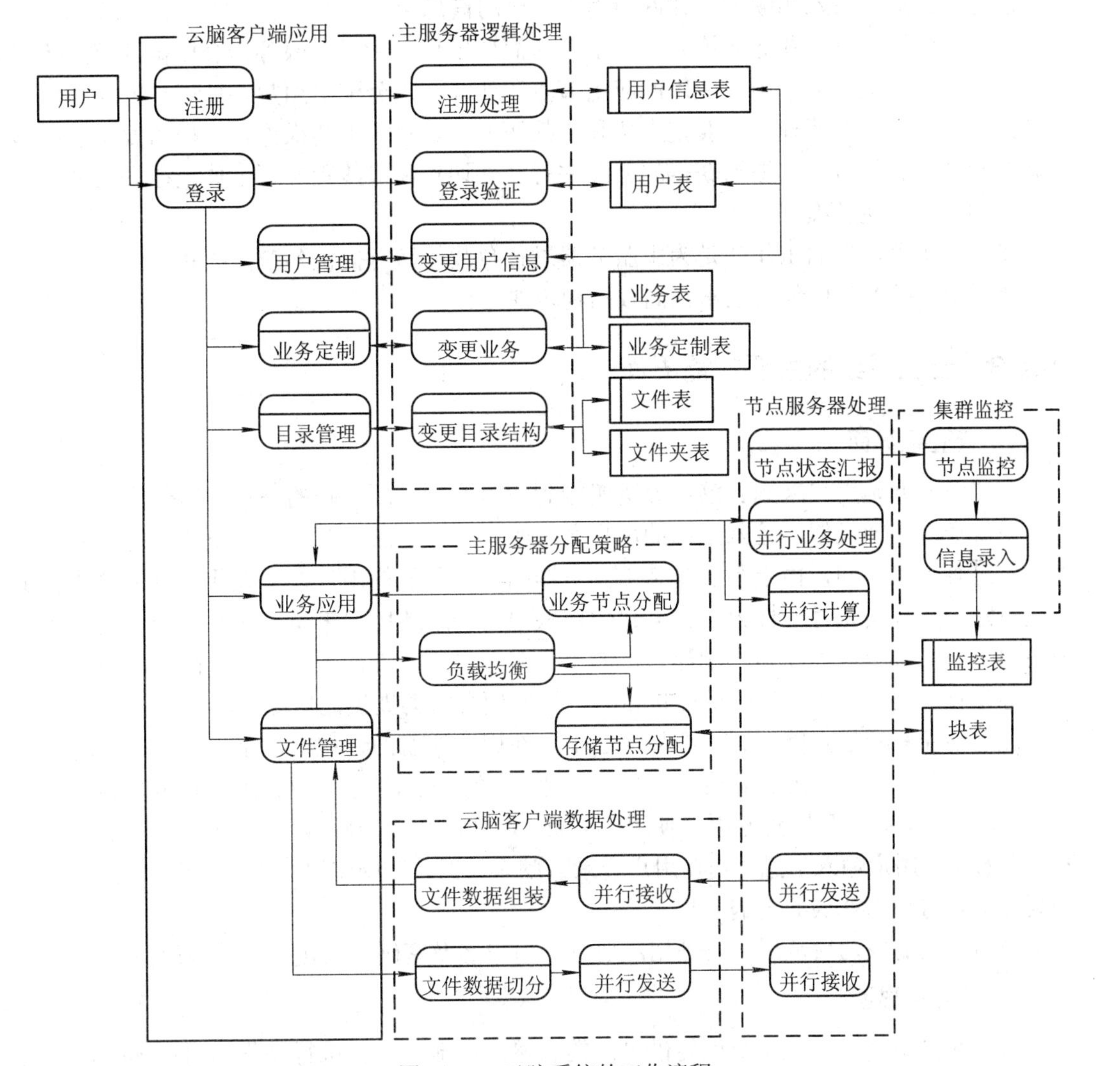

图10.18 云脑系统的工作流程

(3) 主服务器分配策略指的是当用户进行数据存储、业务应用等时，主服务器进行负载均衡时的策略。

(4) 由于本系统为了达到最大效率且稳定的数据传输，采取了多线程并行传输的策略，故需要云脑客户端承担部分数据分割及组装任务，称之为云脑客户端数据处理。

(5) 节点服务器即为应用存储节点及计算节点的总称。

(6) 机群监控即为对节点状态进行采集、控制及管理的应用策略。

(7) 图中应用到的数据表将直接应用于数据库设计，其作用与图中所示完全相同。

云脑系统的工作流程如下。

首先对于用户的操作，云脑客户端将进行操作判断，不同类型的操作将以不同方式交给服务器端进行处理。当用户在进行登录、注册、用户管理以及业务定制或目录管理操作时，将直接与主服务器打交道，而主服务器则将根据请求的种类，将这些信息与数据库中的信息进行比对、录入或取出，并返回用户所要的信息。

其次，当用户进行业务应用时，由于并非简单操作，所以主服务器会根据各节点状况进行负载均衡，把最适于用户应用的应用节点和计算节点分配给用户，使用户的操作达到最高效率。对于文件管理，主要是上传和下载两方面。对于上传操作，一样需要主服务器策略为其分配存储节点，根据获得的分配进行文件切片和多线程并行上传至被分配节点，而下载则是一个逆过程。

最后，集群监控的工作就是为主服务器进行负载均衡时提供各节点的状态信息，并对节点进行状态控制，以使其正常、高效而稳定的工作。

10.4.3 云脑系统的主要功能界面

1. 云登录界面

云登录界面是用户来到云脑世界所接触到的第一个界面，它的外观与当今流行的一些操作系统登录界面类似，输入正确的用户名和密码后，点击“登录”按钮便可进入系统应用。不过有一点不同，由于系统是基于浏览器的，并不能像用户在个人计算机上安装操作系统时建立管理员账号一样为自己创建使用权限，对于新用户来说，还要有一个类似网页中注册页面的部分，以便用户创建自己的个人账号。所以设计了一个注册链接，当新用户点击标识有“还没注册？”的链接按钮时，界面便会自动提供注册功能。

注册功能和登录功能同属一个界面之下，在用户注册的过程中，至少需要填写用户名和密码，在本系统中，为了对用户进行回访调查，“E-mail”选项也作为了必填内容，其余为非必填部分，并且可以随着用户使用的需要，在登录系统以后自由更改或填写。其中“云脑名”部分如用户输入信息，则在用户登录云脑系统时，云脑将以此名字呈现在用户面前，否则电脑就将使用默认的云脑名称。

当用户注册成功后，用户可使用注册好的用户名及密码登录进入云脑系统。

2. 云文件界面

云文件界面将给用户一个可凭借自己的意愿自由地对云盘进行操作的用户体验，云文件界面和云盘共同形成了云脑的文件系统，简称云文件系统。云文件界面的操作感类似当今流行操作系统的资源管理器，它内容丰富且十分完善，可根据用户的操作对云端所分配

的云盘空间进行灵活控制，并且可以根据用户不同的操作选择，呈现出不同的显示效果，以便用户得到自己最需要的资源信息。

3. 云存储界面

云存储界面为用户提供了一个方便、灵活的云存储操作体验。它分为两个部分：一个是上传操作界面；另一个是下载操作界面。当用户选中自己要上传文件的位置时，单击“上传”文件按钮便可打开上传操作界面，选择自己想要上传的文件内容到自己的云盘上。当用户想要将云盘中的某个文件下载到本地电脑时，只需在云文件界面中找到相应文件，选择下载此文件即可。

4. 云应用界面

云应用所包括的内容很多，范围也很广，在云脑模型系统中，我们将带领读者实现其中的部分应用功能，如由云端计算节点机群提供的运算器等，它们都是依托于云端服务机群所呈现给用户的应用体验。

其实在云脑的世界中，可以实现的应用十分庞大，远比单机环境下所能有的应用更为丰富。比如我们的运算器，它还仅仅是个模型，如果将并行运算的所有操作封装成一套完整的 API，就可以让第三方开发商轻松地开发并行应用程序，为用户提供更为高效且完善的应用体验。

5. 云监控界面

云监控界面是云监控系统的人机交互界面，其工作原理将在后面章节讲到。通过云监控界面，管理员可以了解到机群现在的状况，并可对机群的每台服务器进行管理操作，让整个云脑系统稳定而高效地工作。

10.4.4 云脑系统机群的搭建

云脑系统机群是整个云脑运行的基础。在这个云脑系统中，借用几个基础软件作为支撑，其中包括 MPICH 2.0、JDK(Java 运行环境)、Tomcat、MySQL 5.0。在选择这些软件的时候，考虑的是小、快、稳。因为在云时代的未来，云端机群的负载量将十分庞大，各个服务器的工作也将显得十分复杂、频繁，这样就要求所选择的系统平台精简、高效而又稳定，由此选择了上述软件作为云脑系统的支撑软件。

1. 机群系统概览

机群系统中所有的服务器都选择 Red Hat 9.0 Linux 操作系统进行搭建，并行环境选择以 MPICH 2.0 进行搭建，这对于采用 MPI 进行并行计算开发的开发者来说可能是必须的。MPI(Message Passing Interface，消息传递编程接口)是全球工业、科研和政府部门联合建立的一个消息传递编程标准，也是目前最为通用的并行编程方式。MPI 标准中制定了一系列函数，用于进程间的消息传递，函数的具体实现由各计算机厂商来完成，然而这些都是要付费的。也有一些免费的通用 MPI 系统，比较著名的就是 MPICH。我们把它安装在应用节点服务器和计算节点服务器上。

主服务器、应用及存储节点机群的搭建过程中，选择使用 Tomcat，因为它使用方便，且完全免费开源，利于自行修改搭建，再加上它拥有一流的进程保护机制，十分适合模型

系统的开发。在安装 Tomcat 之前，每个节点上还需安装 JDK(Java 运行环境)，这不仅是由于云端机群的实现需要用到 Java，也是由于 Tomcat 的运行同样需要 Java 的支持。系统中采用的 MySQL 5.0 是一个小型关系型数据库管理系统。

每台服务器安装的软件如图 10.19 所示。

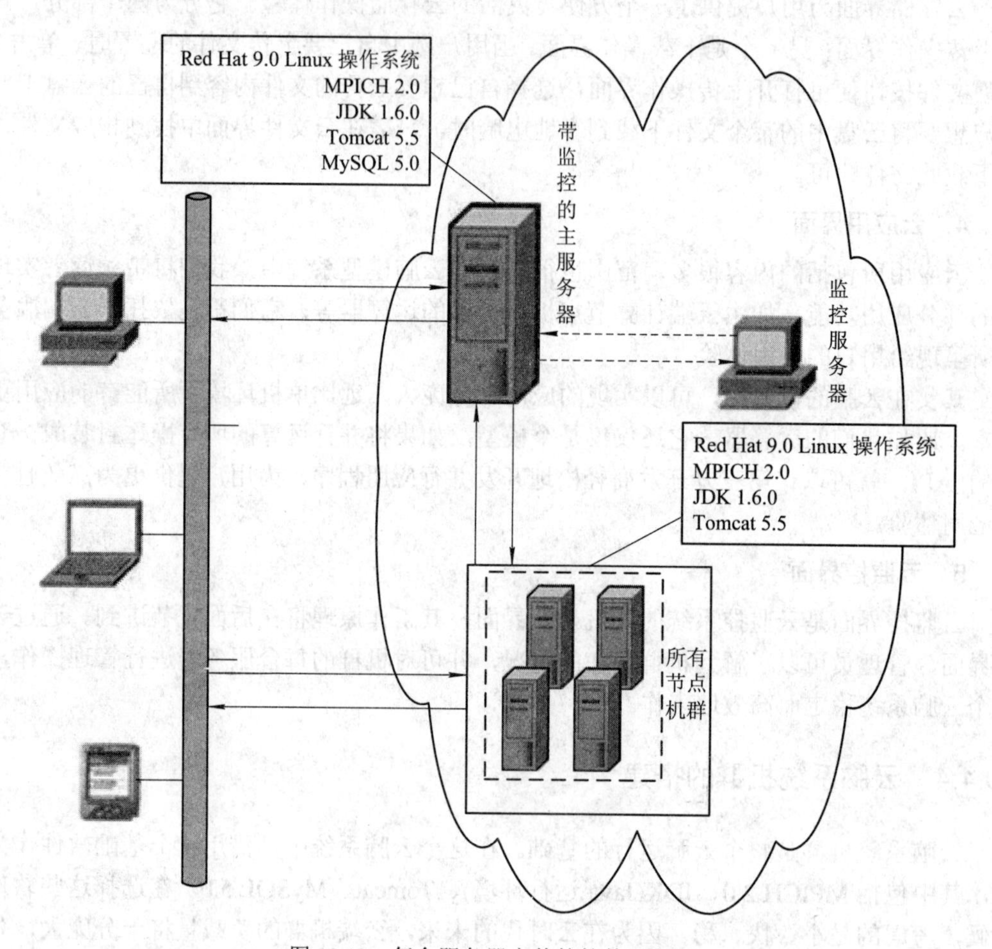

图 10.19　每台服务器安装的软件示意图

(1) 主服务器安装的软件有 Red Hat 9.0 Linux 操作系统、MPICH 2.0、JDK 1.6.0、Tomcat 5.5 和 MySQL 5.0。

(2) 监控服务器安装的软件有 Red Hat 9.0 Linux 操作系统、JDK 1.6.0 和 Tomcat 5.5。

(3) 两台节点服务器安装的软件有 Red Hat 9.0 Linux 操作系统、MPICH 2.0、JDK 1.6.0 和 Tomcat 5.5。

2. 并行集群的搭建

Red Hat 9.0 Linux 操作系统采用完全安装，并且下载 mpich2-1.0.8.tar.gz，下面以三台服务器(主服务器、两台节点服务器)为例，准备工作如下。

(1) 设置 IP 主服务器为 222.18.138.175，两台节点服务器为 222.18.138.176 和 222.18.138. 177 (Red Hat 9.0 Linux 操作系统在命令行输入“net config”就可以进行本机的 IP 设置)。

(2) 编辑每台机器的/etc/hosts 文件，将所有节点名称及其 IP 地址填入，如图 10.20

所示。

完成了系统的前期设置后，重新启动系统即可。

```
login as: root
root@222.18.138.175's password:
Last login: Wed Mar 25 21:24:36 2009 from 222.18.138.188
[root@node01 root]# vi /etc/hosts
# Do not remove the following line, or various programs
# that require network functionality will fail.
127.0.0.1               localhost.localdomain localhost
222.18.138.175  node01 server
222.18.138.176  node02
222.18.138.177  node03
222.18.138.179  node04

~
~
~
~
~
```

图 10.20　所有节点名称及其 IP 地址填入

3. 配置 SSH

安全外壳协议(SSH)是一种在不安全网络上提供安全远程登录及其他安全网络服务的协议。

其中，对于 MPI(Message Passing Interface，消息传递编程接口)来说，需要配置用户使用的 SSH 公钥认证，其公钥认证原理如下。

密钥认证需要依靠密钥，首先创建一对密钥(包括公钥和密钥，并且用公钥加密的数据只能用密钥解密)，并把公钥放到需要的远程服务器上。这样当登录远程服务器时，客户端软件就会向服务器发出请求，请求用密钥进行认证。服务器收到请求之后，先在该服务器的宿主目录下寻找公钥，然后检查该公钥是否合法，如果合法就用公钥加密一随机数(即所谓的 challenge)并发送给客户端软件。客户端软件收到“challenge”之后就用私钥解密再把它发送给服务器。因为用公钥加密的数据只能用密钥解密，服务器经过比较就可以知道该客户连接的合法性。配置步骤如下：

(1) 进入 root 目录。

    #cd　/root

(2) 在 node01 生成 SSH 密钥对。

    #ssh-keygen -t dsa　　　　//连续按回车即可(产生了.ssh 文件，里面包括公钥和密钥)
    #ls -a　　　　　　　　　　//查看是否有 .ssh 文件夹

(3) 进入 .ssh 目录。

    #cd .ssh
    #ls　　　　　　　　　　　//显示.ssh 文件的内容
    id_dsa　id_dsa.pub known_hosts

(4) 将该密钥用做认证，进行访问授权，复制 id_dsa.pub 为 authorized_keys。

    #cp id_dsa.pub authorized_keys

(5) 退出到 root 目录，进行信任连接。

    #cd /root

(6) 建立信任连接。

```
#ssh node01                 //按提示输入 yes(三个字母要打全)
```

(7) 将~/.ssh 目录下的文件复制到所有节点的 root 目录下。

```
#scp -r ~/.ssh node02:/root
#scp -r ~/.ssh node03:/root
```

命令解释：把本机 root 目录下的.ssh 文件夹复制到 node02、node03 的 root 目录下。

(8) 确认三台机器的信任连接已建立。

对每个节点执行：

```
#ssh node01
#ssh node02
#ssh node03
```

命令解释：ssh 用于登录远程计算机。

执行这些命令不需要密码，如果出现需要输入密码的情况，那么说明中间某个地方出错了，需重新配置，因为这一步是往下一步的前提条件。

4. 安装 mpich2

在节点 root 目录下安装 mpich2。假设 mpich2-1.0.8.tar.gz 软件包已经下载到/root/目录下。安装步骤如下：

(1) 解压缩 mpich2-1.0.8.tar.gz 软件包。

```
#tar -zxvf mpich2-1.0.8.tar.gz (在 root 目录下生成了 mpich2-1.0.8 文件夹)
```

(2) 创建安装目录。

```
#mkdir /usr/local/mpich2
```

(3) 进入 mpich2-1.0.8 解压目录。

```
#cd mpich2-1.0.8
```

(4) 设置安装目录。

```
#./configure --prefix=/usr/local/mpich2
```

(5) 在 mpich2-1.0.8 目录下编译安装文件。

```
#make
```

(6) 进行安装。

```
# make install
```

到此，mpich2 就已经安装到所设置的安装目录/usr/local/mpich2 下。

也可用 make && make install 命令完成编译与安装。

(7) 修改环境变量。先输入 cd /root 命令转到 root 下，再通过编辑 .bashrc 文件修改环境变量。

```
#vi .bashrc
```

.bashrc 文件包含了用于系统 bash shell 的 bash 信息，在 .bashrc 文件的最后增加一行：

```
export PATH="$PATH:/usr/local/mpich2/bin"
```

在 vi 编辑软件下再按下“Esc”键和“：wq”键，保存修改后的文件，修改后的 .bashrc 文件如下：

```
# .bashrc
```

```
# User specific aliases and functions
alias rm='rm -i'
alias cp='cp -i'
alias mv='mv -i'
# Source global definitions
if [ -f /etc/bashrc ]; then
        . /etc/bashrc
fi
export PATH="$PATH:/usr/local/mpich2/bin"
```

在命令行中键入：

```
#source   .bashrc      //使环境变量设置生效
```

(8) 测试环境变量设置。

可按下面步骤测试环境变量的设置：

```
#which mpd
/usr/local/mpich2/bin/mpd
#which mpicc
/usr/local/mpich2/bin/mpicc
#which mpiexec
/usr/local/mpich2/bin/ mpiexec
#which mpirun
/usr/local/mpich2/bin/mpirun
```

(9) 修改/etc/mpd.conf 文件，内容写入为 secretword=123456。

```
#vi /etc/mpd.conf              //设置文件读取权限和修改时间
```

输入 secretword=123456，保存退出。

```
#touch /etc/mpd.conf
#chmod 600 /etc/mpd.conf
```

(10) 创建主机名称集合文件/root/mpd.hosts。

在 root 目录下，直接输入以下命令就可以创建 mpd.hosts 文件了。

```
#vi mpd.hosts
```

文件内容如下：

```
node01
node02
node03
```

(11) 本地测试。

```
#mpd &            //启动
#mpdtrace         //观看启动机器
#mpdallexit       //退出
```

到此，主服务器节点的 mpich2 安装已经完成。节点服务器的 mpich2 安装步骤与上述安装步骤相同，不再赘述。

所有节点服务器安装完成后，可进行联机测试。通过 mpd.hosts 运行集群系统，输入如下命令即可，运行结果如图 10.21 所示。

```
[root@node01 root]# mpdboot -n 3 -f mpd.hosts
[root@node01 root]# mpdtrace
node01
node03
node02
[root@node01 root]# mpdallexit
[root@node01 root]# 
```

图 10.21　通过 mpd.hosts 运行集群系统

#mpdboot -n number -f mpd.hosts //启动集群机器，number 为要启动的机器个数

#mpdtrace　　　　　　　　　　//查看运行的机器

#mpdallexit　　　　　　　　　//退出所有运行 mpi 程序

下面再测试一下例子程序的运行，如图 10.22 所示。

cd mpich2-1.0.8/examples　　　//这个文件必须是每台机器相同的目录下面都有的

#ls

再运行图 10.22 中 cpi 的测试程序，即在命令行输入“mpirun -np 3 ./cpi”，如图 10.23 所示。

```
[root@node01 root]# cd mpich2-1.0.8/examples
[root@node01 examples]# ls
child.c                       pmandel_fence.c             README
cpi          hellow.c         pmandel_fence.vcproj        spawn_merge_child1.c
cpi.c        icpi.c           pmandel_service.c           spawn_merge_child2.c
cpi.o        Makefile         pmandel_service.vcproj      spawn_merge_parent.c
cpi.vcproj   Makefile.in      pmandel_spaserv.c           spawntest.vcproj
             Makefile.sm      pmandel_spaserv.vcproj      srtest.c
                              pmandel_spawn.c
examples.sln parent.c         pmandel_spawn.vcproj
             pmandel.c        pmandel.vcproj
[root@node01 examples]# 
```

图 10.22　测试例子程序

```
[root@node01 examples]# mpirun -np 3 ./cpi
Process 0 of 3 is on node01
Process 1 of 3 is on node02
Process 2 of 3 is on node03
pi is approximately 3.1415926544231323, Error is 0.0000000008333392
wall clock time = 0.014120
[root@node01 examples]# 
```

图 10.23　输入“mpirun -np 3 ./cpi”

到此，配置和测试完毕。

5．Linux 下 JDK 的搭建

比起配置并行环境，配置 JDK 就简单得多。其步骤如下：

(1) 下载 JDK rpm 软件包 jdk-6u12-Linux-i586.bin 到 root 目录下。

(2) 改变 jdk-6u12-Linux-i586.bin 属性为执行权限。

```
#chmod a+x jdk-6u12-Linux-i586.bin
```

(3) 执行./ jdk-6u12-Linux-i586.bin，进行安装。

```
#./ jdk-6u12-Linux-i586.bin        //生成 jdk1.6.0_12 文件夹
```

(4) 把 jdk1.6.0_12 复制到/usr/java。

```
#mkdir /usr/java
#cp -r jdk1.6.0_12   /usr/java/
```

(5) 设置环境变量，修改 etc/profile 文件。

```
#vi /etc/profile
```

在最后添加如下代码：

```
export JAVA_HOME="/usr/java/jdk1.6.0_11"
export PATH="$PATH :$JAVA_HOME/bin:$JAVA_HOME/jre/bin:"
export CLASSPATH="$CLASSPATH:$JAVA_HOME/lib:$JAVA_HOME/jre/lib"
```

保存文件并退出，再在命令行中键入：

```
#source   /etc/profile      //使环境变量设置生效
```

测试一下：

```
#which java
/usr/java/jdk1.6.0_12/bin/java
```

到此，JDK 配置完成，这样就可以运行 Java 程序了。

6. Linux 下 HTTP 服务器的搭建

Linux 下安装 Tomcat 6 的步骤如下：

(1) 到 Apache 网站下载 Tomcat 文件 apache-tomcat-6.0.18.tar.gz。

(2) 在/usr 目录下建立 Tomcat 目录。

(3) 解压 apache-tomcat-6.0.18.tar.gz 文件。

```
#tar -xvzf apache-tomcat-6.0.18.tar.gz
```

(4) 修改 etc/profile 文件，在最后加入如下代码：

```
export TOMCAT_HOME=/usr/tomcat
```

(5) 若需使用 manager 功能，需修改 Tomcat_HOME/conf/tomcat-users.xml 文件，加入：

```
<role rolename="manager"/>
<user username="admin" password="123" roles="manager"/>
```

(6) 启动 Tomcat，命令行方式改变到安装目录，运行以下命令：

```
./catalina.sh run          //启动 Tomcat，控制台
./catalina.sh start        //启动 Tomcat，无控制台
./startup.sh               //启动 Tomcat，无控制台
```

(7) 关闭 Tomcat，执行./shutdown.sh 或者./catalina.sh stop。

(8) 测试 Tomcat 安装是否成功，可通过输入 http://localhost:8080 进行测试。

7．Linux 下 MySQL 的搭建

下载安装文件 mysql-5.0.0-alpha.tar.gz，并存放到 root 目录下。其安装步骤如下：

(1) 执行“groupadd mysql”添加 mysql 用户组。

```
#groupadd mysql
```

(2) 执行“useradd -g mysql mysql”添加 mysql 用户。

```
# useradd -g mysql mysql
```

(3) 进入 root 目录。

```
#cd   /root
```

(4) 解压安装包 mysql-5.0.0-alpha.tar.gz。

```
#tar -zxvf mysql-5.0.0-alpha.tar.gz        //释放了 mysql-5.0.0-alpha
```

(5) 进入 mysql-5.0.0-alpha。

```
#ls                //查看是否有 mysql-5.0.0-alpha
#cd mysql-5.0.0-alpha
```

(6) 建立 mysql 安装目录。

```
#mkdir /usr/mysql
```

(7) 配置 mysql 安装路径。

```
#ls               //查看 mysql-5.0.0-alpha 目录，并运行 configure 程序
#./configure -prefix=/usr/mysql
```

(8) 编译、安装。

当程序运行到“Thank you for choosing MySQL”之后，配置完成。

运行 make 命令，进行编译文件。

```
#make
```

接着进行安装步骤。

```
#make install            //把文件安装到我们设置的目录里
```

(9) 进入/usr/mysql/bin。

```
#cd /usr/mysql/bin
#ls
```

在/usr/mysql/bin 文件夹下可以看到已经安装的程序，有数据库初始化程序，如 mysql_install_db 等，接下来还需进行一些初始化数据库和配置环境的工作。

(10) 执行/usr/mysql/bin/mysql_install_db -user = mysql，进行数据库初始化。

```
#./mysql_install_db -user = mysql
```

(11) 将 MySQL 配置文档复制到/etc/目录下并保存为 my.cnf。

```
#cd /root/mysql-5.0.0-alpha         //进入 mysql-5.0.0-alpha
#ls                                 //查看目录的内容，里面有一个 support-files，
                                    //这个文件夹中有所要的配置文件
```

(12) 执行以下命令：

```
#cp support-files/my-medium.cnf   /etc/my.cnf
#cp support-files/mysql.server   /etc/rc.d/init.d/mysqld
```

#chmod 700 /etc/rc.d/init.d/mysqld

#chkconfig --add mysqld

(13) 进入 MySQL 安装目录，修改权限。

#cd /usr/mysql

#chown -R root .　　　//把这个目录改为 root 所有，注意，不要漏了后面的“.”

#chown -R mysql var　　//同样

#chgrp -R mysql.　　　//修改为组用户所有，注意不要漏掉“.”

/usr/mysql/bin/mysqld_safe --user=mysql &

(14) 登录 MySQL。

输入“bin/mysql -u root -p”命令，可登录 MySQL，如图 10.24 所示。

```
[root@node04 mysql]# bin/mysql -u root -p
Enter password:
Welcome to the MySQL monitor.  Commands end with ; or \g.
Your MySQL connection id is 1 to server version: 5.0.0-alpha-log

Type 'help;' or '\h' for help. Type '\c' to clear the buffer.

mysql> 
```

图 10.24　登录 MySQL

系统会提示输入密码，若安装时没有设置密码，则默认密码为空，直接回车进入。

到此，MySQL 配置完成。

当所有的程序都装配完毕，就可以对系统进行部署了。按照上面的系统清单里所配置的环境，云计算系统就可以在所配置的机器上运行了。

练 习 题

一、单选题

1. 云计算最大的特征是(　　)。

A. 计算量大　　B. 通过互联网进行传输　　C. 虚拟化　　D. 可扩展性

2. 云计算(Cloud Computing)的概念是由(　　)提出的。

A. Google　　B. 微软　　C. IBM　　D. 腾讯

3. 在云计算平台中，(　　)软件即服务。

A. IaaS　　B. PaaS　　C. SaaS　　D. QaaS

4. 在云计算平台中，(　　)平台即服务。

A. IaaS　　B. PaaS　　C. SaaS　　D. QaaS

5. 在云计算平台中，(　　)基础设施即服务。

A. IaaS　　B. PaaS　　C. SaaS　　D. QaaS

6. (　　)是负责对物联网收集到的信息进行处理、管理、决策的后台计算处理平台。

A. 感知层　　B. 网络层　　C. 云计算平台　　D. 物理层

7．利用云计算、数据挖掘以及模糊识别等人工智能技术，对海量的数据和信息进行分析和处理，对物体实施智能化的控制，指的是(　　)。

A．可靠传递　B．全面感知　C．智能处理　D．互联网

8．下列哪项不属于物联网存在的问题？(　　)

A．国家安全问题　B．隐私问题

C．标准体系和商业模式　D．制造技术

二、判断题(在正确的后面打√，错误的后面打×)

1．云计算是把“云”作为资料存储以及应用服务的中心的一种计算。(　　)

2．云计算是物联网的一个组成部分。(　　)

3．云计算不是物联网的一个组成部分。(　　)

4．物联网与互联网不同，不需要考虑网络数据安全。(　　)

5．时间同步是需要协同工作的物联网系统的一个关键机制。(　　)

第 11 章　物联网系统平台设计

读完本章，读者将了解以下内容：

※ 物联网系统的基本组成，包括系统硬件平台组成和系统软件平台组成；

※ 物联网网关设计、物联网中间件设计；

※ 基于物联网的智能家居控制系统设计等。

11.1　物联网系统设计基础

11.1.1　物联网系统的基本组成

计算机互联网可以把世界上不同角落、不同国家的人们通过计算机紧密地联系在一起，而采用感知识别技术的物联网也可以把世界上所有不同国家、地区的物品联系在一起，彼此之间可互相“交流”数据信息，从而形成一个全球性物物相互联系的智能社会。

从不同的角度看，物联网有多种类型。不同类型的物联网，其软、硬件平台组成也有所不同。从系统组成来看，可以把物联网分为软件平台和硬件平台两大系统。

1. 物联网硬件平台组成

物联网是以数据为中心的面向应用的网络，主要完成信息感知、数据处理、数据回传以及决策支持等功能，其硬件平台可由传感网、核心承载网和信息服务系统等部分组成。物联网硬件平台组成如图 11.1 所示。其中，传感网包括感知节点(数据采集、控制)和末梢网络(汇聚节点、接入网关等)；核心承载网为物联网业务的基础通信网络；信息服务系统硬件设施主要负责信息的处理和决策支持。

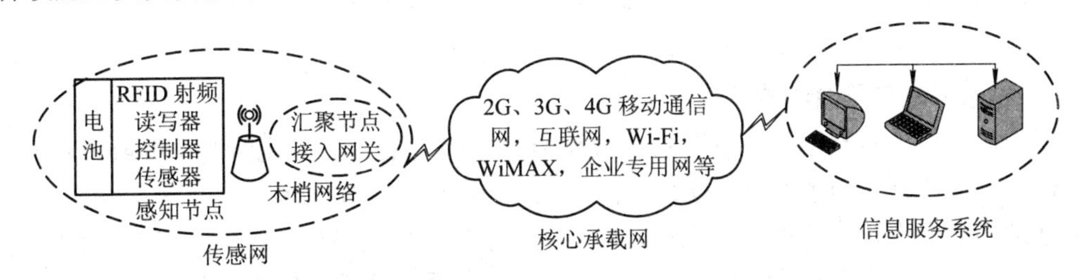

图 11.1　物联网硬件平台组成

1) 感知节点

感知节点由各种类型的采集和控制模块组成，如温度传感器、声音传感器、振动传感器、压力传感器、RFID 读写器、二维码识读器等，完成物联网应用的数据采集和设备控制等功能。

感知节点的组成包括四个基本单元：传感单元(由传感器和模/数转换功能模块组成，如

RFID、二维码识读设备、温感设备)、处理单元(由嵌入式系统构成，包括 CPU 微处理器、存储器、嵌入式操作系统等)、通信单元(由无线通信模块组成，实现末梢节点间以及它们与汇聚节点间的通信)，以及电源/供电部分。感知节点综合了传感器技术、嵌入式计算技术、智能组网技术及无线通信技术、分布式信息处理技术等，能够通过各类集成化的微型传感器协作地实时监测、感知和采集各种环境或监测对象的信息，通过嵌入式系统对信息进行处理，并通过随机自组织无线通信网络以多跳中继方式将所感知信息传送到接入层的基站节点和接入网关，最终到达信息服务系统。

2) 末梢网络

末梢网络即接入网络，包括汇聚节点、接入网关等，完成应用末梢感知节点的组网控制和数据汇聚，或完成向感知节点发送数据的转发等功能。也就是在感知节点之间组网之后，如果感知节点需要上传数据，则将数据发送给汇聚节点(基站)，汇聚节点收到数据后，通过接入网关完成和承载网络的连接；当用户应用系统需要下发控制信息时，接入网关接收到承载网络的数据后，由汇聚节点将数据发送给感知节点，完成感知节点与承载网络之间的数据转发和交互功能。

感知节点与末梢网络承担物联网的信息采集和控制任务，构成传感网，实现传感网的功能。

3) 核心承载网

核心承载网可以有很多种，主要承担接入网与信息服务系统之间的数据通信任务。根据具体应用需要，承载网可以是公共通信网(如 2G、3G、4G 移动通信网)，Wi-Fi，WiMAX，互联网，以及企业专用网，甚至是新建的专用于物联网的通信网。

4) 信息服务系统

物联网信息服务系统由各种应用服务器(包括数据库服务器)组成，还包括用户设备(如 PC、手机)、客户端等，主要用于对采集数据的融合/汇聚、转换、分析，以及对用户呈现的适配和事件的触发等。对于信息采集，由于从感知节点获取的是大量的原始数据，这些原始数据对于用户来说只有经过转换、筛选、分析处理后才有实际价值。对这些有实际价值的信息，由服务器根据用户设备进行信息呈现的适配，并根据用户的设置触发相关的通知信息；当需要对末梢节点进行控制时，信息服务系统硬件设施生成控制指令并发送，以进行控制。针对不同的应用，将设置不同的应用服务器。

2. 物联网软件平台组成

在构建一个信息网络时，硬件往往被作为主要因素来考虑，软件仅在事后才考虑。现在人们已不再这样认为了。网络软件目前是高度结构化、层次化的，物联网系统也是这样，既包括硬件平台也包括软件平台系统，软件平台是物联网的神经系统。不同类型的物联网，其用途是不同的，其软件系统平台也不相同，但软件系统的实现技术与硬件平台密切相关。相对硬件技术而言，软件平台开发及实现更具特色。一般来说，物联网软件平台建立在分层的通信协议体系之上，通常包括数据感知系统软件、中间件系统软件、网络操作系统(包括嵌入式系统)以及物联网管理和信息中心(包括机构物联网管理中心、国家物联网管理中心、国际物联网管理中心及其信息中心)的管理信息系统(Management Information System，MIS)等。

1) 数据感知系统软件

数据感知系统软件主要完成物品的识别和物品 EPC(Electronic Product Code)的采集

和处理，主要由企业生产的物品、物品电子标签、传感器、读写器、控制器、物品代码(EPC)等部分组成。存储有 EPC 的电子标签在经过读写器的感应区域时，其中的物品 EPC 会自动被读写器捕获，从而实现 EPC 信息采集的自动化。所采集的数据交由上位机信息采集软件进行进一步处理，如数据校对、数据过滤、数据完整性检查等，这些经过整理的数据可以为物联网中间件、应用管理系统所使用。对于物品电子标签，国际上多采用 EPC 标签，用 PML 语言来标记每一个实体和物品。

2) 物联网中间件系统软件

中间件是位于数据感知设施(读写器)和后台应用软件之间的一种应用系统软件。中间件具有两个关键特征：一是为系统应用提供平台服务，这是一个基本条件；二是需要连接到网络操作系统，并且保持运行工作状态。中间件为物联网应用提供一系列计算和数据处理功能，主要任务是对感知系统采集的数据进行捕获、过滤、汇聚、计算、数据校对、解调、数据传送、数据存储和任务管理，减少从感知系统向应用系统中心传送的数据量。同时，中间件还可提供与其他 RFID 支撑软件系统进行互操作等功能。引入中间件使得原先后台应用软件系统与读写器之间非标准的、非开放的通信接口，变成了后台应用软件系统与中间件之间、读写器与中间件之间的标准的、开放的通信接口。

一般情况下，物联网中间件系统包含有读写器接口、事件管理器、应用程序接口、目标信息服务和对象名解析服务等功能模块。

(1) 读写器接口：物联网中间件必须优先为各种形式的读写器提供集成功能。协议处理器确保中间件能够通过各种网络通信方案连接到 RFID 读写器。RFID 读写器与其应用程序间通过普通接口相互作用的标准，大多数采用由 EPC-Global 组织制定的标准。

(2) 事件管理器：用来对读写器接口的 RFID 数据进行过滤、汇聚和排序操作，并通告数据与外部系统相关联的内容。

(3) 应用程序接口：应用程序系统控制读写器的一种接口；此外，需要中间件能够支持各种标准的协议(例如，支持 RFID 以及配套设备的信息交互和管理)，同时还要屏蔽前端的复杂性，尤其是前端硬件(如 RFID 读写器等)的复杂性。

(4) 目标信息服务：由两部分组成，一个是目标存储库(用于存储与标签物品有关的信息并使之能用于以后查询)，另一个是拥有为提供由目标存储库管理的信息接口的服务引擎。

(5) 对象名解析服务(ONS)：一种目录服务，主要是将每个带标签物品所分配的唯一编码，与一个或者多个拥有关于物品更多信息的目标信息服务的网络定位地址进行匹配。

3) 网络操作系统

物联网通过互联网实现物理世界中的任何物品的互联，在任何地方、任何时间可识别任何物品，使物品成为附有动态信息的“智能产品”，并使物品信息流和物流完全同步，从而为物品信息共享提供一个高效、快捷的网络通信及云计算平台。

4) 物联网信息管理系统

物联网也要管理，类似于互联网上的网络管理。目前，物联网大多数是基于 SNMP (Simple Network Management Protocol，简单网络管理协议)建设的管理系统，这与一般的网络管理类似，提供对象名解析服务(ONS)是重要的。ONS 类似于互联网的 DNS，要有授权，并且有一定的组成架构。它能把每一种物品的编码进行解析，再通过 URL 服务获得相关物品的进一步信息。

物联网管理机构包括企业物联网信息管理中心、国家物联网信息管理中心以及国际物联网信息管理中心。企业物联网信息管理中心负责管理本地物联网，它是最基本的物联网信息服务管理中心，为本地用户单位提供管理、规划及解析服务。国家物联网信息管理中心负责制定和发布国家总体标准，负责与国际物联网互联，并且对现场物联网管理中心进行管理。国际物联网信息管理中心负责制定和发布国际框架性物联网标准，负责与各个国家的物联网互联，并且对各个国家物联网信息管理中心进行协调、指导、管理等工作。

11.1.2　物联网网关系统设计

1．物联网网关概述

物联网是指通过射频识别(RFID)、红外感应器、GPS、激光扫描器等信息传感设备，按约定的协议，实现任何时间、任何地点、任何物体的信息交换和通信，从而实现智能化识别、定位、跟踪、监控和管理的一种网络。物联网是具有全面感知、可靠传输、智能处理特征的连接物理世界的网络。

物联网的接入方式是多种多样的，如广域的 PSTN、短距离的 Z-Wave 等。物联网网关设备是将多种接入手段整合起来，统一互联到接入网络的关键设备。它可满足局部区域短距离通信的接入需求，实现与公共网络的连接，同时完成转发、控制、信令交换和编/解码等功能，而终端管理、安全认证等功能保证了物联网业务的质量和安全。物联网网关在未来的物联网时代将会扮演着非常重要的角色，可以实现感知延伸网络与接入网络之间的协议转换，既可以实现广域互联，也可以实现局域互联，将广泛应用于智能家居、智能社区、数字医院、智能交通等各行各业。

物联网组网采用分层的通信系统架构，包括感知延伸系统、传输系统、业务运营管理系统和各种应用，在不同的层次上支持不同的通信协议，如图 11.2 所示。

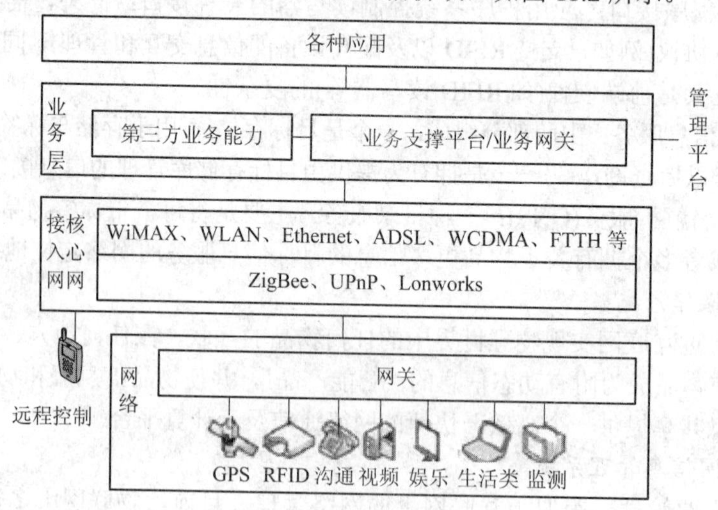

图 11.2　物联网网络结构

感知延伸系统包括感知和控制技术，由感知延伸层设备以及网关组成，支持包括 Lonworks、UPnP、ZigBee 等通信协议在内的多种感知延伸网络。感知设备可以通过多种接入技术连接到核心网，实现数据的远程传输。业务运营管理系统面向物联网范围内的耗能

设施，包括了应用系统和业务管理支撑系统。应用系统为最终用户提供计量统计、远程测控、智能联动以及其他的扩展类型业务。业务管理支撑系统实现用户管理、安全、认证、授权、计费等功能。

2．物联网网关的功能

物联网网关具备如下几个功能。

(1) 广泛的接入能力。目前用于近程通信的技术标准很多，仅常见的 WSN 技术就包括 Lonworks、ZigBee、6LoWPAN、RUBEE 等。各类技术主要针对某一应用展开，缺乏兼容性和体系规划，如 Lonworks 主要应用于楼宇自动化，RUBEE 适用于恶劣环境。如何实现协议的兼容性、接口和体系规划，目前在国内外已经有多个组织在开展物联网网关的标准化工作，如 3GPP、传感器工作组，以实现各种通信技术标准的互联互通。

(2) 协议转换能力。从不同的感知网络到接入网络的协议转换，将下层的标准格式的数据统一封装，保证不同的感知网络的协议能够变成统一的数据和信令；将上层下发的数据包解析成感知层协议可以识别的信令和控制指令。

(3) 可管理能力。强大的管理能力，对于任何大型网络都是必不可少的。首先要对网关进行管理，如注册管理、权限管理、状态监管等。网关实现子网内节点的管理，如获取节点的标识、状态、属性、能量等以及远程唤醒、控制、诊断、升级和维护等。由于子网的技术标准不同，协议的复杂性不同，所以网关具有的管理能力不同。这里提出基于模块化物联网网关方式来管理不同的感知网络、不同的应用，保证能够使用统一的管理接口技术对末梢网络节点进行统一管理。

3．物联网网关系统设计

本物联网网关设计面向感知网络的异构数据感知环境，为有效屏蔽底层通信差异化进行有效网络融合和数据通信，采用模块化设计、统一数据表示、统一地址转换等实现。下面从物联网网关的层次结构、信息交互流程和系统实现三个方面来进行阐述。

1) *层次结构*

物联网网关支持感知延伸设备之间的多种通信协议和数据类型，实现多种感知延伸设备之间数据通信格式的转换，对上传的数据格式进行统一，同时对下达到感知延伸网络的采集或控制命令进行映射，产生符合具体设备通信协议的消息。物联网网关的层次结构分为四层：业务服务层、标准消息构成层、协议适配层和感知延伸层，如图 11.3 所示。

(1) 业务服务层：由消息接收模块和消息发送模块组成。消息接收模块负责接收来自物联网业务运营管理系统的标准消息，将消息传递给标准消息构成层。消息发送模块负责向业务运营管理系统可靠地传送感知延伸网络所采集的数据信息。该层接收与发送的消息必须符合标准的消息格式。

(2) 标准消息构成层：由消息解析模块和消息转换模块组成。消息解析模块解析来自业务服务层的标准消息，调用消息转换模块将标准消息转换为底层感知延伸设备能够理解的依赖于具体设备通信协议的数据格式。当感知延伸层上传数据时，该层的消息解析模块则解析依赖于具体设备通信协议的消息，调用消息转换模块将其转换为业务服务层能够接收的标准格式的消息。标准消息构成层是物联网网关的核心，完成对标准消息以及依赖于特定感知延伸网络的消息的解析，并实现两者之间的相互转换，达到统一控制和管理底层感知延伸网络，向上屏蔽底层网络通信协议异构性的目的。

(3) 协议适配层：保证不同的感知延伸层协议能够通过此层变成格式统一的数据和控制信令。

(4) 感知延伸层：面向底层感知延伸设备，包含消息发送与消息接收两个子模块。消息发送模块负责将经过标准消息构成层转换后的可被特定感知延伸设备理解的消息发送给底层设备。消息接收模块则接收来自底层设备的消息，发送至标准消息构成层进行解析。

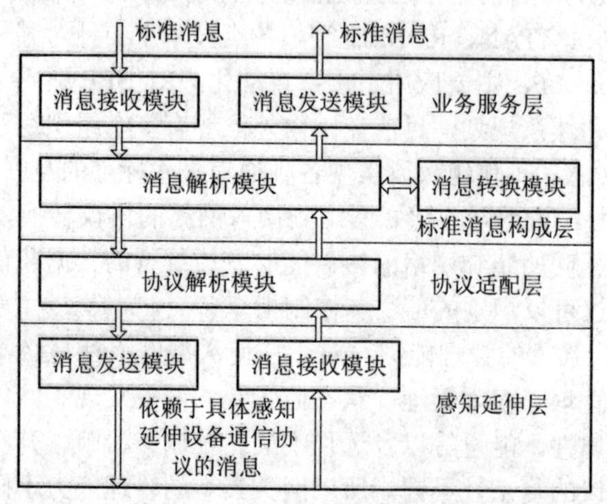

图 11.3 物联网网关的层次结构

感知延伸网络由感知设备组成，包括 RFID、GPS、视频监控系统、各类型传感器等。感知延伸设备之间支持多种通信协议，可以组成Lonworks和ZigBee以及其他多种感知延伸网络。

2) 信息交互流程

图 11.4 展示了物联网中的信息交互流程，具体流程分析如下。

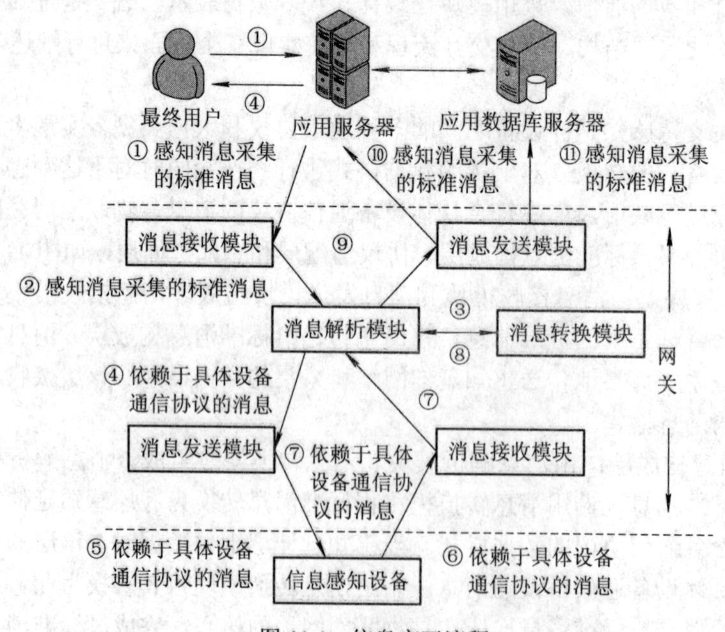

图 11.4 信息交互流程

(1) 最终用户产生符合标准数据格式的消息，并将其发送至网关业务服务层的消息接收模块。

(2) 业务服务层的消息接收模块将标准消息发送至标准消息构成层的消息解析模块。

(3) 消息解析模块调用相应的消息转换模块，将标准信息转换为依赖于具体设备通信协议的消息。

(4) 消息解析模块将转换为依赖于具体设备通信协议的消息传送至感知延伸服务层的消息发送模块。

(5) 感知延伸服务层的消息发送模块选择合适的传输方式，将依赖于具体设备通信协议的消息发送至具体的底层设备。

(6) 底层设备根据依赖于具体设备通信协议的消息执行信息采集操作，并将结果返回给网关感知延伸服务层的消息接收模块。

(7) 网关的感知延伸服务层的消息接收模块将依赖于具体设备通信协议的消息传送至标准消息构成层的消息解析模块。

(8) 消息解析模块调用信息转换模块，将依赖于具体设备通信协议的消息转换为标准消息。

从图11.4可以看出，物联网网关解决了物联网网络内不同设备无法统一控制和管理的问题，达到了屏蔽底层通信差异的目的，并使得最终用户无需知道底层设备的具体通信细节，实现了对不同感知延伸层设备的统一访问。

3) 系统实现

基于物联网的典型应用如图11.5所示。无线传感器节点采集相应数据信息，通过无线多跳自组织方式将数据发送到网关，固定式读写器读取RFID标签内容发送到网关；网关将这些数据通过WCDMA网络发送到服务器；服务器对这些数据进行处理、存储，并提供一个信息平台，供用户(包括PC用户和手机用户)使用。从图11.5中可以看出物联网网关是架起感知网络和接入网络的桥梁，扮演着重要的角色。

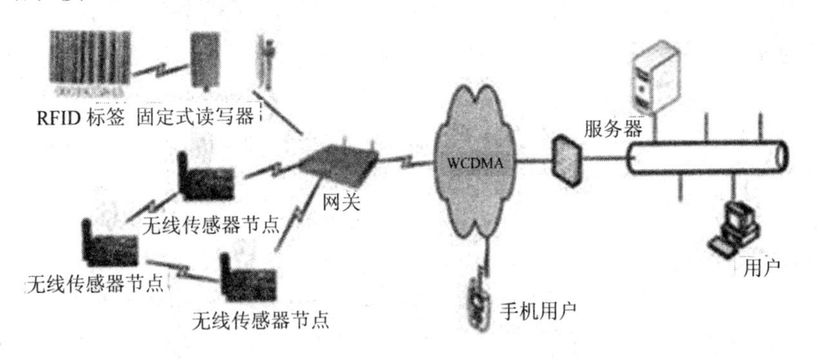

图11.5　基于物联网的典型应用

在物联网网关设计时，采用模块化思想，设计面向不同感知网络和基础网络，实现通用低成本的网关。按照模块化的思想，将物联网网关系统分为数据汇聚模块、处理/存储模块、接入模块和电源模块，如图11.6(a)所示。

(1) 数据汇聚模块：实现物理世界数据的采集或者汇聚。本网关系统采用传感网的汇聚节点和RFID网络的读写器作为数据汇集设备。

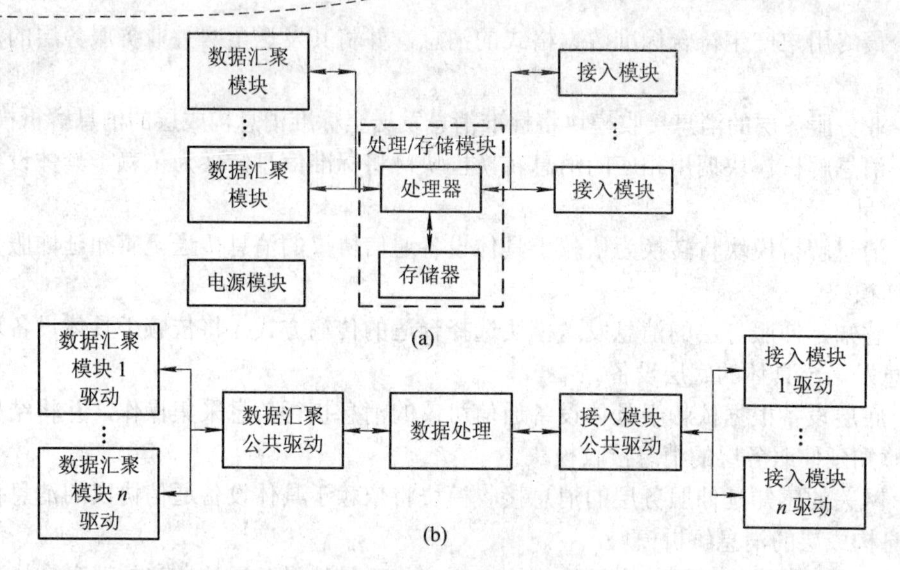

图 11.6　系统模块

(a) 硬件模块；(b) 软件模块

(2) 处理/存储模块：是网关的核心模块，它实现协议转换、管理、安全等各个方面的数据处理及存储。

(3) 接入模块：将网关接入广域网，可能采用的方式包括有线(以太网、ADSL、FTTx 等)、无线(WLAN、GPRS、3G 和卫星等)。本系统采用 WCDMA 的接入方式。

(4) 电源模块：负责整套系统的电源供给。系统的稳定运行与电源模块的稳定性能关系密切，此处设计的电源模块兼有热插拔和电压转换功能。可能的供电方式包括市电、太阳能、蓄电池等。

数据汇聚模块和处理/存储模块之间的接口类型采用 UART 方式。接入模块和处理/存储模块之间的接口类型采用 PCIE 方式。网关软件设计时采用分层结构，最后在应用层实现协议数据的相互转换。在进行物联网网关硬件模块化的同时，实现网关的软件功能的模块化，不同的硬件模块对应不同的驱动模块；采用动态可加载方式运行，分别提取出接入模块和数据汇聚模块的公共驱动，根据接入的硬件模块不同加载不同的驱动模块，达到驱动硬件模块的目的，如图 11.6(b)所示。

4) 关键技术

物联网网关系统设计中解决了以下几个关键技术：

(1) 软件交互协议的统一。物联网网关系统的设计思路是以模块化的方式实现软、硬件的各个部分，使得模块之间的替换非常容易，以实现不同的感知延伸网络和接入网络互联，屏蔽底层通信差异。其中硬件模块采用 UART 总线形式进行连接，软件则采用模块化可加载的方式运行，并将共同部分抽象成公共模块。因此，支持新的数据汇聚模块和接入模块则只需要开发相应的硬件模块和驱动程序即可。

(2) 统一地址转换。不同的数据采集网络使用不同的编址方式，如 ZigBee 中有 16 位短地址，6LoWPAN 中有 64 位地址。在应用中只需要能定位到具体的节点即可，不需要关心节点是采用 IP 地址还是 16 位短地址，也不关心节点间的组网是采用 ZigBee 还是 6LoWPAN

或者其他方式。将这些地址转换为统一的表示方式，有利于应用的开发，因此在网关中实现一种地址映射机制，将 IP 或者 16 位短地址映射为统一的 ID，在与应用交互过程中只需要关注这个 ID 即可。具体的映射方式可以采用从 1 累加的方式，当网关接收到第一个节点数据时，将该节点的地址映射为 1，后续的依次加 1，将这个映射表保存在网关中。同时还采用老化机制，当在一定时间内没有收到该节点的数据时，将此条映射关系删除。

(3) 采集模块数据接口的统一。采集模块与网关之间定义 AT 指令集，节点通过 ZigBee 协议组网。在与网关的接口之间只关注一些对采集模块的控制指令和数据交互指令，不关注具体的组网协议，实现组网协议无关性。

(4) 数据映射关系管理。如何管理网关连接的两种或多种系统中的设备在通信数据中的映射关系，即通常意义上的寻址，是很重要的步骤。而这一部分针对网关所连接的不同，总线设备也有很大区别。本网关对所有可能下挂的模块的输入/输出数据格式进行分析，然后分别定义了各个模块对应的通信接口配置字。

本节叙述的网关设备能支持不同类型的传感器节点和接入方式，并能为中间件或者应用程序提供统一的数据格式，从而为应用屏蔽不同的传感器网络及接入网络，使得应用程序只需要关注于应用环境的数据处理。

11.2　面向物联网的系统及其中间件设计

11.2.1　TOA 思想及 TOC 结构

本节介绍一种面向物联网的架构——TOA(Things Oriented Architecture)以及基于该架构的中间件——TOC(Things Oriented Communication)。

1. TOA 思想

IOT 的目标是把一切“物”进行互联，但联网不是目的，只是手段。在完成各种“物”的联网后，需要利用这种连接改进业务、提高效率、实现需求。在物联网环境中，不仅“人与人”之间存在交互，“人与物”之间及“物与物”之间都存在普遍的联系和交互。

TOA 的基本理念是把 IOT 网络环境中“人与物”、“物与物”之间的沟通和交互进行统一处理，使 IOT 网络中的“人”、“物”及所有相连的智能系统都能基于完全平等的地位在 IOT 全网络范围内进行沟通和交互。TOA 注重独立实现各个 IOT 联网对象的系统功能，并通过简单、统一的接口进行联系，接口采用中立方式进行定义，从而实现 IOT 联网对象之间的松耦合。

为支持基于 TOA 思想的物联网应用系统具体开发，本节设计实现了一基于 TOA 思想的中间件 TOC，它为快速部署 IOT 应用提供了基础性的技术平台。在 TOC 中间件中，每个 IOT 联网对象维护一个交互列表(Concerning Things List，CTL)，在进行 IOT 联网对象间交互时，只要选取列表中的 IOT 对象，即可实现对象间的协作与通信。CTL 支持 IOT 对象的添加和删除，交互过程支持基于 Push 的菜单式协作及服务(Service)发布，一方面可简化交互过程和交互接口的设计，另一方面，Push 过程可完成 IOT 对象自身服务的自解释，在不熟悉的对象或服务之间也可轻松完成沟通。

2．TOC 整体结构

TOC 中间件系统由 Server、Client、Agent 等三个部分组成，整体上采用 P2P 设计技术，Server 与 Client 之间采用 XMPP(Extensible Messaging and Presence Protocol)协议格式进行消息交换，如图 11.7 所示。

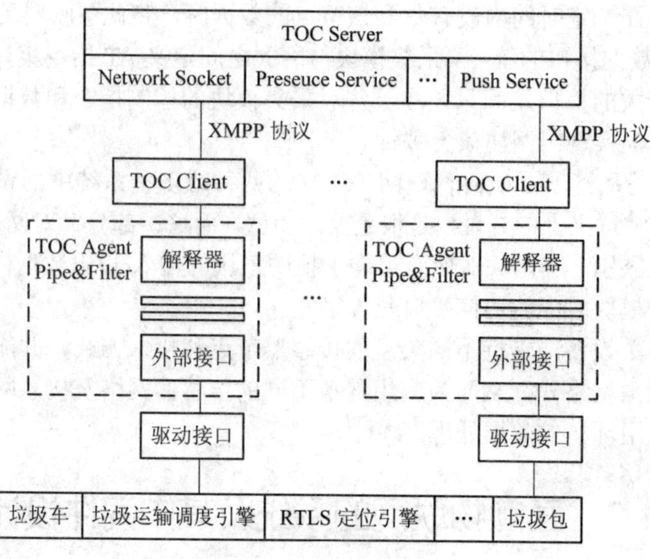

图 11.7　TOC 系统结构

(1) Server：主要作用是负责 Client 基本信息的注册、存储及 IOT 对象的维护等，同时实现对异步交互的支持，为离线对象的信息提供临时存储转发；此外，Server 还承担呈现状态(Presence)的维护功能。

(2) Client：该模块是 TOC 交互模块的基本部分，Client 负责与 Server 之间进行基于 TCP/IP 的 Socket 通信，负责交互会话(Session)的管理和维护，负责交互列表的本地管理和展示。交互过程支持一种基于 Push 的菜单式协作，一方面可简化交互过程和交互接口的设计，另一方面，Push 过程可完成 IOT 对象自身服务的自解释，在不熟悉的对象或服务之间也可轻松完成沟通。Client 的原型系统界面如图 11.8 所示。

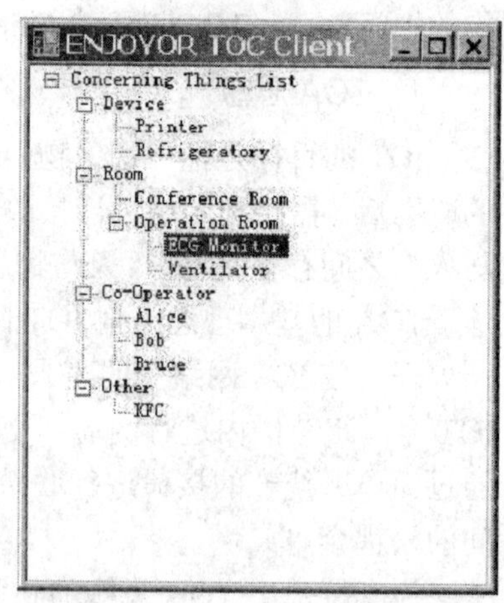

图 11.8　Client 及对应的 CTL 列表

(3) Agent：在整个 TOC 系统中起到关键性的作用，Agent 为抽象和统一“人与物”、“物与物”间的交互提供支持。Agent 由外部接口(External Interface)和解释器(Interpreter)组成。

11.2.2　TOC 设计

1．Agent 设计

Agent 是整个 TOC 架构完成复杂 IOT 对象互联的基础，其中解释器是 Agent 的大脑，

用于解释外部其他 IOT 联网对象的交互请求。外部接口连接具体 IOT 联网对象，该模块一方面发送外部设备能够理解的请求至外部设备，另一方面接收外部设备的响应和外部设备的感知，同时需要把该类信息转换成其他 IOT 对象能够理解的格式。另外，Agent 的模块设计采用管道过滤器(Pipe & Filter)的设计模式，管道负责数据的传递，它把原始数据传递给第一个过滤器，把一个过滤器的输出传递给下一个过滤器，作为下一个过滤器的输入，重复这个过程直到处理结束。过滤器负责数据的处理。过滤器可以有多个，每个过滤器对数据做特定的处理，它们之间没有依赖关系，一个过滤器不必知道其他过滤器的存在。这种松耦合的设计使过滤器只需要实现单一的功能，从而降低了系统的复杂度，也使过滤器之间依赖最小，从而可以更加灵活地组合实现新的功能，保证新功能的添加或更新驱动接口不需要重构(Rebuilding)整个 Agent。

2. 呈现模型设计

在 TOC 实现 IOT 网络对象交互过程中，呈现模型(Presence Model)也是一个很重要的组成部分。依靠 Presence 技术，交互能以“用户多种状态设置”等功能为基础提供“订阅其他对象状态信息”、“基于 Push 的智能服务”等多种丰富的交互方式和服务内容。

在 IOT 网络中，因为 IOT 网络的对象极其丰富，可以是人、打印机、手术室、仓库及其他各种可能的“物”，所以 Presence 信息极其丰富。虽然 Presence 信息很多，但基本上可以分为物理呈现和逻辑呈现两大类。

1) 物理呈现

物理呈现由系统提供，用户无法定制信息，包括传感器获取的客观数据等。物理呈现通常通过 RFID 标签和传感器等技术手段实现，用于表达物品的位置、数量、状态等信息。

2) 逻辑呈现

逻辑呈现完全由提供 Presence 信息的用户自己控制。相比物理呈现，逻辑呈现则复杂得多。逻辑呈现具有两种特征：

(1) 单选特征(exclusive)，如打印机联机、脱机两个状态，只能二选一。

(2) 关联性，如打印机卡纸状态会和打印机联机状态一起出现。

TOC 的逻辑呈现模型可采用 UML 的有限状态机表示，如图 11.9 所示，表示医院医疗垃圾运输车的状态变迁。

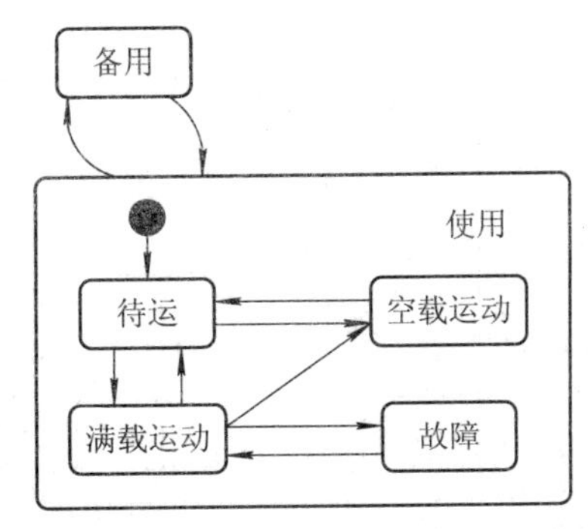

图 11.9　有限状态机表示的垃圾车 Presence 信息

基于 TOC 中间件的 IOT 网络支持互联网部署，在 TOC Server 之间通过 P2P 技术架构使整个系统具有良好的规模可扩展性，如图 11.10 所示。

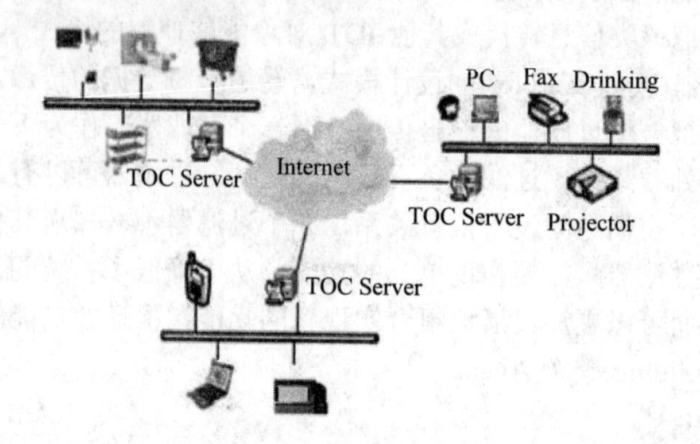

图 11.10　TOC 的规模互联

3. TOA 与 TOC 在医院医疗垃圾管理系统中的应用

如何有效监管医院内部医疗垃圾的收集储存，严格按规定路径从医院的污染通道进行运输以及医疗垃圾交接、处理过程的可追溯等一系列问题都是现代医院必须加强管理的重要环节。使用以 RFID 技术为硬件基础、以 TOC 中间件为软件基础的物联网相关技术，可以实现医院医疗垃圾运输管理的信息化与智能化。

1) 物理设计

RFID 是物联网技术的重要基础设施，在本系统实现中，为医疗垃圾运输车安装远距离的有源 RFID 标签，垃圾运输人员也佩戴远距离的有源 RFID 标签，并在固定通道安装相应的 RFID 读写设备。当垃圾运输车按照规定路径通过 RFID 读写设备附近时，垃圾运输车上的 RFID 标签就会被自动识别，运输人员信息和通过时间也会一并记录到数据库系统中。同时，在垃圾运输车的起点和终点，还安装了电子称重设备，可对垃圾车的垃圾重量进行监管。

2) 交互设计

根据 IBA 的设计理念，每一辆垃圾车是一个独立的联网对象，垃圾车根据自身支持的属性、方法及服务进行设计。图 11.11 描述了管理人员与垃圾车的一个交互过程。

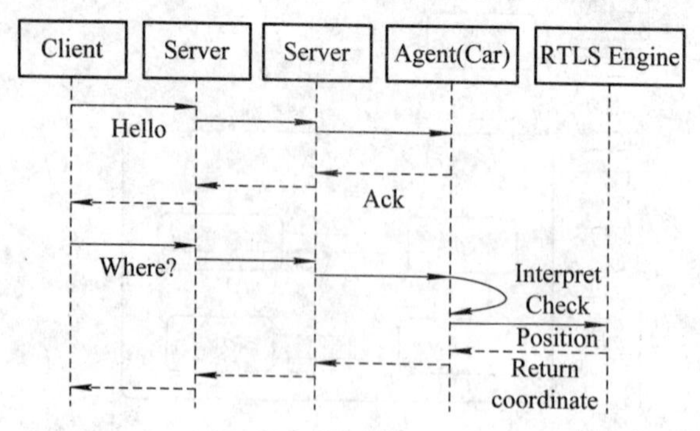

图 11.11　TOC 客户端向垃圾车询问位置的交互过程

3) 系统特点

基于 TOC 平台的医疗垃圾运输管理系统具有如下特点：

(1) 医疗垃圾的运输过程实现了有效的轨迹监控，并具有良好的可追溯性，可有效避免因医疗垃圾运输监管不力而造成的二次污染事故。交接记录和监控记录可用于医疗垃圾处理的工作量统计，实现质量控制、成本核算和绩效考核。

(2) 在 TOC 设计、实现过程中，对复杂事件及交互采用了统一策略，事件规则定义灵活，符合 IOT 网络“万物”互联理念，并能很好地适应医院业务流程变动。

(3) TOC 的 Agent 采用 Pipe&Filter 设计模式，可对系统有效屏蔽外设细节，支持多样化 RFID 硬件设备，在更新 RFID 标签或读卡设备后，只需修改一个对应的 Pipe 环节，不用重建应用系统的其他代码。

本节设计实现了 TOC 中间件，并在某医院医疗垃圾管理系统中验证了 TOC 设计思想和功能，为提高医院智能化水平起到了促进作用。

11.3　基于物联网的智能家居控制系统设计

11.3.1　智能家居系统的体系结构

智能家居系统主要由灯光及设备控制、防盗报警控制、娱乐系统控制、可视对讲控制、远程医疗控制等组成，框图如图 11.12 所示。

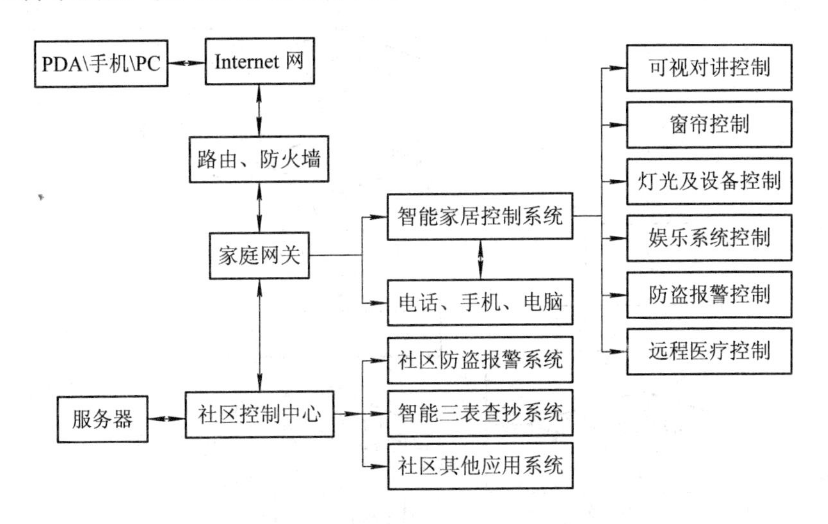

图 11.12　智能家居系统的结构框图

11.3.2　系统主要模块的设计

1. 灯光及设备控制

智能家居控制系统的总体目标是通过采用计算机、网络、自动控制和集成技术建立一个由家庭到小区乃至整个城市的综合信息服务和管理系统。系统中灯光及设备控制可以通过智能总线开关来控制。本系统主要采用交互式通信控制方式，分为主、从机两大模块，当主机触发后，通过 CPU 将信号发送，进行编码后通过总线传输到从模块，进行解码后通过 CPU 触发响应模块。因为主机模块与从机模块完全相同，所以从机模块也可以进行相反操作控制主机模块实现交互式通信。灯光及设备控制框图如图 11.13 所示，系统主、从模块的程序流程图如图 11.14 所示。其中主机相当于网络的服务器，主要负责整个系统的协调工作。

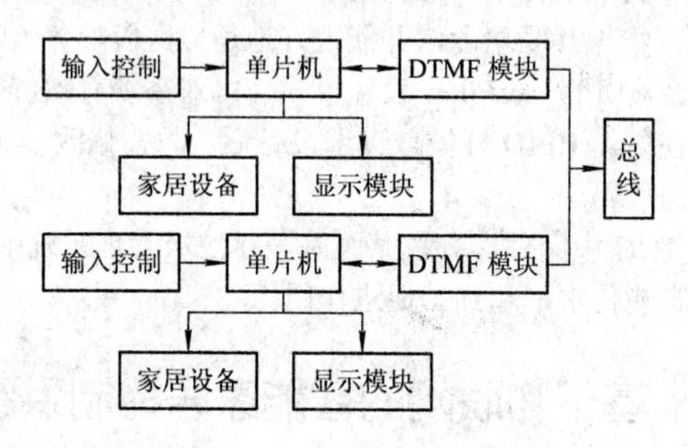

图 11.13　灯光及设备控制框图

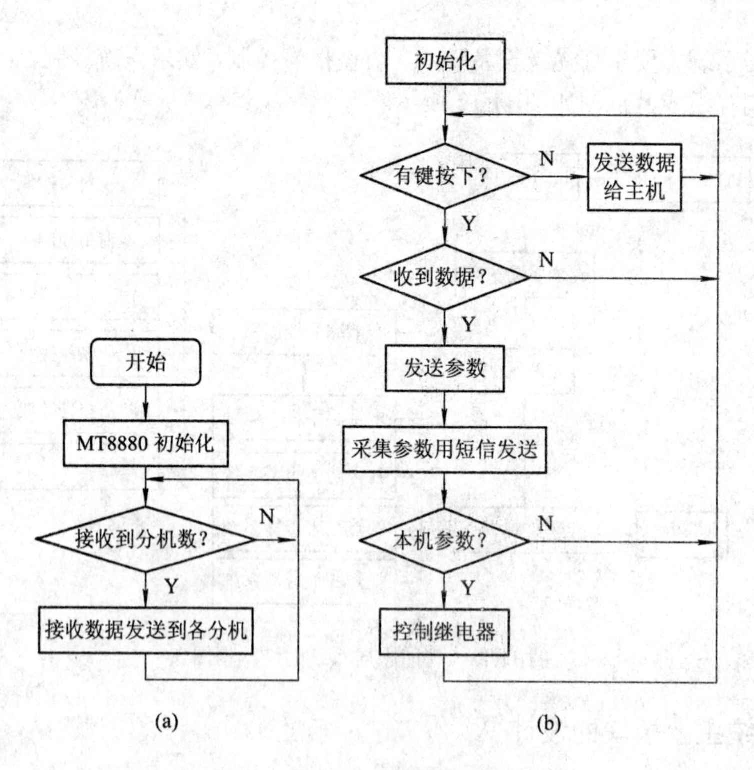

图 11.14　系统主、从模块的程序流程图

(a) 主机程序流程图；(b) 从机程序流程图

对于灯光控制，可以形成不同的灯光情景模式，以营造舒适优雅的环境气氛。为了提高系统的可维护性及可靠性，设计时应使系统具有智能状态回馈功能、故障自动报警功能、

软启动功能。系统能自动检查负载状态，检查坏灯、少灯，保护装置状态等；也可以根据季节、天气、时间、人员活动探测等作出智能处理，达到节能目的。对于其他家电设备及窗帘控制，与灯光控制类似，均可采用手动和自动控制两种方式。

2. 防盗报警控制系统设计

防盗报警控制系统主要由各种报警传感器(人体红外、烟感、可燃气体等)及其检测、处理模块组成。入侵检测防盗系统框图及电路如图 11.15 所示。

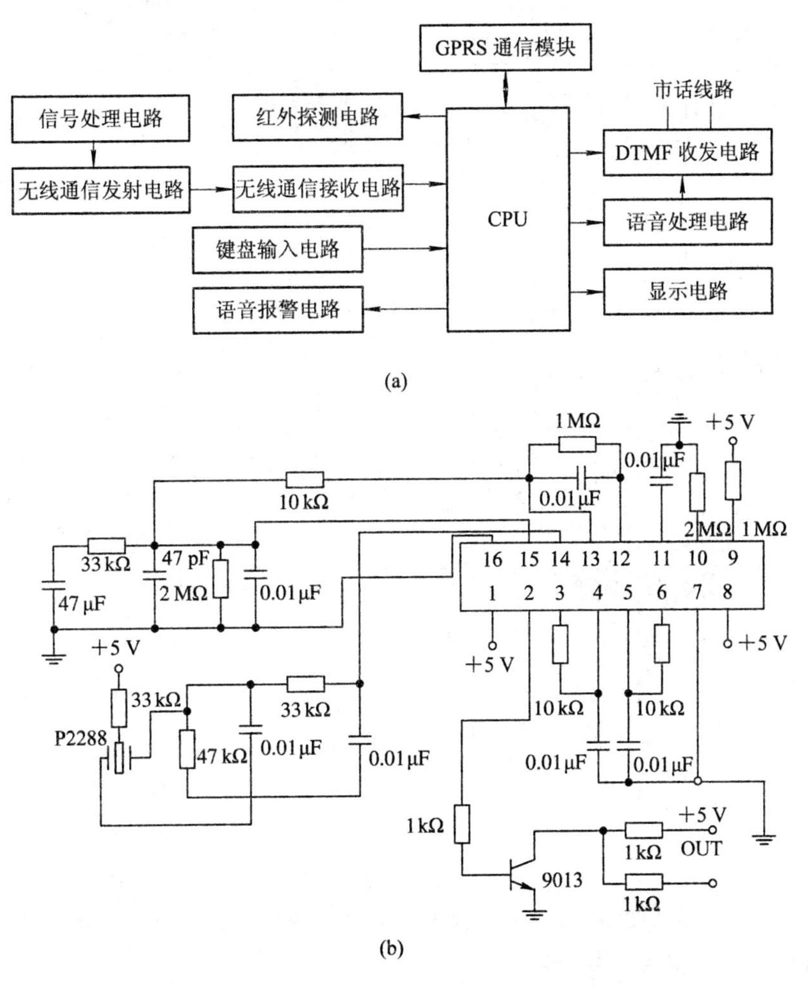

图 11.15　入侵检测防盗系统框图及电路

(a) 入侵检测防盗系统框图；(b) 人体红外检测报警电路

图 11.15 中，DTMF(双音多频)收发电路如图 11.16(a)所示，其核心芯片为 MT8880，可接收和发送 DTMF 全部 16 个信号，具有接收呼叫音和带通滤波功能，能和微处理器直接对接。可以通过单片机 I/O 口控制一个继电器的开关，继电器的控制端连接一个电阻接入电话线两端，从而完成模拟摘挂机。

GPRS 通信模块——TC35 模块主要通过串口与单片机连接，实现单片机对 TC35 模块的控制，从而实现远程控制功能。GPRS 模块 TC35 接口电路图如图 11.16(b)所示。

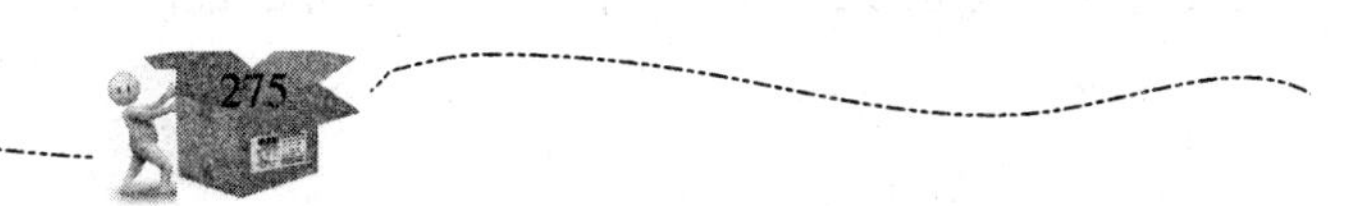

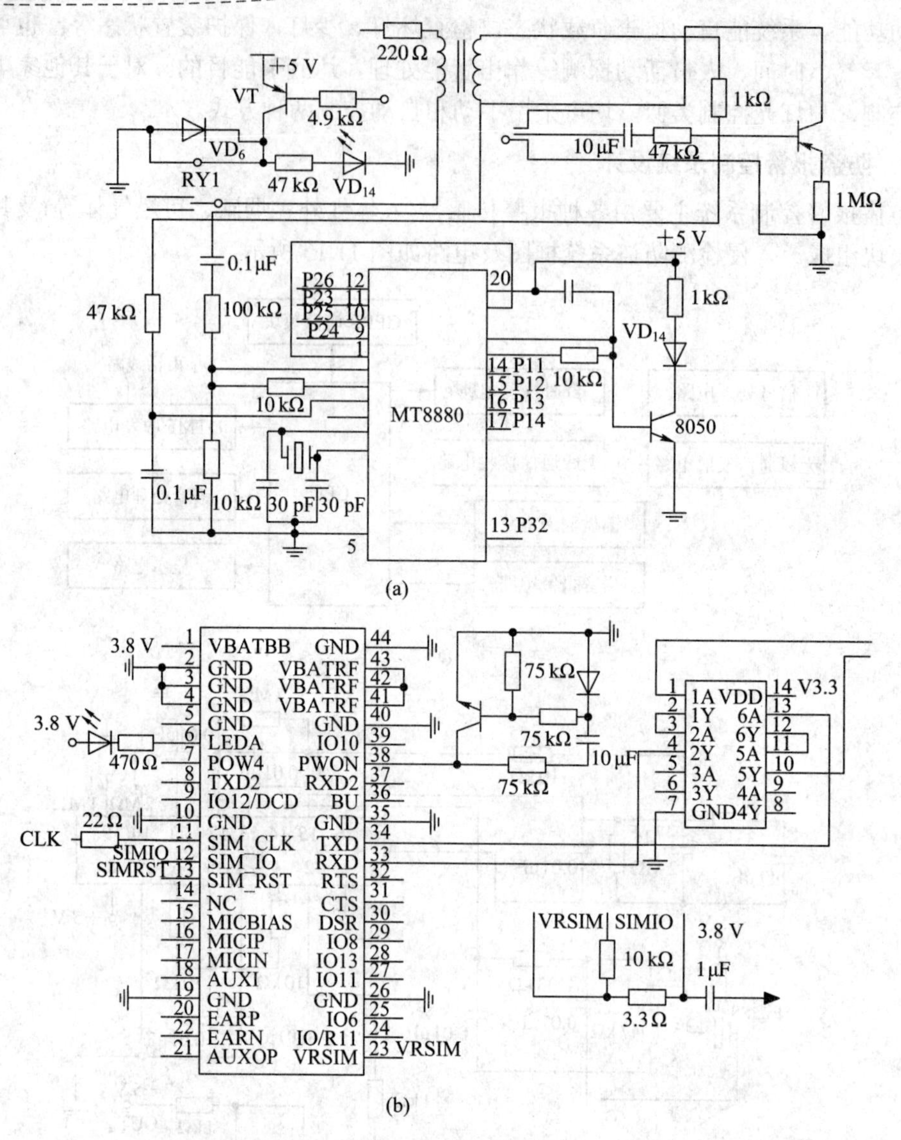

图 11.16　接口电路

(a) DTMF 电路接口电路图；(b) GPRS 模块 TC35 接口电路图

3．远程医疗控制系统设计

智能家居系统中，远程医疗应用应该说还没有引起广泛关注，但实际上它又是今后智能家居发展的一个方向之一。本系统提出的基于 GPRS 的远程医疗控制系统由中央控制器、GPRS 通信模块、GPRS 网络、Internet 公共网络、数据服务器、医院局域网等组成。其框图如图 11.17 所示。

系统工作时，患者可随身携带的远程医疗智能终端首先实现对患者心电、血压、体温进行监测，当发现可疑病情时，通信模块对采集到的人体现场参数进行加密、压缩处理后，以数据流形式通过串行方式(RS-232)连接到 GPRS 通信模块上，并与中国移动基站进行通信，基站 SGSN 再与网关支持节点 GGSN 进行通信，GGSN 对分组资料进行相应的处理并把资料发送到 Internet 上，并且去寻找在 Internet 上的一个指定 IP 地址的监护中心，并接入

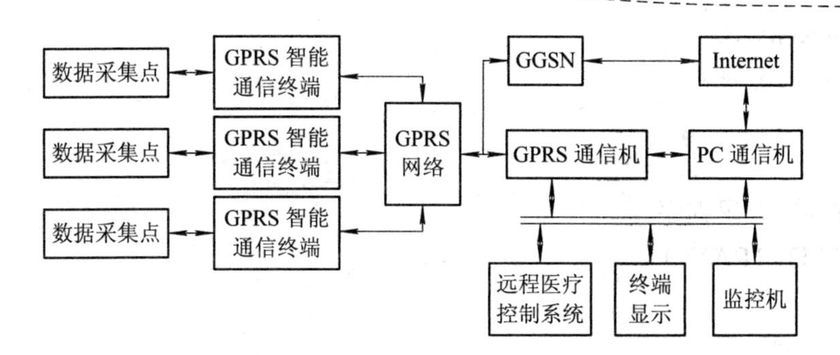

图 11.17　远程医疗控制系统框图

后台数据库系统。这样，信息就开始在移动病人单元和远程移动监护医院工作站之间不断进行交流，所有的诊断数据和病人报告电子表格都会被传送到远程移动监护信息系统存档，远程移动监护信息系统存储数据，以供将来研究、评估、资源规划所用。系统监护中心由监控平台和信息管理系统、电子地图、电子病历等组成，系统软件的框图如图 11.18 所示，

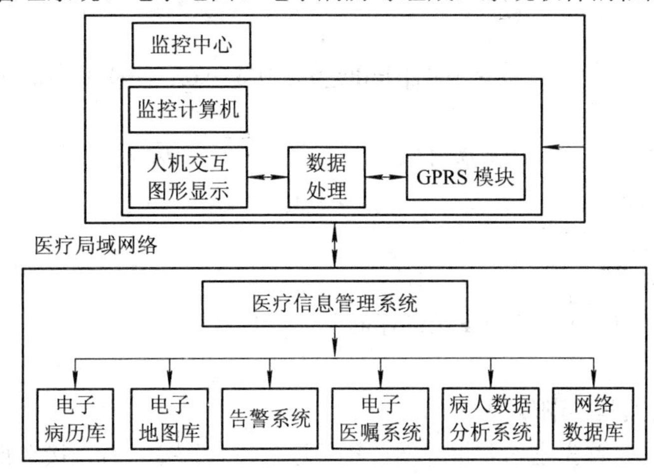

图 11.18　监护中心系统框图

11.3.3　系统部分软件的设计

1. 电话报警部分程序

电话报警部分程序如下：

```
MT8880 写状态函数
RS=1,RW=0,写状态寄存器
Void write_status(uchar value)
{
MT_RS=1;
MT_RW=0;
MT_CK=0;
P1=value;
MT_CK=1;
```

```
DelayNOP( );
MT_CK=0;
}

MT8880 发码程序
Void MT_TRAN( )
{
MT_CS=0;
DelayNOP( );
write_status(0x1d);   //写 8880CRA，CRA=1101
write_status(0x10);   //写 8880CRB，CRB=0000
//8880 模式 2 为 TONE，DTMF，IRQ，BURST
MT_RS=0;              //写发送寄存器
MT_RW=0;
MT_CK=0;              //dis_buf1[i]=dis_buf1[i]&0x0f;    取数据低 4 位
P1=0x0f;
MT_CK=1;              //发送号码
DelayNOP( );
MT_CK=0;
Delay(3000);
MT_CS=1;              //写发送寄存器
}
```

2．防盗报警及远程控制软件

系统开机初始化，首先进入开机界面，然后进行参数设置。若直接选择“确定”，则默认原设置，也可对默认设置进行重设。设置完成后，各传感器开始采集、处理参数，在液晶上显示各参数并通过 GPRS 将数据发送至用户手机，流程图如图 11.19 所示，数据采集流程图如图 11.20 所示。

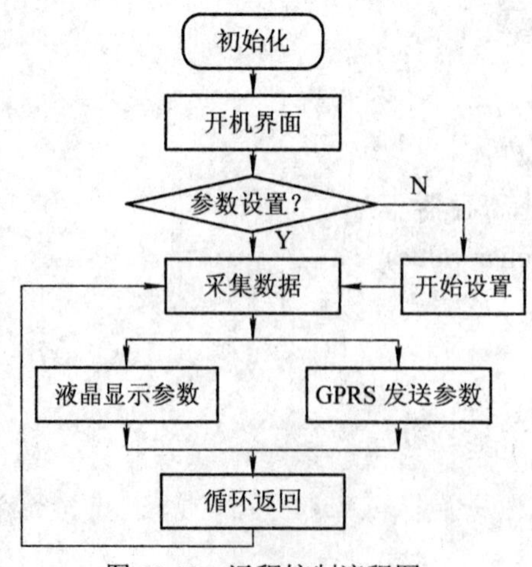

图 11.19　远程控制流程图

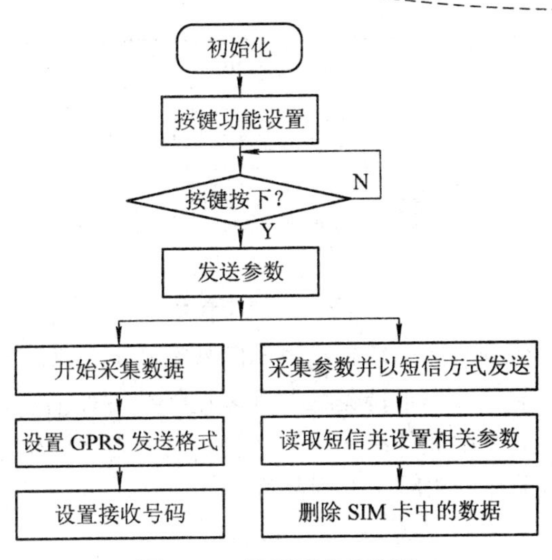

图 11.20　数据采集流程图

11.4　基于 RFID 的超市物联网导购系统的设计

本节所述方案意在让顾客在智能超市中感受到物联网给人们生活所带来的便捷，明白何为物联网及物联网对人们生活的影响。智能超市让顾客不再为购物找商品和排队结账而苦恼。因此，构建超市购物引导系统具有较大实际意义。电子标签和物联网的出现使得工业企业物联网系统得以实现。

本系统以电子标签和物联网为基础，列出了基于 RFID 技术的超市物联网导购系统的基本信息，对其结构和功能进行了分析，并利用电子标签实现了一个典型的工业企业物联网系统，大大提高了超市运作的快速性和准确性。

1. 超市物联网导购系统的基本结构

超市物联网导购系统有货架处的有源 RFID 标签、超市范围内的一定数量的读卡器和每个顾客的手持设备，该设备由顾客输入产品信息并与超市中的读卡器进行通信，引导顾客到达所需商品处。

1) RFID 企业生产系统

RFID 企业生产系统负责前端的标签识别、读写和信息管理工作，将读取的信息通过计算机或直接通过网络传送给本地物联网信息服务系统。可以在每一类商品对应的货架处安装有源 RFID 标签，标签中包含着商品的信息，包括商品名称、价格、生产厂商以及商品所在处货架的位置信息。

2) 中间件系统

中间件是处在阅读器和计算机 Internet 之间的一种中间件系统。该中间件可为企业应用提供一系列计算和数据处理功能。其主要任务是对阅读器读取的标签数据进行捕获、过滤、汇集、计算、数据校对、解调、数据传送、数据存储和任务管理，减少从阅读器传送的数据量。同时，中间件还可提供与其他 RFID 支撑软件系统进行互操作等功能。此外，中间件还定义了阅读器和应用两个接口。中间件系统如图 11.21 所示。

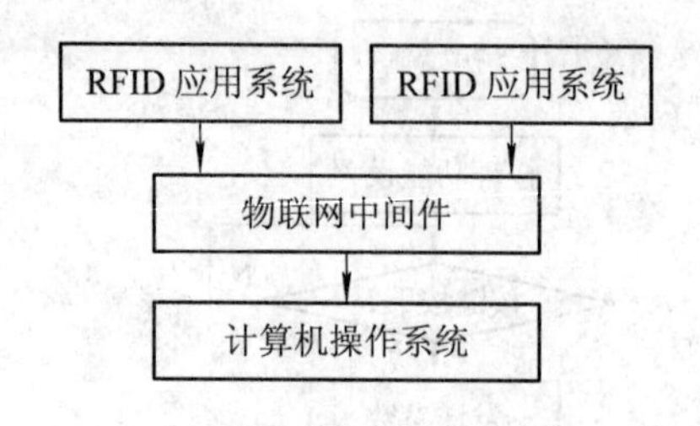

图 11.21　中间件系统

超市范围内安装一定数量的读卡器就是该中间件系统的重要组成部分，同时为每一个进入超市选购商品的顾客配置一个手持设备，顾客在手持设备上输入所需的商品名称，手持设备与超市中的读卡器通过中间件操作系统通信，发布自己的信息，读卡器发布路由信息到手持设备，引导顾客前往所需购买的商品处。

3) 超市物联网导购系统的主要原理

在超市一定的区域内安设读卡器，读取该范围内所有有源 RFID 标签，并建立自己的标签库。读卡器之间利用 ZigBee 协议进行信息交互。每个读卡器相当于物联网中的一个节点，节点中存放着自己邻居节点的信息。也就是说，每个读卡器都能获得它的邻居读卡器中的标签信息。

顾客的手持设备为物联网中的移动节点，可以和读卡器进行实时通信。同时，顾客手持设备还兼有 LCD 显示功能。该手持设备具有与 RFID 标签通信的功能，即可以读取指定商品 RFID 信息的功能。

该物联网系统网络为多跳网络，当读卡器收到移动节点发来的商品信息时，如果商品信息不在自己的标签库中，则将消息转发给自己的邻居节点直到找到目标读卡器。读卡器节点根据目标读卡器节点的位置不断将路由指示发送到手持设备上并通过 LCD 显示给顾客。

当顾客到达目标读卡器对应的区域时，目标读卡器将商品的标签信息发送给顾客，顾客通过标签信息所示的位置信息找到所需商品。

2．超市物联网导购系统的主要组成部分及操作流程

1) 主要组成部分

超市物联网导购系统由身份识别、搜索导航、信息读取、广告推送、智能清算五部分组成。

(1) 身份识别：由于超市是全智能无人管理的，因此，在社区内只有持有智能“市民卡”的顾客才有权限进入超市购物。

(2) 搜索导航：顾客在超市的智能购物车上可以搜索和选择所需要的商品，超市内的导航系统将读取顾客当前位置信息，并引导顾客前往相应购买区。

(3) 信息读取：当顾客表现出对某类产品的兴趣后，将相关产品的广告信息展示给顾客。

(4) 广告推送：智能购物车可以将顾客临近商品的特价或优惠等信息传递给顾客，供顾客挑选商品。

(5) 智能清算。结账时无需像传统的条形码一样逐个扫描商品，而是直接将整车的商品信息读取，得到消费金额，自动从“市民卡”上扣取。

方案设计图如图 11.22 所示。

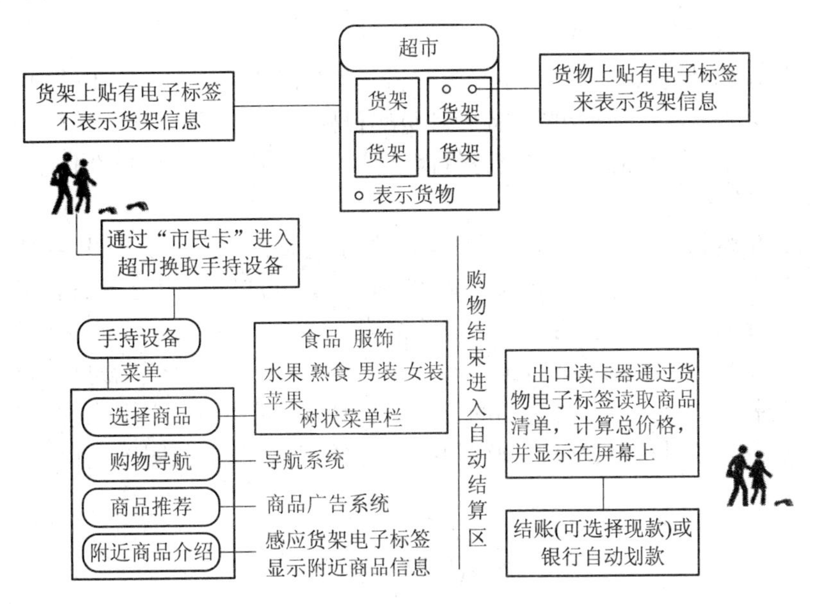

图 11.22 系统方案设计图

2) 系统的具体操作流程

(1) 顾客佩戴智能“市民卡”通过身份验证进入超市；无“市民卡”将无法进入超市，强行进入会报警。

(2) 顾客先选一个智能购物车，利用其配备的手持设备进行商品的浏览和选购。

(3) 如果顾客需选购商品，则将顾客临近商品的信息(包括产品名称、厂商、价格)通过手持设备展示给顾客；当顾客表现出对某类商品的兴趣时，将其相关信息(含购买率等信息)通过手持设备展示给顾客。

(4) 当顾客选定好商品后，手持设备将显示出顾客当前所处的位置，以及选购商品所处的位置，并选择一条最佳路线引导顾客前往购买。

(5) 顾客购买好商品后通过 RFID 计算通道进行智能结算，并自动从“市民卡”内扣钱，如“市民卡”内金额不足，则予以提示不予放行，否则直接报警。

(6) 没有购买商品的顾客从正常出口离开超市。如果购买商品却没有通过结账通道，则系统进行报警。

系统流程图如图 11.23 所示。

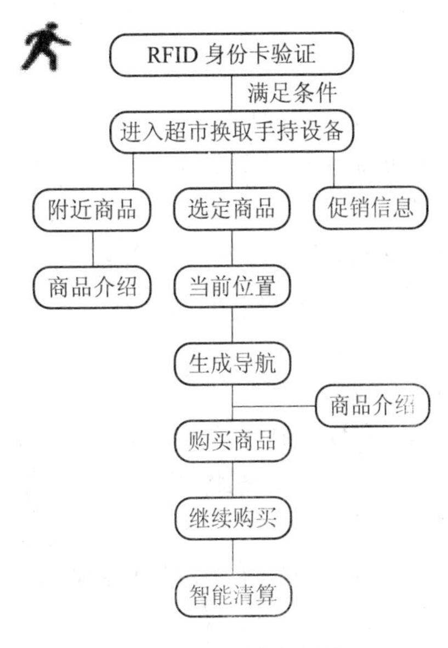

图 11.23 系统流程图

3. 系统的相关技术模块原理

超市物联网导购系统由身份识别模块、搜索导航模块、信息读取模块、广告推送模块和智能清算模块组成。

1) 身份识别模块

身份识别模块的功能是建立在共享平台应用子集功能的基础上，利用管理中心的智能“市民卡”进行身份识别的，该功能只需管理员配置相应的设备即可；超市内通过安装“市民卡”读卡器，感知身份信息，同时将身份信息发送到应用子集进行身份验证。

2) 搜索导航模块

在现有的超市购物车上配置具有读卡器功能的手持设备，通过手持设备可以浏览商品的信息，并且选购商品。手持设备嵌入了 RFID 读卡器，可以实现 1 m～2 m 的读取距离。

当选择好商品后，手持设备将购置信息传给读卡器节点，读卡器节点读取其监测环境中的标签信息，如果某读卡器节点范围内没有相关物品信息，则传送信息给其邻居读卡器节点，直到找到相关物品。同时将物品的位置信息返回手持设备，获取当前位置信息和物品信息，自动选择一条最优路径引导顾客购物。搜索导航流程图如图 11.24 所示。

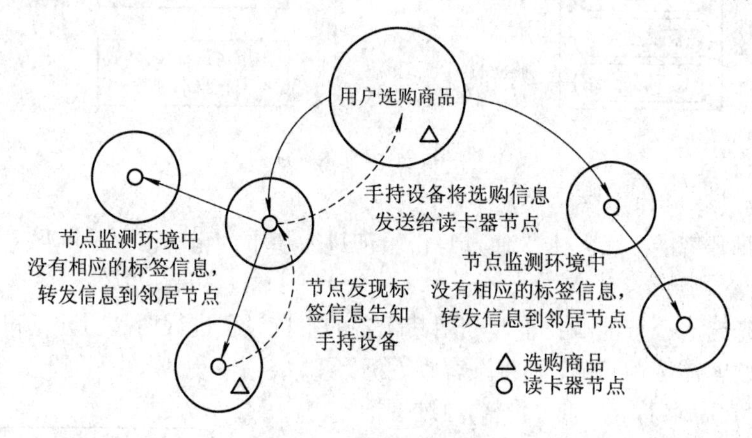

图 11.24　搜索导航流程图

3) 信息读取模块

手持设备可以通过读卡器读取附近商品的信息，通过手持设备上的附近商品介绍选项可以浏览商品信息。当用户表现出对某种商品的兴趣时，将产品的相关信息展示给顾客。

4) 广告推送模块

当顾客处于某类商品的区域时，特价商品将通过推荐选项将相关商品的促销活动以及购买情况展示给顾客。

5) 智能清算模块

建立 RFID 收货通道，顾客采购商品后只需推着购物车通往安装 RFID 读写器的结账出口，系统便会即刻对购物车内所有贴有 RFID 标签的货品进行一次性扫描，并自动从顾客的市民卡上扣除相应的金额，打印购物清单凭条。整个结账过程在短短数秒内即可完成。为了安全起见，我们采用两次信息收集核对，在顾客将商品放入购物车时，记录商品信息，并返回终端结算系统。如果有商品从购物车中拿出，则将对应信息从终端清除。当顾客通过 RFID 收货通道时，进行结算，如果两次终端的清单一致，则结算完成。

总之，本系统主要结合 RFID 技术提出了一种基于 RFID 技术的超市物联网导购系统设计方案。该系统的实现能使超市更加智能化和人性化，从而促进商家售货，并能满足购物者的个性化服务，应用前景良好。

11.5 基于 GPRS 的物联网终端的污水处理厂网络控制系统

11.5.1 概述

在传统污水处理工业中，一直存在着监测节点分散，有线网络数据传输有限等问题。污水处理作为工业生产的附加产业，为提高生产效益、降低工程费用、实现远程监控以及少人甚至无人监管具有重要的意义。因此，将网络覆盖范围更广、网络连接更方便的 GPRS 技术应用到污水处理监控系统，与工业现场的传感器相融合，可从根本上解决原有问题，实现工业现场的远程实时监控。

1. GPRS 技术简介

GPRS(General Packet Radio Service)，即通用无线分组业务，是一种基于 GSM 系统的无线分组交换技术，提供端到端的、广域的无线 IP 连接。通俗地讲，GPRS 是一项高速数据处理的技术，方法是以“分组”的形式将资料传送到用户手上。GPRS 被广泛应用于 WWW 浏览、信息查询、远程监控等领域。GPRS 除了频段、频带宽度、突发结构、无线调制标准、跳频规则以及 TDMA 帧结构与 GSM 相同，还具有以下特点：

(1) 高速传输。GPRS 可以稳定地传送大容量的高质量音频与视频文件。实际应用中 GPRS 可提供 56 kb/s～115 kb/s 的传输速度。

(2) 永远在线。当进行通信时，只要能够得到无线信道，GPRS 就能建立连接；而用户处于“在线”状态，不需使用拨号 Modem 建立连接。

(3) 价格低廉。对于分组交换模式，用户只有在收/发数据期间才占用资源，多个用户可高效率地共享同一无线信道，从而提高了资源的利用率。计费以用户通信的数据量为主要依据。

综合上述技术特点，GPRS 技术特别适用于间断的、突发性的或频繁的、少量的数据传输场合。

2. 污水处理工艺简介

我国污水处理相对于发达国家而言起步较晚，目前城市污水处理率只有 6.7%。结合我国实际情况，参考国外先进技术和经验，建设污水处理厂应符合节约投资、降低成本、减少占地、除氮效果显著以及与现代技术有机结合等几个发展方向。

本项目所设计的污水处理厂网络控制系统采用分级处理工艺，分为一级处理和二级处理。一级处理采用物化方法，通过格栅拦截、沉淀等手段去除原水中大块悬浮物和砂粒等物质。二级处理则采用生物方法，通过微生物接触氧化、水下曝气等工艺来去除原水中的悬浮性、溶解性有机物以及氮、磷等营养盐。系统工艺流程图如图 11.25 所示。

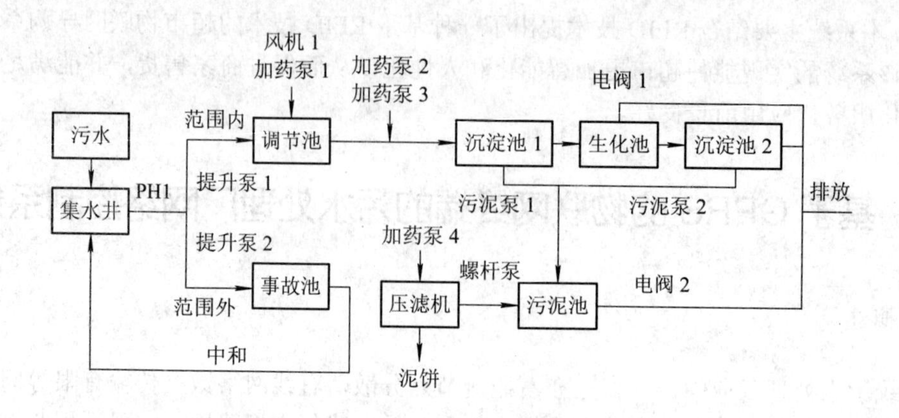

图 11.25　系统工艺流程图

11.5.2　污水处理网络控制系统设计

1．硬件系统架构

对于污水处理厂而言，存在大量传感器、控制器等现场设备，通常相当零散地分布在较大范围内，由它们构成的控制底层网络，单个节点的控制信息量不大，信息传输的任务较简单，但对其传输信息的实时性、快速性要求较高。又因为污水处理的水池体积都较为庞大,更导致数据采集点相对分散，距离远，不便于集中管理。因此，本系统采用三菱PLC+CC-Link+ GPRS 组成双层网络远程控制系统。硬件系统由 PLC 系统、数据采集节点、GPRS 通信、远程监控上位 PC 机四个部分组成。硬件结构图如图 11.26 所示。

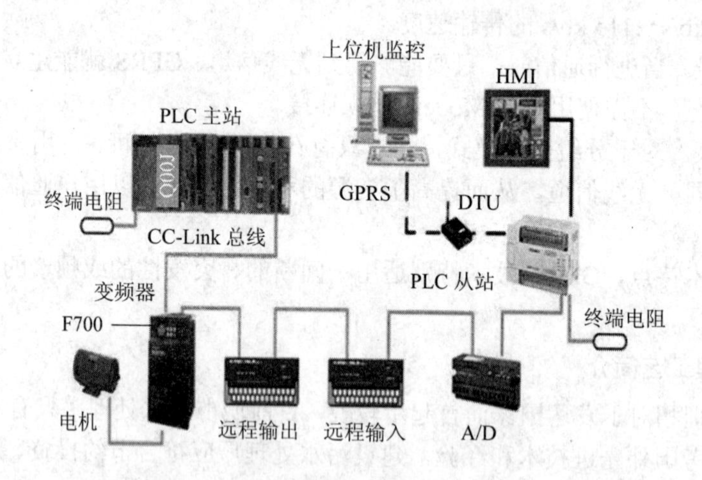

图 11.26　污水处理自动控制系统硬件结构图

根据污水处理的工艺要求，选用三菱 Q00J 的 CPU 作为主站，用 F700 作为变频器，用 FX2N 系列 PLC 作为从站以及远程输入、远程输出、远程 A/D 模块，构成污水处理的 CC-Link 现场总线控制网络。

现场总线就是通过一对传输线将分散孤立的带有通信功能的自动化设备或模块互联成网络。它作为纽带将挂在总线上的网络节点组成自动化系统，把通信线路延伸到现场的生

产设备，构成生产自动化的现场设备和仪表互联的现场通信网络。各现场智能设备分别作为一个网络节点，通过现场总线实现各节点之间、现场节点与上位机之间的信息传递与沟通。向上传送信息，实现资源共享、集中管理，向下延伸扩大控制规模、分散控制，完成各种复杂的综合自动化功能。

CC-Link 现场总线技术具有节省配线，实现高速通信，使系统具有更加灵活性的特点，同时具有丰富的功能：简单的系统组态功能、自动刷新功能、丰富的 RAS(Reliability Availability Serviceability)功能、预约站功能、备用主站功能、子站脱离功能、自动上线功能和监控功能等。CC-Link 现场总线网络将网络技术运用于控制系统，极大地提高了控制系统的灵活性和可靠性，能够实现控制系统的一体化和协调性。

将 FX2N 系列的 RS-422 内置接口连接 HMI(Human Machine Interface)人机界面接口，实现工业现场控制；将 FX2N 系列的 FX2N-485-BD 扩展接口与 DTU(Data Transfer unit)连接。DTU 全称为数据传输单元，是专门用来将串口数据转换为 IP 数据或将 IP 数据转换为串口数据，通过无线通信网络进行传送的无线终端设备。它具有组网迅速、灵活，建设周期短，成本低，网络覆盖范围广，安全保密性能高的优点。DTU 上电运行后先注册到移动的 GPRS 网络，然后与后台中心建立 SOCKET 连接，后台中心作为 SOCKET 的服务端。DTU 是 SOCKET 连接的客户端。在建立连接后，前端的现场设备和后台中心就可以通过 DTU 进行双向无线数据传输，从而实现该系统的无线远程控制与监视。

2．软件系统设计

软件系统的设计由 PLC 编程，上位机监控和 HMI 的触摸屏人机界面构成 SCADA (Supervisor Control And Data Acquisition)系统。

考虑到运行的安全性和灵活性，系统有自动和手动两种操作方式，且两种操作方式互相独立。在自动方式下，PLC 取得完全的控制权，并根据预定的工艺流程对现场设备进行控制。上位机起“监视”作用，只有检测到异常时，它才会相应产生报警信号以提醒工作人员。在步操和点操下，PLC 处于等待状态，上位机根据操作人员从输入设备输入的信息向 PLC 发出相应的指令，然后，PLC 才控制现场设备的动作。手动操作是指根据画面上的步序开关或阀门来控制设备的运行。各步序通过时间或根据水质、工艺要求来控制。

1) PLC 程序设计

污水处理流程的控制通过 PLC 编程实现。PLC 主站实现开关量以及模拟输入量的采集，将采集的数据经过处理后通过 CC-Link 网络传送给变频器和 PLC 从站，从而实现对现场的控制。PLC 从站主要负责与上位机监控系统的通信和具体的污水处理过程，包括泵的开启、电机的运转等。

针对污水处理工艺以及需要采集的数据信息，编写 PLC 程序，其流程图如图 11.27 所示。

2) 易控组态软件

由于对污水处理的多项工艺指标需要进行实时跟踪，保证工艺要求，工业现场情况又十分复杂，不适宜工作人员长期进行现场操作，因此为了便于工作人员对现场的远程监控和管理，我们借助易控组态软件建立监控系统。组态软件具有丰富的设备驱动程序、灵活

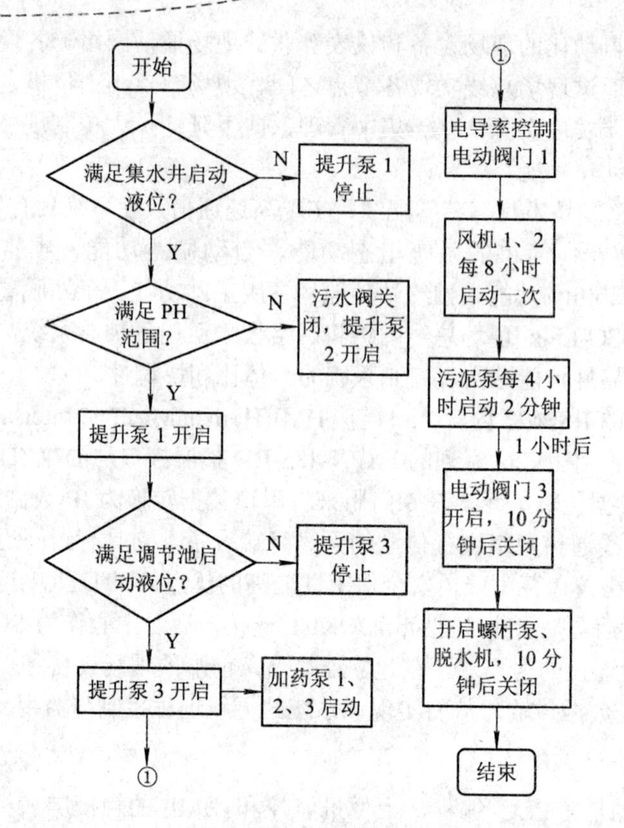

图 11.27　PLC 程序流程图

的组态方式和数据连接功能，用其构造监控系统能大大缩短开发时间，并能保证系统的质量。操作人员可以通过计算机监控画面向 PLC 发出各种控制命令，还可同时将 PLC 的各种实时数据采集回来，在用户画面上用状态图、趋势图或棒图等动态图表和图形表示出来，实现对生产过程的全程监控。易控软件系统还具有实时报警和历史数据保存等功能。

本项目中，将易控软件中的 CDMA_GPRS 通信接口通道与 DTU-GPRS 通过互联网(Internet)连接，组态软件接收到 PLC 现场总线通过 DTU 发送到 Internet 的信息，并不断自动刷新，使监控界面实现如下功能：

(1) 实时反映污水处理流程中各个环节的水质情况(如进/出水的电导率、PH 值、液位、流量等信息)，并自动保存实时曲线、历史曲线、报表三种形式的数据信息，供管理人员管理、分析、决策。

(2) 手动、自动控制切换功能。通过编写组态软件，实现与现场人机界面相同的手动、自动运行切换功能。

(3) 故障报警功能。当污水处理各环节中出现超过或低于限制值的情况时，该监控系统可发出循环声音报警信号，直到故障排除。

(4) 事件处理功能。通过该监控系统，可以修改现场 PLC 控制器的寄存器中的数值，实现对现场紧急事件的处理，也可以切换至手动方式，直接控制阀门开关、泵的启停。

(5) 用户权限管理等功能。该系统设计了软件操作人员登录管理机制，设置了多级权限，实现多级控制，因此可将一套监控系统应用于多级管理机构，节省了资源。

利用 GPRS 通信技术，使得控制系统更加灵活、可操作、方便扩大控制规模，实现远程监控。针对具体工艺要求，该系统具有两种运行方式。

(1) 自动运行方式。控制系统根据集水井的液位高度，自动开启或关闭污水阀；集水井内 PH 计的设定范围，决定是否自动开启调节池或事故池；调节池的液位高度，限定自动控制提升泵 1 的运行；加药泵 1 依据 PH 计 1 令变频器控制加药量；根据电导率的测定值，自动控制电动阀门 2 的开启；变频器与溶解氧测定仪连锁控制风机 2 的鼓风量，溶解氧测定仪显示溶解氧含量，当溶解氧低于某值时自动报警；根据污泥池的液位高度，自动控制螺杆泵的启动；带式污泥脱水机自带报警显示。

(2) 手动运行方式。手动运行方式也就是单步运行操作，既可以手动操作整个系统运行，也可对系统进行检修，对部件进行逐个调试。调试方法有三种：用控制柜中的开关对其进行控制，或通过 HMI 人机界面对其进行单步控制，也可以使用上位机的监视画面对其进行操作。

3. 物联网概念在本项目中的应用

在污水处理工艺中，需要设置大量的数据采集节点，如液位、PH 值、电导率、含氧量等，现场总线技术虽然解决了布线简单、通信高速、维护方便等问题，但毕竟信号传输距离有限。

在本项目中通过 GPRS 无线通信技术，使这些节点形成了具有一定规模的传感器网络，通过把底层网络与上位机监控平台与互联网结合，实现现场数据与控制信号的双向收发，构成了一个典型的物联网络终端。组网示意图如图 11.28 所示。

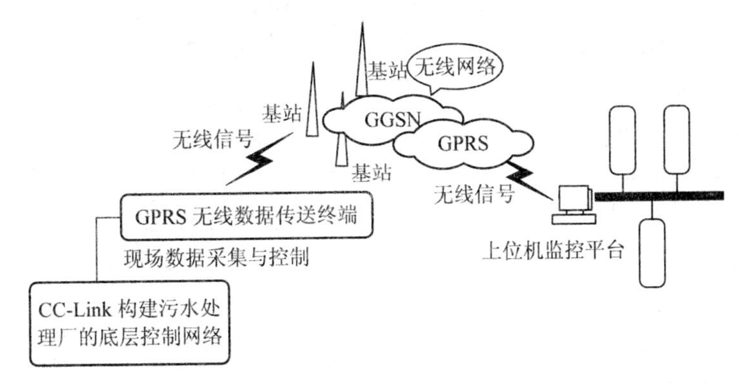

图 11.28　污水处理组网示意图

4. 总结

本系统针对分布范围广、布局复杂的污水处理控制系统提出了一种较好的方法。应用三菱 Q 系列 PLC 等设备及 GPRS 无线通信技术，构建了基于 GPRS 的物联网终端污水处理网络控制系统，实现了无线远程多级监控。该项目在实际应用中能够运行正常，性能稳定、可靠，监控界面友好直观，操作简便。这种无线传感器网络的应用，使自动控制系统更加具有实用性和灵活性。这也正是一种物联网概念的体现与运用。

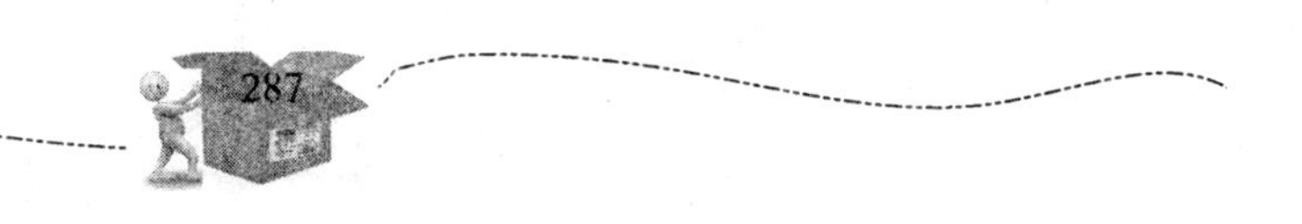

参考文献

[1] 熊茂华，杨震伦. ARM9 嵌入式系统设计与开发应用. 北京：清华大学出版社，2008.

[2] 熊茂华，杨震伦. ARM 体系结构与程序设计. 北京：清华大学出版社，2009.

[3] 杨震伦，熊茂华. 嵌入式操作系统及编程. 北京：清华大学出版社，2009.

[4] 熊茂华，熊昕. 嵌入式 Linux 实时操作系统及应用编程. 北京：清华大学出版社，2011.

[5] 熊茂华，谢建华，熊昕. 嵌入式 Linux C 语言应用程序设计与实践. 北京：清华大学出版社，2010.

[6] 王汝林，王小宁，陈曙光，等. 物联网基础及应用. 北京：清华大学出版社，2011.

[7] 刘海涛，马建，熊永平. 物联网技术应用. 北京：机械工业出版社，2011.

[8] 张春红，裘晓峰，夏海轮，等. 物联网技术与应用. 北京：人民邮电出版社，2011.

[9] 王志良，石志国. 物联网工程导论. 西安：西安电子科技大学出版社，2011.

[10] 陈全，邓倩妮. 云计算及其关键技术. 计算机应用，2009，29(9).

[11] 刘化君，刘传清. 物联网技术. 北京：电子工业出版社，2010.

[12] 林凤群，陈伯成，袁博，等. RFID 轻量型中间件的构成与实现. 计算机工程，2010，36(17).

[13] 孙剑，陈琪明. RFID 中间件在世界及中国的发展现状. 物流技术与应用，2007(2).

[14] 丁振华，李锦涛，冯波，等. RFID 中间件研究进展. 计算机工程，2006，32(21).

[15] 刘强，崔莉，陈海明，等. 物联网关键技术与应用. 计算机科学，2010，37(6).

[16] 王立端，杨雷，战兴群，等. 基于 GPRS 远程自动雨量监测系统. 计算机工程，2007，33(16).

[17] 伍新华，陆丽萍. 物联网工程技术. 北京：清华大学出版社，2011.

[18] 李长江. 物联网系统的理论架构：物联网研究报告连载(六)[N/OL]. CNNIC，2010-05-10[2012-02-06]. http://www.cnnic.net.cn/research/fxszl/fxswz/201005/t20100510_19819.html.

[19] 北京博创兴业科技有限公司. 物联网实验开发平台使用手册，2010.

[20] 刘琳，于海斌，曾鹏. 无线传感器网络数据管理技术. 计算机工程，2008，34(2).

[21] 赵继军，刘云飞，赵欣. 无线传感器网络数据融合体系结构综述. 传感器与微系统，2009，28(10).

[22] 孙利民，李建中，陈渝，等. 无线传感器网络. 北京：清华大学出版社，2005.

[23] 薛莉. 无线传感器网络中基于数据融合的路由算法. 数字通信，2011(6).

[24] 成修治，李宇成. RFID 中间件的结构设计. 计算机应用，2008，28(4).

[25] 褚伟杰，田永民，李伟平. 基于 SOA 的 RFID 中间件集成应用. 计算机工程，2008，34(14).

[26] 彭静，刘光祜，谢世欢. 无线传感器网络路由协议研究现状与趋势. 计算机应用研究，2007，24(2).

[27] 沈苏彬，毛燕琴，范曲立，等. 物联网概念模型与体系结构. 南京邮电大学学报：自然科学版，2010，8(4).